Vorschriften und Normen des Verbandes Deutscher Elektrotechniker

Herausgegeben

von

Prof. Dr.-Ing. e. h. **Georg Dettmar**

Zehnte Auflage

Mit Berücksichtigung der Beschlüsse bis zur
Jahresversammlung 1920 einschließlich

Springer-Verlag Berlin Heidelberg GmbH
1921

Vorwort zur zehnten Auflage.

Da kürzlich bei den Arbeiten des Verbandes einige Bezeichnungen geändert worden sind, wobei auch das Wort „Normalien" durch „Normen" ersetzt worden ist, machte sich eine Änderung des bisherigen Titels dieses Buches notwendig. Bei dieser Gelegenheit konnte dann auch ein alter Schönheitsfehler im Titel beseitigt werden. Da ja die Vorschriften des Verbandes das bei weitem wichtigere sind, ist es richtig, diese an die Spitze des Titels zu stellen, und er wurde nun dementsprechend gewählt: „Vorschriften und Normen des VDE". Die Bezeichnung „Leitsätze" wurde im neuen Titel weggelassen, da es nicht möglich war, auch noch die anderen Arten von Arbeiten des Verbandes zu erwähnen, z. B. Merkblätter. Es erschien daher das richtigste, nur die beiden wichtigsten Bezeichnungen nämlich die Vorschriften und die Normen im Titel erscheinen zu lassen.

Die zurzeit noch bestehenden Ausnahmebestimmungen für die Übergangszeit sind nicht in das Vorschriftenbuch aufgenommen worden, da die Dauer ihres Bestehens zu unsicher ist. Sie sollen so bald wie möglich aufgehoben werden. Außerdem liegt jederzeit die Möglichkeit der Änderung bei diesen Bestimmungen vor. Sie sind daher aus einem Buche, das den augenblicklichen Zustand der dauernd gültigen Arbeiten des Verbandes wiedergeben soll, ausgeschlossen worden und über sie kann jeder, der Interesse hat, am besten durch die Elektrotechnische Zeitschrift oder durch die vom Verbande herausgegebenen Sonderdrucke sich unterrichten. Damit aber die Benutzer dieses Buches jeweils aufmerksam gemacht werden, zu welchen Arbeiten gegebenenfalls Ausnahmebestimmungen für die Übergangszeit bestehen, ist eine deutliche Kennzeichnung durch ein am Rande angeordnetes A eingeführt worden.

Berlin, im Dezember 1920.

Georg Dettmar.

Inhaltsverzeichnis.

1. Vorschriften für die Errichtung und den Betrieb elektrischer Starkstromanlagen nebst Ausführungsregeln.[1]) A*)

Gültig ab 1. Juli 1915.[2]) ‘

Untenstehende Fassung enthält die Zusatzbestimmungen für Bergwerke unter Tage.

Inhaltsübersicht.

I. Errichtungsvorschriften.

§ 1. Geltungsbereich.

A. Erklärungen.

§ 2.

B. Allgemeine Schutzmaßnahmen.

§ 3. Schutz gegen Berührung (Erdung).

§ 4. Übertritt von Hochspannung.

§ 5. Isolationszustand.

---

[1]) Erläuterungen hierzu von Dr. C. L. Weber können von der Verlagsbuchhandlung Julius Springer, Berlin, bezogen werden.

Die „Vorschriften für die Errichtung und den Betrieb elektrischer Starkstromanlagen nebst Ausführungsregeln" sind zusammen mit der „Anleitung zur ersten Hilfeleistung usw." und „Empfehlenswerte Maßnahmen bei Bränden" in einem Bande (Taschenformat) erschienen und können gleichfalls von der Verlagsbuchhandlung Springer bezogen werden.

[2]) Obenstehende Fassung ist angenommen auf der Jahresversammlung 1914 und veröffentlicht: ETZ 1914 S. 478, 510 und 720.

Vorher hat eine Anzahl anderer Fassungen der Errichtungsvorschriften und Betriebsvorschriften einzeln bestanden. Über die Entwickelung gibt nachstehende Tabelle Aufschluß:

Fassung:	Beschlossen:	Gültig ab:	Veröffentl. ETZ.
Errichtungsvorschriften:			
1. Fassung der Niederspannungs-Vorschriften	5. 7. 95 23. 11. 95	Veröffentlichung	96 S. 22
2. Fassung der Niederspannungs-Vorschr. m Anhang f. feuchte Räume. 1. Fassung der Hochspannungs-Vorschriften	3. 6. 98 26. 6. 98	Veröffentlichung	98 S. 489 u. 501
1. Fassung der Mittelspannungs-Vorschriften	9. 6. 99	1. 10. 99	99 S. 571

Fortsetzung umstehend!

*) Siehe Vorwort.

Vorschriften. 10. Aufl.

C. Maschinen, Transformatoren und Akkumulatoren.

§ 6. Elektrische Maschinen.
§ 7. Transformatoren.
§ 8. Akkumulatoren.

D. Schalt- und Verteilungsanlagen.

§ 9.

E. Apparate.

§ 10. Allgemeines.
§ 11. Ausschalter und Umschalter.
§ 12. Anlasser und Widerstände.
§ 13. Steckvorrichtungen.
§ 14. Schmelzsicherungen und Selbstschalter.
§ 15. Andere Apparate.

Fassung:	Beschlossen:	Gültig ab:	Veröffentl. ETZ.
Errichtungsvorschriften:			
1. Fassung d. Vorschr. f. Theater und Warenhäuser	18. 6. 00	1. 7. 00	00 S. 665
3. Fassung der Niederspannungs-Vorschriften einschl. feuchte Räume u. Warenhäuser	27. 6. 01	1. 1. 03	01 S. 972
2. Fassung d. Theatervorschriften	13. 6. 02	1. 7. 02	02 S. 508
1. Fassung d. Bergwerks-Vorschr.	13. 6. 02	1. 7. 02	02 S. 507
4. Fassung der Niederspannungs-Vorschriften u. 2. Fassung der Hochspann.-Vorschr. einschl. der früheren Mittelspann. und feuchte Räume, Theater, sowie Bergwerke enthaltend	13 6. 02 / 15. 1. 03	1. 1. 04	03 S. 141
Änderungen an d. vom 1. 1. 04 ab gültigen Fassung f. Niederspann. und Hochspannung	24. 6. 04	1. 1. 05	04 S. 686
Weitere Änderungen an der vom 1. 1. 04 ab gültigen Fassung für Niederspannung u. Hochspannung	5. 6. 05	1. 7. 05	05 S. 719
Neue Fassung, enthaltend Niederspannung u. Hochspannung, zusammengearbeitet, jedoch ohne Bergwerke	7. 6. 07	1. 1. 08	07 S. 882
Zusatzbestimmungen f. Bergwerke zur v. 1. 1. 08 ab gültigen Fassung	3. 6. 09	1. 1. 10	09 S. 479
Betriebsvorschriften:			
Erste Fassung	13. 6 02 / 15. 1 03	1. 3. 03	03 S. 154
Zweite Fassung	7. 6. 07	1. 1. 08	07 S 908
Dritte Fassung	3. 6. 09	1. 1. 10	09 S. 481
Errichtungs- und Betriebsvorschriften:			
Erste gemeinsame Fassung	26. 5. 14	1. 7. 15	14 S. 478, 510, 720

F. Lampen und Zubehör.

G. Beschaffenheit und Verlegung der Leitungen.

H. Behandlung verschiedener Räume.

J. Provisorische Einrichtungen, Prüffelder und Laboratorien.

K. Theater und diesen gleichzustellende Versammlungsräume.

L. Weitere Vorschriften für Bergwerke unter Tage.

M. Inkrafttreten der Errichtungsvorschriften.

II. Betriebsvorschriften.

§ 1. Erklärungen.
§ 2. Zustand der Anlagen.
§ 3. Warnungstafeln, Vorschriften und schematische Darstellungen.
§ 4. Allgemeine Pflichten der im Betriebe Beschäftigten.
§ 5. Bedienung elektrischer Anlagen.
§ 6. Maßnahmen zur Herstellung und Sicherung des spannungsfreien Zustandes.
§ 7. Maßnahmen bei Unterspannungsetzung der Anlage.
§ 8. Arbeiten unter Spannung.
§ 9. Arbeiten in der Nähe von Hochspannung führenden Teilen.
§ 10. Zusatzbestimmungen für Akkumulatorenräume.
§ 11. Zusatzbestimmungen für Arbeiten in explosionsgefährlichen, durchtränkten und ähnlichen Räumen.
§ 12. Zusatzbestimmungen für Arbeiten an Kabeln.
§ 13. Zusatzbestimmungen für Arbeiten an Freileitungen.
§ 14. Zusatzbestimmungen für Arbeiten in Prüffeldern und Laboratorien.
§ 15. Inkrafttreten der Betriebsvorschriften.

Anhang.

Schematische Darstellungen.

I. Errichtungsvorschriften.[1]

§ 1.

Geltungsbereich.

Die hierunter stehenden Bestimmungen gelten für elektrische Starkstromanlagen oder Teile solcher, mit Ausnahme von im Erdboden verlegten Leitungsnetzen, elektrischen Straßenbahnen und straßenbahnähnlichen Kleinbahnen, Fahrzeugen über Tage und elektrochemischen Betriebsapparaten.

> **1.** Im Gegensatz zu den mit Buchstaben bezeichneten Absätzen, die grundsätzliche Vorschriften, darstellen, enthalten die mit Ziffern versehenen Absätze Ausführungsregeln. Letztere geben an, wie die Vorschriften mit den üblichen Mitteln im allgemeinen zur Ausführung gebracht werden sollen, wenn nicht im Einzelfall besondere Gründe eine Abweichung rechtfertigen.

---

[1] Bei der Errichtung elektrischer Starkstromanlagen sind, soweit die Anlagen oder einzelne Teile unter Spannung stehen, auch die Betriebsvorschriften zu beachten.

Die zwischen ✗ || stehenden Zusätze gelten nur für elektrische Starkstromanlagen in Bergwerken unter Tage, abgekürzt: in B. u. T.

A. Erklärungen.

§ 2.

a) **Niederspannungsanlagen** sind solche Starkstromanlagen, bei welchen die effektive Gebrauchs-Spannung zwischen irgend einer Leitung und Erde 250 V nicht überschreiten kann; bei Akkumulatoren ist die Entladespannung maßgebend.

Alle übrigen Starkstromanlagen gelten als Hochspannungsanlagen.

b) **Feuersichere, wärmesichere und feuchtigkeitssichere Gegenstände.**

Feuersicher ist ein Gegenstand, der entweder nicht entzündet werden kann oder nach Entzündung nicht von selbst weiterbrennt.

Wärmesicher ist ein Gegenstand, der bei der höchsten betriebsmäßig vorkommenden Temperatur keine den Gebrauch beeinträchtigende Veränderung erleidet.

Feuchtigkeitssicher ist ein Gegenstand, der sich im Gebrauch durch Feuchtigkeitsaufnahme nicht so verändert, daß er für die Benutzung ungeeignet wird.

c) **Freileitungen.** Als Freileitungen gelten alle oberirdischen Leitungen außerhalb von Gebäuden, die weder eine metallische Schutzhülle noch eine Schutzverkleidung haben. Als **Freileitungen** sind nicht anzusehen Fahrleitungen sowie **Leitungen für Installation im Freien an Gebäuden, in Höfen, Gärten und dergleichen,** bei denen die Entfernung der Stützpunkte 20 m nicht überschreitet.

d) **Elektrische Betriebsräume.** Als elektrische Betriebsräume gelten Räume, die wesentlich zum Betriebe elektrischer Maschinen oder Apparate dienen und in der Regel nur unterwiesenem Personal zugänglich sind.

e) **Abgeschlossene elektrische Betriebsräume.** Als abgeschlossene elektrische Betriebsräume werden solche Räume bezeichnet, welche nur zeitweise durch unterwiesenes Personal betreten, im übrigen aber unter Verschluß gehalten werden, der nur durch beauftragte Personen geöffnet werden darf.

f) **Betriebsstätten.** Als Betriebsstätten werden diejenigen Räume bezeichnet, welche im Gegensatz zu elektrischen Betriebsräumen auch anderen als elektrischen Betriebsarbeiten dienen und nichtunterwiesenem Personal regelmäßig zugänglich sind.

g) Feuchte, durchtränkte und ähnliche Räume. Als solche gelten Betriebs- oder Lagerräume gewerblicher und landwirtschaftlicher Anlagen, in welchen erfahrungsgemäß durch Feuchtigkeit oder Verunreinigungen (besonders chemischer Natur) die dauernde Erhaltung normaler Isolation erschwert, oder der elektrische Widerstand des Körpers der darin beschäftigten Personen erheblich vermindert wird.

Heiße Räume sind als durchtränkte zu betrachten, wenn die darin beschäftigten Personen ähnlichen Einwirkungen ausgesetzt sind.

h) Feuergefährliche Betriebsstätten und Lagerräume. Als feuergefährliche Betriebsstätten und Lagerräume gelten Räume, in denen leicht entzündliche Gegenstände hergestellt, verarbeitet oder angehäuft werden, sowie solche, in welchen sich betriebsmäßig entzündliche Gemische von Gasen, Dämpfen, Staub oder Fasern bilden können.

i) Explosionsgefährliche Betriebsstätten und Lagerräume. Als explosionsgefährlich gelten Räume, in denen explosible Stoffe hergestellt, verarbeitet oder aufgespeichert werden oder leicht explosible Gase, Dämpfe oder Gemische solcher mit Luft erfahrungsgemäß sich ansammeln.

k) Schlagwettergefährliche Grubenräume. Als schlagwettergefährliche Grubenräume gelten diejenigen, welche von der zuständigen Bergbehörde als solche bezeichnet werden; alle anderen gelten als nicht schlagwettergefährlich.

B. Allgemeine Schutzmaßnahmen.

§ 3.

Schutz gegen Berührung.

a) Die unter Spannung gegen Erde stehenden nicht mit Isolierstoff bedeckten Teile müssen im Handbereich gegen zufällige Berührung geschützt sein. Bei Spannungen bis 40 V gegen Erde ist dieser Schutz im allgemeinen entbehrlich. (Weitere Ausnahmen siehe § 28a.)

Für Fahrleitungen von Bahnen in Bergwerken unter Tage gelten besondere Vorschriften (siehe § 42).

1. Abdeckungen, Schutzgitter und dergleichen sollen der zu erwartenden Beanspruchung entsprechend mechanisch widerstandsfähig sein und zuverlässig befestigt werden.

b) Bei Hochspannung müssen sowohl die blanken als auch die mit Isolierstoff bedeckten unter Spannnng gegen Erde stehenden Teile durch ihre Lage, Anordnung oder besondere Schutz-

*vorkehrungen der Berührung entzogen sein. (Ausnahmen siehe
§§ 6c, 8c, 28b und 29a.)*

*c) Bei Hochspannung müssen alle nicht spannungführenden
Metallteile, die Spannung annehmen können, miteinander gut
leitend verbunden und geerdet werden, wenn nicht durch andere
Mittel ein gefährliches Spannungsgefälle vermieden oder unschäd-
lich gemacht wird (siehe auch §§ 6b, 8a, 8b, 8c).*

2. Es empfiehlt sich auch bei Niederspannung die der Berührung
zugänglichen nicht spannungführenden Metallteile (Abdeckungen,
Schutzgehäuse und dergleichen) zu erden, soweit nach Maßgabe
der örtlichen Verhältnisse eine besondere Gefahr besteht und die
Erdung zuverlässig ausführbar ist.

3. Als Erdung gilt eine gutleitende Verbindung mit der Erde.
Sie soll so ausgeführt werden, daß in der Umgebung des geerdeten
Gegenstandes (Standort von Personen) ein den örtlichen Verhältnissen entsprechendes tunlichst ungefährliches allmählich verlaufen-
des Potentialgefälle erzielt wird. Als der Erdung gleichwertig gilt
die Verbindung mit dem geerdeten neutralen Leiter.

4. Als Erder dienen Erdplatten, Erdbänder, Drahtverzweigungen, vorhandene Rohrnetze, Gitterwerke, Eisenkonstruktionen, Schienen usw.

Es empfiehlt sich, in B. u. T. mehrere verschiedenartige Erdungen
gleichzeitig anzuwenden, von denen nach Möglichkeit eine in der
Wasserseige oder im Sumpf angeordnet werden soll.

5. Erdleitungen sollen für die zu erwartende Erdschlußstrom-
stärke bemessen werden, mit der Maßgabe, daß Querschnitte über
50 qmm für Kupfer, über 100 qmm für verzinktes oder verbleites
Eisen nicht verwendet zu werden brauchen, und mit der Maßgabe,
daß in elektrischen Betriebsräumen Kupferquerschnitte unter 16 qmm
nicht verwendet werden sollen. Für Anschlußleitungen an die
Haupterdungsleitung von weniger als 5 m Länge genügt in jedem
Falle ein Kupferquerschnitt von 16 qmm. In anderen Räumen
soll der Kupferquerschnitt 4 qmm nicht unterschreiten.

6. Die Erdungsleitungen sollen möglichst sichtbar und geschützt
gegen mechanische und chemische Zerstörungen verlegt und ihre
Anschlußstellen der Nachprüfung zugänglich sein.

d) Schutzverkleidungen aus Pappe oder ähnlichen wenig
widerstandsfähigen Stoffen dürfen in B. u. T. nicht angewendet werden. Holz ist unter Umtänden zulässig.

*7. Bei Hochspannung sollen die unter b) erwähnten Schutzverkleidungen
so angebracht sein, daß sie nur mit Hilfe von Werkzeugen entfernt
werden können.*

§ 4.

Übertritt von Hochspannung.

*a) Um den Übertritt unzulässiger Hochspannung in Ver-
brauchsstromkreise bis zu 1000 V, sowie das Entstehen solcher in
ihnen zu verhindern oder ungefährlich zu machen, sind geeignete
Maßnahmen zu treffen.*

1. Als geeignete Maßnahme gilt das Anbringen erdender oder
kurzschließender oder abtrennender Sicherungen, oder gleichwertiger
Mittel, oder das Erden geeigneter Punkte.

§ 5.

Isolationszustand.

Jede Starkstromanlage muß einen angemessenen Isolationszustand haben.

1. Isolationsprüfungen sollen tunlichst mit der Betriebsspannung, mindestens aber mit 100 V ausgeführt werden.

2. Bei Isolationsprüfungen durch Gleichstrom gegen Erde soll, wenn tunlich, der negative Pol der Stromquelle an die zu prüfende Leitung gelegt werden. Bei Isolationsprüfungen mit Wechselstrom ist die Kapazität zu berücksichtigen.

3. Wenn bei diesen Prüfungen nicht nur die Isolation zwischen den Leitungen und Erde, sondern auch die Isolation je zweier Leitungen gegeneinander geprüft wird, so sollen alle Glühlampen, Bogenlampen, Motoren oder andere Strom verbrauchende Apparate von ihren Leitungen abgetrennt, dagegen alle vorhandenen Beleuchtungskörper angeschlossen, alle Sicherungen eingesetzt und alle Schalter geschlossen sein. Reihenstromkreise sollen jedoch nur an einer einzigen Stelle geöffnet werden, die tunlichst nahe der Mitte zu wählen ist. Dabei sollen die Isolationswiderstände den Bedingungen der Regel 4 genügen.

4. Der Isolationszustand einer Niederspannungsanlage, mit Ausnahme der Teile unter 5, gilt als angemessen, wenn der Stromverlust auf jeder Teilstrecke zwischen zwei Sicherungen oder hinter der letzten Sicherung bei der Betriebsspannung ein Milliampere nicht überschreitet. Der Isolationswert einer derartigen Leitungsstrecke sowie jeder Verteilungstafel sollte hiernach wenigstens betragen: 1000 Ω multipliziert mit der Betriebsspannung in V (z. B. 220 000 Ω für 220 V Betriebsspannung). Für Maschinen, Akkumulatoren und Transformatoren wird auf Grund dieser Vorschriften ein bestimmter Isolationswiderstand nicht gefordert.

5. Freileitungen und diejenigen Teile von Anlagen, welche in feuchten und durchtränkten Räumen, z. B. in Brauereien, Färbereien, Gerbereien usw., oder im Freien verlegt sind, brauchen der Regel 4 nicht zu genügen. Wo eine größere Anlage feuchte Teile enthält, sollen sie bei der Isolationsprüfung abgeschaltet sein, und die trockenen Teile sollen der Regel 4 genügen.

In B. u. T. gilt dies auch für Räume, in denen Tropfwasser auftritt, und für durchtränkte Grubenräume; vorausgesetzt ist hierbei, daß sich die elektrischen Einrichtungen sonst in bester Ordnung befinden.

6. Lackierung und Emaillierung von Metallteilen gilt nicht als Isolierung im Sinne des Berührungsschutzes.

Als Isolierstoffe für Hochspannung gelten faserige oder poröse Stoffe, die mit geeigneter Isoliermasse getränkt sind, ferner feste feuchtigkeitssichere Isolierstoffe.

Material wie Holz und Fiber soll nur unter Öl und nur mit geeigneter Isoliermasse getränkt als Isolierstoff angewendet werden. (Ausnahme siehe § 12$\frac{1}{}$). Die nicht polierten Flächen von Steinplatten sind durch einen geeigneten Anstrich gegen Feuchtigkeit zu schützen.

In B. u. T. sollen Steinplatten (Marmor, Schiefer und dergleichen) nur unter Öl Anwendung finden.

C. Maschinen, Transformatoren und Akkumulatoren.

§ 6.

Elektrische Maschinen.

a) Elektrische Maschinen sind so aufzustellen, daß etwa im Betriebe der elektrischen Einrichtung auftretende Feuererscheinungen keine Entzündung von brennbaren Stoffen der Umgebung hervorrufen können.

b) Bei Hochspannung müssen die Körper elektrischer Maschinen entweder geerdet und, soweit der Fußboden in ihrer Nähe leitend ist, mit diesem leitend verbunden sein oder sie müssen gut isoliert aufgestellt und in diesem Falle mit einem gut isolierenden Bedienungsgange umgeben sein.

c) Die spannungführenden Teile der Maschinen und die zugehörigen Verbindungsleitungen unterliegen nur den Vorschriften über Berührungsschutz nach § 3a. *Bei Hochspannung müssen auch die mit Isolierstoff bedeckten Teile gegen zufällige Berührung geschützt sein.*

Soweit dieser Schutz nicht schon durch die Bauart der Maschine selbst erzielt wird, muß er bei der Aufstellung durch Lage, Anordnung oder besondere Schutzvorkehrungen erreicht werden.

d) Die äußeren spannungführenden Teile der Maschinen müssen auf feuersicheren Unterlagen befestigt sein.

e) Elektrische Maschinen müssen eine Angabe über Stromstärke, Spannung, Drehzahl, Frequenz, Asynchronmotoren auch eine solche über die Anlaßspannung tragen.

§ 7.

Transformatoren.

a) Bei Hochspannung müssen Transformatoren entweder in geerdete Metallgehäuse eingeschlossen oder in besonderen Schutzverschlägen untergebracht sein. Ausgenommen von dieser Vorschrift sind Transformatoren in abgeschlossenen elektrischen Betriebsräumen (siehe § 29) und solche, welche nur mit besonderen Hilfsmitteln zugänglich sind.

b) An Hochspannungs-Transformatoren, deren Körper nicht betriebsmäßig geerdet ist, müssen Vorrichtungen angebracht sein, welche gestatten, die Erdung des Körpers gefahrlos vorzunehmen, oder die Transformatoren allseitig abzuschalten.

c) Die spannungführenden Teile der Transformatoren und die zugehörigen Verbindungsleitungen unterliegen nur den Vorschriften über Berührungsschutz nach § 3a.

d) Die äußeren spannungführenden Teile der Transformatoren müssen auf feuersicheren Unterlagen befestigt sein.

e) Transformatoren müssen eine Angabe über Stromstärken, Spannungen, Frequenz und Schaltart tragen.

§ 8.
Akkumulatoren (siehe auch § 32).

a) Die einzelnen Zellen sind gegen das Gestell, letzteres ist gegen Erde durch feuchtigkeitssichere Unterlagen zu isolieren.

b) Bei Hochspannung müssen die Batterien mit einem isolierenden Bedienungsgang umgeben sein.

c) Die Batterien müssen so angeordnet sein, daß bei der Bedienung eine zufällige gleichzeitige Berührung von Punkten, zwischen denen eine Spannung von mehr als 250 V herrscht, nicht erfolgen kann. *Im übrigen gilt bei Hochspannung der isolierende Bedienungsgang als ausreichender Schutz bei zufälliger Berührung unter Spannung stehender Teile.*

> *1. Bei Batterien, die 1000 V oder mehr gegen Erde aufweisen, empfiehlt es sich, abschaltbare Gruppen von nicht über 500 V zu bilden.*

d) Zelluloid darf bei Akkumulatorenbatterien für mehr als 16 V Spannung außerhalb des Elektrolyten und als Material für Gefäße nicht verwendet werden.

D. Schalt- und Verteilungsanlagen.
§ 9.

a) Schalt- und Verteilungstafeln müssen aus feuersicherem Baustoff bestehen. Holz ist als Umrahmung und als Schutzgeländer zulässig.

b) Bei Schalttafeln und Schaltgerüsten, die betriebsmäßig auf der Rückseite zugänglich sind, müssen die Gänge hinreichend breit und hoch sein und von Gegenständen freigehalten werden, welche die freie Bewegung stören.

> 1. Die Entfernung zwischen ungeschützten, Spannung gegen Erde führenden Teilen der Schaltanlage und der gegenüberliegenden Wand soll bei Niederspannung etwa 1 m, *bei Hochspannung etwa 1,5 m* betragen. Sind beiderseits ungeschützte, Spannung gegen Erde führende Teile in erreichbarer Höhe angebracht, so sollen sie in der Horizontalen etwa 2 m voneinander entfernt sein.
>
> *In Gängen sollen Hochspannung führende Teile besonders geschützt sein, wenn sie weniger als 2,5 m hoch liegen.*
>
> In B. u. T. genügt für Schaltgänge, in denen die spannungführenden Teile der einzelnen Schaltzellen durch Schutztüren besonders abgeschlossen sind, eine freie Breite, die den dort auszuführenden Arbeiten entspricht; doch soll sie nicht geringer als 1 m sein. In Gängen, die nur Kabelendverschlüsse, Sammelschienen und Leitungsverbindungen unter Schutz gegen zufällige Berührung enthalten, die also nicht betriebsmäßig, sondern nur zur Nachprüfung betreten werden, kann die freie Breite bis auf 0,6 m verringert werden.

c) Schalttafeln, die nicht von der Rückseite zugänglich sind, müssen so beschaffen sein, daß die Anschlüsse der
Leitungen nachgesehen werden können.

2. An Verteilungstafeln, die nicht von der Rückseite zugänglich
sind, sollen die Leitungen erst nach Befestigung der Tafel an diese
herangeführt und angeschlossen werden.

3. Verteilungstafeln sollen durch eine Umrahmung oder ähnliche
Mittel so geschützt sein, daß Fremdkörper nicht an die Rückseite
der Tafel gelangen können.

d) Die Sicherungen und, wo erforderlich, auch die
Schalter an Schaltanlagen sind mit Bezeichnungen zu versehen, aus denen hervorgeht, zu welchen Räumen oder Gruppen
von Stromverbrauchern sie gehören.

4. Bei Schaltanlagen, die für verschiedene Stromarten und Spannungen bestimmt sind, sollen die Einrichtungen für jede Stromart
und Spannung entweder auf getrennten und entsprechend bezeichneten Feldern angeordnet oder deutlich gekennzeichnet sein.

5. Bei Schaltanlagen, die von der Rückseite betriebsmäßig zugänglich sind, soll die Polarität oder Phase von Leitungsschienen
und dergleichen kenntlich gemacht sein. Die Bedeutung der benutzten Farben und Zeichen soll bekanntgegeben werden.

*e) In jeder Verteilungsschaltanlage für Hochspannung müssen
die Zuführungsleitungen durch Schalter oder Sicherungen abtrennbar sein.*

E. Apparate.
§ 10.
Allgemeines.

a) Die äußeren spannungführenden Teile und, soweit
sie betriebsmäßig zugänglich sind, auch die inneren müssen
auf feuer-, wärme- und feuchtigkeitssicheren Körpern angebracht sein.

Abdeckungen und Schutzverkleidungen müssen mechanisch widerstandsfähig und wärmesicher sein sowie zuverlässig befestigt werden. Solche aus Isolierstoff, die im
Gebrauch mit einem Lichtbogen in Berührung kommen können, müssen auch feuersicher sein (Ausnahme siehe § 15 b).

b) Die Apparate sind so zu bemessen, daß sie durch
den stärksten normal vorkommenden Betriebsstrom keine für
den Betrieb oder die Umgebung gefährliche Temperatur annehmen können.

c) Die Apparate müssen so gebaut oder angebracht
sein, daß einer Verletzung von Personen durch Splitter, Funken,
geschmolzenes Material oder Stromübergänge bei ordnungsmäßigem Gebrauch vorgebeugt wird (siehe auch § 3).

d) Apparate müssen so gebaut und angebracht sein, daß
für die anzuschließenden Drähte (auch an den Einführungs-

stellen) eine genügende Isolation gegen benachbarte Gebäudeteile, Leitungen und dergleichen erzielt wird.

1. Bei dem Bau der Apparate soll bereits darauf geachtet werden, daß die unter Spannung gegen Erde stehenden Teile der zufälligen Berührung entzogen werden können. (Ausnahme siehe § 15 b.)

2. Griffe, Handräder und dergleichen können aus Isolierstoff oder Metall bestehen. In letzterem Falle ist § 3 Regel 2 zu berücksichtigen. Bei Spannungen bis 1000 V sind metallene Griffe, Handräder und dergleichen, die mit einer haltbaren Isolierschicht vollständig überzogen sind, auch ohne Erdung zulässig.

Bei Spannungen über 1000 V sollen isolierende Griffe (entweder ganz aus Isolierstoff oder nur damit überzogen) so eingerichtet sein, daß sich zwischen der bedienenden Person und den spannungführenden Teilen eine geerdete Stelle befindet. Ganz aus Isolierstoff bestehende Schaltstangen sind von dieser Bestimmung ausgenommen.

e) Ortsfeste Apparate müssen für Anschluß der Leitungsdrähte durch Verschraubung oder gleichwertige Mittel eingerichtet sein (siehe auch § 21[13]).

f) Metallteile, für die eine Erdung in Frage kommen kann, müssen mit einem Erdungsanschluß versehen sein.

g) Alle Schrauben, die Kontakte vermitteln, müssen metallenes Muttergewinde haben.

h) Bei ortsveränderlichen oder beweglichen Apparaten müssen die Anschluß- und Verbindungsstellen von Zug entlastet sein.

i) Der Verwendungsbereich (Stromstärke, Spannung, Stromart usw.) muß, soweit es für die Benutzung notwendig ist, auf den Apparaten angegeben sein.

<h2 style="text-align:center">§ 11.</h2>

<h3 style="text-align:center">Ausschalter und Umschalter.</h3>

a) Alle Schalter, die zur Stromunterbrechung dienen, müssen so gebaut sein, daß beim ordnungsmäßigen Öffnen unter normalem Betriebsstrom kein Lichtbogen bestehen bleibt. (Ausnahme siehe § 28 d.) Sie müssen mindestens für 250 V gebaut sein.

Soweit Schalterabdeckungen gefordert werden müssen, sind offene Betätigungsschlitze nicht zulässig.

1. Schalter für Niederspannung bis 5 kW sollen in der Regel Momentschalter sein.

2. Ausschalter sollen in der Regel nur an den Verbrauchsapparaten selbst oder in festverlegten Leitungen angebracht werden.

b) Nennstromstärke und Nennspannung sind auf dem Schalter zu vermerken.

c) Der Berührung zugängliche Gehäuse und Griffe müssen, wenn sie nicht geerdet sind, aus nichtleitendem

Baustoff bestehen oder mit einer haltbaren Isolierschicht ausgekleidet oder überzogen sein.

d) Griffdorne für Hebelschalter, Achsen von Drehschaltern und diesen gleichwertige Betätigungsteile dürfen nicht spannungführend sein.

e) Ausschalter für Stromverbraucher müssen, wenn sie geöffnet werden, alle Pole ihres Stromkreises, die unter Spannung gegen Erde stehen, abschalten. Ausschalter für Niederspannung, die kleinere Glühlampen - Gruppen bedienen, unterliegen dieser Vorschrift nicht.

> 3. Als kleinere Glühlampen-Gruppen gelten solche, welche nach § 14$^{\underline{1}}$ mit 6 A gesichert sind.

f) An Hochspannungsschaltern muß die Schaltstellung erkennbar sein.

Kriechströme über die Isolatoren müssen durch eine geerdete Stelle abgeleitet werden.

Hochspannungsölschalter in großen Schaltanlagen sind so einzubauen, daß zwischen ihnen und der Stelle, von der aus sie bedient werden, eine Schutzwand besteht.

> *4. Als große Schaltanlagen gelten solche, deren Sammelschienen mehr als 10000 kW abgeben. Die Schutzwand soll die Bedienenden gegen Flammen und brennendes Öl schützen.*

> *5. Bei Verwendung eingekapselter Schalter für Hochpannung über 1000 V. soll noch eine sichtbare Trennungsstelle vorgesehen werden.*

Für B. u. T. siehe Vorschrift *h)* und Regel 6.

g) Nulleiter und betriebsmäßig geerdete Leitungen dürfen entweder gar nicht oder nur zwangläufig zusammen mit den übrigen zugehörigen Leitungen abtrennbar sein. (Ausnahme siehe § 28e.)

h) In B. u. T. müssen vor gekapselten Hochspannungsschaltern, die nicht ausschließlich als Trennschalter dienen, erkennbare Trennstellen vorgesehen sein.

> *6. In B. u. T. kann unter Umständen eine gemeinsame Trennstelle für mehrere eingekapselte Schalter genügen. Bei parallel geschalteten Kabeln und Ringleitungen sollen nicht nur vor, sondern auch hinter eingekapselten Schaltern erkennbare Trennstellen vorgesehen werden*

<h2 style="text-align:center">§ 12.</h2>
<h3 style="text-align:center">Anlasser und Widerstände.</h3>

a) Anlasser und Widerstände, an denen Stromunterbrechungen vorkommen, müssen so gebaut sein, daß bei ordnungsmäßiger Bedienung kein Lichtbogen bestehen bleibt.

b) Die Anbringung besonderer Ausschalter (siehe § 11 e) ist bei Anlassern und Widerständen nur dann notwendig, wenn der Anlasser nicht selbst den Stromverbraucher allpolig abschaltet.

> 1. In eingekapselten Steuerschaltern ist bis 1000 V Holz, das durch geeignete Behandlung feuchtigkeitssicher und wärmesicher

gemacht ist, auch außerhalb eines Ölbades zulässig, abgesehen von Räumen mit ätzenden Dünsten. (Siehe § 33 [1].)

    2. Die stromführenden Teile von Anlassern und Widerständen sollen mit einer Schutzverkleidung aus feuersicherem Stoff versehen sein. (Ausnahme siehe § 28 [1] und 39 h.) Diese sollen Apparate auf feuersicherer Unterlage, und zwar freistehend, oder an feuersicheren Wänden und von entzündlichen Stoffen genügend entfernt angebracht werden.

c) Bei Apparaten mit Handbetrieb darf die Achse der Betätigungsvorrichtung nicht spannungführend sein.

d) Kontaktbahn und Anschlußstellen müssen mit einer widerstandsfähigen, zuverlässig befestigten und abnehmbaren Abdeckung versehen sein; sie darf keine Öffnung enthalten, die eine unmittelbare Berührung spannungführender Teile zuläßt (Ausnahmen siehe §§ 28 u. 29).

§ 13.

Steckvorrichtungen.

a) Nennstromstärke und Nennspannung müssen auf Dose und Stecker verzeichnet sein.

Stecker dürfen nicht in Dosen für höhere Nennstromstärke und Nennspannung passen.

An den Steckvorrichtungen müssen die Anschlußstellen der ortsveränderlichen oder beweglichen Leitungen von Zug entlastet sein.

Die Kontakte in Steckdosen müssen der unmittelbaren Berührung entzogen sein.

b) Soweit nach § 14 Sicherungen an der Steckvorrichtung erforderlich sind, dürfen sie nicht im Stecker angebracht werden.

    1. Wenn an ortsveränderlichen Stromverbrauchern eine Steckvorrichtung angebracht wird, so soll die Dose mit der Leitung und der Stecker mit dem Stromverbraucher verbunden sein.

c) Der Berührung zugängliche Teile der Dosen und Steckerkörper müssen, wenn sie nicht für Erdung eingerichtet sind, aus Isolierstoff bestehen.

Erdverbindungen der Stecker müssen hergestellt sein, bevor die Polkontakte sich berühren.

d) Bei Hochspannung müssen Steckvorrichtungen so gebaut sein, daß das Einstecken und Ausziehen des Steckers unter Spannung verhindert wird.

Bei Zwischenkupplungen ortsveränderlicher Leitungen genügt es, wenn ihre Betätigung durch Unberufene verhindert ist.

§ 14.

Schmelzsicherungen und Selbstschalter.

a) Schmelzsicherungen und Selbstschalter sind so zu bemessen oder einzustellen, daß die von ihnen geschützten

Leitungen keine gefährliche Erwärmung annehmen können; sie müssen so eingerichtet oder angeordnet sein, daß ein etwa auftretender Lichtbogen keine Gefahr bringt.

1. Die Stärke der Schmelzsicherung soll der Betriebsstromstärke der zu schützenden Leitungen und der Stromverbraucher tunlichst angepaßt werden. Sie soll jedoch nicht größer sein, als nach der Belastungstabelle und den übrigen Regeln des § 20 für die betreffende Leitung zulässig ist.

2. Bei Schmelzsicherungen sollen weiche, plastische Metalle und Legierungen nicht unmittelbar den Kontakt vermitteln, sondern die Schmelzdrähte oder Schmelzstreifen sollen mit Kontaktstücken aus Kupfer oder gleichgeeignetem Metall zuverlässig verbunden sein. Reparierte Sicherungsstöpsel sollen nicht verwendet werden.

3. Schmelzsicherungen, die nicht spannungslos gemacht werden können, sollen so gebaut oder angeordnet sein, daß sie auch unter Spannung, gegebenenfalls mit geeigneten Hifsmitteln, von unterwiesenem Personal ungefährlich ausgewechselt werden können.

b) Schmelzsicherungen für niedere Stromstärken müssen bei Niederspannung so beschaffen sein, daß die fahrlässige oder irrtümliche Verwendung von Einsätzen für zu hohe Stromstärken durch ihre Bauart ausgeschlossen ist (Ausnahme siehe § 28 h). Für niedere Stromstärken dürfen nur Sicherungen mit geschlossenem Schmelzeinsatz verwendet werden.

4. Als niedere Stromstärken gelten hier solche bis 60 A, doch soll für Stromstärken unter 6 A die Unverwechselbarkeit der Sicherungen nicht gefordert werden.

c) Nennstromstärke und Nennspannung sind sichtbar und haltbar auf dem ortsfesten Teile der Sicherung sowie auf dem Schmelzeinsatz zu verzeichnen.

d) Leitungen sind durch Abschmelzsicherungen oder Selbstschalter zu schützen. (Ausnahmen siehe f und g.)

5. Bei Niederspannung sollen die Sicherungen an einer den Berufenen leicht zugänglichen Stelle angebracht werden; es empfiehlt sich, solche tunlichst auf besonderer gemeinsamer Unterlage zusammenzubauen.

e) Sicherungen sind an allen Stellen anzubringen, wo sich der Querschnitt der Leitungen nach der Verbrauchsstelle hin vermindert, jedoch sind da, wo davorliegende Sicherungen auch den schwächeren Querschnitt schützen, weitere Sicherungen nicht erforderlich.

Sicherungen müssen stets nahe an der Stelle liegen, wo das zu schützende Leitungsstück beginnt.

6. Bei Abzweigungen kann das Anschlußleitungsstück von der Hauptleitung zur Sicherung, wenn seine einfache Länge nicht mehr als etwa 1 m beträgt, von geringerem Querschnitt sein als die Hauptleitung, wenn es von entzündlichen Gegenständen feuersicher getrennt und nicht aus Mehrfachleitungen hergestellt ist.

7. In Gebäuden können bei Niederspannung mehrere Verteilungsleitungen eine gemeinsame Sicherung von höchstens 6 A Nennstromstärke erhalten, ohne Rücksicht auf die verwendeten Leitungsquerschnitte. Stromkreise, in denen hochkerzige Glühlampen (mit Goliathfassungen) von einer Leitung gleichen Querschnitts in Parallelschaltung abgezweigt werden, können eine dem Querschnitt entsprechende gemeinsame Sicherung, höchstens aber eine solche von 15 A erhalten.

f) Betriebsmäßig geerdete Leitungen dürfen im allgemeinen keine Sicherung enthalten.

8. Die Mittelleiter von Mehrleiter- oder Mehrphasensystemen sollen keine Sicherungen enthalten. Ausgenommen hiervon sind isolierte Leitungen, die von einem Mittelleiter abzweigen und Teile eines Zweileitersystems sind; diese dürfen Sicherungen enthalten, dann aber nicht zur Schutzerdung benutzt werden. Wird ein solches System nur einpolig gesichert, so sollen die Abzweigungen vom Mittelleiter gekennzeichnet sein.

g) Die Vorschriften über das Anbringen von Sicherungen beziehen sich nicht auf Freileitungen, Leitungen an Schaltanlagen, ferner in elektrischen Betriebsräumen nicht auf die Verbindungsleitungen zwischen Maschinen, Transformatoren, Akkumulatoren, Schaltanlagen und dergleichen, sowie auf Fälle, in denen durch das Wirken einer etwa angebrachten Sicherung Gefahren im Betriebe der betreffenden Einrichtungen hervorgerufen werden könnten (siehe auch § 20²).

9. Abzweigungen von Freileitungen nach Verbrauchsstellen (Hausanschlüsse) sollen, wenn nicht schon an der Abzweigstelle Sicherungen angebracht sind, nach Eintritt in das Gebäude in der Nähe der Einführung gesichert werden.

§ 15.
Andere Apparate.

a) Bei ortsfesten Meßgeräten für Hochspannung müssen die Gehäuse entweder gegen die Betriebsspannung sicher isolieren oder sie müssen geerdet sein, oder es müssen die Meßgeräte von Schutzkästen umgeben oder hinter Glasplatten derart angebracht sein, daß auch ihre Gehäuse gegen zufällige Berührung geschützt sind (siehe § 3). Die an Meßwandler angeschlossenen Meßgeräte unterliegen dieser Vorschrift nicht, wenn ihr Sekundärstromkreis gegen den Übertritt von Hochspannung gemäß § 4 geschützt ist.

b) Bei ortsveränderlichen Meßgeräten (auch Meßwandlern) kann von den Forderungen der §§ 10a, 10¹, 10² und 10f abgesehen werden.

c) Handapparate mit einer Aufnahme bis einschließlich 0,3 kW sind für Betriebsspannungen von mehr als 250 V nicht zulässig.

ı. Handapparate sollen besonders sorgfältig ausgeführt und ihre Isolierung soll derart bemessen sein, daß auch bei rauher Behandlung Stromübergänge vermieden werden. Die Bedienungsgriffe der Handapparate, mit Ausnahme derjenigen von Betriebswerkzeugen, sollen möglichst nicht aus Metall bestehen und im übrigen so gestaltet sein, daß eine Berührung benachbarter Metallteile erschwert ist.

Die Handapparate, sowie Koch- und Heizgeräte sollen ein Ursprungszeichen tragen, das den Hersteller erkennen läßt.

F. Lampen und Zubehör.

§ 16.

Fassungen und Glühlampen.

a) Jede Fassung ist mit der Nennspannung zu bezeichnen.

Bei Fassungen verwendete Isolierstoffe müssen wärme-, feuer- und feuchtigkeitssicher sein.

Die unter Spannung gegen Erde stehenden Teile der Fassungen müssen durch feuersichere Umhüllung, die jedoch nicht unter Spannung gegen Erde stehen darf, vor Berührung geschützt sein.

In Stromkreisen, die mit mehr als 250 V betrieben werden, müssen die äußeren Teile der Fassungen aus Isolierstoff bestehen und alle spannungführenden Teile der Berührung entziehen. Fassungen mit Mignongewinde sind in solchen Stromkreisen nicht zulässig.

. b) Schaltfassungen mit Mignon- und Goliathgewinde sind für alle Spannungen, Schaltfassungen mit Normalgewinde für Spannungen über 250 V unzulässig.

Schaltfassungen müssen im Innern so gebaut sein, daß eine Berührung zwischen den beweglichen Teilen des Schalters und den Zuleitungsdrähten ausgeschlossen ist. Handhaben zur Bedienung der Schaltfassungen dürfen nicht aus Metall bestehen. Die Schaltachse muß von den spannungführenden Teilen und von dem Metallgehäuse isoliert sein.

In B. u. T. sind Schaltfassungen unzulässig.

c) Die unter Spannung gegen Erde stehenden Teile der Lampen müssen der zufälligen Berührung entzogen sein.

d) Glühlampen in der Nähe von entzündlichen Stoffen müssen mit Vorrichtungen versehen sein, welche die Berührung der Lampen mit solchen Stoffen verhindern.

e) In Hochspannungsstromkreisen sind zugängliche Glühlampen und Fassungen nur für Gleichstrom und nur für Betriebsspannungen bis 1000 V gestattet.

In B. u. T. sind Glühlampen und Glühlampenfassungen in Hochspannungsstromkreisen nur zulässig, wenn sie im Anschluß an vorhandene Gleichstrom-Bahn- oder Kraftanlagen betrieben werden. Es müssen jedoch in diesem Falle die unter f) geforderten isolierten Fassungen und außerdem Schutzkörbe angewendet werden.

f) In B. u. T. dürfen Glühlampen in erreichbarer Höhe, bei denen die Fassungen äußere Metallteile aufweisen, nur mit starken Überglocken, die die Fassung umschließen, verwendet werden. Die Überglocke ist nicht erforderlich, wenn die äußeren Teile der Fassung aus Isolierstoff bestehen und alle stromführenden Teile der Berührung entzogen sind.

§ 17.
Bogenlampen.

a) An Örtlichkeiten, wo von Bogenlampen herabfallende glühende Kohleteilchen gefahrbringend wirken können, muß dies durch geeignete Vorrichtungen verhindert werden. Bei Bogenlampen mit verminderter Luftzufuhr oder bei solchen mit doppelter Glocke sind keine besonderen Vorrichtungen hierfür erforderlich.

b) Bei Bogenlampen sind die Laternen (Gehänge, Armaturen) gegen die Spannung führenden Teile zu isolieren und bei Verwendung von Tragseilen auch diese gegen die Laternen.

1. Die Einführungsöffnungen für die Leitungen an Lampen und Laternen sollen so beschaffen sein, daß die Isolierhüllen nicht verletzt werden. Bei Lampen und Laternen für Außenbeleuchtung ist darauf Bedacht zu nehmen, daß sich in ihnen kein Wasser ansammeln kann.

c) Werden die Zuleitungen als Träger der Bogenlampe verwendet, so müssen die Anschlußstellen von Zug entlastet sein; die Leitungen dürfen nicht verdrillt werden.

Bei Hochspannung dürfen die Zuleitungen nicht als Aufhängevorrichtung dienen.

d) Bei Hochspannung muß die Lampe entweder gegen das Aufzugsseil und, wenn sie an einem Metallträger angebracht ist, auch gegen diesen doppelt isoliert sein, oder Seil und Träger sind zu erden. Bei Spannungen über 1000 V müssen beide Vorschriften gleichzeitig befolgt werden.

e) Bei Hochspannung müssen Bogenlampen während des Betriebes unzugänglich und von Abschaltvorrichtungen abhängig sein, die gestatten, sie zum Zweck der Bedienung spannungslos zu machen.

f) In B. u. T. sind Bogenlampen in Hochspannungskreisen unzulässig.

§ 18.
Beleuchtungskörper, Schnurpendel und Handlampen.

a) In und an Beleuchtungskörpern müssen die Leitungen mit einer Isolierhülle gemäß § 19 versehen sein. Fassungsadern dürfen nicht als Zuleitungen zu ortsveränderlichen Beleuchtungskörpern verwendet werden.

Wird die Leitung an der Außenseite des Beleuchtungskörpers geführt, so muß sie so befestigt sein, daß sie sich nicht verschieben und durch scharfe Kanten nicht verletzt werden kann. *Bei Hochspannung dürfen die Leitungen von zugänglichen Beleuchtungskörpern nur geschützt geführt werden.*

1. Die zur Aufnahme von Drähten bestimmten Hohlräume von Beleuchtungskörpern sollen so beschaffen sein, daß die einzuführenden Drähte sicher ohne Verletzung der Isolierung durchgezogen werden können; die engsten für zwei Drähte bestimmten Rohre sollen bei Niederspannung wenigstens 6 mm, *bei Hochspannung wenigstens 12* mm im Lichten haben.

In B. u. T. sollen Rohre an Beleuchtungskörpern für Niederspannung, die für zwei Drähte bestimmt sind, mindestens 11 mm lichte Weite haben.

2. Bei Niederspannung sollen Abzweigstellen in Beleuchtungskörpern tunlichst zusammengefaßt werden.

3. Bei Hochspannung sollen Abzweig- und Verbindungsstellen in Beleuchtungskörpern nicht angeordnet werden.

4. Beleuchtungskörper sollen so angebracht werden, daß die Zuführungsdrähte nicht durch Bewegen des Körpers verletzt werden können; Fassungen sollen an den Beleuchtungskörpern zuverlässig befestigt sein.

b) Bei Hochspannung sind zugängliche Beleuchtungskörper nur bei Gleichstrom und nur bis 1000 V gestattet. Ihre Metallkörper müssen geerdet sein.

Für B. u. T. siehe § 16, e).

c) Werden die Zuleitungen als Träger des Beleuchtungskörpers verwendet (Schnurpendel), so müssen die Anschlußstellen von Zug entlastet sein.

In B. u. T. sind Schnurpendel unzulässig.

d) Bei Hochspannung sind Schnurpendel unzulässig.

e) Körper und Griff der Handlampen müssen aus Isolierstoff bestehen. Die spannungführenden Teile müssen der zufälligen Berührung durch ausreichend widerstandsfähige Schutzmittel entzogen sein.

Die Anschlußstellen der Leitungen müssen von Zug entlastet sein.

Gewöhnliche Schaltfassungen in Handlampen sind verboten.

Schalter in Handlampen sind nur bis 250 V zulässig. Sie müssen den Vorschriften für Dosenschalter entsprechen und so im Körper oder Griff eingebaut sein, daß sie mechanischen Beschädigungen bei Gebrauch der Handlampe nicht unmittelbar ausgesetzt sind.

2*

Metallteile der Betätigungsvorrichtung des Schalters müssen auch beim Bruch des Schaltergriffes der zufälligen Berührung entzogen bleiben.

Die Einführungsstellen für die Leitungen müssen derart ausgebildet sein, daß eine Beschädigung der biegsamen Leitungen auch bei rauher Behandlung nicht zu befürchten ist.

Ist die Lampe mit einem Schutzkorbe, Aufhängehaken, Tragebügel oder dergleichen aus Metall versehen, so müssen diese auf dem isolierenden Körper befestigt sein.

f) Bei Hochspannung sind Handlampen nicht zulässig. (Ausnahme siehe § 28 k.)

G. Beschaffenheit und Verlegung der Leitungen.

§ 19.

Beschaffenheit isolierter Leitungen.

a) Isolierte Leitungen müssen mit einer Hülle versehen sein, deren Haltbarkeit und Isolierfähigkeit den vorliegenden Betriebsverhältnissen entspricht.

1. Leitungen, die nur gegen chemische Einflüsse geschützt sind, gelten nicht als isolierte Leitungen.

A*)
2. Isolierte Leitungen sollen den „Normen für isolierte Leitungen in Starkstromanlagen" entsprechen. Man unterscheidet folgende Arten:

I. Leitungen für feste Verlegung.

Gummiaderleitungen für Spannungen bis 750 V.

Spezialgummiaderleitungen, für alle Spannungen.

Rohrdrähte, für Niederspannungsanlagen, zur erkennbaren Verlegung, welche es ermöglicht, den Leitungsverlauf ohne Aufreißen der Wände zu verfolgen.

Panzeradern, nur zur festen Verlegung für Spannungen bis 1000 V.

II. Leitungen für Beleuchtungskörper.

Fassungsadern, zur Installation nur in und an Beleuchtungskörpern in Niederspannungsanlagen.

⚒ | In B. u. T. ist Fassungsader unzulässig.

Pendelschnüre, zur Installation von Schnurzugpendeln in Niederspannungsanlagen.

⚒ | In B. u. T. ist Pendelschnur unzulässig.

III. Leitungen zum Anschluß ortsveränderlicher Stromverbraucher.

Gummiaderschnüre (Zimmerschnüre), für geringe mechanische Beanspruchung in trockenen Wohnräumen in Niederspannungsanlagen.

Werkstattschnüre, für mittlere mechanische Beanspruchung in Werkstätten- und Wirtschaftsräumen in Niederspannungsanlagen.

Spezialschnüre, für rauhe Betriebe in Gewerbe, Industrie und Landwirtschaft in Niederspannungsanlagen.

---

*) Siehe Vorwort.

Hochspannungsschnüre, zum Anschluß ortsveränderlicher Stromverbraucher für Spannungen bis 1000 V.

Leitungstrossen, geeignet zur Führung über Leitrollen und
Trommeln.

IV. Bleikabel.

Gummi-Bleikabel.

Papier- oder Faserstoff-Bleikabel.

Einleiter-Gleichstrom-Bleikabel mit und ohne Prüfdraht bis
750 V.

Konzentrische und verseilte Mehrleiter-Bleikabel mit und ohne
Prüfdraht.

⚒ | Abteufkabel. |

§ 20.
Bemessung der Leitungen.

a) Elektrische Leitungen sind so zu bemessen, daß sie bei
den vorliegenden Betriebsverhältnissen genügende mechanische
Festigkeit haben und keine unzulässigen Erwärmungen annehmen können.

1. Isolierte Leitungen und Schnüre aus Leitungskupfer dürfen
mit den in nachstehender Tabelle verzeichneten Stromstärken dauernd
belastet werden.

Querschnitt in mm²	Stromstärke in A	Nennstromstärke für die entsprechende Abschmelzsicherung in A
0,5	7,5	6
0,75	9	6
1	11	6
1,5	14	10
2,5	20	15
4	25	20
6	31	25
10	43	35
16	75	60
25	100	80
35	125	100
50	160	125
70	200	160
95	240	200
120	280	225
150	325	260
185	380	300
240	450	350
310	540	430
400	640	500
500	760	600
625	880	700
800	1050	850
1000	1250	1000

Blanke Kupferleitungen bis zu 50 mm² unterliegen gleichfalls
den Vorschriften der Tabelle. Auf blanke Kupferleitungen über
50 mm² sowie auf alle Freileitungen finden die vorstehenden Zahlen-
bestimmungen keine Anwendung, solche Leitungen sind in jedem
Falle so zu bemessen, daß sie durch den stärksten normal vor-

kommenden Betriebsstrom keine für den Betrieb oder die Umgebung gefährliche Temperatur annehmen können.

Für die Belastung von Kabeln gelten die in den „Normen für isolierte Leitungen in Starkstromanlagen" auf Kabel bezüglichen Bestimmungen.

2. Bei intermittierendem Betriebe ist für Leitungen mit Querschnitten von 120 mm² und darüber die zeitweilige Erhöhung der Belastung über die Tabellenwerte auch unter Verwendung stärkerer Sicherungen zulässig, wenn keine größere Erwärmung als bei der der Tabelle entsprechenden Dauerbelastung entsteht.

A*)

3. Der geringste zulässige Querschnitt für Kupferleitungen beträgt für Leitungen an und in Beleuchtungskörpern (siehe

§ 18 a)	0,5 mm²
für Pendelschnüre	0,75 „
für isolierte Leitungen bei Verlegung in Rohr oder auf Isolierkörpern, deren Abstand nicht mehr als 1 m beträgt, und für ortsveränderliche Leitungen .	1 „
für isolierte Leitungen in Gebäuden und im Freien, bei denen der Abstand der Befestigungspunkte mehr als 1 m beträgt	4 „
für blanke Leitungen in Gebäuden und im Freien .	4 „
für Freileitungen	10 „

In B. u. T. beträgt der geringst zulässige Querschnitt
für Kupferleitungen an und in Beleuchtungskörpern   1   „
Für isolierte Leitungen bei Verlegung auf Isolierkörpern   2,5   „

4. Bei Verwendung von Leitern aus Kupfer von geringerer Leitfähigkeit, oder anderen Metallen, z. B. auch bei Verwendung der Metallhülle von Leitungen als Rückleitung, sollen die Querschnitte so gewählt werden, daß sowohl Festigkeit wie Erwärmung durch den Strom den im vorigen für Leitungskupfer gegebenen Querschnitten entsprechen.

§ 21.
Allgemeines über Leitungsverlegung.

a) Festverlegte Leitungen müssen durch ihre Lage oder durch besondere Verkleidung vor mechanischer Beschädigung geschützt sein; soweit sie unter Spannung gegen Erde stehen, ist im Handbereich stets eine besondere Verkleidung zum Schutz gegen mechanische Beschädigung erforderlich. (Ausnahmen siehe §§ 8 c, 28 g und 30 a.)

1. Bei armierten Bleikabeln und metallumhüllten Leitungen gilt die Metallhülle als Schutzverkleidung.

Mechanisch widerstandsfähige Rohre (siehe § 26) gelten als Schutzverkleidung.

Panzerader soll gegen chemische und nach den örtlichen Verhältnissen auch gegen mechanische Angriffe geschützt werden.

In B. u. T. sollen metallische Schutzverkleidungen geerdet werden.

b) Bei Hochspannung müssen Schutzverkleidungen aus Metall geerdet, solche aus Isolierstoff müssen feuersicher sein.

c) Ortsveränderliche Leitungen und bewegliche Leitungen, die von festverlegten abgezweigt sind, bedürfen, wenn sie rauher Behandlung ausgesetzt sind, eines besonderen Schutzes.

In B. u. T. bedürfen ortsveränderliche Leitungen und bewegliche Leitungen stets eines besonderen Schutzes; besteht der Schutz aus Metallbewehrung, so muß er geerdet sein.

2. In Betriebsstätten sollen ungeschützte Schnüre nicht verwendet werden. Besteht der Schutz aus Metallbewehrung, so empfiehlt es sich, ihn zu erden.

d) Geerdete Leitungen können unmittelbar an Gebäuden befestigt oder in die Erde verlegt werden, jedoch ist eine Beschädigung der Leitungen durch die Befestigungsmittel oder äußere Einwirkung zu verhüten.

3. Strecken einer geerdeten Betriebsleitung sollen nicht durch Erde allein ersetzt werden.

e) Ungeerdete blanke Leitungen dürfen nur auf zuverlässigen Isolierkörpern verlegt werden.

In B. u. T. sind sie nur als Fahrleitung und in abgeschlossenen elektrischen Betriebsräumen zulässig.

f) Ungeerdete blanke Leitungen müssen, wenn sie nicht unausschaltbare gleichpolige Parallelzweige bilden, in einem der Spannweite, Drahtstärke und Spannung angemessenen Abstand voneinander und von Gebäudeteilen, Eisenkonstruktionen und dergleichen entfernt sein.

4. Ungeerdete blanke Leitungen sollen, wenn sie nicht unausschaltbare Parallelzweige sind, in der Regel bei Spannweiten von mehr als 6 m etwa 20 cm, bei Spannweiten von 4—6 m etwa 15 cm und bei kleineren Spannweiten etwa 10 cm voneinander, in allen Fällen aber etwa 5 cm von der Wand oder von Gebäudeteilen entfernt sein (siehe § 31²).

5. Bei Verbindungsleitungen zwischen Akkumulatoren, Maschinen und Schalttafeln und auf Schalttafeln, ferner bei Zellenschalter-Leitungen und bei parallel geführten Speise-, Steig- und Verteilungsleitungen können starke Schienen sowie starke Drähte in kleineren Abständen voneinander verlegt werden.

Kleinere Abstände zwischen den Leitungen sind nur zulässig, wenn sie durch geeignete Isolierkörper gewährleistet sind, die nicht mehr als 1 m voneinander entfernt sind.

6. *Bei blanken Hochspannungsleitungen sollen als Abstände der Leitungen gegen andere Leitungen, gegen die Wand, Gebäudeteile und gegen die eigenen Schutzverkleidungen folgende Maße eingehalten werden:*

Betriebsspannung in V	Mindestabstand in cm
bis 1500	5,0
„ 3000	7,5
„ 6000	10,0
„ 12000	12,5
„ 24000	18,0
„ 35000	24,0

Für die Bemessung der Abstände ist die Spannung maßgebend, die betriebsmäßig zwischen den Leitungen vorhanden ist.

7. Wird eine Hochspannungsleitung an der Außenseite eines Gebäudes geführt, so soll an keiner Stelle der Abstand von der äußeren Gebäudewand weniger als 1 cm für je 1000 V, mindestens aber 10 cm betragen. (Siehe auch § 22 b.) Ausgenommen hiervon sind Kabel.

g) Isolierte Leitungen dürfen entweder offen auf geeigneten Isolierkörpern oder in Rohren verlegt werden.

8. Leitungen sollen in der Regel so verlegt werden, daß sie ausgewechselt werden können (siehe § 26⁴). Rohrdrähte sollen nicht eingemauert oder eingeputzt werden.

9. Isolierte offen verlegte Leitungen sollen bei Niederspannung im Freien mindestens 2 cm, in Gebäuden mindestens 1 cm von der Wand entfernt gehalten werden.

In B. u. T. soll der Abstand mindestens 2 cm von Stößen, Firsten und dergleichen betragen.

10. Isolierte Leitungen mit metallener Schutzhülle (Rohrdrähte, Panzerader usw.) können im Freien an maschinellen Aufbauten und Apparaten, die ständiger Überwachung unterstehen (wie Krane, Schiebebühnen usw.), unmittelbar auf Wänden, Maschinenteilen und dergleichen mit Schellen befestigt werden.

Gegen chemische und atmosphärische Angriffe soll die Schutzhülle gesichert sein.

11. Bei Einrichtungen, an denen ein Zusammenlegen von Leitungen in größerer Zahl unvermeidlich ist (z. B. Reguliervorrichtungen, Schaltanlagen), dürfen isolierte Leitungen so verlegt werden, daß sie sich berühren, wenn eine Lagenveränderung ausgeschlossen ist.

12. Bei Hochspannung über 1000 V sollen auf Glocken, Rollen usw. verlegte isolierte Leitungen mit den für blanke Leitungen geforderten Mindestabständen verlegt werden, wenn ihre Isolierhülle nicht gegen Verwitterung geschützt ist. Bei Spannungen unter 1000 V gelten 2 cm als ausreichender Abstand.

h) Bei Leitungen oder Kabeln für Ein- und Mehrphasenstrom, die eisenumhüllt oder durch Eisenrohre geschützt sind, müssen sämtliche zu einem Stromkreise gehörigen Leitungen in der gleichen Eisenhülle enthalten sein, wenn bei Einzelverlegung eine bedenkliche Erwärmung der Eisenhüllen zu befürchten ist (siehe § 26 c).

i) Die Verbindung von Leitungen untereinander, sowie die Abzweigung von Leitungen dürfen nur durch Lötung, Verschraubung oder gleichwertige Mittel bewirkt werden.

In B. u. T. müssen an Schaltstellen die ankommenden Leitungen abtrennbar sein.

Bei Hochspannung müssen die zu den Stromverbrauchern führenden Abzweigungen von Hauptleitungen unter Spannung abtrennbar sein. Die Trennstelle muß in angemessener Entfernung von der durchgehenden Leitung liegen.

12 a. Bei Niederspannung empfiehlt es sich, Hauptabzweigungen unter Spannung abtrennbar zu machen (siehe § 41 a).

13. Die Verbindung der Leitungen mit den Apparaten, Maschinen Sammelschienen und Stromverbrauchern soll durch Schrauben oder gleichwertige Mittel ausgeführt werden.

Schnüre oder Drahtseile bis zu 6 mm² und Einzeldrähte bis zu 16 mm² Kupferquerschnitt können mit angebogenen Ösen an den Apparaten befestigt werden. Drahtseile über 6 mm², sowie Drähte über 16 mm² Kupferquerschnitt sollen mit Kabelschuhen oder gleichwertigen Verbindungsmitteln versehen sein. Bei Schnüren und Drahtseilen jeder Art sollen die einzelnen Drähte jedes Leiters, wenn sie nicht Kabelschuhe oder gleichwertige Verbindungsmittel erhalten, an den Enden miteinander verlötet sein.

14. Verbindungen von Schnüren untereinander oder zwischen Schnüren und anderen Leitungen sollen nicht durch Verlötung, sondern durch Verschraubung auf isolierender Unterlage oder durch gleichwertige Vorrichtungen hergestellt sein. An und in Beleuchtungskörpern sind bei Niederspannung auch für Schnüre Lötungen zulässig.

k) Bei Verbindungen oder Abzweigungen von isolierten Leitungen ist die Verbindungsstelle in einer der übrigen Isolierung möglichst gleichwertigen Weise zu isolieren. Wo die Metallbewehrungen und metallischen Schutzverkleidungen geerdet werden müssen, sind sie an den Verbindungsstellen gut leitend zu verbinden.

l) Ortsveränderliche Leitungen dürfen an festverlegte nur mit lösbaren Verbindungen angeschlossen werden.

m) Jede ortsveränderliche Leitung muß ihren eigenen Stecker erhalten.

n) Kreuzungen stromführender Leitungen unter sich und mit Metallteilen sind so auszuführen, daß Berührung ausgeschlossen ist.

o) Es sind Maßnahmen zu treffen, um die Gefährdung von Schwachstromleitungen durch Starkstromleitungen zu verhindern.

15. Bezüglich der Sicherung vorhandener Fernsprech- und Telegraphenleitungen wird auf das Gesetz über das Telegraphenwesen des Deutschen Reiches vom 6. April 1892 und auf das Telegraphenwegegesetz vom 18. Dezember 1899 verwiesen.

§ 22.

Freileitungen.

a) Ungeerdete Freileitungen dürfen nur auf Porzellanglocken oder gleichwertigen Isoliervorrichtungen verlegt werden.

b) Freileitungen, sowie Apparate an Freileitungen sind so anzubringen, daß sie ohne besondere Hilfsmittel weder vom Erdboden noch von Dächern, Ausbauten, Fenstern und anderen von Menschen betretenen Stätten aus zugänglich sind; wenn diese Stätten selbst nur durch besondere Hilfsmittel zugänglich sind, genügt bei Niederspannung die Verwendung wetterfester isolierter Leitungen oder die Anbringung besonderer Schutzwehren. Bei Wegübergängen müssen die Leitungen einen angemessenen Abstand vom Erdboden oder einen geeigneten Schutz gegen Berührung erhalten.

1. Ungeschützte Freileitungen für Hochspannung sollen in der Regel mit ihren tiefsten Punkten mindestens 6 m von der Erde, und bei befahrenen Wegübergängen mindestens 7 m von der Fahrbahn entfernt sein.

c) Träger und Schutzverkleidungen von Freileitungen, welche mehr als 750 V gegen Erde führen, müssen durch einen roten Blitzpfeil sichtbar gekennzeichnet sein.

d) Leitungen, Schutznetze und ihre Träger müssen genügend widerstandsfähig (auch gegen Winddruck und Schneelast) sein.

2. Die Ausführung und Bemessung von Freileitungen soll nach den „Normen für Freileitungen" erfolgen.

3. Freileitungen können mit größeren Stromstärken belastet werden, als der Tabelle in § 20[1] entspricht, wenn dadurch ihre Festigkeit nicht merklich leidet.

e) Bei Freileitungen für Hochspannung müssen blanke Leitungen verwendet werden; wo ätzende Dünste zu befürchten sind, ist ein schützender Anstrich gestattet

f) Bei Freileitungen für Hochspannung müssen Eisenmaste, Eisenbetonmaste oder ihre Isolatorenträger und die Ankerdrähte gut geerdet werden. Ferner müssen bei der Führung von Leitungen an Wänden und solchen Holzmasten, welche sich an verkehrsreichen Stellen befinden, Isolatorenstützen und Tragteile von Streckenschaltern, Kurzschließern usw. an die Erdleitung angeschlossen werden. Bei Holzmasten genügt in diesem Falle ein geerdeter Schutzring am Mast unterhalb der Leitung.

g) In die Betätigungsgestänge von Schaltern an Holzmasten sind Isolatoren einzuschalten, wenn eine zuverlässige Erdung des Schalters nicht gewährleistet werden kann. In diesem Falle ist nicht das Gestell selbst, sondern das Betätigungsgestänge unterhalb der Isolatoren zu erden.

Ankerdrähte von Holzmasten sind zu erden oder mit zuverlässigen Abspannisolatoren über Reichhöhe zu versehen.

h) Bei parallel verlaufenden oder sich kreuzenden Freileitungen, die an getrenntem oder gemeinsamem Gestänge geführt sind, sind die Drähte so zu führen oder es sind Vorkehrungen zu treffen, daß eine Berührung der beiden Arten von Leitungen miteinander verhütet oder ungefährlich gemacht wird (siehe auch § 4a).

i) Fernmelde-Freileitungen, die an einem Freileitungsgestänge für Hochspannung geführt sind, müssen so eingerichtet sein, daß gefährliche Spannungen in ihnen nicht auftreten können oder sie sind wie Hochspannungsleitungen zu behandeln. Fernsprech-

stellen müssen so eingerichtet sein, daß auch bei Berührung zwischen den beiderseitigen Leitungen eine Gefahr für die Sprechenden ausgeschlossen ist.

4. Fernmelde-Freileitungen sollen entweder auf besonderem Gestänge oder bei gemeinsamem Gestänge in angemessenem Abstand unterhalb der Starkstromleitungen verlegt werden.

k) Wenn eine Hochspannungsleitung über Ortschaften, bewohnte Grundstücke und gewerbliche Anlagen geführt wird, oder wenn sie sich einem verkehrsreichen Fahrweg so weit nähert, daß die Vorüberkommenden durch Drahtbrüche gefährdet werden können, müssen die Leitungsdrähte entweder so hoch angebracht werden, daß im Falle eines Drahtbruches die herabhängenden Enden mindestens 3 m vom Erdboden entfernt sind, oder es müssen Vorrichtungen angebracht werden, die das Herabfallen der Leitungen verhindern oder welche die herabgefallenen Teile selbst spannungslos machen, oder es müssen innerhalb der fraglichen Strecke alle Teile der Leitungsanlage mit entsprechend erhöhter Sicherheit ausgeführt werden.

5. Schutznetze für Hochspannungsleitungen sollen so gestaltet oder angebracht sein, daß sie auch bei starkem Winde mit den Hochspannungsleitungen nicht in Berührung kommen können und einen gebrochenen Draht mit Sicherheit abfangen.

Sie sollen, wo sie nicht geerdet werden können, der höchsten vorkommenden Spannung entsprechend isoliert sein.

6. Bei Winkelpunkten von Hochspannungsleitungen sollen die Leitungen an zwei Isolatoren mit Sicherheitsbügel abgespannt werden die beim Bruch von Isolatoren das Herabfallen der Leitungen verhindern.

l) Hochspannungs-Freileitungen zur Versorgung ausgedehnter gewerblicher Anlagen, größerer Anstalten, Gehöfte und dergleichen müssen während des Betriebes streckenweise spannungslos gemacht werden können.

7. Dies soll auch bei Ortschaften den örtlichen Verhältnissen entsprechend beachtet werden.

§ 23.
Installationen im Freien.

a) Im Freien verlegte Leitungen müssen abschaltbar sein.

b) Im Freien ist die feste Verlegung von ungeschützten Mehrfachleitungen unzulässig.

c) Träger und Schutzverkleidungen von Hochspannungsleitungen im Freien, die mehr als 750 V gegen Erde führen, müssen durch einen roten Blitzpfeil sichtbar gekennzeichnet sein.

1. Bei im Freien offen verlegten Leitungen ist der Schutz gegen Berührung besonders zu beachten.

2. Ungeschützte Niederspannungsleitungen im Freien sollen so verlegt werden, daß sie ohne besondere Hilfsmittel nicht berührt werden können, sie sollen jedoch mindestens $2\,^1/_2$ m vom Erdboden entfernt sein.

3. Ungeschützte Hochspannungsleitungen im Freien sollen in der Regel mit ihrem tiefsten Punkt mindestens 6 m von der Erde entfernt sein.

4. Wenn bei Fahrleitungen die in Regel 2 und 3 genannten Maße nicht eingehalten werden können oder die Fahrleitungen lose auf Stützpunkten ruhen müssen, so sollen den Betriebsverhältnissen entsprechend Vorsichtsmaßregeln getroffen werden.

5. Apparate sollen tunlichst nicht im Freien untergebracht werden; läßt sich dies nicht vermeiden, so soll für besonders gute Isolierung, zuverlässigen Schutz gegen Berührung und gegen schädliche Witterungseinflüsse Sorge getragen werden.

§ 24.
Leitungen in Gebäuden.

a) Innerhalb von Gebäuden müssen alle gegen Erde unter Spannung stehenden Leitungen mit einer Isolierhülle im Sinne des § 19 versehen sein.

Nur in Räumen, in denen erfahrungsgemäß die Isolierhülle durch chemische Einflüsse rascher Zerstörung ausgesetzt ist, ferner für Kontaktleitungen und dergleichen dürfen blanke spannungführende Leitungen Verwendung finden, wenn sie vor Berührung hinreichend geschützt sind.

b) Bei Hochspannung sind ungeerdete blanke Leitungen außerhalb elektrischer Betriebs- und Akkumulatorenräume nur als Kontaktleitungen gestattet. Sie müssen an geeigneter Stelle mit Schalter allpolig abschaltbar sein. Für Fahrleitungen gilt § 23⁴.

c) Bei Abzweigstellen muß den auftretenden Zugkräften durch geeignete Anordnungen Rechnung getragen werden.

d) Durch Wände, Decken und Fußböden sind die Leitungen so zu führen, daß sie gegen Feuchtigkeit, mechanische und chemische Beschädigung, sowie Oberflächenleitung ausreichend geschützt sind.

1. Die Durchführungen sollen entweder der in den betreffenden Räumen gewählten Verlegungsart entsprechen, oder es sollen haltbare isolierende Rohre verwendet werden, und zwar für jede einzeln verlegte Leitung und für jede Mehrfachleitung je ein Rohr.

In feuchten Räumen sollen entweder Porzellan- oder gleichwertige Rohre verwendet werden, deren Gestalt keine merkliche Oberflächenleitung zuläßt, oder die Leitungen sollen frei durch genügend weite Kanäle geführt werden.

Über Fußböden sollen die Rohre mindestens 10 cm vorstehen; sie sollen gegen mechanische Beschädigung sorgfältig geschützt sein. *Bei Hochspannung sollen die Rohre außerdem an Decken und Wandflächen mindestens 5 cm vorstehen.*

§ 25.
Isolier- und Befestigungskörper.

a) Holzleisten sind unzulässig.

b) Krampen sind nur zur Befestigung von betriebsmäßig geerdeten Leitungen zulässig, wenn dafür gesorgt ist, daß der Leiter weder mechanisch noch chemisch durch die Art der Befestigung beschädigt wird.

c) Isolierglocken müssen so angebracht werden, daß sich in ihnen kein Wasser ansammeln kann.

d) Isolierkörper müssen so angebracht werden, daß sie die Leitungen in angemessenem Abstand voneinander, von Gebäudeteilen, Eisenkonstruktionen und dergleichen entfernt halten.

1. Bei Führung von Leitungen auf gewöhnlichen Rollen längs der Wand soll auf höchstens 1 m eine Befestigungsstelle kommen. Bei Führung an der Decke können den örtlichen Verhältnissen entsprechend ausnahmsweise größere Abstände gewählt werden.

In B. u. T. sind gewöhnliche Rollen unzulässig.

2. Mehrfachleitungen sollen nicht so befestigt werden, daß ihre Einzelleiter aufeinander gepreßt sind.

<h2 style="text-align:center">§ 26.</h2>
<h3 style="text-align:center">Rohre.</h3>

a) Rohre und Zubehörteile (Dosen, Muffen, Winkelstücke usw.) aus Papier müssen einen Metallüberzug haben.

1. Dosen sollen entweder feste Stutzen oder hinreichende Wandstärke zur Aufnahme der Rohre haben.

2. Rohrähnliche Winkel-, T-, Kreuzstücke und dergleichen sollen als Teile des Rohrsystems in gleicher Weise ausgekleidet sein wie die Rohre selbst. Scharfe Kanten im Innern sind auf alle Fälle zu vermeiden.

b) Rohre aus Metall oder mit Metallüberzug müssen bei Hochspannung in solcher Stärke verwendet werden, daß sie auch den zu erwartenden mechanischen und chemischen Angriffen widerstehen.

Bei Hochspannung sind die Stoßstellen metallener Rohre metallisch zu verbinden und die Rohre zu erden.

In B. u. T. gelten beide Absätze auch für Niederspannung.

c) In ein und dasselbe Rohr dürfen nur Leitungen verlegt werden, die zu dem gleichen Stromkreise gehören (siehe §§ 21 h und 28 i).

d) Drahtverbindungen und Abzweigungen innerhalb der Rohrsysteme sind nur in Dosen, Abzweigkästen, T- und Kreuzstücken und nur durch Verschraubung auf isolierender Unterlage zulässig.

3. Rohre sollen so verlegt werden, daß sich in ihnen kein Wasser ansammeln kann.

4. Bei Rohrverlegung sollen im allgemeinen die lichte Weite, sowie die Anzahl und der Radius der Krümmungen so gewählt sein, daß man die Drähte einziehen und entfernen kann. Von der Auswechselbarkeit der Leitungen kann abgesehen werden, wenn die Rohre offen verlegt und jederzeit zugänglich sind. Die Rohre sollen an den freien Enden mit entsprechenden Armaturen, z. B.

Tüllen versehen sein, so daß die Isolierung der Leitungen durch vorstehende Teile und scharfe Kanten nicht verletzt werden kann.

5. Unter Putz verlegte Rohre, die für mehr als einen Draht bestimmt sind, sollen mindestens 11 mm lichte Weite haben.

§ 27.
Kabel.

a) Blanke und asphaltierte Bleikabel dürfen nur so verlegt werden, daß sie gegen mechanische und chemische Beschädigungen geschützt sind (siehe auch § 21 h).

1. Bleikabel jeder Art mit Ausnahme von Gummikabeln bis 750 V, dürfen nur mit Endverschlüssen, Muffen oder gleichwertigen Vorkehrungen, welche das Eindringen von Feuchtigkeit verhindern und gleichzeitig einen guten elektrischen Anschluß gestatten, verwendet werden.

2. Die Entfernung der Befestigungsstellen der Kabel soll in B. u. T. 3 m nicht übersteigen, außer in Bohrlöchern und Schächten. Für Schächte siehe § 40.

3. In B. u. T. ist die Armatur von Kabeln nach Möglichkeit zu erden. An Muffen und ähnlichen Stellen sind die Armaturen leitend zu verbinden.

b) Es ist darauf zu achten, daß an den Befestigungsstellen der Bleimantel nicht eingedrückt oder verletzt wird; Rohrhaken sind unzulässig.

c) Prüfdrähte sind wie die zugehörigen Kabeladern zu behandeln.

Bei Hochspannung sind sie so anzuschließen, daß sie nur zur Kontrolle der zugehörigen Kabeladern dienen.

H. Behandlung verschiedener Räume.

Für die in den §§ 28 bis 36 behandelten Räume treten die allgemeinen Vorschriften insoweit außer Kraft, als die folgenden Sonderbestimmungen Abweichungen enthalten.

§ 28.
Elektrische Betriebsräume.

a) Entgegen § 3a kann in Niederspannungsanlagen von dem Schutz gegen zufällige Berührung blanker, unter Spannung gegen Erde stehender Teile insoweit abgesehen werden, als dieser Schutz nach den örtlichen Verhältnissen entbehrlich oder der Bedienung und Beaufsichtigung hinderlich ist.

b) Entgegen § 3b kann bei Hochspannung die Schutzvorrichtung insoweit auf einen Schutz gegen zufällige Berührung beschränkt werden, als ein erhöhter Schutz nach den örtlichen Verhältnissen entbehrlich oder der Bedienung und Beaufsichtigung hinderlich ist.

c) Bei Hochspannung sind auch solche blanke Leitungen gestattet, welche nicht Kontaktleitungen sind (siehe § 24 b). Sie müssen jedoch nach § 3 b der Berührung entzogen sein.

In B. und T. fällt diese Erleichterung fort. Auch bei Niederspannung sind blanke Leitungen nur in abgeschlossenen elektrischen Betriebsräumen (siehe § 21 e) oder als Fahrleitungen (siehe § 42) zulässig.

d) Schalter mit Ausnahme von Ölschaltern brauchen der Bestimmung in § 11 a Absatz 1 nur bei der Stromstärke zu genügen, für deren Unterbrechung sie bestimmt sind. Auf solchen Schaltern ist außer der Betriebsspannung und Betriebsstromstärke auch die zulässige Ausschaltstromstärke zu vermerken.

e) Entgegen § 11 g können Nulleiter und betriebsmäßig geerdete Leitungen auch einzeln abtrennbar gemacht werden.

f) Entgegen § 12 b sind auch bei nicht allpolig abschaltenden Anlassern besondere Ausschalter nicht notwendig.

In B. u. T. fällt diese Erleichterung fort.

1. Entgegen § 12^2 sind Schutzverkleidungen für Anlasser und Widerstände nicht unbedingt erforderlich.

g) Die im § 21 a geforderte Schutzverkleidung ist bei Niederspannung und bei *isolierten Hochspannungsleitungen unter 1000 V* nur insoweit erforderlich, als die Leitungen mechanischer Beschädigung ausgesetzt sind.

h) Aus besonderen Betriebsrücksichten kann entgegen § 14 b von der Unverwechselbarkeit der Schmelzeinsätze abgesehen werden.

i) Bei Schalt- und Signalanlagen ist es entgegen § 26 c gestattet, Leitungen verschiedener Stromkreise in einem Rohr zu verlegen.

k) Entgegen § 18 f sind Handlampen bei Gleichstrom bis 1000 V zulässig; ihre Bauart muß der angewendeten Spannung entsprechen.

In B. u. T. fällt diese Erleichterung fort.

§ 29.
Abgeschlossene elektrische Betriebsräume.

a) In solchen Räumen gelten die Bestimmungen für **elektrische Betriebsräume** *mit der Maßgabe, daß bei Hochspannung ein Schutz der unter Spannung stehenden Teile nur gegen zufällige Berührung durchgeführt werden muß.*

Für B. u. T. siehe § 28 c.

1. *Als Hilfsmittel gegen zufälliges Berühren spannungführender Teile kommen in Betracht Trennwände zwischen den Feldern der Schaltanlage, Trennwände zwischen den einzelnen Phasen, Schutzgitter, feste und zuverlässig befestigte Geländer, selbsttätige Ausschalt- oder Verriegelungsvorrichtungen.*

§ 35.

Explosionsgefährliche Betriebsstätten und Lagerräume.

a) Elektrische Maschinen, Transformatoren und Widerstände, desgleichen Ausschalter, Sicherungen, Steckvorrichtungen und ähnliche Apparate, in denen betriebsmäßig Stromunterbrechung stattfindet, dürfen nur insoweit verwendet werden, als für die besonderen Verhältnisse explosionssichere Bauarten bestehen.

b) Festverlegte Leitungen sind nur in geschlossenen Rohren oder als Kabel zulässig.

c) Zur Beleuchtung sind nur Glühlampen zulässig, deren Leuchtkörper luftdicht abgeschlossen ist. Sie müssen mit starken Überglocken, die auch die Fassung dicht einschließen, versehen sein.

d) Behördliche Vorschriften über explosionsgefährliche Betriebe bleiben durch vorstehende Bestimmungen unberührt.

§ 36.

Schaufenster, Warenhäuser und ähnliche Räume, wenn darin leicht entzündliche Stoffe aufgestapelt sind.

a) Festverlegte Leitungen müssen bis in die Lampenträger oder in die Anschlußdosen vollständig durch Rohre geschützt oder als Rohrdraht ausgeführt sein.

b) Auf den Schutz entzündlicher Gegenstände gegen die Berührung mit Lampen ist im Sinne des § 16d besonderer Wert zu legen.

c) Beleuchtungskörper und andere Stromverbraucher, die ihren Standort wechseln, sind nur mittels biegsamer Leitungen anzuschließen, die zum Schutz gegen mechanische Beschädigung mit einem Überzug aus widerstandsfähigem Stoff (z. B. Segeltuch, Leder, Hanfschnurumklöpplung) versehen sind.

d) Alle Schalter, Anschlußdosen und Sicherungen müssen mit widerstandsfähigen Schutzkästen umgeben und an Plätzen fest angebracht sein, wo eine Berührung mit leicht entzündlichen Stoffen ausgeschlossen ist.

e) Die Verwendung von Stromverbrauchern für Hochspannung ist in Räumen, in denen leicht entzündliche Stoffe aufgestapelt sind, nicht zulässig.

J. Provisorische Einrichtungen, Prüffelder und Laboratorien.

§ 37.

a) Für festverlegte Leitungen sind Abweichungen von den Bestimmungen über Stützpunkte der Leitungen und dergleichen zulässig, doch ist dafür zu sorgen, daß die Vorschriften hinsichtlich mechanischer Festigkeit, zufälliger gefahrbringender Berührung, Feuersicherheit und Erdung für den ordnungsmäßigen Gebrauch erfüllt sind.

b) Provisorische Einrichtungen sind durch Warnungstafeln zu kennzeichnen und durch Schutzgeländer, Schutzverschläge oder dergleichen gegen den Zutritt Unberufener abzugrenzen. *Bei Hochspannung sind sie nötigenfalls unter Verschluß zu halten.* Den örtlichen Verhältnissen ist dabei Rechnung zu tragen.

Die beweglichen und ortsveränderlichen Einrichtungen sowie die Beleuchtungskörper, Apparate, Meßinstrumente usw. müssen den allgemeinen Vorschriften genügen.

Bei Schalt- und Verteilungstafeln ist Holz als Baustoff, nicht aber als Isolierstoff zulässig.

c) Ständige Prüffelder und Laboratorien sind mit festen Abgrenzungen und entsprechenden Warnungstafeln zu versehen. Fliegende Prüfstände sind durch eine auffallende Absperrung (Schranken, Seile oder dergleichen) kenntlich zu machen. Unbefugten ist das Betreten der Prüffelder und Prüfstände streng zu verbieten.

1. In ständigen Prüffeldern und Laboratorien für Hochspannung über 1000 V sollen die Stände, in denen unter Spannung gearbeitet wird, gegen die Nachbarschaft abgegrenzt werden, wenn dort gleichzeitig Aufstellungs-, Vorbereitungsarbeiten und dergleichen vorgenommen werden.

2. Ständige Prüffelder und Laboratorien für sehr hohe Spannungen sollen in abgeschlossenen Räumen untergebracht werden, deren unbefugtes Betreten durch geeignete Einrichtungen verhindert oder ungefährlich gemacht wird.

3. Wenn in Prüffeldern, Laboratorien und dergleichen an den provisorischen Leitungen, an den Apparaten usw. der Schutz gegen zufällige Berührung Hochspannung führender Teile sich nicht durchführen läßt, sollen die Gänge hinreichend breit und der Bedienungsraum genügend groß sein.

d) Versuchsschaltungen in Prüffeldern und Laboratorien, die während des Gebrauches unter sachkundiger Leitung stehen, unterliegen den allgemeinen Vorschriften nicht.

K. Theater und diesen gleichzustellende Versammlungsräume.

Für diese Räume gelten außer den normalen Vorschriften noch die folgenden Sonderbestimmungen:

§ 38.
Allgemeine Bestimmungen.

a) Für Theaterinstallationen darf Hochspannung nicht verwendet werden.

b) Die elektrischen Leitungsanlagen sind von der Hauptschalttafel ab in Gruppen zu unterteilen. Dreileiteranlagen sind, soweit tunlich, von den Hauptverteilungsstellen ab in Zweileiterzweige, bestehend aus Mittel- und Außenleiter, zu unterteilen.

c) In Räumen, die mehr als drei Lampen enthalten, sowie in allen Fluren, Treppenhäusern und Ausgängen sind die Lampen an mindestens zwei getrennt gesicherte Zweigleitungen anzuschließen. Von dieser Bestimmung kann abgesehen werden, wenn die Notlampen eine genügende Allgemeinbeleuchtung gewähren.

d) Falls eine elektrische Notbeleuchtung eingerichtet wird, müssen ihre Lampen an eine oder mehrere räumlich und elektrisch von der Hauptanlage unabhängige Stromquellen angeschlossen werden.

e) Die Schalter und Sicherungen sind tunlichst gruppenweise zu vereinigen und dürfen dem Publikum nicht zugänglich sein.

§ 39.
Bestimmungen für das Bühnenhaus.

Für Installationen des Bühnenhauses (Bühne, Untermaschinerien, Arbeitsgalerien und Schnürboden, auch Ankleideräumen und andere Nebenräume im Bühnenhause) gelten außer den vorerwähnten allgemeinen, noch die folgenden Zusatzbestimmungen:

a) Schalttafeln und Bühnenregulatoren sind so anzuordnen, daß eine unbeabsichtigte Berührung durch Unbefugte ausgeschlossen ist.

Auf die Endausschalter an Bühnenregulatoren findet die Vorschrift des Paragraphen 11 e keine Anwendung, wenn die vom Regulator bedienten Stromkreise an zentraler Stelle allpolig ausgeschaltet werden können.

Die Widerstände von Bühnenregulatoren sind bei Dreileiteranlagen in die Außenleiter zu legen.

b) Bei Beleuchtungskörpern mit Farbenwechsel muß der Querschnitt der gemeinschaftlichen Rückleitung unter der Annahme bemessen werden, daß alle Lampen aller Farben mit voller Lichtstärke gleichzeitig brennen.

c) Betriebsmäßig stromführende blanke Leitungen sind in den Untermaschinerien, auf der Bühne, den Arbeitsgalerien und dem Schnürboden nicht zulässig. Flugdrähte und dergleichen dürfen weder zur Stromführung noch als Erdungsleitung benutzt werden.

d) Feste Leitungen müssen in der Weise verlegt werden, daß sie in erster Linie gegen die zu erwartenden mechanischen Beschädigungen geschützt sind.

e) Mehrfachleitungen zum Anschluß beweglicher Bühnenbeleuchtungskörper müssen biegsame Seelen haben und durch starke schmiegsame nichtmetallische Schutzhüllen gegen mechanische Beschädigung geschützt sein.

1. Die Seele der Gummiaderlitzen soll aus einzelnen Drähten von nicht über 0,2 mm Durchmesser bestehen.

2. Die Befestigung der biegsamen Leitungen soll so sein, daß auch bei rauher Behandlung an der Anschlußstelle ein Bruch nicht zu befürchten ist.

3. Die Anschlußstücke sind mit der Schutzumhüllung so zu verbinden, daß die Seelen an der Anschlußstelle von Zug entlastet sind. Steckkontakte müssen innerhalb widerstandsfähiger, nicht stromführender Hüllen liegen und so angeordnet sein, daß zufällige Berührung der stromführenden Teile, wenn sie nicht geerdet sind, verhindert wird.

f) Für vorübergehend gebrauchte Szenerie-Installationen kann von der Erfüllung der allgemeinen Vorschriften für die Verlegung von Leitungen ausnahmsweise abgesehen werden, wenn isolierte Leitungen verwendet werden, die Verlegungsart jegliche Verletzung der Isolierung ausschließt und diese Installation während des Gebrauches unter besonderer Aufsicht steht. In diesem Falle sind Drahtschellen für Einzelleitungen zulässig und Durchführungstüllen entbehrlich.

g) Die Sicherungen der Anschlußleitungen für Bühnenbeleuchtungskörper (Oberlichter, Kulissen, Rampen, Versatz- und Effektbeleuchtung) sind im fest verlegten Teil der Leitung anzubringen, in diesem Falle genügt für jeden Körper je eine Sicherung für alle Lampen einer Farbe. Der Querschnitt ortsveränderlicher Leitungen und die Sicherungen sind derjenigen Betriebsstromstärke anzupassen, für welche der Stecker bestimmt ist. In den Beleuchtungskörpern selbst sind Sicherungen nicht zulässig.

h) Bei Regulierwiderständen, die an besonderen, nur dem Bedienungspersonal zugänglichen feuersicheren Stellen angebracht sind, ist eine Schutzverkleidung aus feuersicherem Stoff entbehrlich.

4. Die Stufenschalter für den Bühnenregulator sollen unmittelbar bei den Regulierwiderständen selbst angebracht sein, können aber durch Übertragung betätigt werden.

i) Die fest angebrachten Glühlampen auf der Bühne, sowie alle Glühlampen in Arbeitsräumen, Werkstätten,

Garderoben, Treppen und Korridoren müssen mit Schutzkörben oder Schutzgläsern versehen sein, die nicht an der Fassung, sondern an den Lampenträgern befestigt sind.

k) Für Bühnenbeleuchtungskörper und deren Anschlüsse (Oberlichter, Kulissen, Rampen, Effekt- und Versatzbeleuchtungen) gelten folgende Bestimmungen:

Die Beleuchtungskörper sind mit einem Schutzgitter für die Glühlampen zu versehen.

Innerhalb der Beleuchtungskörper sind blanke Leiter dann zulässig, wenn sie gegen zufällige Berührung geschützt sind.

Hängende Beleuchtungskörper sind, auch wenn sie geerdet werden, gegen ihre Tragseile zu isolieren.

Bühnenscheinwerfer, Projektionsapparate, Blitzlampen und dergleichen sind mit einer Vorrichtung zu versehen, die das Herausfallen glühender Kohlenteilchen oder dergleichen verhindert.

5. Die Spannung zwischen irgend zwei Leitern eines Beleuchtungskörpers soll 250 V nicht überschreiten.

6. Holz soll nur bei vorübergehend gebrauchten Bühnenbeleuchtungskörpern und nur als Baustoff zulässig sein.

L. Weitere Vorschriften für Bergwerke unter Tage.

Außer den in §§ 1, 2, 3, 5, 9, 11, 16, 17, 18, 19, 20, 21, 25, 26, 27, 28, 29, 31 und 34 gegebenen Zusätzen gilt für B. u. T. noch nachfolgendes:

§ 40.
Verlegung in Schächten.

a) In Schächten und einfallenden Strecken von mehr als 45° Neigung dürfen nur armierte Kabel, bei denen die Armatur aus verzinkten oder verbleiten Eisen- oder Stahldrähten besteht, oder die auf andere Weise von Zug entlastet sind, verwendet werden. In trockenen, feuersicheren Nebenschächten sind auch isolierte Leitungen bei Niederspannung zulässig.

1. Der Abstand der Befestigungsstellen der Kabel soll in der Regel nicht mehr als 6 m betragen.

2. Die Befestigung der Kabel soll mit breiten Schellen erfolgen, die so beschaffen sind, daß sie die Kabel weder mechanisch noch chemisch gefährden. Werden eiserne Schellen benutzt, so sollen die Kabel an der Schellstelle mit Asphaltpappe oder dergleichen umwickelt werden.

b) Ist die Leitung chemischen Einflüssen durch Tropfwasser, Grubenwetter oder dergleichen ausgesetzt, so muß sie mit einem Bleimantel oder einem anderen Schutzmittel, z. B. Anstrich, versehen sein.

§ 41.
Schlagwettergefährliche Grubenräume.

a) Die nach schlagwettergefährlichen Grubenräumen führenden Leitungen müssen von schlagwetternichtgefährlichen Räumen oder von über Tage aus allpolig abschaltbar sein.

Die Regel 12a des § 21 ist in schlagwettergefährlichen Grubenräumen stets zu befolgen.

b) In schlagwettergefährlichen Grubenräumen dürfen nur schlagwettersichere Maschinen, Transformatoren und Apparate verwendet werden. Sie gelten als schlagwettersicher, wenn sie den diesbezüglichen Leitsätzen des V. D. E. entsprechen.

c) Es sind nur Glühlampen zulässig, deren Leuchtkörper luftdicht abgeschlossen ist.

1. Glühlampen sollen eine starke Überglocke und einen Schutzkorb aus starkem Drahtgeflecht besitzen.

d) Blanke Leitungen sind nur als Erdungsleitungen zulässig.

e) Isolierte Leitungen dürfen nur als Kabel oder in widerstandsfähigen geerdeten Eisen- oder Stahlröhren festverlegt werden.

f) Biegsame Leitungen zum Anschluß ortsbeweglicher Stromverbraucher sind nur mit besonders starker Schutzhülle zulässig.

§ 42.
Fahrdrähte und Zubehör elektrischer Grubenbahnen.

a) Bei Grubenbahnen mit Niederspannung müssen die Fahrdrähte an allen Stellen, die von der Belegschaft betreten werden, während die Anlage unter Spannung steht, entweder in angemessener Höhe über Schienenoberkante liegen, oder es müssen Schutzvorkehrungen getroffen werden, die verhindern, daß jemand von der Belegschaft mit dem Kopf zufällig den Fahrdraht berühren kann.

1. Als angemessene Höhe gilt 1,8 m. Eine geringere Höhe der Fahrdrähte ohne Schutzvorrichtung ist zulässig in Strecken, deren Befahrung der Belegschaft verboten ist, solange der Fahrdraht unter Spannung steht.

b) Die Verwendung von Hochspannung ist im allgemeinen nur in Strecken zulässig, in denen der Fahrdraht durch seine Höhenlage oder durch Schutzvorkehrungen der zufälligen Berührung entzogen ist, oder wenn der Belegschaft die Befahrung der mit Fahrdrähten ausgerüsteten Bahnstrecke verboten ist.

2. Als Mindesthöhe gilt 2,3 m.

c) Bei Fahrdrahtanlagen sind Vorrichtungen zum Abschalten oder Signalanlagen zum Wärter der Einschaltstelle vorzusehen. Beide Arten von Einrichtungen müssen den örtlichen Verhältnissen entsprechend in geeigneten Abständen betätigt werden können.

d) An Rangier-, Kreuzungs- und Zugangsstellen sind Warnungstafeln anzubringen, welche auf die mit Berührung des Fahrdrahtes verbundene Gefahr hinweisen. Diese Warnungstafeln sind zu beleuchten.

e) Fahrleitungen, die nicht auf Porzellan- oder gleichwertigen Isolatoren verlegt sind, müssen gegen Erde doppelt isoliert sein.

f) Querdrähte jeder Art (Trag- und Zugdrähte), die im Handbereich liegen, müssen gegen spannungführende Leitungen doppelt isoliert sein.

g) Speiseleitungen, die Betriebsspannung gegen Erde führen, müssen von der Stromquelle und an den Speisepunkten von den Fahrleitungen abschaltbar sein. Wenn durch Streckenunterbrecher dafür gesorgt ist, daß mit der Speiseleitung gleichzeitig der zugehörige Teil der Fahrleitung spannungsfrei wird, ist die Abschaltbarkeit am Speisepunkt nicht erforderlich.

3. Wenn die Gleise als Rückleitung dienen, sollen die Stöße aller Schienen gut leitend verbunden und in angemessenen Abständen Querverbindungen zwischen den Schienen eingebaut werden.

h) Bei Bahnanlagen müssen die in den Bahnstrecken liegenden Rohre, Kabelarmaturen und Signalleitungen an allen Abzweigungen zu Seitenstrecken und an den Endpunkten der Bahnstrecken, mindestens aber alle 250 m, mit den Schienen gut leitend verbunden werden, wenn nicht in anderer Weise die schädigenden Wirkungen einer Stromüberleitung aus dem Fahrdraht in diese Teile verhindert werden.

§ 43.
Fahrzeuge elektrischer Grubenbahnen.

a) Bei Fahrschaltern und Stromabnehmern ist Holz als Isolierstoff zulässig.

b) Zwischen den Stromabnehmern und den übrigen elektrischen Einrichtungen des Fahrzeuges ist entweder eine sichtbare Trennstelle derart anzuordnen, daß sie die Beleuchtung nicht unterbricht, oder es müssen die Stromabnehmer eine Vorrichtung haben, die sie im abgezogenen Zustand festhalten kann.

c) Jedes Fahrzeug muß eine Hauptabschmelzsicherung oder einen selbsttätigen Ausschalter für die Elektromotoren haben.

1. Jedes Fahrzeug soll mit einem Kurzschließer ausgerüstet werden, durch den der Fahrdraht spannungslos gemacht werden kann.

d) Akkumulatorenzellen elektrischer Fahrzeuge können auf Holz aufgestellt werden, wobei einmalige Isolierung durch feuchtigkeitssichere Zwischenlagen ausreicht.

e) Der Querschnitt aller Fahrstromleitungen ist nach der Nennstromstärke der vorgeschalteten Sicherung oder stärker zu bemessen.

Drähte für Bremsstrom sind mindestens von gleicher Stärke wie die Fahrstromleitungen zu wählen.

Der Querschnitt aller übrigen Leitungen ist nach § 20 zu bemessen.

2. Für Fahrstromleitungen aus Leitungskupfer gilt folgende Tabelle:

Querschnitt in mm²	Nennstromstärke der Sicherung in A
4	25
6	35
10	60
16	80
25	100
35	125
50	160
70	200
95	225
120	260

3. Isolierte Leitungen in Fahrzeugen sollen so geführt werden, daß ihre Isolierung nicht durch die Wärme benachbarter Widerstände gefährdet werden kann.

4. Nebeneinanderverlaufende isolierte Fahrstromleitungen sollen entweder zu Mehrfachleitungen mit einer gemeinsamen wasserdichten Schutzhülle zusammengefaßt werden, derart, daß ein Verschieben und Reiben der Einzelleitungen vermieden wird, oder sie sind getrennt zu verlegen und dort, wo sie Wände durchsetzen, durch Isoliermittel so zu schützen, daß sie sich an diesen Stellen nicht durchscheuern können.

f) Die Kurbeln der Fahrschalter sind in der Weise abnehmbar anzubringen, daß das Abnehmen nur erfolgen kann, wenn der Fahrstrom ausgeschaltet ist.

5. Erdleitungen und vom Fahrstrom unabhängige Bremsstromleitungen in Fahrzeugen sollen keine Sicherungen enthalten und sollen nur im Fahrschalter abschaltbar sein.

6. Die unter Spannung stehenden Teile von Fassungen, Schaltern, Sicherungen u. dergl. sollen mit einer Schutzverkleidung aus Isolierstoff versehen sein. Pappe gilt nicht als Isolierstoff. (Siehe § 3.)

§ 44.

Abteufbetrieb.

a) Für den Abteufbetrieb sind nur Leitungen zulässig, die den „Normen für isolierte Leitungen in Starkstromanlagen" (Abteufleitungen) entsprechen. Die Metallbewehrung ist zu erden.

1. Beim Abteufbetrieb sollen alle nicht unter Spannung stehenden Metallteile elektrischer Maschinen und Apparate geerdet sein.

2. Vor jeder Abteufleitung und vor jedem Haspel sollen allpolig entweder Schalter und Sicherungen oder einstellbare selbsttätige Schalter eingebaut werden.

b) Steckvorrichtungen sind nur mit von Hand lösbarer Sperrung zu verwenden.

§ 45.

Schießbetrieb (im Anschluß an Starkstromanlagen).

a) Der Anschluß eines Zünders an die Schießleitung kann bis auf eine Entfernung von 50 m aus Gummiader ohne besonderen Schutz oder gleichwertiger Leitung bestehen.

b) Beim Abteufbetrieb müssen entweder das Schießkabel oder alle übrigen Kabel bewehrt sein. Die Bewehrung muß geerdet sein.

c) Schießleitungen dürfen nicht für andere Zwecke verwendet und nicht mit anderen Leitungen in einem Kabel vereinigt werden.

b) Der Anschluß einer Schießleitung an eine Starkstromleitung darf nur mittels eines allpoligen, unter Verschluß befindlichen Schalters erfolgen. Zur Erhöhung der Sicherheit ist stets noch eine zweite, ebenfalls unter Verschluß befindliche Unterbrechungsstelle zwischen Schalter und Schießleitung anzuordnen; entweder der Schalter oder die Unterbrechungsstelle müssen so eingerichtet sein, daß ein Verharren im eingeschalteten Zustand ausgeschlossen ist. In der Schießleitung ist eine Vorrichtung anzubringen, die das Vorhandensein von Spannung erkennen läßt. Für die erwähnten Apparate ist die Verwendung von nicht feuchtigkeitssicherem Baustoff, wie Marmor, Schiefer und dergleichen, als Isolierstoff unzulässig.

§ 46.

Betriebe im Abbau.

a) Auf ausreichenden Schutz ortsveränderlicher Leitungen gegen Beschädigung ist ganz besonders zu achten.

1. Tragbare Elektromotoren, die eine ständige Handhabung unter Spannung erfordern, wie Bohr- und Schrämmaschinen, sollen

nur bei Niederspannung verwendet werden. *In trockenen Räumen ist auch Gleichstrom bis 500 V zulässig.*

2. Im Abbau sollen alle nicht unter Spannung gegen Erde stehenden Metallteile elektrischer Maschinen und Apparate nach Möglichkeit geerdet sein.

M. Inkrafttreten der Errichtungsvorschriften.

§ 47.

Diese Vorschriften gelten für Anlagen und Erweiterungen, soweit ihre Ausführung nach dem 1. Juli 1915 beginnt.

Der Verband Deutscher Elektrotechniker behält sich vor, sie den Fortschritten und Bedürfnissen der Technik entsprechend abzuändern.

II. Betriebsvorschriften.[1] [2]

§ 1.
Erklärungen.

a) **Niederspannungsanlagen** sind solche Starkstromanlagen, bei welchen die effektive Gebrauchsspannung zwischen irgendeiner Leitung und Erde 250 V nicht überschreiten kann; bei Akkumulatoren ist die Entladespannung maßgebend.

Alle übrigen Starkstromanlagen gelten als Hochspannungsanlagen.

1. Im Gegensatz zu den mit Buchstaben bezeichneten Absätzen, die grundsätzliche Vorschriften darstellen, enthalten die mit Ziffern versehenen Absätze Ausführungsregeln. Letztere geben an, wie die Vorschriften mit den üblichen Mitteln im allgemeinen zur Ausführung gebracht werden sollen, wenn nicht im Einzelfall besondere Gründe eine Abweichung rechtfertigen.

2. Weitere Erklärungen siehe unter § 2 der Errichtungsvorschriften.

§ 2.
Zustand der Anlagen.

a) Die elektrischen Anlagen sind den „Errichtungsvorschriften" entsprechend in ordnungsmäßigem Zustande zu erhalten. Hervortretende Mängel sind in angemessener Frist zu beseitigen. In Anlagen, die vor dem 1. Juli 1915 errichtet sind, müssen erhebliche Mißstände, die das Leben oder

---

[1] Diese Betriebsvorschriften sind auch bei der Errichtung und Veränderung von elektrischen Starkstromanlagen zu beachten, soweit dabei die Anlagen oder einzelne Teile unter Spannung stehen.

[2] Angaben über die Entstehung dieser Vorschriften siehe S. 2.

die Gesundheit von Personen gefährden, beseitigt werden. Jede Änderung einer solchen Anlage ist, soweit es die technischen und Betriebsverhältnisse gestatten, den geltenden Vorschriften gemäß auszuführen.

b) Leicht entzündliche Gegenstände dürfen nicht in gefährlicher Nähe ungekapselter elektrischer Maschinen und Apparate, sowie offen verlegter spannungführender Leitungen gelagert werden.

c) Schutzvorrichtungen und Schutzmittel jeder Art müssen in brauchbarem Zustand erhalten werden.

1. Als Schutzmittel gelten gegen die herrschende Spannung isolierende, einen sicheren Stand bietende Unterlagen, Gummihandschuhe, Gummischuhe, Schutzbrillen, Werkzeuge mit Schutzisolierung, Abdeckungen, zuverlässige Erdungen und ähnliche Hilfsmittel.

2. Der Zugang zu Maschinen, Schalt- und Verteilungsanlagen soll so weit freigehalten werden, als es ihre Bedienung erfordert.

3. Maschinen und Apparate sollen in gutem Zustand erhalten und in angemessenen Zwischenräumen gereinigt werden.

§ 3.
Warnungstafeln, Vorschriften und schematische Darstellungen.

a) In Hochspannungsbetrieben müssen Tafeln, die vor unnötiger Berührung von Teilen der elektrischen Anlage warnen, an geeigneten Stellen, insbesondere bei elektrischen Betriebsräumen und abgeschlossenen elektrischen Betriebsräumen an den Zugängen angebracht sein. Warnungstafeln für Hochspannung sind mit Blitzpfeil zu versehen. Bei Niederspannung sind Warnungstafeln nur an gefährlichen Stellen erforderlich.

b) In jedem elektrischen Betriebe sind diese Betriebsvorschriften und die „Anleitung zur ersten Hilfeleistung bei Unfällen im elektrischen Betriebe" anzubringen. Für einzelne Teilbetriebe genügen gegebenenfalls zweckentsprechende Auszüge aus den Betriebsvorschriften.

c) In jedem elektrischen Betriebe muß eine schematische Darstellung der elektrischen Anlage, entsprechend dem Anhang zu den Errichtungs- und Betriebsvorschriften, vorhanden sein.

1. Es empfiehlt sich, an wichtigen Schaltstellen und in Transformatorenstationen, *insbesondere bei Hochspannung*, ein Teilschema, aus dem die Abschaltbarkeit hervorgeht, anzubringen.

2. Das kleinste Format für Warnungstafeln soll 15×10 cm sein.

3. Warnungstafeln, Betriebsvorschriften und schematische Darstellungen sollen in leserlichem Zustand erhalten werden.

4. Wesentliche Änderungen und Erweiterungen der Anlage sollen in der schematischen Darstellung nachgetragen werden unter Berücksichtigung der Regel 2 des Anhanges.

§ 4.
Allgemeine Pflichten der im Betriebe Beschäftigten.

Jeder im Betriebe Beschäftigte hat:

a) von den durch Anschlag bekannt gegebenen, sowie **von** den zur Einsichtnahme bereitliegenden, ihn betreffenden Betriebsvorschriften Kenntnis zu nehmen und ihnen nachzukommen;

b) bei Vorkommnissen, die eine Gefahr für Personen oder für die Anlagen zur Folge haben können, geeignete Maßnahmen zu treffen, um die Gefahr einzuschränken oder zu beseitigen. Dem Vorgesetzten ist baldmöglichst Anzeige zu erstatten.

1. Arbeiten im Hochspannungsbetriebe sollen nur mit besonderer Vorsicht unter sorgfältiger Beachtung der Betriebsvorschriften und unter Benutzung der gebotenen Schutzmittel ausgeführt werden. Die mit den Arbeiten Betrauten sollen sorgfältig unterwiesen werden, insbesondere dahin, daß sie nichts unternehmen oder berühren dürfen, ohne sich über die dabei vorhandene Gefahr Rechenschaft zu geben und die gebotenen Gegenmaßregeln anzuwenden.

2. Bei Unfällen von Personen ist nach der „Anleitung zur ersten Hilfeleistung bei Unfällen im elektrischen Betriebe" zu verfahren.

3. Bei Brandgefahr sind nach Möglichkeit die Leitsätze: „Empfehlenswerte Maßnahmen bei Bränden" zu befolgen.

§ 5.
Bedienung elektrischer Anlagen.

a) Jede unnötige Berührung von Leitungen, sowie ungeschützter Teile von Maschinen, Apparaten und Lampen ist verboten.

b) Die Bedienung von Schaltern, das Auswechseln von Sicherungen und die betriebsmäßige Bedienung von Maschinen, Akkumulatoren, Apparaten, Lampen ist nur den damit beauftragten Personen gestattet, wo erforderlich, unter Benutzung von Schutzmitteln.

1. Sicherungen und Unterbrechungsstücke bei Hochspannung sollen, wenn die Apparate nicht so gebaut oder angeordnet sind, daß man sie ohne weiteres gefahrlos handhaben kann, nur unter Benutzung isolierender oder anderer geeigneter Schutzmittel, betätigt werden.

c) Reinigungs-, Wartungs- und Instandsetzungsarbeiten dürfen nur durch damit beauftragte und mit den Arbeiten vertraute Personen oder unter deren Aufsicht durch Hilfsarbeiter ausgeführt werden. Die Arbeiten sind, wenn möglich, in spannungsfreiem Zustande, das heißt nach allpoliger Abschaltung der Stromzuführungen, unter Berücksichtigung der in §§ 6 und 7, wenn unter Spannung gearbeitet werden muß, unter Berücksichtigung der in §§ 8 und 9 gegebenen Sonderbestimmungen vorzunehmen.

d) Die Schlüssel zu den abgeschlossenen elektrischen Betriebsräumen sind von den dazu Berufenen unter sicherer Verwahrung zu halten.

e) Abgeschlossene elektrische Betriebsräume, die den Anforderungen des § 29 der Errichtungsvorschriften nicht entsprechen, dürfen nur betreten werden, nachdem alle Teile spannungslos gemacht sind.

2. Es ist besonders darauf zu achten, daß der spannungsfreie Zustand nicht immer durch Herausnahme von Schaltern und dergleichen allein gewährleistet ist, da noch Verbindungen durch Meßschaltungen, Ring- und Doppelleitungen usw. bestehen können, oder eine Rücktransformierung, Induktion, Kapazität usw. vorhanden sein kann.

§ 6.
Maßnahmen zur Herstellung und Sicherung des spannungsfreien Zustandes.

a) Ist die Abschaltung desjenigen Teiles der Anlage, an dem gearbeitet werden soll, und der in unmittelbarer Nähe der Arbeitsstelle befindlichen Teile nicht unbedingt sichergestellt, so muß an der Arbeitsstelle mit den erforderlichen Vorsichtsmaßregeln eine Erdung und Kurzschließung vorgenommen werden.

Bei Hochspannung muß zwischen Arbeits- und Trennstelle Erdung und Kurzschließung vorgenommen werden, nachdem sich der Arbeitende überzeugt hat, daß dies ohne Gefahr geschehen kann.

Für die Dauer der Arbeit ist an der Schaltstelle ein Schild oder dergleichen anzubringen mit dem Hinweise, daß an dem zugehörigen Teil der elektrischen Anlage gearbeitet wird.

1. Auch bei Niederspannung empfiehlt es sich, bei Schaltern, Trennstücken und dergleichen, die einen Arbeitspunkt spannungsfrei machen sollen, für die Dauer der Arbeit ein Schild oder dergleichen anzubringen, mit dem Hinweise, daß an dem zugehörigen Teil der elektrischen Anlage gearbeitet wird.

2. Zur provisorischen Erdung und Kurzschließung sollen Leitungen unter 10 mm² nicht verwendet werden.

3. Erdungen und Kurzschließungen sollen auch bei Niederspannung erst vorgenommen werden, wenn es ohne Gefahr geschehen kann.

4. Zum Nachweise, daß die Arbeitsstelle spannungsfrei ist, können dienen: Spannungsprüfungen, Kennzeichnung der beiderseitigen Leitungsenden, Einsicht in schematische Übersichts- oder Leitungsnetzpläne mit oder ohne Angabe der erforderlichen Reihenfolge der Schaltungen, die entweder an den Schaltstellen vorhanden sein oder dem Schaltenden mitgegeben werden können, wenn er nicht durch mündliche Anweisung oder in anderer Weise über die Anlage genau unterrichtet ist.

§ 7.

Maßnahmen bei Unterspannungsetzung der Anlage.

a) Waren zur Vornahme von Arbeiten Betriebsmittel spannungsfrei, so darf die Einschaltung erst dann erfolgen, wenn das Personal von der beabsichtigten Einschaltung verständigt worden ist.

b) Vor der Einschaltung sind alle Schaltungen und Verbindungen ordnungsgemäß herzustellen und keine Verbindungen zu belassen, durch die ein Übertreten der Spannung in außer Betrieb befindliche Teile herbeigeführt werden kann.

> 1. Die Verständigung mit der Arbeitsstelle durch Fernsprecher ist zulässig, jedoch nur mit Rückmeldung durch den mit der Leitung der Arbeiten Beauftragten.

> 2. Die Vereinbarung eines Zeitpunktes, bis zu dem eine Anlage wieder unter Spannung gesetzt werden soll, genügt nicht, es sei denn, daß es sich um die Beendigung regelmäßg eingehaltener Betriebspausen handelt.

> 3. Bei Aufhebung von Kurzschließungen soll die Erdverbindung zuletzt beseitigt werden.

§ 8.

Arbeiten unter Spannung.

a) Arbeiten unter Spannung sind nur durch besonders damit beauftragte und mit der Gefahr vertraute Personen auszuführen. Zweckentsprechende Schutzmittel sind bereitzustellen und zu benutzen; sie sind vor Gebrauch nachzusehen (siehe § 2c und 2^1).

b) Arbeiten unter Spannung sind nur gestattet, wenn es aus Betriebsrücksichten nicht zulässig ist, die Teile der Anlage, an denen selbst oder in deren unmittelbarer Nähe gearbeitet werden soll, spannungsfrei zu machen oder wenn die geforderte Erdung und Kurzschließung an der Arbeitsstelle nicht vorgenommen werden kann.

c) Arbeiten müssen unter den für Arbeiten unter Spannung vorgeschriebenen Vorsichtsmaßregeln auch dann ausgeführt werden, wenn zwar ein Abschalten, Erden und Kurzschließen erfolgt ist, aber noch Unsicherheit darüber besteht, ob die Teile, an denen gearbeitet werden soll, wirklich mit den abgeschalteten oder geerdeten und kurzgeschlossenen Teilen übereinstimmen.

d) Bei Hochspannung dürfen Arbeiten unter Spannung nur in Notfällen und nur in Gegenwart einer geeigneten und unterwiesenen Person, sowie unter Beachtung geeigneter Vorsichtsmaßnahmen ausgeführt werden (Ausnahmen siehe §§ 10a, 11a und 14c).

§ 9.
Arbeiten in der Nähe von Hochspannung führenden Teilen.

a) Bei allen Arbeiten in der Nähe von Hochspannung führenden Teilen hat der Arbeitende darauf zu achten, daß er keinen Körperteil oder Gegenstand mit der Hochspannung in Berührung bringt. Da bei Arbeiten in Reichnähe von Hochspannung führenden Teilen die Aufmerksamkeit des Arbeitenden von der gefährlichen Stelle abgelenkt wird, so ist die Gefahrzone durch Schranken abzusperren oder es sind die gefährlichen Teile durch Isolierstoffe der zufälligen Berührung zu entziehen.

Bei allen Arbeiten in der Nähe von Hochspannung ist für einen festen Standpunkt Sorge zu tragen.

§ 10.
Zusatzbestimmungen für Akkumulatorenräume.

a) An Akkumulatoren sind entgegen § 8d Arbeiten unter Spannung bei Beobachtung der geeigneten Vorsichtsmaßnahmen gestattet. Eine Aufsichtsperson ist nur bei Spannungen über 750 V erforderlich.

b) Akkumulatorenräume müssen während der Ladung gelüftet werden.

c) Offene Flammen und glühende Körper dürfen während der Überladung nicht benutzt werden.

1. Die Gebäudeteile und Betriebsmittel einschließlich der Leitungen, sowie die isolierenden Bedienungsgänge sollen vor schädlicher Einwirkung der Säure nach Möglichkeit geschützt werden.

2. Die Akkumulatorenwärter sollen zur Reinlichkeit angehalten und auf die Gefahren, die Säure und Bleisalze mit sich bringen können, aufmerksam gemacht werden. Für ausreichende Wascheinrichtungen und Waschmittel soll Sorge getragen werden.

3. Essen, Trinken und Rauchen ist in Akkumulatorenräumen zu vermeiden.

§ 11.
Zusatzbestimmungen für Arbeiten in explosionsgefährlichen, durchtränkten und ähnlichen Räumen.

a) In explosionsgefährlichen, durchtränkten und ähnlichen Räumen sind Arbeiten unter Spannung (siehe § 8) verboten.

§ 12.
Zusatzbestimmungen für Arbeiten an Kabeln.

a) Arbeiten an Hochspannungskabeln, bei denen spannungführende Teile freigelegt oder berührt werden können, dürfen im allgemeinen nur im spannungsfreien Zustande vorgenommen werden. Solange der spannungsfreie Zustand nicht einwandfrei festgestellt und gesichert ist, sind diejenigen Schutzmaßregeln zu treffen, unter welchen diese Arbeiten gefahrlos ausgeführt werden können.

1. Bei Arbeiten an Kabeln und Garniturteilen, insbesondere beim Schneiden von Kabeln und Öffnen von Kabelmuffen, sollen sich die Arbeitenden über die Lage der einzelnen Kabel zunächst vergewissern und alsdann geeignete Schutzvorrichtungen anwenden.

Hochspannungskabel sollen vor Beginn der Arbeiten entladen werden.

§ 13.
Zusatzbestimmungen für Arbeiten an Freileitungen.

a) Arbeiten an Freileitungen einschließlich Bedienung von Sicherungen und Trennstücken sollen möglichst, *besonders bei Hochspannung* nur in spannungsfreiem Zustande geschehen unter Berücksichtigung der in §§ 6 und 7, und, wenn unter Spannung gearbeitet werden muß, unter Berücksichtigung der in §§ 8 und 9 gegebenen Bestimmungen.

b) Arbeiten an den Hochspannung führenden Leitungen selbst sind verboten. Bei Arbeiten an spannungsfreien Hochspannungs-Leitungen sind die Leitungen an der Arbeitsstelle kurzzuschließen und nach Möglichkeit zu erden.

c) Arbeiten an Niederspannungs- und Schwachstromleitungen in gefährlicher Nähe von Hochspannungsleitungen sind nur gestattet, wenn die Hochspannungsleitungen geerdet und kurzgeschlossen oder sonstige ausreichende Schutzmaßregeln getroffen sind.

1. Die Bedienung von Sicherungen und Trennstücken in nicht spannungsfreien Freileitungen soll, wenn erforderlich, durch isolierende Werkzeuge oder Schaltstangen erfolgen.

2. Arbeiten auf Masten, Dächern usw. sollen nur durch schwindelfreie Personen, die mit festsitzendem Schuhwerk und mit Sicherheitsgürtel ausgerüstet sind, vorgenommen werden.

§ 14.
Zusatzbestimmungen für Arbeiten in Prüffeldern und Laboratorien.

a) Ständige Prüffelder und fliegende Prüfstände sind abzugrenzen, ihr Betreten durch Unbefugte ist zu verbieten.

b) Mit Hochspannungsarbeiten in solchen Räumen dürfen nur Personen betraut werden, die ausreichendes Verständnis für die bei den vorzunehmenden Arbeiten auftretenden Gefahren besitzen und sich ihrer Verantwortung bewußt sind.

c) Die Bestimmungen des § 8 d finden auf Arbeiten in Prüffeldern und Laboratorien keine Anwendung.

§ 15.

Inkrafttreten der Betriebsvorschriften.

Diese Vorschriften gelten vom 1. Juli 1915 ab.

Der Verband Deutscher Elektrotechniker behält sich vor, sie den Fortschritten und Bedürfnissen der Technik entsprechend abzuändern.

Anhang

zu den

Vorschriften für die Errichtung und den Betrieb elektrischer Starkstrom-Anlagen nebst Ausführungsregeln.

Schematische Darstellungen.

a) Für jede Starkstrom-Anlage muß bei Fertigstellung eine schematische Darstellung angefertigt werden; sie kann aus mehreren Teilen bestehen.

b) Die Darstellungen müssen enthalten:

I. Stromarten und Spannungen,

II. Anzahl, Art und Stromstärke der Stromerzeuger, Transformatoren und Akkumulatoren,

III. Art der Abschaltung und Sicherung der einzelnen Teile der Anlage,

IV. Angabe der Leitungsquerschnitte,

V. die notwendigen Angaben über Stromverbraucher.

1. Für die schematischen Darstellungen und etwa anzufertigenden Pläne sollen die im folgenden festgelegten Grundzeichen verwendet werden. Es ist zulässig, entsprechend nachstehenden Beispielen, die Grundzeichen zum Zwecke größerer Übersichtlichkeit im Einzelfalle weiter auszubilden.

2. In den schematischen Darstellungen sollen die Angaben über Stromverbraucher insoweit eingetragen werden, als sie zur sicherheitstechnischen Beurteilung der einzelnen Teile der Anlage erforderlich sind. Es wird im allgemeinen genügen, wenn die schematischen Darstellungen bis zu den letzten Verteilungssicherungen durchgeführt und die Querschnitte der einzelnen Abzweigleitungen sowie Zahl und Art der an diese angeschlossenen Stromverbraucher angegeben werden; bei Glühlicht-Stromkreisen genügt im allgemeinen die angenäherte Angabe der Lampenzahl.

3. Mehrpolige Leitungen und Apparate können einpolig gezeichnet werden; in diesem Falle kann die Pol- oder Phasenzahl kenntlich gemacht werden, beispielsweise durch eine entsprechende Zahl von Querstrichen, die an geeigneten Stellen angebracht werden.

4. Im übrigen werden folgende Zeichen empfohlen.

Grundzeichen.	**Beispiele abgeleiteter Bezeichnungen.**

Zu § 3.

Schutz gegen Berührung.

⚡ Blitzpfeil.

⏚ Erdung.

(e) Schutz durch Erdung.

(m) Schutz durch metallisch leitende Verkleidung.

(i) Schutz durch isolierende Verkleidung.

Zu § 4.

Übertritt von Hochspannung.

↓ ↑ Spannungssicherung jeder Art, auch Blitzschutzvorrichtung.

Durchschlagssicherung.

Zu § 6.

Elektrische Maschinen.

⊙ Elektrische Maschine (Dynamo oder Motor).

Gleichstrommaschine

Wechselstrommaschine

Drehstrommaschine

mit Erregerwicklung.

Zu § 7.

Transformatoren.

Transformator.

Drehstrom-Transformator. (Eine Wicklung Stern-, die andere Dreieck-Schaltung.)

Einphasen-Transformator.

Zu § 8.

Akkumulatoren.

Akkumulatoren.

Akkumulatoren mit Doppel-Zellenschalter.

Zu § 10.
Apparate, Allgemeines.

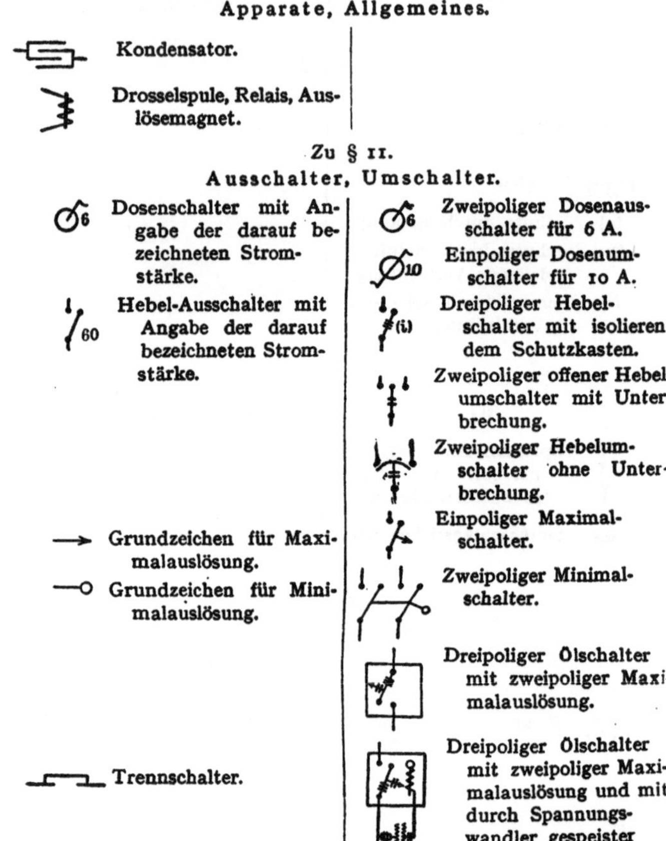

Kondensator.

Drosselspule, Relais, Auslösemagnet.

Zu § 11.
Ausschalter, Umschalter.

Dosenschalter mit Angabe der darauf bezeichneten Stromstärke.

Zweipoliger Dosenausschalter für 6 A.

Einpoliger Dosenumschalter für 10 A.

Hebel-Ausschalter mit Angabe der darauf bezeichneten Stromstärke.

Dreipoliger Hebelschalter mit isolierendem Schutzkasten.

Zweipoliger offener Hebelumschalter mit Unterbrechung.

Zweipoliger Hebelumschalter ohne Unterbrechung.

Einpoliger Maximalschalter.

Grundzeichen für Maximalauslösung.

Zweipoliger Minimalschalter.

Grundzeichen für Minimalauslösung.

Dreipoliger Ölschalter mit zweipoliger Maximalauslösung.

Dreipoliger Ölschalter mit zweipoliger Maximalauslösung und mit durch Spannungswandler gespeister Minimal-Auslösespule

Trennschalter.

Zu § 12.
Anlasser und Widerstände.

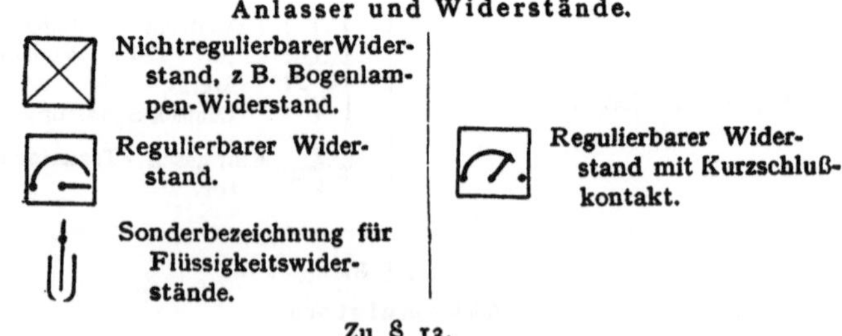

Nicht regulierbarer Widerstand, z B. Bogenlampen-Widerstand.

Regulierbarer Widerstand.

Regulierbarer Widerstand mit Kurzschlußkontakt.

Sonderbezeichnung für Flüssigkeitswiderstände.

Zu § 13.
Steckvorrichtungen.

Steckdose.

Zu § 14.
Schmelzsicherungen und Selbstschalter.

Sicherung.   Dreipolige Sicherung.

Zu § 15.
Andere Apparate.

Meßinstrument.

$\textcircled{A}$ Strommesser.

$\textcircled{V}$ Spannungsmesser.

$\textcircled{W}$ Leistungsmesser.

$\textcircled{Z}$ Zähler.

$\textcircled{P}$ Phasenmesser.

$\textcircled{J}$ Isolationsprüfer.

$\textcircled{\Phi}$ Stromrichtungsanzeiger.

Zu §§ 16, 17 und 18.
Fassungen, Glühlampen und Bogenlampen.

Bewegliche Lampe.

$\otimes_5$ Lampenträger mit Lampenzahl.

$\otimes_6$ Bogenlampe oder ähnliche stärkere Lichtquelle mit Angabe der Stromstärke.

×   Feste Lampe.

Zu § 19 und ff.
Leitungen.

——— Leitung.

B C   Blanker Kupferdraht.

B E   Blanker Eisendraht.

G A   Gummiaderleitung.

S G A   Spezialgummiaderleitung mit Angabe der Spannung.

3000

R A   Rohrdrähte.

P A   Panzerader.

F A   Fassungsader.

P L   Pendelschnur.

S A   Gummiaderschnur.

W K   Werkstattschnur.

SGK, SK   Spezialschnur.

H K   Hochspannungsschnur.

L T   Leitungstrosse.

—|||— Drei Leitungen.

Sammelschienen, zweipolig, m. zwei Abzweigen.

— — — Mehrfachleitung.

~~~~ Bewegliche Leitung.

Leitungs-Anschluß.

Leitungs-Kreuzung.

Schleifleitung.

Von oben kommende Leitung.

Von unten kommende Leitung.

Nach oben führende Leitung.

Nach unten führende Leitung.
~~~~

Zu § 22.
Freileitungen.

○   Mast. | ◔   Holzmast.

(n) Schutznetz. | ●   Eisenmast.

                  | ▰   Eisenbetonmast.

Zu § 25.
Isolier- und Befestigungskörper.

(g)   Verlegung auf Isolier-
            glocken.

(r)   Verlegung auf Rollen.

(k)   Verlegung auf Klemmen.

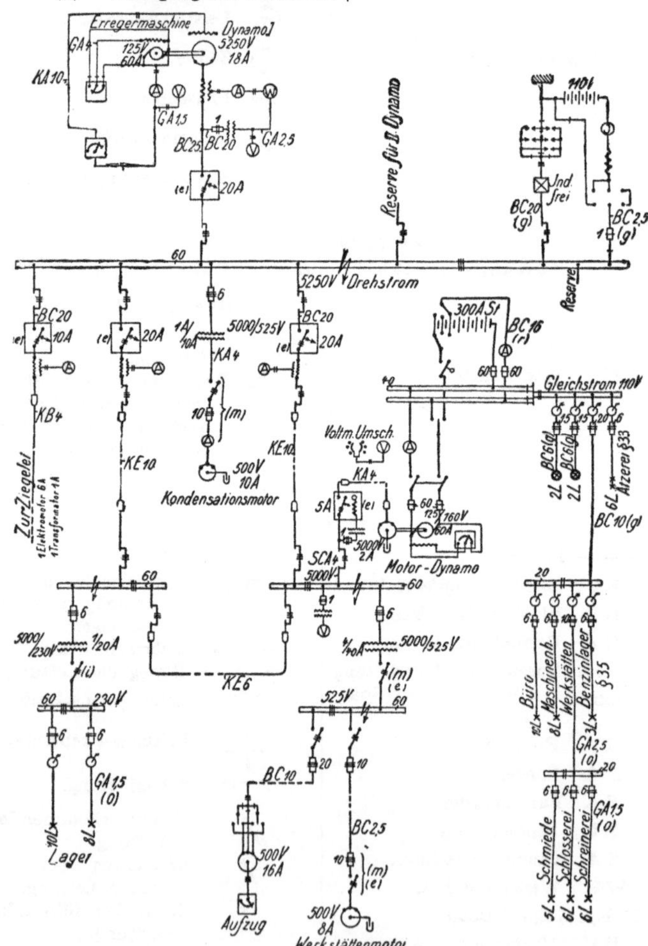

Beispiel eines nach Ausführungsregel 3 teilweise einpolig durchgeführten
Schaltungsschemas.

Zu § 26.

Rohre.

(o)   Verlegung in Rohren.

Zu § 27.

Kabel.

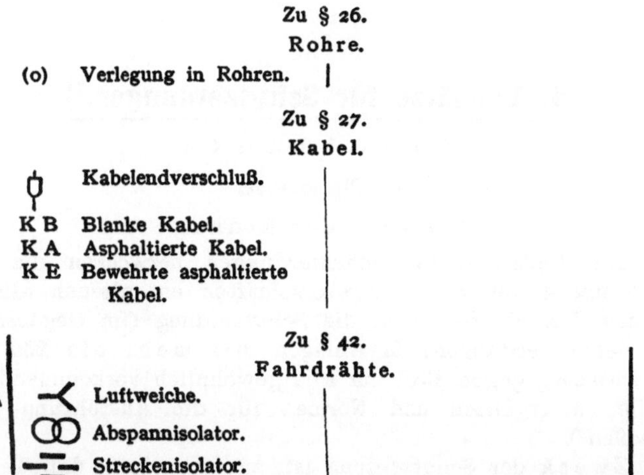

Kabelendverschluß.

K B   Blanke Kabel.
K A   Asphaltierte Kabel.
K E   Bewehrte asphaltierte
          Kabel.

Zu § 42.

Fahrdrähte.

Luftweiche.

Abspannisolator.

Streckenisolator.

5. Wenn in den schematischen Darstellungen oder Plänen auf die Eigenart einzelner Räume hingewiesen werden soll, genügt die Eintragung der Nummer des für die Räume maßgebenden Paragraphen der Errichtungsvorschriften, z. B.: „§ 35" bedeutet, „Explosionsgefährlicher Raum".

2. Leitsätze für Schutzerdungen.[1])

Gültig ab 1. Juli 1914.[2])

I. Allgemeines.

A. Zweck der Erdung.

Die Leitsätze für Schutzerdungen bezwecken die in §§ 3 und 4 der Errichtungsvorschriften enthaltenen allgemeinen Vorschriften über die Schutzerdung (im Gegensatz zu Betriebserdungen) in Anlagen **mit mehr als 250 V Spannung** gegen Erde für alle gewöhnlich vorkommenden Fälle zu ergänzen und Normen für die Ausführung zu schaffen[3]).

Zweck der Schutzerdung ist, zu verhindern, daß Teile einer elektrischen Starkstromanlage, welche in normalem Zustande spannungslos sind oder Niederspannung führen, durch Zufall gefährliche Spannungen annehmen.

Falls nicht besonders ungünstige Umstände vorliegen, wird im allgemeinen eine Spannung als ungefährlich angesehen, welche an einem Widerstand von 1000 Ω 125 V nicht überschreitet.

B. Begriffserklärung.

Als Erdung im Sinne dieser Vorschriften ist anzusehen:
1. Der Anschluß an sogenannte natürliche Erden, wie ausgedehnte Eisenkonstruktionsteile, Rohrleitungen oder ähnliche Metallmassen, soweit sie mit dem Erd-

---

[1]) Sonderabdrucke können von der Verlagsbuchhandlung Julius Springer, Berlin, bezogen werden.

[2]) Angenommen auf den Jahresversammlungen 1913 und 1914. Veröffentlicht: ETZ 1913, S. 691 und 807; 1914, S. 604. Die im Jahre 1913 angenommene ab 1. 1. 1914 gültige Fassung erhielt 1914 durch einige Änderungen den oben stehenden Wortlaut. Die Änderungen waren in der ETZ 1914, S. 604 veröffentlicht und traten am 1. 7. 1914 in Kraft. Erläuterungen siehe ETZ 1913 S. 807 und 1914 S. 604.

[3]) Auch in solchen Niederspannungsräumen, in denen besondere Gefahr besteht wird empfohlen, nach gleichen Grundsätzen zu verfahren. Derartige Gefahren bestehen in feuchten und durchtränkten Räumen, sowie in solchen Räumen, in denen die an und für sich mit Erde in leitender Verbindung stehenden Metallteile, z. B. eiserne Konstruktionsteile der Gebäude, Maschinen und Geräte aus Metall Rohrleitungen für Wasser, Gas usw., eiserne Beläge der Fußböden u. dgl. mehr, in der Nähe der elektrischen Einrichtungen erreichbar sind. Beim gleichzeitigen Berühren der fehlerhaften nicht geerdeten elektrischen Apparate und der vorgenannten geerdeten Metallteile sind unter Umständen, namentlich bei Vorhandensein von Feuchtigkeit an Kleidung, Händen und Füßen die Bedingungen für einen gefahrbringenden Stromübertritt gegeben.

reich in dauernder guter Verbindung stehen und genügenden Querschnitt aufweisen;

2. der Anschluß an künstliche Erden, wie in das Erdreich verlegte Leiter in Form von Platten genügender Größe oder Leitungen genügender Länge oder in das Erdreich eingetriebene Eisenrohre.

II. Anwendung der Erdung.

Die Schutzerdung kommt in Betracht für:

1. Elektrische Betriebsräume, Betriebsstätten und dergleichen Verbrauchsanlagen.
2. Leitungen im Freien.

1. Schutzerdung in elektrischen Betriebsräumen, Betriebsstätten und dergleichen Verbrauchsanlagen.

Zu erden sind alle Metallteile, die den betriebsmäßig spannungführenden Teilen am nächsten liegen oder mit ihnen in Berührung kommen können; also die nicht stromführenden Metallteile von Maschinen, Transformatoren, Apparaten und die Gehäuse von Meßgeräten, sofern sie nicht isoliert montiert und durch besondere Maßregeln gegen zufällige Berührung geschützt sind; ferner die Niederspannungswicklungen aller Strom- und Spannungswandler, weiter die Gerüste von Schaltanlagen sowie zugängliche Kabelarmaturteile, Flanschen von Durchführungen, Isolatorenträger usw., alle Betätigungsteile, Handräder, Hebel, Kurbeln von Schaltern, Anlassern, Regulatoren usw.

Durchführungen ohne geerdete Metallflanschen und Einführungsfenster, ebenso Isolatoren ohne Metallstützen sollen von einem geerdeten Rahmen umgeben sein. Es genügt jedoch, wenn für mehrere zusammenliegende Durchführungsisolatoren ein gemeinsamer geerdeter Metallrahmen ausgeführt wird.

Rohrleitungen und Transportgleise innerhalb des Werkes sind nach Möglichkeit an die Erdung anzuschließen (siehe auch III., Absatz 5).

Die Wagen ausfahrbarer Schaltanlagen sind mit besonderen Erdkontakten zu versehen, welche die Wagen bereits sicher erden, bevor sich die spannungführenden Kontakte berühren.

2. Schutzerdung für Leitungen im Freien.

Zu erden sind alle Eisenmaste, Eisenbetonmaste oder ihre Isolatorenträger und die Ankerdrähte. Ferner müssen

bei der Führung von Leitungen an Wänden und solchen Holzmasten, welche sich an verkehrsreichen Stellen befinden, Isolatorenstützen und Tragteile von Streckenschaltern, Kurzschließern usw. an die Erdleitung angeschlossen werden. Bei Holzmasten genügt in diesem Falle ein geerdeter Schutzring am Mast unterhalb der Leitungen.

In die Betätigungsgestänge von Schaltern an Holzmasten
sind Isolatoren einzuschalten, wenn eine zuverlässige Erdung des Schalters nicht gewährleistet werden kann. In
diesem Falle ist nicht das Gestell selbst, sondern das Betätigungsgestänge unterhalb der Isolatoren zu erden.

Ankerdrähte von Holzmasten sind zu erden oder mit zuverlässigen Abspannisolatoren über Reichhöhe zu versehen.

III. Ausführung der Erdung.

Erdleitungen sind für die zu erwartende Erdschluß-
stromstärke zu bemessen, mit der Maßgabe, daß Querschnitte über 50 mm² für Kupfer, über 100 mm² für verzinktes oder verbleites Eisen nicht verwendet zu werden
brauchen, und mit der Maßgabe, daß in elektrischen Betriebsräumen Kupfer-Querschnitte unter 16 mm² nicht verwendet
werden dürfen. Für Anschlußleitungen an die Haupterdungsleitung von weniger als 5 m Länge genügt in jedem Falle
ein Kupferquerschnitt von 16 mm². In anderen Räumen
darf der Kupferquerschnitt 4 mm² nicht unterschreiten.

Hintereinanderschaltung der zu erdenden Teile ist unzulässig; die Einzelerdleitungen sind parallel an eine oder
mehrere parallel geschaltete Haupterdleitungen anzuschließen. Der gute Kontakt der Erdleitungsanschlüsse
soll dauernd gewährleistet sein. Unterbrechungsstellen
in Erdleitungen (z. B. Schalter, Sicherungen usw.) sind unzulässig. Die Erdleitungen sind möglichst sichtbar und gegen mechanische und chemische Zerstörungen geschützt zu
verlegen. Ihre Anschlußstellen sollen der Kontrolle zugänglich sein.

Grundsätzlich sollen die Schutzerdungen so angelegt
sein, daß durch Berührung des zu erdenden Teiles oder seiner
Erdleitungen ein gefährliches Spannungsgefälle zwischen diesem Teil und einer noch besseren Erdung nicht über-
brückt werden kann.

Befindet sich in erreichbarer Nähe der zu erdenden Teile
eine gute natürliche Erdung, so soll die Erdleitung möglichst
an diese angeschlossen werden.

Eisenkonstruktionsteile, Rohrleitungen und ähnliches
dürfen zur Erdung nur dann allein verwendet werden, wenn

sie eine zuverlässige Erdung dauernd gewährleisten; andernfalls sind noch besondere Erdelektroden zu verwenden, deren Zahl und Beschaffenheit sich nach den örtlichen Verhältnissen richten muß, und die mit den übrigen Erdungen zu verbinden sind.

Erdelektroden und deren Zuleitungen dürfen für Hochund Niederspannung nur dann unmittelbar miteinander vereinigt werden, wenn die Erde durchaus zuverlässig ist.

Der Zustand der Erdungsanlage ist zeitweilig zu kontrollieren.

3. Leitsätze für die Ausführung von Schlagwetter-Schutzvorrichtungen an elektrischen Maschinen, Transformatoren und Apparaten.[1]

Gültig ab 1. Juli 1912.[2]

Grundlegend für die Beurteilung der Schlagwettersicherheit von elektrischen Maschinen, Transformatoren und Apparaten sowie besonderer Schutzvorrichtungen für dieselben sind die Ergebnisse von Versuchen, welche s. Zt. auf der berggewerkschaftlichen Versuchsstrecke in Gelsenkirchen-Bismarck ausgeführt worden sind.

Die Ergebnisse sind niedergelegt in den Veröffentlichungen:

„Versuche zwecks Erprobung von Schlagwettersicherheit besonders geschützter elektrischer Motoren und Apparate" von Bergassessor B e y l i n g im „Glückauf" 1906, Nr. 1 bis 13, sowie „Die Erprobung und Ermittlung von Schutzvorrichtungen an elektrischen Maschinen und Apparaten gegen die Zündung von Schlagwettern" von Dipl.-Ing. G ö t z e in der „ETZ" 1906, S. 4 ff., und „Versuche mit Schlagwetter und dem Schlagwetterschutz elektrischer Antriebe" von H o f m a n n in der „Zeitschrift des Vereins Deutscher Ingenieure" vom 24. III. 1906 (Nr. 12, S. 433).

Hiernach haben sich für die Konstruktion schlagwettersicherer Maschinen, Transformatoren und Apparate die nachfolgend genannten Schutzvorrichtungen am meisten bewährt und sind bei ihrer Anwendung die weiterhin erörterten Gesichtspunkte zur Berücksichtigung zu empfehlen. Wegen der weiteren Einzelheiten der Bauarten und ihrer Anwendung muß auf obige Veröffentlichungen verwiesen werden.

A. Die verschiedenen Arten der Schutzvorrichtungen.

I. G e s c h l o s s e n e K a p s e l u n g. Sie besteht in einem allseitig geschlossenen Hohlkörper zur Aufnahme der Maschi-

---

[1] Sonderabdrücke können von der Verlagsbuchhandlung Julius Springer, Berlin, bezogen werden.

[2] Angenommen auf der Jahresversammlung 1912. Veröffentlicht: ETZ 1912 S. 142.

nen, Transformatoren oder Apparate. Bei der geschlossenen Kapselung sind folgende Bedingungen zu erfüllen:

a) Alle Teile der Kapselung sind so herzustellen, daß sie einem inneren Überdruck von 8 at sicher widerstehen können. Unterteilungen des gekapselten Raumes, die durch enge Öffnungen verbunden sind, daher zu höherem Überdruck Anlaß geben könnten, sind zu vermeiden.

b) Die Stoßstellen zusammengepaßter Kapsel- und Gehäuseteile sowie die Auflageflächen von Deckeln, Türen und Klappen sind als breite, glattbearbeitete Flanschen auszubilden. Dichtungen sind an solchen Stellen tunlichst zu vermeiden. Falls Dichtungen angewendet werden, muß dafür gesorgt werden, daß sie durch den Explosionsdruck nicht herausgedrückt werden können. Dichtungen aus wenig haltbarem Stoff, wie Gummi, Asbest oder ähnlichem sind unzulässig.

c) Die Schutzmaßnahmen sind auf alle Wege zu erstrecken, welche die Gase bei einer Explosion vom Innern der Kapselung nach außen nehmen können. Wellen und Betätigungsachsen sind an den Durchführungen durch die Kapselung in entsprechend lange Metallbüchsen zu verlegen, die ihrerseits mit dem Schutzgehäuse fest verbunden sind. Die Leitungseinführungen sind so abzudichten, daß sie dem Explosionsdruck standhalten.

II. Plattenschutzkapselung. Bei dieser Kapselung werden an den Gehäuseöffnungen von Maschinen, Transformatoren und Apparaten Pakete von Metallplatten angebracht, welche durch Zwischenlagen in bestimmtem Abstand gehalten werden.

Für die Ausführung ist folgendes zu berücksichtigen:

a) Man verwende Metallplatten, die eine Flanschenbreite von mindestens 50 mm und ein Stärke von mindestens 0,5 mm haben und ordne sie durch Einlegen geeigneter Zwischenstücke so an, daß ihr Abstand (Schlitzweite) höchstens 0,5 mm beträgt und auch nicht infolge Durchbiegung der Platten überschritten werden kann. Als Material verwende man Bronze, Messing, verzinntes oder verzinktes Eisen.

b) Die Plattenpackungen sind gegen äußere Beschädigung zu schützen. Es wird empfohlen, sie abnehmbar anzubringen, so daß eine bequeme Überwachung und ein leichtes Auswechseln der Platten möglich wird.

c) Die Bedingungen unter I b) und c) sind zu erfüllen. Falls nicht eine genügend große Anzahl von Schlitzen vorhanden ist, die das Entstehen eines größeren Überdruckes sicher verhindern, sind auch die Bedingungen unter I a) zu beachten. Alle Undichtigkeiten sind zu vermeiden.

III. Drahtgewebekapselung. Die Drahtgewebekapselung besteht darin, daß alle Gehäuseöffnungen der damit auszurüstenden Maschinen, Transformatoren und Apparate durch Drahtgewebe geschlossen werden, oder daß für die Maschinen, Transformatoren und Apparate Gehäuse hergestellt werden, welche mit derartigen durch Drahtgewebe geschlossenen Öffnungen versehen sind.

Die Bedingungen, welchen diese Kapselung entsprechen muß, sind folgende:

a) Als Gewebe ist Sicherheitslampen-Drahtgewebe von 144 Maschen auf 1 cm² und 0,35 mm Drahtstärke zu verwenden. Das Drahtgewebe soll aus Bronze oder verzinktem Eisen bestehen, gleichmäßig gearbeitet und frei von Fehlern sein.

b) An jeder Öffnung ist das Drahtgewebe in mindestens zwei Lagen hintereinander in einem gegenseitigen Abstand von 5 bis 20 mm anzuordnen. Die gesamte schützende Gewebefläche soll mindestens 150 cm² für das Liter Wetterinhalt des gekapselten Raumes betragen.

c) Größere Netzflächen sind zur Wahrung des Abstandes mit Verstärkungsrippen zu versehen. Die Befestigung der Gewebe darf nicht durch Lötung erfolgen, die Gewebe sind vielmehr durch Verschraubung in Rahmen einzuklemmen, wobei streng darauf zu achten ist, daß an den Befestigungsstellen keine Undichtigkeiten entstehen. Gegen äußere Beschädigung ist das Drahtgewebe durch gelochtes Blech oder ähnliche Hilfsmittel zu schützen. Es wird empfohlen, die Drahtgewebe als abnehmbare Deckel anzuordnen, die eine leichte Überwachung und ein bequemes Auswechseln des Gewebes gestatten.

d) Die Bedingungen unter I b) und c) sind zu erfüllen. Alle Undichtigkeiten sind zu vermeiden.

e) Die Netzflächen sind so an der Kapselung anzuordnen, daß etwaige Nachbrennflammen nicht an dem Gewebe entlang streichen und daß brennbare Körper nicht darauf fallen können. Um das Nachbrennen abzuschwächen, sind mehrere kleine Netzflächen (nicht wenige große) zu verwenden.

IV. Ölkapselung. Diese Kapselung besteht darin, daß der ganze Apparat, soweit an ihm Funkenbildung oder gefährliche Erhitzung durch elektrischen Strom möglich ist, in einen Behälter eingebaut wird, welcher mit harz- und säurefreiem Mineralöl gefüllt wird.

Der Ölstand ist so reichlich zu bemessen, daß das Auftreten von Funken über den Ölspiegel hinaus ausgeschlossen ist. Die hierfür erforderliche Höhe des Ölstandes ist durch eine Marke festzulegen. Die Ölstandshöhe muß erkennbar sein, ohne daß die Kapselung geöffnet zu werden braucht.

B. Anwendung der einzelnen Schutzvorrichtungen.

I. Bei Maschinen, Transformatoren und Apparaten können zwei Bauarten angewendet werden:

a) Die ganze Maschine, der ganze Transformator oder der ganze Apparat ist schlagwettersicher gemäß Abschnitt A zu schützen.

b) Nur diejenigen Teile von Maschinen, Transformatoren und Apparaten, an welchen betriebsmäßig Funken auftreten, sind schlagwettersicher gemäß Abschnitt A zu schützen. Die Teile dagegen, an denen nur in außergewöhnlichen Fällen Funken auftreten können, erhalten eine erhöhte Sicherheit gegenüber normaler Ausführung, und zwar:

1. durch einen besonderen mechanischen Schutz,

2. durch eine Erhöhung der für die Prüfung vorgeschriebenen Isolierfestigkeit um 50%,

3. durch die Herabsetzung der zulässigen Erwärmung um 25%.

II. Für Apparate gilt noch folgendes:

Flüssigkeitsanlasser ohne besondere Schutzvorkehrungen sind unzulässig.

Bei Widerständen kann von allen Schutzvorrichtungen abgesehen werden, wenn gleichzeitig:

a) die elektrische Beanspruchung des Materials so gering ist, daß eine gefährliche Erwärmung ausgeschlossen ist;

b) das Widerstandsmaterial so fest ist, daß im gewöhnlichen Betriebe ein Bruch nicht eintreten kann und es so sicher befestigt ist, daß gegenseitiges Berühren ausgeschlossen ist;

c) durch geeignete Abdeckung das Hineinfallen von Fremdkörpern und Eindringen von Tropfwasser verhindert wird;

d) alle Drahtverbindungen verlötet oder gesichert verschraubt sind.

Alle Schraubkontakte, welche nicht durch Kapselungen geschützt werden können, sind so zu sichern, daß eine Lockerung der Verschraubung und damit ein schlechter Kontakt nicht eintreten kann (z. B. Anschlußklemmen von Motoren, Widerständen u. a.).

Steckkontakte müssen so gebaut sein, daß die Stecker fest in den Dosen sitzen, daß also im Ruhezustand keine Funken auftreten; sie müssen ferner mit schlagwettersicheren Schaltern derart verriegelt sein, daß das Einsetzen und Herausnehmen des Steckers nur in spannungslosem Zustande erfolgen kann.

C. Andere Bauarten.

Andere als die unter A und B genannten Bauarten von Maschinen, Transformatoren und Apparaten sind zulässig, sofern sie sich bei einer besonderen Prüfung durch eine anerkannte Schlagwetter-Versuchsstelle als schlagwettersicher erwiesen haben.

4. Sicherheitsvorschriften für elektrische Straßenbahnen und straßenbahnähnliche Kleinbahnen.[1]

(Bahnvorschriften.)

Gültig ab 1. Oktober 1906.[2]

Die nachstehenden Vorschriften gelten für die Kraftwerke, Hilfswerke, Leitungsanlagen, Fahrzeuge und sonstigen Betriebsmittel von Straßenbahnen in Ortschaften und von straßenbahnähnlichen Kleinbahnen, deren Spannung 1000 V gegen Erde nicht übersteigt.

Erster Abschnitt.

Bauvorschriften.

A. Allgemeines.

§ 1.

Pläne.

Für Pläne sind folgende Bezeichnungen anzuwenden:

$\times$ = Feste Glühlampe.

$\times$ = Bewegliche Glühlampe.

$\otimes$5 = Fester Lampenträger mit Lampenzahl (5).

$\otimes$3 = Beweglicher Lampenträger mit Lampenzahl (3).

Obige Zeichen gelten für Glühlampen jeder Kerzenstärke, sowie für Fassungen mit und ohne Hahn.

$\odot$6 = Bogenlampe mit Angabe der Stromstärke (6 A).

$\ominus$ = Generatoren oder Elektromotoren mit Angabe der Stromart, der höchstzulässigen Leistung in Kilowatt und der Spannung

(z. B. $\ominus$ Drehstrom 100 kW 800 V).

---

[1] Sonderabdrücke können von der Verlagsbuchhandlung Julius Springer, Berlin, bezogen werden.

[2] Angenommen auf der Jahresversammlung 1906. Veröffentlicht: ETZ 1906, S. 798. Vorher haben zwei andere Fassungen bestanden, von denen eine auch noch einer Änderung unterworfen wurde. Über die Entwickelung gibt nachstehende Tabelle Aufschluß:

Fassung:	Beschlossen:	Gültig ab:	Veröffentl. ETZ:
Erste Fassung	18. 6. 00	1. 7. 00	00 S. 663
Änd. d. ersten Fassung	28. 6. 01	1. 7. 01	01 S. 796
Zweite Fassung	24. 6. 04	1. 1. 05	04 S. 684
Dritte Fassung	25. 5. 06	1. 10. 06	06 S. 798

Erläuterungen zu der obenstehenden Fassung von Dr. C. L. Weber, können von der Verlagsbuchhandlung Julius Springer bezogen werden.

⊣|||||⊢ = Akkumulatoren.

= Einpoliger bezw. zweipoliger bezw. dreipoliger Ausschalter mit Angabe der höchstzulässigen Stromstärke (6 A).

⌀ 3 = Umschalter desgl. (3 A).

10 = Sicherung mit Angabe der Normalstromstärke (10 A).

⊠ 10 = Widerstand, Heizapparate und dergl. mit Angabe der höchstzulässigen Stromstärke (10 A).

⌇⊠ 10 = Desgl. abnehmbar angeschlossen.

7,5 · 5000/550 = Transformator mit Angabe der Leistung in Kilowatt und der beiden Spannungen. (7,5 kW 5000/550 V).

= Drosselspulen.

= Blitzschutzvorrichtungen und Überspannungs- sicherungen.

→⸱← = Spannungsicherungen.

= Erdung.

= Blitzpfeil.

M $\overline{|M|}$ = Zweileiter- bezw. Dreileiter- oder Drehstromzähler mit Angabe des Meßbereichs (5 bezw. 20 kW)

= Zweileiterschalttafel.

= Dreileiterschalttafel oder Schalttafel für mehr- phasigen Wechselstrom.

— — — — = Fahrleitung.

1×6 mm² = Einzelleitung von 6 mm².

2×6 mm² = Hin- u. Rückleitung von 6 mm². ⎫

3×6 mm² = Drehstromleitung von 6 mm². ⎬ Bei Verwendung von Mehrfachlei- tungen ist die Linie zu strich- punktieren.

2×10 mm² + 1×6 mm² = Dreileitersystem. ⎭

↖ = Nach oben führende Steigleitung.

↘ = Nach unten führende Steigleitung.

⊏ = Steckvorrichtung.

◒ = Holzmast.

● = Eisenmast.

⊙ = Speisepunkt.

—< = Luftweiche.

∞ = Abspannisolator.

= Streckenisolator.

▯ = Blanke Sammelschiene.

B C Blanker Kupferdraht.

B E Blanker Eisendraht.

GB Gummibandleitung (höchstens bis 250 V).
GA Gummiaderleitung.
MA Mehrfach-Gummiaderleitung.
PA Panzerader.
FA Fassungsader.
SA Gummiaderschnur.
PL Pendelschnur.
KB Blanke Bleikabel.
KA Asphaltierte Kabel.
KE Armierte asphaltierte Kabel.
  (n) Schutznetz.
  (e) Schutz durch Erdung.
  (h) Schutz des Fahrdrahtes durch Holzleisten.
  (d) Schutzdraht.

§ 2.
Erklärungen.

a) **Erdung.** Einen Gegenstand erden, heißt, ihn mit der Erde derart leitend verbinden, daß er eine für unisoliert stehende Personen gefährliche Spannung nicht annehmen kann. (Erdung von Fahrzeugen siehe § 33.)

b) **Feuersichere Gegenstände.** Als feuersicher gilt ein Gegenstand, der nicht entzündet werden kann, oder der nach Entzündung nicht von selbst weiterbrennt.

c) **Freileitungen.** Als Freileitungen gelten alle oberirdischen Drahtleitungen außerhalb von Gebäuden, die weder metallische Umhüllung, noch Schutzverkleidung haben. Schutznetze, Schutzleisten und Schutzdrähte gelten nicht als Verkleidung.

d) **Elektrische Betriebsräume.** Als solche gelten außer den Kraft- und Hilfswerken auch abgeschlossene Betriebsstände in Fahrzeugen, die Prüffelder, sowie die Räume, in denen Fahrzeuge oder Apparate mit der Betriebsspannung untersucht werden, soweit diese Räume im regelmäßigen Betriebe nur unterwiesenem Personal zugänglich sind.

B. Beschaffenheit und Verlegung des zu verwendenden Materials.

§ 3.
Erdung.

a) Der Querschnitt der Erdungsleitungen ist mit Rücksicht auf die zu erwartenden Erdschlußstromstärken zu bemessen. Die Erdungsleitungen müssen gegen mechanische und chemische Beschädigungen geschützt werden.

b) Es ist für möglichst geringen Erdungswiderstand Sorge zu tragen.

Zum Einlegen in die Erde dienen Platten, Drahtnetze, Gitterwerk und dergl.

Für Blitzableiter, Schutznetze und Schutzdrähte dürfen die Geleise zur Erdung benutzt werden.

c) Die in einem Gebäude befindlichen Erdungsleitungen müssen sämtlich unter sich gut leitend verbunden sein.

d) Es ist unzulässig, Teile einer geerdeten Betriebsleitung durch Erde allein zu ersetzen.

e) Betreffend Erdung von Fahrzeugen siehe § 33.

Betreffend Schienenrückleitung siehe § 31.

§ 4.
Übertritt von höherer Spannung.

Um den Übertritt von höherer Spannung in Stromkreise für niedrigere Spannung, sowie das Entstehen von höherer Spannung in letzteren zu verhindern bzw. ungefährlich zu machen, sind geeignete Vorrichtungen, z. B. erdende oder kurzschließende oder abtrennende Sicherungen vorzusehen, oder es sind geeignete Punkte zu erden.

Isolier- und Befestigungskörper.
§ 5.
Isolierstoffe.

a) Die Isolierstoffe sollen in solcher Stärke verwendet werden, daß sie bei der im Betrieb vorkommenden Erwärmung von einer Spannung, welche die Betriebsspannung um 1000 V überschreitet, nicht durchschlagen werden. Außerdem müssen die Isoliermittel derartig gestaltet und bemessen sein, daß ein merklicher Stromübergang über die Oberfläche (Oberflächenleitung) unter gewöhnlichen Betriebsverhältnissen nicht eintreten kann.

b) Wo Holz als Isolierstoff zulässig ist, muß es isolierend getränkt sein.

§ 6.
Holzleisten und Krampen.

a) Holzleisten sind zur Verlegung von Leitungen unzulässig, Ausnahme siehe § 36 g.

b) Krampen sind nur zur Befestigung von betriebsmäßig geerdeten Leitungen zulässig, sofern dafür gesorgt wird, daß der Leiter durch die Art der Befestigung weder mechanisch noch chemisch beschädigt wird.

§ 7.
Isolierglocken, -Rollen und -Ringe.

a) Isolierglocken, -Rollen und -Ringe müssen aus Porzellan oder gleichwertigem Stoffe bestehen. Ringe sind nur gestattet, wenn sie durch Form und Größe eine sichere Isolation verbürgen.

b) Die Glocken, Rollen und Ringe müssen so geformt sein, daß die an ihnen zu befestigenden Leitungen in genügendem Abstande von den Befestigungsflächen und voneinander gehalten werden können. (Vergl. § 24a u. c.)

In jede Rille darf nur ein Draht gelegt werden.

§ 8.
Befestigungsklemmen.

a) Befestigungsklemmen müssen, soweit sie nicht für Bleikabel, Fahrleitungen und Telephonschutz bestimmt sind, aus hartem Isolierstoff oder isoliertem Metall bestehen.

b) Sie müssen so geformt sein, daß die an ihnen zu befestigenden Leitungen in genügendem Abstande von den Befestigungsflächen und voneinander gehalten werden können (vergl. § 24a und c) und daß die Isolierung nicht verletzt wird.

c) Sie müssen so ausgebildet oder angebracht sein, daß merkliche Oberflächenleitung ausgeschlossen ist.

§ 9.
Fahrdrahtisolatoren.

Fahrdrahtisolatoren müssen so gebaut sein, daß sie den Draht sicher in seiner Lage halten.

§ 10.
Rohre.

a) Bei Metall- und Isolierrohren, in denen Leitungen verlegt werden sollen, muß die lichte Weite, sowie die Anzahl und der Halbmesser der Krümmungen so gewählt sein, daß man die Drähte leicht einziehen kann.

b) Rohre, die für mehr als einen Draht bestimmt sind, müssen mindestens 11 mm lichte Weite haben.

c) Verbindungsdosen müssen genügend weit und so eingerichtet sein, daß jeder unzulässige Spannungs- oder Stromübergang ausgeschlossen ist.

d) Rohre dienen wesentlich als mechanischer Schutz; sie müssen dementsprechend aus widerstandsfähigem Stoffe von genügender Stärke bestehen. (Vergl. § 24h.)

Leitungen.

§ 11.

Beschaffenheit und Belastung der Leiter.

a) Isolierte Kupferleitungen und nicht unterirdisch verlegte Kabel aus Leitungskupfer dürfen im allgemeinen mit den in nachstehender Tabelle verzeichneten Stromstärken dauernd belastet werden.

Querschnitt in mm²	Stromstärke in A	Querschnitt in mm²	Stromstärke in A
0,75	4	95	165
1	6	120	200
1,5	10	150	235
2,5	15	185	275
4	20	240	330
6	30	310	400
10	40	400	500
16	60	500	600
25	80	625	700
35	90	800	850
50	100	1000	1000
70	130		

Blanke Kupferleitungen bis zu 50 mm² unterliegen gleichfalls den Vorschriften der vorstehenden Tabelle, blanke Kupferleitungen über 50 mm² und unter 1000 mm² Querschnitt können mit 2 A für das Quadratmillimeter belastet werden.

Bei Freileitungen, Fahrstromleitungen und anderen intermittierenden Betrieben ist eine Erhöhung der Belastung über die Tabellenwerte zulässig, sofern dadurch keine Beeinträchtigung der Festigkeit oder gefährliche Erwärmung entsteht.

Beim Anschluß von Bogenlampen, Motoren und ähnlichen Stromverbrauchern mit wechselndem Stromverbrauch genügt es, sofern keine zuverlässigen Anhaltspunkte für die kurzzeitigen Stromstöße vorliegen, das 1½ fache der Normalstromstärke der Bemessung des Leitungsquerschnittes zugrunde zu legen.

b) Der geringste zulässige Querschnitt für isolierte Kupferleitung ist 1 mm², an und in Beleuchtungskörpern 0,75 mm². Der geringste zulässige Querschnitt von offen verlegten blanken Kupferleitungen in Gbäuden ist 4 mm², bei Freileitungen 10 mm².

c) Bei Verwendung von Leitern aus minderwertigem Kupfer oder anderen Metallen müssen die Querschnitte so gewählt werden, daß die Erwärmung durch den Strom nicht größer wird, als bei Leitern aus Leitungskupfer, welche nach der obigen Tabelle bemessen sind.

§ 12.
Isolierte Leitungen.

a) Alle Drähte, die als isoliert gelten sollen, müssen nach 24 stündigem Liegen in Wasser von höchstens 25⁰ C eine Durchschlagsprobe mit der doppelten Betriebsspannung eine Stunde lang aushalten.

Sie sind mit eindrähtigen Leitern in Querschnitten von 0,75 bis 16 mm², mit mehrdrähtigen Leitern in Querschnitten der Gesamtseele von 0,75 bis 1000 mm² zulässig. Insbesondere kommen hierfür in Betracht G u m m i a d e r l e i t u n g e n (Bez. G A).

Ihre Kupferseele ist feuerverzinnt und mit einer wasserdichten vulkanisierten Gummihülle umgeben. Jede Leitung muß über dem Gummi von einer Hülle gummierten Bandes umgeben sein. Als Einzelleitung verwendet, muß sie außerdem eine mit Isoliermasse getränkte Umklöppelung erhalten. Bei Mehrfachleitungen kann die Umklöppelung gemeinsam sein.

b) Gepanzerte Leitungen (Bez. P A) bestehen aus einer oder mehreren nach vorstehender Vorschrift isolierten Seelen, die mit einer gemeinsamen Hülle und darüber mit einer dichten Metallumklöppelung versehen sind. (Vergl. § 14 d.)

Gepanzerte Leitungen dürfen nicht unmittelbar in die Erde und auch nicht in Räumen verlegt werden, wo sie chemischen Beschädigungen ausgesetzt sind.

§ 13.
Leitungen im allgemeinen.

a) Alle Leitungen müssen so verlegt werden, daß sie nach Bedarf geprüft werden können.

b) Transportable Leitungen dürfen an festverlegte Leitungen nur mittels lösbarer Anschlußvorrichtungen angeschlossen werden.

c) Soweit bewegliche Leitungen roher Behandlung ausgesetzt sind, müssen sie gegen mechanische Beschädigungen besonders geschützt sein.

d) Die Verbindung von Leitungen untereinander, sowie die Abzweigung von Leitungen geschieht mittels Lötung, Verschraubung oder gleichwertiger Verbindung.

Abzweigungen von festverlegten Mehrfachleitungen müssen mit Abzweigklemmen auf isolierender Unterlage ausgeführt werden. Ausgenommen hiervon sind Leitungen in Fahrzeugen. An und in Beleuchtungskörpern sind Lötungen zulässig.

e) Zum Löten dürfen keine Lötmittel verwendet werden, die das Metall angreifen.

f) Bei Verbindungen oder Abzweigungen von isolierten Leitungen ist die Verbindungsstelle in einer der sonstigen Isolierung möglichst gleichwertigen Weise zu isolieren. Die Anschluß- und Abzweigstellen müssen von Zug entlastet sein.

g) Kreuzungen von stromführenden Leitungen unter sich und mit sonstigen Metallteilen sind so auszuführen, daß unbeabsichtigte gegenseitige leitende Berührung ausgeschlossen ist.

h) Bei Einrichtungen, bei denen ein Zusammenlegen von mehr als 3 Leitungen unvermeidlich ist, dürfen Gummiaderleitungen so verlegt werden, daß sie sich berühren, wenn eine Lagenveränderung ausgeschlossen ist (Fahrzeuge siehe § 36 f.).

i) Alle Leitungen außerhalb von Betriebsräumen, die mehr als 250 V gegen Erde führen, mit Ausnahme von Kabeln und Panzerleitungen, müssen entweder durch ihre Lage und Anordnung oder durch Schutzverkleidung gegen zufällige Berührung und Beschädigung geschützt sein. Diese Schutzverkleidung muß, sofern es sich nicht um Fahrzeuge handelt, die in § 24a u. c vorgeschriebenen Abstände haben und, soweit sie der Berührung durch Personen zugänglich ist, aus feuchtigkeitsbeständigem Isolierstoff (mit Isoliermasse getränktes Holz ist zulässig) oder aus geerdetem Metall bestehen. Netze dürfen in diesem Falle höchstens 5 cm Maschenweite und müssen wenigstens 1,5 mm Drahtdicke haben.

k) Wenn eine Drahtleitung an der Außenseite eines Gebäudes geführt ist, so darf, einerlei ob sie blank oder isoliert ist, ihr Abstand von der äußeren Gebäudewand oder der Schutzverkleidung an keiner Stelle weniger als 10 cm betragen.

l) Die Verbindung der Leitungen mit Apparaten ist durch Schrauben oder gleichwertige Mittel auszuführen.

Schnüre oder Drahtseile bis zu 6 mm² und Einzeldrähte bis zu 25 mm² Kupferquerschnitt können mit angebogenen Ösen an die Apparate befestigt werden.

Drahtseile über 6 mm², sowie Drähte über 25 mm² Kupferquerschnitt müssen mit Kabelschuhen oder gleichwertigen Verbindungsmitteln versehen sein.

Schnüre und Drahtseile von weniger als 6 mm² Querschnitt müssen, wenn sie nicht gleichfalls Kabelschuhe oder gleichwertige Verbindungsmittel erhalten, an den Enden verlötet sein.

§ 14.
Kabel.

a) Blanke Bleikabel (Bez. K B) bestehen aus einer oder mehreren Kupferseelen, Isolierschichten und einem wasserdichten einfachen oder mehrfachen Bleimantel. Sie sind nur zu verwenden, wenn sie gegen mechanische und gegen chemische Beschädigungen geschützt verlegt werden.

b) Asphaltierte Bleikabel (Bez. K A) wie die vorigen, aber mit asphaltiertem Faserstoff umwickelt; sie müssen gegen mechanische Beschädigungen geschützt verlegt werden.

c) Armierte asphaltierte Bleikabel (Bez. K E) wie die vorigen und mit Eisenband oder -Draht armiert.

d) Bei eisenarmierten Kabeln für einfachen Wechselstrom und Mehrphasenstrom müssen sämtliche zu einem Stromkreis gehörigen Leitungen in einem Kabel enthalten sein, sofern nicht dafür gesorgt ist, daß keine bedenkliche Erwärmung des Eisenmantels eintritt. Entsprechendes gilt für Panzerleitungen.

e) Bleikabel jeder Art dürfen nur mit Endverschlüssen, Muffen oder gleichwertigen Vorkehrungen, die das Eindringen von Feuchtigkeit verhindern und gleichzeitig einen guten elektrischen Anschluß gestatten, verwendet werden.

f) An den Befestigungsstellen ist darauf zu achten, daß der Bleimantel nicht eingedrückt oder verletzt wird; Rohrhaken sind daher nur bei armierten Kabeln als Befestigungsmittel zulässig.

g) Prüfdrähte sind sicherheitstechnisch wie die zugehörigen Kabeladern zu behandeln.

Apparate.
§ 15.
Vorschriften für alle Apparate.

a) Die stromführenden Teile sämtlicher Apparate müssen auf feuersicheren, und soweit sie nicht betriebsmäßig geerdet sind, auf Unterlagen befestigt sein, die in dem Verwendungsraum isolieren.

Wo dies aus technischen Gründen nicht möglich ist (z. B. bei Meßinstrumenten usw.), bezieht sich diese Vorschrift nur auf die äußeren stromführenden Teile.

Bei Fahrschaltern, bei Bürstenjochen für Motoren und bei Stromabnehmern ist Holz als Isolierstoff zulässig.

Isolierstoffe, welche in der Wärme eine erhebliche Formveränderung erleiden können, dürfen für wärmeentwickelnde oder höheren Temperaturen ausgesetzte Apparate als Träger stromführender Teile nicht verwendet werden.

b) Die spannungführenden Teile aller Apparate, die nicht in elektrischen Betriebsräumen, unter Verschluß oder unzugänglich für nicht unterwiesene Personen angebracht sind, sowie alle Teile im Handbereich, die Spannung annehmen können, müssen durch Gehäuse der zufälligen Berührung entzogen sein.

Nicht geerdete Gehäuse, soweit sie der Berührung zugänglich sind, sowie ungeerdete Griffe müssen aus nichtleitenden Stoffen bestehen oder mit einer haltbaren Isolierschicht ausgekleidet oder überzogen sein.

Zugängliche Metallgehäuse müssen geerdet sein.

Aus- und Umschalter, Anlasser und dergl., die für elektrische Betriebsräume bestimmt sind, bedürfen keiner Gehäuse, müssen aber so gebaut bzw. angebracht sein, daß bei der Bedienung mittels der Handgriffe eine zufällige Berührung spannungführender Teile ausgeschlossen ist.

Für Griffe und Kuppelstangen ist Holz zulässig, wenn es mit Isoliermasse getränkt ist.

c) Die Einführungsstellen für Leitungen sind so einzurichten, daß sie die Leitungen gegen leitende Gehäuse oder Unterlagen isolieren und daß die Isolierhüllen der Leitungen nicht verletzt werden.

Bei Apparaten im Freien, in welche kein Wasser eindringen darf, müssen die Einführungsstellen entsprechend geschützt sein.

Die Einführungsstellen müssen einer Prüfung nach § 5 genügen.

d) Die stromführenden Teile sämtlicher Apparate sind derart zu bemessen, daß sie durch den stärksten regelrecht vorkommenden Betriebsstrom keine für den Betrieb oder die Umgebung bedenkliche Erwärmung annehmen können.

e) Alle Apparate müssen derart gebaut und angebracht sein, daß eine Verletzung von Personen durch Splitter, Funken und geschmolzenes Material ausgeschlossen ist.

Diejenigen Apparate, die zur Stromunterbrechung dienen, sind derart anzuordnen oder einzubauen, daß die bei ihrer regelrechten Wirkung etwa auftretenden Feuererscheinungen weder Personen gefährden noch zündend auf die Nachbarschaft wirken oder unbeabsichtigte Kurz- oder Erdschlüsse herbeiführen können.

f) Alle Apparate, die zur Stromunterbrechung dienen, müssen derart gebaut sein, daß beim vollen Öffnen unter der auf dem Apparat vermerkten Spannung und Höchststromstärke kein dauernder Lichtbogen bestehen bleibt.

§ 16.

Sicherungen.

a) Die Abschmelzstromstärke eines Sicherungseinsatzes soll das Doppelte der auf ihr verzeichneten Stromstärke (Normalstromstärke) sein. Sicherungen bis einschließlich 50 A Normalstromstärke müssen den 1¼fachen Normalstrom dauernd tragen können. Vom kalten Zustande aus plötzlich mit der doppelten Normalstromstärke belastet, müssen sie in längstens 2 Minuten abschmelzen.

b) Die Sicherungen müssen einzeln, auch bei der um 10% erhöhten Betriebsspannung, sicher wirken.

Zur Sicherheit der Wirkung gehört, daß sie abschmelzen, ohne einen dauernden Lichtbogen zu erzeugen, und daß die etwaigen Explosionserscheinungen ungefährlich verlaufen.

c) Bei Sicherungen dürfen weiche Metalle und Legierungen nicht unmittelbar die Berührung vermitteln, sondern die Schmelzdrähte oder Schmelzstreifen müssen in Anschlußstücke aus Kupfer oder gleichgeeignetem Metall fest eingefügt sein.

d) Nichtausschaltbare Sicherungen müssen derart gebaut oder angeordnet sein, daß ihre Einsätze auch unter Spannung mittels geeigneter Werkzeuge gefahrlos ausgewechselt werden können.

e) Die Normalstromstärke und die Höchstspannung sind auf dem Einsatz der Sicherung zu verzeichnen.

f) Alle betriebsmäßig geerdeten Leitungen dürfen keine Sicherungen enthalten; dagegen sind alle übrigen Leitungen, die von der Schalttafel oder den Sammelschienen nach den Verbrauchsstellen führen, durch Abschmelzsicherungen oder andere selbsttätige Stromunterbrecher zu schützen, ebenso müssen die Leitungen, welche von den Stromquellen zu den Sammelschienen führen, selbsttätige Stromunterbrecher enthalten.

g) Mit einziger Ausnahme des Falles h) sind Sicherungen in Gebäuden an allen Stellen anzubringen, wo sich der Querschnitt der Leitungen in der Richtung nach der Verbrauchsstelle hin vermindert.

h) Bei Querschnittsverkleinerungen sind in den Fällen, wo die vorhergehende Sicherung den schwächeren Querschnitt schützt, weitere Sicherungen nicht mehr erforderlich.

i) Wo eine Verjüngung eintritt, muß die Sicherung unmittelbar an der Verjüngungsstelle liegen; bei Abzweigungen muß das Anschlußleitungsstück bis zur Sicherung hin den Querschnitt der Hauptleitung haben.

Diese Vorschrift bezieht sich nicht auf Schalttafelleitungen und die Verbindungsleitungen von der Maschine zur Schalttafel.

k) Die Stärke der zu verwendenden Sicherung ist der Betriebsstromstärke der zu schützenden Leitungen und Stromverbraucher tunlichst anzupassen. Sie darf jedoch nicht größer sein, als nach der Belastungstabelle und den übrigen Bestimmungen des § 11 für die betreffende Leitung zulässig ist.

§ 17.
Ausschalter, Umschalter, Anlasser und dergl.

a) Die Betriebsstromstärke und -Spannung, für die ein Schalter gebaut ist, sowie die Höchststromstärke, bei der er unter der Betriebsspannung ausgeschaltet werden darf, sind auf dem festen Teil zu vermerken.

b) Nulleiter und betriebsmäßig geerdete Leitungen dürfen außerhalb elektrischer Betriebsräume entweder gar nicht oder nur zwangläufig zusammen mit den übrigen zugehörigen Leitern ausschaltbar sein.

c) Ausschalter für Stromverbraucher mit Ausnahme einzelner Glühlampenstromkreise unter 250 V müssen, wenn sie geöffnet werden, ihren Stromkreis spannungslos machen.

d) Ausschalter dürfen nur an den Verbrauchsapparaten selbst oder in festverlegten Leitungen angebracht werden.

§ 18.
Steckvorrichtungen und dergl.

a) Stecker und verwandte Vorrichtungen zum Anschluß abnehmbarer Leitungen müssen so gebaut sein, daß sie nicht in Anschlußstücke für höhere Stromstärken passen.

b) Die Betriebsstromstärke und Spannung, für welche der Apparat gebaut ist, sind auf dem festen Teil und auf dem Stecker sichtbar zu vermerken.

c) Steckvorrichtungen zum Anschluß transportabler Leitungen von mehr als 250 V müssen mittels besonderer Ausschalter abschaltbar sein. Ausgenommen hiervon sind Glühlampen, die zwischen zwei Punkte eines Serienkreises eingeschaltet werden.

d) Sicherungen siehe § 16 g.

§ 19.
Schalt- und Verteilungstafeln.

a) Schalt- und Verteilungstafeln müssen im allgemeinen aus feuersicherem Stoff bestehen. Holz ist außerhalb von Fahrzeugen nur als Umrahmung zulässig.

b) Die Kreuzung stromführender Teile an Schalt- und Verteilungstafeln ist möglichst zu vermeiden.

Ist dies nicht erreichbar, so sind die stromführenden Teile durch Isolierkörper voneinander zu trennen oder derart in genügendem Abstande voneinander zu befestigen, daß gegenseitige Berührung ausgeschlossen ist.

c) Verteilungstafeln, die nicht von der Rückseite zugänglich sind, müssen so gebaut werden, daß die Leitungen nach Befestigung der Tafel angeschlossen und die Anschlüsse jederzeit von vorn untersucht und gelöst werden können.

d) Die Sicherungen und Ausschalter auf den Verteilungstafeln sind mit Bezeichnungen zu versehen, aus denen hervorgeht, zu welchen Räumen bzw. Gruppen von Stromverbrauchern sie gehören.

e) Leitungsschienen von verschiedener Polarität oder Phase, die hinter der Schalttafel liegen, müssen durch verschiedenfarbigen Anstrich kenntlich gemacht werden.

f) Schalttafeln für eine Betriebsspannung von mehr als 250 V müssen entweder mit einem isolierenden Bedienungsgang umgeben sein, oder es müssen sämtliche stromführenden Teile, soweit sie nicht geerdet sind, der Berührung unzugänglich angeordnet sein, und in diesem Falle müssen die zugänglichen, nicht stromführenden Metallteile dieser Apparate und des Schalttafelgerüstes geerdet und, soweit der Fußboden in der Nähe des Gerüstes leitet, mit diesem leitend verbunden sein.

g) Bei Schalttafeln, die betriebsmäßig auf der Rückseite zugänglich sind, darf die Entfernung zwischen ungeschützten stromführenden Teilen der Schalttafel und der gegenüberliegenden Wand nicht weniger als 1 m betragen. Sind auf der letzteren ungeschützte stromführende Teile in erreichbarer Höhe vorhanden, so muß die wagerechte Entfernung bis zu denselben 2 m betragen und der Zwischenraum durch Geländer geteilt sein. In dem so geschaffenen Gange dürfen bis zur Höhe von 2 m über dem Fußboden weder stromführende Teile noch sonstige die freie Bewegung störende Gegenstände vorhanden sein.

§ 20.

Bogenlampen.

a) Bogenlampen müssen Vorrichtungen haben, die ein Herausfallen glühender Kohleteilchen verhindern.

b) Die Bogenlampen sind isoliert in die Laternen (Gehänge) einzusetzen.

c) Die Laternen (Gehänge) von Bogenlampen sind, sofern sie aufgehängt sind, von Erde zu isolieren.

d) Die Zuleitungsdrähte dürfen bei Spannungen von mehr als 250 V. nicht als Aufhängevorrichtung dienen.

e) Die Lampen müssen entweder gegen das Aufzugsseil, und wenn Metallmasten benutzt sind, auch gegen den Mast doppelt isoliert sein, oder Seil und Mast sind zu erden. Stromführende Teile von Bogenlampenkuppelungen müssen gegen den Mast doppelt isoliert und gegen Regen geschützt sein.

f) Soweit die Zuleitungsdrähte in der Gebrauchslage der Lampe im Handbereich liegen, müssen sie isoliert und mit einer Schutzhülle aus geerdetem Metall oder aus feuchtigkeitsbeständigem Isolierstoff versehen sein.

g) Bogenlampen in Stromkreisen mit einer Betriebsspannung von mehr als 250 V müssen während des Betriebes unzugänglich und von Abschaltvorrichtungen abhängig sein, die gestatten, sie für den Zweck der Bedienung spannungslos zu machen.

§ 21.
Beleuchtungskörper.

a) Fassungen für Spannungen über 250 V dürfen keine Ausschalter enthalten.

b) Bei Handlampen, die außerhalb von Fahrzeugen und Betriebsräumen nur bis 250 V zulässig sind, müssen die Griffe, sofern sie nicht zuverlässig geerdet sind, aus Isolierstoff bestehen. Der Schutzkorb muß unmittelbar auf dem isolierenden bzw. zuverlässig geerdeten Griffe sitzen und die Leitungseinführung mit Isoliermitteln ausgekleidet sein. Hahnfassungen an Handlampen sind unzulässig.

c) Die zur Aufnahme von Drähten bestimmten Hohlräume von Beleuchtungskörpern müssen im Lichten so weit bemessen und von Grat frei sein, daß die einzuführenden Drähte sicher ohne Verletzung der Isolierung durchgezogen werden können.

d) In und an Beleuchtungskörpern muß mindestens Gummiaderleitung verwendet werden.

e) Bei zugänglichen Beleuchtungskörpern über 250 V dürfen die Leitungen nur innen geführt werden.

f) Beleuchtungskörper müssen so angebracht werden, daß die Zuführungsdrähte nicht durch Drehen des Körpers verletzt werden.

C. Kraftwerke und diesen gleichgestellte Betriebsräume.

§ 22.
Aufstellung von Generatoren, Elektromotoren und Umformern.

a) Generatoren, Elektromotoren, Umformer usw. sind so aufzustellen, daß etwaige im Betriebe der elektrischen Einrichtung auftretende Feuererscheinungen keine Entzündung von brennbaren Stoffen hervorrufen können.

b) Generatoren und Elektromotoren müssen entweder gut isoliert und in diesem Falle mit einem gut isolierenden Bedienungsgange umgeben sein, oder sie sollen geerdet und, soweit der Fußboden in ihrer Nähe leitend ist, mit demselben leitend verbunden sein. Zur Erdung und zur Verbindung mit dem Fußboden sollen Kupferdrähte von mindestens 25 mm² Querschnitt benutzt werden, die gegen schädliche mechanische oder chemische Einwirkungen geschützt sind.

c) Transformatoren, die weder in besonderen Kammern untergebracht noch in anderer Weise der zufälligen Berührung entzogen sind, müssen allseitig in geerdete Metallgehäuse eingeschlossen sein.

d) An jedem isoliert aufgestellten Transformator, mit Ausnahme von solchen für Meßzwecke, sollen Vorrichtungen angebracht sein, welche gestatten, das Gestell desselben gefahrlos zu erden.

§ 23.
Akkumulatorenräume.

a) In Akkumulatorenräumen ist für Lüftung zu sorgen.

b) Die einzelnen Zellen sind gegen das Gestell und letzteres ist gegen Erde durch Glas, Porzellan oder ähnliche nicht Feuchtigkeit anziehende Unterlagen zu isolieren.

Es müssen Vorkehrungen getroffen werden, um beim Auslaufen von Säure eine Gefährdung des Gebäudes zu vermeiden.

c) Zur Beleuchtung von Akkumulatorenräumen dürfen nur elektrische Lampen verwendet werden, welche im luftleeren Raume brennen.

d) Die Zellen müssen derart angeordnet werden, daß bei der Bedienung eine zufällige gleichzeitige Berührung von Punkten, zwischen denen eine Spannung von mehr als 250 V herrscht, nicht erfolgen kann.

§ 24.
Leitungen in Gebäuden.

a) Blanke Leitungen dürfen nur auf Isolierglocken oder gleichwertigen Vorrichtungen verlegt werden und müssen, soweit sie nicht unausschaltbare Parallelzweige sind, voneinander, von der Wand oder anderen Gebäudeteilen und von der eigenen Schutzverkleidung mindestens 10 cm entfernt sein. Die Spannweite der Leitungen soll, wo nicht besondere Verhältnisse eine Abweichung bedingen, nicht mehr als 4 m betragen.

Bei Verbindungsleitungen zwischen Akkumulatoren, Maschinen und Schalttafeln, bei Zellenschalterleitungen und bei Speise-, Steig- und Verteilungsleitungen können starke Kupferschienen, sowie starke Kupferdrähte in kleineren Abständen voneinander verlegt werden.

b) Betriebsmäßig geerdete blanke Leitungen unterliegen den vorstehenden Bestimmungen nicht, müssen aber gegen die bei regelrechter Benutzung des betreffenden Raumes vorauszusetzenden Beschädigungen geschützt sein.

c) Glocken, Rollen usw., die zur Verlegung von isolierten Leitungen dienen, müssen so angebracht werden, daß sie die Leitungen mindestens 1 cm über 250 V mindestens 2 cm von der Wand entfernt halten. Isolierende Schutzverkleidungen müssen von den isolierten Leitungen mindestens 5 cm abstehen.

d) Bei Führung isolierter Leitungen auf gewöhnlichen Rollen längs der Wand muß auf höchstens 80 cm eine Befestigungsstelle kommen. Bei Führung an der Decke können den örtlichen Verhältnissen entsprechend ausnahmsweise größere Abstände gewählt werden.

e) Mehrfachleitungen dürfen nicht so befestigt werden, daß ihre Einzelleiter aufeinander gepreßt werden. Metallene Bindedrähte sind bei Mehrfachleitungen unzulässig. Für Führung von Mehrfachleitungen auf Rollen gilt die unter c) gegebene Abstandsvorschrift.

f) Mehrfachleitungen dürfen bei mehr als 250 V nur dann zur Aufhängung von Bogenlampen und Glühlampen benutzt werden, wenn sie eine besondere Tragschnur enthalten.

Wenn sie bei weniger als 250 V als Tragschnur benutzt werden, so dürfen die Anschlußstellen der Drähte nicht durch Zug beansprucht und die Drähte nicht verdrillt werden.

g) Papierrohre dürfen nur für Spannungen bis 250 V gegen Erde unter Putz verlegt werden. Sie sollen einen metallenen Körper oder Überzug haben, der so stark ist, daß er den nach Ortsverhältnissen zu erwartenden mechanischen Angriffen sicher widersteht.

h) Drahtverbindungen innerhalb der Rohre sind nicht statthaft.

i) Leitungen, die Wechsel- und Mehrphasenstrom führen, müssen so zusammengelegt werden, daß die Summe der durch das Rohr gehenden Ströme Null ist.

k) Jede Leitung, die in ein Rohr eingezogen werden soll, muß für sich die der Spannung entsprechende Isolierung haben.

l) Die Rohre sind so herzurichten, daß die Isolierung der Leitungen durch vorstehende Teile und scharfe Kanten nicht verletzt werden kann.

m) Die Rohre sind so zu verlegen, daß sich an keiner Stelle Wasser ansammeln kann.

n) Die Stoßstellen metallischer Rohre sind bei Spannungen von mehr als 250 V metallisch zu verbinden und die Rohre selbst zu erden.

§ 25.
Wand- und Deckendurchführungen.

a) Durch Wände und Decken sind die Leitungen entweder der in den betreffenden Räumen gewählten Verlegungsart entsprechend hindurchzuführen, oder es sind geeignete Rohre zu verwenden, und zwar für jede einzeln verlegte Leitung und für jede Mehrfachleitung je ein Rohr.

Diese Durchführungsrohre müssen an den Enden mit Tüllen aus feuersicherem Isolierstoff versehen und so weit sein, daß die Drähte leicht darin bewegt werden können.

In feuchten Räumen sind entweder Porzellan- oder gleichwertige Rohre zu verwenden, deren Gestalt keine merkliche Oberflächenleitung zuläßt, oder die Leitungen sind frei durch genügend weite Kanäle zu führen.

Über Fußböden müssen die Rohre mindestens 10 cm, über Decken und Wandflächen mindestens 2 cm vorstehen und müssen gegen mechanische Beschädigungen sorgfältig geschützt sein.

b) Armierte Bleikabel und betriebsmäßig geerdete Leitungen fallen nicht unter vorstehende Bestimmungen, sind aber gegen die Einflüsse der Mauerfeuchtigkeit zu schützen.

§ 26.
Einführung von Freileitungen in Gebäude.

Bei Einführung von Freileitungen in Gebäude sind entweder die Drähte frei und straff durchzuspannen, oder es muß für jede Leitung ein geeignetes Einführungsrohr verwendet werden, dessen Gestaltung keine merkliche Oberflächenleitung zuläßt.

D. Vorschriften für die Strecke.

§ 27.

Freileitungen.

a) Für Bahnen sind außer blanken auch wetterbeständig isolierte Freileitungen von wenigstens 10 mm² Querschnitt zulässig.

b) Fahrleitungen und an Fahrleitungsmasten angebrachte Speiseleitungen, die nicht auf Porzellandoppelglocken verlegt sind, müssen gegen Erde doppelt isoliert sein. Holz ist als zweite Isolierung zulässig, doch gilt der Holzmast nicht als Isolierung.

c) Die Höhe der Fahrleitung und der an den Fahrdrahtmasten geführten Freileitungen über öffentlichen Straßen darf auf offener Strecke nicht unter 5 m betragen.[1]) Eine geringere Höhe ist bei Unterführungen zulässig, wenn geeignete Vorsichtsmaßregeln getroffen werden (z. B. Warnungstafeln).

d) Wenn Fahrleitungen unter oder neben Eisenbauten verlegt sind, müssen Einrichtungen dagegen getroffen sein. daß ein entgleister Stromabnehmer Erdschluß zwischen Fahrleitung und Eisenbau herstellt.

e) Bei elektrischen Bahnen auf besonderem Bahnkörper, soweit dieser dem öffentlichen Verkehr nicht freigegeben ist, können die Leitungen (Drähte, Schienen usw.) in beliebiger Höhe verlegt werden, wenn bei der gewählten Verlegungsart die Strecke von unterwiesenem Personal ohne Gefahr begangen werden kann. An Haltestellen und Übergängen sind die Leitungen gegen zufällige Berührung durch das Publikum zu schützen und Warnungstafeln anzubringen.

f) Die Fahrdrähte sind möglichst gut gespannt zu halten; hierbei ist die Aufhängung so zu gestalten, daß schädliche Biegungsbeanspruchungen vermieden werden.

g) Durchhang und Spannweite der Fahrdrähte müssen so bemessen werden, daß diese bei — 15° C noch dreifache Sicherheit gegen Zerreißen bieten. Fahrdrahtmaste aus Holz müssen mindestens siebenfache, solche aus Eisen vierfache Sicherheit bieten. (Winddruck siehe t.)

h) Die Fahrleitungen sind mittels Streckenisolatoren in einzelne durch Ausschalter abschaltbare Abschnitte zu teilen, deren Länge in dicht bebauten Straßen in der Regel nicht über 1 km, in wenig bebauten Straßen nicht über 2 km be-

---

[1]) Für Württemberg wird vom Ministerium des Innern eine Mindesthöhe der Fahrleitung über öffentlichen Straßen von 6 m verlangt.

tragen soll.[1]) Auf eigenem Bahnkörper und auf offenen Landstraßen können die Ausschalter entbehrt werden.

i) Die Streckenausschalter müssen, soweit sie ohne besondere Hilfsmittel erreichbar sind, mit verschlossen zu haltenden Schutzkästen versehen sein.

k) Die Lage der Ausschalter muß leicht kenntlich gemacht werden.

l) Bei Fahrleitungen ist in jeder ausschaltbaren Strecke eine Blitzschutzvorrichtung anzubringen, die auch bei wiederholten atmosphärischen Entladungen wirksam bleibt.

Es ist dabei auf eine gute Erdleitung Bedacht zu nehmen, Fahrschienen können als Erdleitung benutzt werden.

Gegen Berührung nicht geschützte Blitzableiter dürfen nur an Masten und nicht unter 5 m Höhe befestigt werden.

m) Maste, von denen aus blanke stromführende Teile von mehr als 250 V Spannung gegen Erde, z. B. auch Blitzableiter, mit der Hand erreichbar sind, müssen durch einen Blitzpfeil gekennzeichnet werden.

n) Speiseleitungen, welche Betriebsspannung gegen Erde führen, müssen im Kraftwerke von der Stromquelle und an den Speisepunkten von den Fahrleitungen abschaltbar sein. Die Schalter an den Speisepunkten müssen den Bedingungen i) und k) genügen.

o) Auf Zug beanspruchte Verbindungen zwischen Leitungen müssen so ausgeführt werden, daß die Verbindungsstellen wenigstens die gleiche Zugfestigkeit besitzen, wie die Leitungen selbst.

p) Querdrähte jeder Art (Trag- und Zugdrähte), die im Handbereich liegen, müssen gegen spannungführende Leitungen doppelt isoliert sein.

q) Leitungen und Apparate sind so anzubringen, daß sie ohne besondere Hilfsmittel nicht zugänglich sind.

r) Freileitungen, die nicht wie Fahrdrähte isoliert sind, dürfen nur auf Porzellanglocken, Rillenisolatoren oder gleichwertigen Isoliervorrichtungen verlegt werden, wobei die Glocken in aufrechter Stellung zu befestigen sind.

Es ist darauf zu achten, daß die Leitungsdrähte an den Isolatoren sicher und unverrückbar befestigt werden, und daß die Befestigungsstücke keine scheuernde oder schneidende Wirkung auf sie ausüben.

Für Freileitungen, die nicht an den Fahrdrahtmasten geführt sind, gelten noch die Vorschriften s) bis aa).

---

[1]) Für Württemberg wird vom Ministerium des Innern der Abstand zwischen den einzelnen Streckenschaltern in der Regel auf 400—600 m bestimmt.

s) Freileitungen müssen mit ihren tiefsten Punkten mindestens 6 m, bei Wegeübergängen mindestens 7 m von der Erde entfernt sein. Eine geringere Höhe ist bei Unterführungen zulässig, wenn geeignete Vorsichtsmaßregeln getroffen werden.

t) Spannweite und Durchhang müssen derart bemessen werden, daß Gestänge aus Holz eine siebenfache und aus Eisen eine vierfache Sicherheit, Leitungen bei — 15⁰ C. eine fünffache Sicherheit (bei Leitungen aus hartgezogenem Metall eine dreifache Sicherheit) dauernd bieten. Dabei ist der Winddruck mit 125 kg für 1 m² senkrecht getroffener Drahtfläche in Rechnung zu bringen.

u) Bei hölzernen Masten, die für dauernde Aufstellung bestimmt sind, ist die Jahreszahl ihrer Aufstellung und die laufende Nummer deutlich und dauerhaft anzubringen.

v) Freileitungen in Ortschaften müssen während des Betriebes streckenweise ausschaltbar sein. Die Ausschalter müssen, soweit sie nicht in die Leitungen selbst eingebaut sind, verschließbare Schutzkästen haben und ihre Lage muß sich leicht erkennen lassen.

w) Den örtlichen Verhältnissen entsprechend sind Freileitungen durch Blitzschutzvorrichtungen zu sichern.

Insbesondere sind Blitzschutzvorrichtungen da anzubringen, wo ober- und unterirdische Leitungen zusammentreffen und beim Eintritt von Freileitungen in Kraft- und Hilfswerke.

x) Wenn Leitungen über Ortschaften und bewohnte Grundstücke geführt werden, oder wenn sie sich einer Fahrstraße soweit nähern, daß Vorüberkommende durch Drahtbrüche gefährdet werden können, müssen die Leitungsdrähte entweder so hoch angebracht werden, daß im Falle eines Drahtbruches die herabhängenden Enden mindestens 3 m vom Erdboden entfernt sind, oder es müssen Vorrichtungen angebracht werden, welche das Herabfallen der Leitungen verhindern, oder solche, welche die herabgefallenen Teile spannungslos machen.

Wo Bahnen überschritten werden, muß dafür gesorgt sein, daß bei etwaigen Drahtbrüchen die herabhängenden Enden die Betriebsmittel nicht streifen können.[1)]

[1)] Für Württemberg wird vom Ministerium des Innern noch folgender Zusatz gemacht:

„Die der Bahn zunächst aufzustellenden Leitungsmaste dürfen im allgemeinen nur so weit gegen die Bahn gerückt werden, daß sie nach ihrer Länge im Falle des Umsturzens gegen die Bahn nicht in die Umgrenzungslinie des lichten Raumes zu liegen kommen. Die Spannweite der die Bahn kreuzenden Leitungen soll das Maß von 45 m nicht überschreiten.

y) Schutznetze müssen durch ihre Form und Lage den Leitungsdrähten gegenüber dahin wirken, daß erstens eine zufällige Berührung zwischen dem Netz und den unversehrten Leitungsdrähten verhindert wird, und daß zweitens ein gebrochener Draht auch bei starkem Winde sicher aufgefangen oder spannungslos gemacht wird.

z) Bei Winkelpunkten sind Fangbügel anzubringen, die beim Bruch von Isolatoren das Herabfallen der Leitungen verhindern. Hiervon kann bei Verwendung zuverlässiger selbsttätiger Leitungskupplungen abgesehen werden.

aa) Wenn Freileitungen parallel mit anderen Leitungen verlaufen, ist die Führung der Drähte so einzurichten, oder es sind solche Vorkehrungen zu treffen, daß eine Berührung der beiden Arten von Leitungen miteinander verhütet oder ungefährlich gemacht wird.

Bei Kreuzungen mit anderen Leitungen sind Schutznetze oder Schutzdrähte zu verwenden, sofern nicht durch besondere Hilfsmittel eine gegenseitige Berührung, auch im Falle eines Drahtbruches, verhindert oder ungefährlich gemacht wird.

bb) Wenn Fernsprechleitungen an einem Freileitungsgestänge für Starkstrom von mehr als 250 V geführt sind, so müssen die Fernsprechstellen so eingerichtet sein, daß auch bei etwaiger Berührung zwischen den beiderseitigen Leitungen eine Gefahr für die Sprechenden ausgeschlossen ist.

cc) Bezüglich der Sicherung vorhandener Reichs-Fernsprech- und Telegraphenleitungen wird auf das Telegraphengesetz vom 6. April 1892 und auf das Telegraphenwegegesetz vom 18. Dezember 1899 verwiesen.

§ 28.
Luftweichen und Fahrdrahtkreuzungen.

a) Luftweichen müssen so eingerichtet sein, daß sich ein Stromabnehmer auch nach dem Entgleisen nicht festklemmen kann.

b) Luftweichen sind zu verankern. Es ist statthaft, Luftweichen gegeneinander zu verankern.

c) Fahrdrahtkreuzungen oder Kreuzungen der Stromleiter in Schlitzkanälen sind, falls die kreuzenden Stromleiter nicht

---

Wo örtliche oder sonstige Verhältnisse die Einhaltung dieser Vorschrift nicht zulassen, entscheidet die Eisenbahnverwaltung darüber, wie die Leitungsmaste zunächst der Bahn anzuordnen sind.

Der Eisenbahnverwaltung kommt die Bestimmung darüber zu, in welcher Art die Leitung über die Bahn zu führen ist.

Vor der Ausführung der Anlage hat sich der Unternehmer in jedem einzelnen Fall mit der zuständigen Eisenbahnbehörde ins Benehmen zu setzen."

in leitende Verbindung miteinander treten dürfen, so auszuführen, daß der Stromabnehmer im regelrechten Betrieb den kreuzenden Leiter nicht berührt.

§ 29.
Turmwagen und Gerüstleitern.

a) Turmwagen und Gerüstleitern müssen so eingerichtet sein, daß die Arbeiter während ihrer Beschäftigung an den Fahrdrähten von der Erde isoliert stehen.

b) Jeder Turmwagen muß mit einer Bremse versehen sein.

c) Die höchstzulässige Anzahl von Personen und das Gewicht, mit dem die Brücke des Turmwagens belastet werden darf, müssen angeschrieben sein.

d) Die Stehbühnen der Turmwagen sind mit Schutzvorrichtungen gegen Herabfallen der Arbeitenden zu versehen, soweit die Art der Arbeit dieses zuläßt.

e) Das Untergestell der Turmwagen muß so schwer oder derart belastet sein, daß ein Umkippen bei Arbeiten auf dem Ausleger sowie beim Spannen von Leitungen nicht eintreten kann, oder es muß die Sicherheit gegen Umkippen durch besondere Hilfsmittel erreicht werden.

§ 30.
Kabel.

Kabel sind unter Geleisen von Haupt- und Nebenbahnen in widerstandsfähigen Rohren oder Kanälen zu verlegen.

§ 31.
Schienenrückleitung.

a) Sofern die Schienen zur Rückleitung des Betriebsstromes dienen, müssen die Stöße gutleitend verbunden sein.

b) Bei Bahnen nach dem Gleichstrom-Zweileitersystem, deren Schienen als Rückleitungen dienen, ist, sofern kein täglicher Polaritätswechsel stattfindet, der negative Pol der Stromquelle mit der Gleisanlage zu verbinden.

§ 32.
Unterirdische Fahrleitungen.

a) Die Schlitzkanäle für unterirdische Fahrleitungen sind gut zu entwässern.

b) Die Fahrleitungen sind so hoch über der Kanalsohle anzubringen, daß sie unter gewöhnlichen Verhältnissen von angesammeltem Wasser nicht berührt werden.

c) Wenn nicht besondere Arbeitsöffnungen für die Untersuchung und Auswechselung der Isolatoren und für die Auswechselung der Leitungsschienen vorgesehen sind, müssen die Schlitzkanäle nach oben freigelegt werden können.

E. Fahrzeuge.

§ 33.
Erdung.

Als genügende Erdung für Fahrzeuge gilt die leitende Verbindung mit den Radreifen durch das Untergestell.

§ 34.
Elektromotoren und Umformer.

Die Gestelle von zugänglich aufgestellten Elektromotoren, Transformatoren und Umformern müssen dauernd geerdet oder sie müssen gut isoliert und mit einem isolierenden Bedienungsgang umgeben sein. Durch die Art der Aufstellung muß dafür gesorgt sein, daß Personen auch bei Schleudern des Wagens nicht in Berührung mit blanken spannungführenden oder sich bewegenden Teilen gelangen können. Die Aufstellung ist derart auszuführen, daß etwaige im Betriebe auftretende Feuererscheinungen keine Entzündung von brennbaren Stoffen hervorrufen können.

§ 35.
Akkumulatoren.

a) Akkumulatorenzellen elektrischer Fahrzeuge können auf Holz aufgestellt werden, wobei einmalige Isolierung durch nicht Feuchtigkeit anziehende Zwischenlagen ausreicht. Soweit nur unterwiesenes Personal in Betracht kommt, braucht die Möglichkeit, daß eine Person Teile verschiedener Spannung gleichzeitig berührt, nicht ausgeschlossen zu sein. Die Akkumulatoren dürfen den Fahrgästen nicht zugänglich sein. Es ist für ausreichende Lüftung zu sorgen.

b) Zelluloid ist zur Verwendung als Kästen und außerhalb des Elektrolyten unzulässig.

§ 36.
Leitungen.

a) Der Querschnitt aller Fahrstromleitungen ist nach der Normalstromstärke der vorgeschalteten Sicherung laut folgender Tabelle oder stärker zu bemessen.

Querschnitt in mm²	Normalstromstärke der Sicherung
4	30 A
6	40 „
10	60 „
16	80 „
25	100 „
35	130 „
50	165 „
70	200 „
95	235 „
120	275 „

Drähte für Bremsstrom sind mindestens von gleicher Stärke wie die Fahrstromleitungen zu wählen.

Der Querschnitt aller übrigen Leitungen ist nach der Tabelle in § 11 zu bemessen.

b) Blanke Leitungen sind zulässig, wenn sie sicher isoliert verlegt und gegen Berührung geschützt sind.

c) Isolierte Leitungen in Fahrzeugen müssen so geführt werden, daß ihre Isolierung nicht durch die Wärme benachbarter Widerstände oder Heizvorrichtungen gefährdet werden kann.

d) Alle festverlegten Leitungen sind derart anzubringen, daß sie nur unterwiesenem Personal zugänglich sind.

e) Die Verbindung der Fahr- und Bremsstromleitungen mit den Apparaten ist mittels gesicherter Schrauben oder durch Lötung auszuführen.

f) Nebeneinander verlaufende isolierte Fahrstromleitungen müssen entweder zu Mehrfachleitungen mit einer gemeinsamen wasserdichten Schutzhülle zusammengefaßt werden, derart, daß ein Verschieben und Reiben der Einzelleitungen vermieden wird; dabei ist die Isolierhülle an den Austrittsstellen von Leitungen gegen Wasser abzudichten, oder die Leitungen sind getrennt zu verlegen und, wo sie Wände oder Fußböden durchsetzen, durch Isoliermittel so zu schützen, daß sie sich an diesen Stellen nicht durchscheuern können.

g) Bei Bahnen, bei denen die Fahrgäste auf der Strecke gefahrlos ins Freie gelangen können, dürfen in den Wagen isolierte Leitungen unmittelbar auf Holz verlegt und Holzleisten zur Verkleidung derselben benutzt werden.

h) Verbindungsleitungen zwischen Motorwagen und Anhängewagen sollen so ausgerüstet sein, daß Personen auch bei zufälliger Berührung keine Beschädigung erleiden können.

Bewegliche Kuppelungsstücke sind so anzuordnen, daß sie beim Herausfallen stromlos werden, oder sie müssen so mit Isoliermaterial bekleidet sein, daß auch die ausgelösten Stecker beim etwaigen Niederfallen keine Beschädigung von Personen herbeiführen können.

i) Leitungen, die einer Verbiegung oder Verdrehung ausgesetzt sind, müssen aus leicht biegsamen Seilen hergestellt und, soweit sie isoliert sind, wetterbeständig hergerichtet sein.

k) In der Nachbarschaft von Metallteilen sind die Leitungen über der Isolierung noch besonders mit einer feuchtigkeitsbeständigen Hülle zu überziehen.

m) Rohre können zur Verlegung isolierter Leitungen in und auf Wänden, Decken und Fußböden verwendet werden, sofern sie die Leitungen gegen die Wirkungen von Feuchtigkeit und vor mechanischer Beschädigung schützen.

Sie können aus Metall oder feuchtigkeitsbeständigem Isolierstoff oder aus Metall mit isolierender Auskleidung bestehen.

n) Die Vorschriften in § 10 b—d sowie § 24 i—o gelten auch hier.

§ 37.
Schalttafeln.

Schalttafeln in oder an Fahrzeugen dürfen Holz nur als Konstruktionsmaterial enthalten.

§ 38.
Fahrschalter.

a) Auf jedem Führerstand ist ein Fahrschalter oder eine Einrichtung anzubringen, womit der Strom ein- und ausgeschaltet und die Geschwindigkeit geregelt werden kann.

b) Die Achsen und die metallischen Gehäuse, sowie die der Berührung ausgesetzten Teile der Fahrschalter müssen geerdet sein, sofern nicht die Plattformen vom Untergestell isoliert sind.

c) Die Kurbeln der Fahrschalter sind in der Weise abnehmbar anzubringen, daß das Abnehmen derselben nur in der Haltstellung erfolgen kann, also nur, wenn der Fahrstrom ausgeschaltet ist. Bei Fahrschaltern mit Kurzschlußbremse darf die Fahrschaltkurbel, wenn sie nicht gleichzeitig Umschaltkurbel ist, auch in der letzten Kurzschlußbremsstellung abnehmbar sein. In diesem Falle muß jedoch die Umschaltkurbel so eingeschaltet bleiben, daß die Kurzschlußbremse bei der möglichen Bewegung des Fahrzeuges wirksam wird.

§ 39.
Sicherungen.

a) Jeder Motorwagen muß eine Haupt-Abschmelzsicherung oder einen selbsttätigen Ausschalter für die Elektromotoren haben. Akkumulatorenleitungen und jede andere Leitung, die keinen Fahrstrom führt, müssen besonders gesichert sein.

b) Erdleitungen und vom Fahrstrom unabhängige Bremsleitungen dürfen keine Sicherungen enthalten.

§ 40.
Ausschalter.

a) Es muß ein von jeder Plattform aus bedienbarer Haupt-(Not-) Ausschalter vorhanden sein, der das Ausschalten des

Fahrstromkreises unabhängig vom Fahrschalter gestattet. Der Notausschalter kann mit dem Höchststromausschalter verbunden sein.

b) Erdleitungen sowie vom Fahrstrom unabhängige Bremsstromkreise dürfen nur im Fahrschalter abschaltbar sein.

§ 41.
Blitzschutzvorrichtungen.

Die Motorwagen für Oberleitungsbetrieb sind mit Blitzschutzvorrichtungen zu versehen, die auch bei wiederholten atmosphärischen Entladungen wirksam bleiben und so einzurichten und anzubringen sind, daß sie weder Personen gefährden noch eine Feuersgefahr herbeiführen.

Die Erdleitung der Blitzableiter ist auf dem kürzesten Wege mit dem Untergestell zu verbinden.

§ 42.
Lampen.

Die unter Spannung stehenden Teile von Lampen nebst Zubehör müssen, soweit sie ohne besondere Hilfsmittel erreichbar sind, mit einer Schutzhülle aus Isoliermaterial versehen sein.

Zweiter Abschnitt:
Betriebsvorschriften.

§ 43.
Isolationsprüfungen.

Vor der Inbetriebsetzung jeder einzelnen Anlage sowie der Fahrzeuge ist die Isolation zu untersuchen; etwaige Fehler sind auszumerzen. Das gleiche gilt für jede Erweiterung einer Anlage.

§ 44.
Regelmäßige Untersuchungen.

Zur dauernden Erhaltung des betriebssicheren Zustandes sind die Kraft- und Hilfswerke mindestens alljährlich, die Leitungsanlagen mindestens halbjährlich, die Motorwagen mindestens alle 2 und die Anhängewagen mindestens alle 3 Jahre einer Hauptuntersuchung zu unterwerfen. Über diese Hauptuntersuchungen ist Buch zu führen.

§ 45.
Arbeiten im Betriebe.

a) Arbeiten im Betriebe dürfen nur durch unterwiesenes Personal und nur bei ausreichender Beleuchtung der Arbeitsstelle vorgenommen werden.

b) Bei Spannungen von mehr als 250 V darf an elektrischen Maschinen, an Apparaten und an Teilen des Leitungsnetzes mit Ausnahme der Fahrleitung im allgemeinen nur nach vorheriger Ausschaltung und einer unmittelbar an der Arbeitsstelle vorgenommenen Erdung und Kurzschließung der zur Stromleitung dienenden Teile gearbeitet werden. Zur Erdung und Kurzschließung dürfen Leitungen unter 10 mm² Querschnitt nicht verwendet werden.

c) Um die erforderlichen Abschaltungen mit Sicherheit vornehmen zu können, ist in jedem Kraftwerk und Hilfswerk ein schematischer Übersichtsplan niederzulegen, in welchem die vorzunehmenden Ausschaltungen, sowie erforderlichenfalls deren Reihenfolge bezeichnet sind.

d) Ist aus dringenden Betriebsrücksichten oder aus technischen Gründen eine Abschaltung desjenigen Teiles der Anlage, an welchem selbst oder in dessen unmittelbarer Nähe gearbeitet werden soll, nicht möglich, so sind folgende Vorsichtsmaßregeln zu erfüllen:

1. Es soll niemals ein Arbeiter allein derartige Arbeiten ausführen, sondern es soll immer mindestens eine andere Person zum Zwecke etwaiger Hilfeleistung dabei gegenwärtig sein.
2. Für die Arbeiter sollen isolierende Unterlagen vorhanden sein.
3. Soweit es sich um Schalttafeln, Apparate usw. handelt, sollen nach Möglichkeit die ungeschützten unter Spannung stehenden Teile soweit abgedeckt werden, daß die zufällige gleichzeitige Berührung von Teilen verschiedener Polarität oder Phase für den Arbeitenden ausgeschlossen ist.

e) In explosionsgefährlichen oder durchtränkten Räumen dürfen Arbeiten an Spannung führenden Teilen unter keinen Umständen ausgeführt werden.

f) Die Vorschrift d) 1. gilt auch für Arbeiten an Fahrdrähten.

g) Der Austausch durchgebrannter Sicherungen darf nur durch unterwiesenes Personal vorgenommen werden.

§ 46.
Löschmittel.

Zum Löschen eines etwa entstehenden Brandes sind in Kraft- und Hilfswerken geeignete Löschmittel, wie z. B. trockener Sand, an passenden Stellen bereit zu halten. Das Anspritzen von unter Spannung stehenden Teilen ist zu vermeiden.

§ 47.

Inkrafttreten der Vorschriften.

a) Die vorstehenden Bestimmungen gelten auf Grund des Beschlusses der Jahresversammlung zu Stuttgart vom 1. Oktober 1906 ab als Verbandsvorschriften.

b) Der Verband Deutscher Eletrotechniker e. V. behält sich vor, dieselben den Fortschritten und Bedürfnissen der Technik entsprechend abzuändern.

5. Vorschriften zum Schutze der Gas- und Wasserröhren gegen schädliche Einwirkungen der Ströme elektrischer Gleichstrombahnen, die die Schienen als Leiter benutzen.[1])

Gültig ab 1. Juli 1910.[2])

§ 1.
Geltungsbereich.

Die nachfolgenden Vorschriften regeln die Anlage von Gleichstrombahnen oder Gleichstrombahnstrecken, die die Schienen als Leiter benutzen. Die vorgeschriebenen oberen Grenzwerte für zulässige Spannungen gelten, soweit nichts anderes ausdrücklich gesagt ist, für die Projektierung der Anlage, wobei bezüglich des Widerstandes und der Stromleitung nur die Schienen und zugehörigen Überbrückungsleitungen in die Rechnung einzusetzen und der angenommene Widerstand der Schienen sowie der für seine Vermehrung durch die Stoßverbindungen angesetzte prozentuale Zuschlag anzugeben sind. Indessen dürfen sich diese Grenzwerte bei der rechnerischen sowohl wie bei der praktischen Nachprüfung an den in Betrieb stehenden Anlagen nicht als überschritten erweisen.

Von diesen Vorschriften bleiben Bahnen befreit, deren Gleise auf besonderem Bahnkörper isoliert verlegt sind. Als Beispiel wird die Verlegung auf Holzschwellen genannt, bei welcher im allgemeinen ein Luftzwischenraum zwischen den Gleisen und der eigentlichen Bettung gewährleistet ist. Erfüllt eine solche Bahn diese Bedingungen an einzelnen Stellen, z. B. Niveaukreuzungen, nicht, so finden die Vorschriften sinngemäße Anwendung, falls nicht durch örtliche Maßnahmen eine gleichwertige Isolation dieser Stellen erreicht ist.

---

[1]) Aufgestellt von der Vereinigten Erdstrom-Kommission des Deutschen Vereins von Gas- und Wasserfachmännern, des Verbandes Deutscher Elektrotechniker und des Vereins Deutscher Straßenbahn- und Kleinbahnverwaltungen. Erläuterungen hierzu siehe ETZ 1911, S. 511.

[2]) Angenommen auf der Jahresversammlung 1910. Veröffentlicht: ETZ 1910 S. 491.

Ferner finden diese Vorschriften keine Anwendung auf Schienenstränge, die an jedem Punkte wenigstens 200 m von dem nächstgelegenen Punkte eines Rohrnetzes entfernt sind.

§ 2.
Schienenleitung.

Alle zur Stromleitung benutzten Schienen sind als möglichst vollkommene und zuverlässige Leiter auszubilden und dauernd zu erhalten.

Der Widerstand einer Gleisstrecke darf durch die Stoßverbindungen höchstens um den der Projektierung zugrunde gelegten Zuschlag (vgl. § 1, Abs. 1), der jedoch nicht mehr als 20% betragen darf, größer sein als der Widerstand eines ununterbrochenen Gleises von gleichem Querschnitt und gleicher spezifischer Leitfähigkeit. Die spezifische Leitfähigkeit der zur Verwendung gelangenden Schienen (vgl. § 1, Abs. 1) ist vor der Verlegung festzustellen.

Beim Entwurf der Stromleitungsanlage des Gleisnetzes darf bei der Verwendung von Schienen, die aus Haupt- und Nebenschienen zusammengesetzt sind, der volle Querschnitt beider Schienen nur dann in Rechnung gesetzt werden, wenn nicht nur die Stöße der Hauptschienen, sondern auch die Stöße der Nebenschienen und beide Schienen untereinander dauernd gut leitend verbunden bleiben.

Die Schienen zu beiden Seiten von Kreuzungs- und Weichenstücken müssen durch besondere Überbrückungen in gut leitendem Zusammenhang stehen. Die Schienen eines Gleises, sowie die mehrerer nebeneinander liegender Gleise müssen mindestens an jedem zehnten Stoße gut leitend verbunden sein. Diese Überbrückungs- und Querverbindungsleitungen müssen wenigstens die Leitfähigkeit einer Kupferverbindung von 80 mm² Querschnitt haben.

An beweglichen Brücken oder Anlagen ähnlicher Art, die eine Unterbrechung der Gleise zur Folge haben, ist durch besondere isolierte Leitungen der gut leitende Zusammenhang der Gleisanlage zu sichern. Hierbei darf der Spannungsabfall bei mittlerer Belastung (vgl. § 3, Abs. 2) 5 Millivolt pro Meter Entfernung zwischen den Unterbrechungsstellen nicht überschreiten.

Alle zur Stromführung dienenden mit den Schienen verbundenen Leitungen sind gegen Erde zu isolieren. Ausgenommen hiervon sind kurze Verbindungsleitungen wie Stoß- und Querverbindungen, Überbrückungen an Weichen, Schiebebühnen usw., die, falls sie nicht tiefer als 25 cm in dem Boden verlegt werden, blank ausgeführt werden dürfen.

§ 3.
Schienenspannung.

Hinsichtlich der Spannungsverhältnisse im Schienengebiet ist zwischen dem „inneren verzweigten Schienennetz" und den „auslaufenden Strecken" zu unterscheiden. Bei Überlandbahnen werden die Verbindungsstrecken der Ortschaften als „auslaufende Strecken" behandelt.

Im „inneren verzweigten Schienennetz" und innerhalb eines anschließenden Gürtels von 2 km Breite soll bei mittlerem fahrplanmäßigen Betrieb der Anlage die sich rechnerisch ergebende Spannung zwischen zwei beliebigen Schienenpunkten 2,5 V nicht überschreiten. Unter den gleichen Bedingungen soll jenseits des Gürtels auf den „auslaufenden Strecken" das größte Spannungsgefälle nicht mehr als 1 V pro Kilometer betragen. Der Verkehr vereinzelter Nachtwagen scheidet bei der Feststellung des mittleren fahrplanmäßigen Betriebes aus.

Ist in einer Ortschaft das Schienennetz unverzweigt, so soll die Spannung innerhalb des verzweigten Rohrnetzes 2,5 V nicht überschreiten.

Der Anschluß anderweitiger stromverbrauchender Anlagen an das Bahnnetz darf die Spannungen im Schienennetze nicht über die vorgeschriebenen Grenzen steigern.

Stehen verschiedene Bahnen miteinander in Verbindung — sei es durch das Schienennetz oder durch die Kraftquelle —, so sind sie so anzulegen, daß sie zusammen diese Bedingungen erfüllen.

Gleisanlagen in Ortschaften mit selbständigen Röhrennetzen sollen für sich den vorstehenden Bestimmungen dieses Paragraphen genügen.

Abweichungen von diesen Vorschriften — und zwar nach beiden Richtungen — in bezug auf Spannungsverhältnisse im Schienennetz können durch besondere örtliche Verhältnisse oder durch erheblich abweichende Betriebsweise begründet sein. So z. B. kann, wenn die Betriebsdauer — wie dies bei Güterbahnen oft der Fall ist — nur einen kleinen Bruchteil des Tages ausmacht, eine Überschreitung der angegebenen Spannungsgrenzen zugelassen werden; bei Bahnen bis zu 3 Stunden Betriebsdauer bis auf das Zweifache, und bei Bahnen bis zu einer Stunde Betriebsdauer bis auf das Vierfache.

Wo[1]) das Schienennetz allein nicht genügt, die Rückleitung ohne Überschreitung der zulässigen Spannung im Netz zu bewirken, sind be-

---

[1]) Die Sätze in kleinem Druck gelten nicht als verbindliche Vorschriften, sondern als empfehlenswerte Maßnahmen.

sondere Rückleitungen herzustellen. Bei der Wahl der Rückleitungs-
punkte sind solche Stellen auszusuchen, die möglichst günstig, das heißt
entfernt von den Röhren und möglichst in Gebieten mit trockenem,
schlecht leitendem Boden liegen.

Zweckmäßig wird man bei Zweileiterbahnen abstufbare Widerstände
in die Rückleitungen einbauen, durch die das Potential an allen Rück-
leitungspunkten auch unter veränderten Betriebsverhältnissen nach
Möglichkeit gleichgehalten werden kann. Bei Dreileiterbahnen empfiehlt
sich, zum gleichen Zweck die Speisebezirke der beiden Dreileiterseiten
umschaltbar einzurichten.

§ 4.
Übergangswiderstand.

Der Widerstand zwischen dem zur Stromleitung benutzten
Schienennetz und Erde muß möglichst hoch gehalten werden.
Wo dies durch die Bodenverhältnisse oder durch die Anlage
in der Fahrbahnfläche an und für sich nicht genügend gewährleistet wird, ist eine Erhöhung des Widerstandes durch
möglichst wirksame Isolation anzustreben.

Die Gleise und die mit ihnen metallisch verbundenen
Stromleitungen dürfen weder mit den Röhren noch mit sonstigen Metallmassen in der Erde metallisch verbunden sein.

Außerdem ist darauf zu achten, daß der Abstand zwischen
der nächst gelegenen Schiene und solchen Rohrnetzteilen
(Wassertopf-Saugröhren, Hülsenröhren, Deckkasten, Spindel-
stangen, Hydranten oder dergleichen), die in die Oberfläche
eingebaut sind oder nahe an sie herantreten und mit den
Röhrenleitungen in metallischer Verbindung stehen, so groß
wie möglich gehalten wird, wenn irgend möglich, wenigstens 1 m.

Feststehende Motoren oder Licht- oder andere Anlagen,
die aus einer Bahnleitung gespeist werden, die die Schienen
als Stromleitung benutzt, sind mit dem Schienennetz oder
dessen Stromleitungen durch isolierte Leitungen zu verbinden. Ausgenommen hiervon sind kurze Anschlußleitungen
bis zu 16 mm² Querschnitt, die weniger als 25 cm tief in
der Erde und mindestens 1 m von der nächsten Röhrenleitung entfernt liegen; diese dürfen blank hergestellt
werden.

Behufs[1]) Erhöhung des Widerstandes zwischen Schiene und Erde
wird empfohlen, die Schiene auf möglichst schlecht leitender und gut
entwässerter Unterbettung zu verlegen und diese gegen die Oberfläche
der Fahrbahn in genügender Breite möglichst wasserdicht abzuschließen.

Die Verwendung von Salz zur Beseitigung von Schnee und Eis
sollte auf die unumgänglich notwendigen Fälle beschränkt bleiben.

Wo sich durch die Schienenführung ein genügender Abstand
zwischen den Schienen und den in die Oberfläche eingebauten Rohr-

---

[1]) Siehe die vorige Anmerkung.

netzteilen nicht schaffen läßt, empfiehlt es sich, die Rohrnetzteile umzulegen, oder durch geeignete Isolierschichten (Hülsenrohre aus Stein-
zeug, Schächte aus Mauerwerk und dergleichen) den Stromübergang zu
hemmen.

§ 5.
Stromdichte.

Die vorstehenden Vorschriften sollen das Auftreten von
Rohrzerstörungen nach Möglichkeit verhindern. Maßgebend
für die elektrolytische Rohrzerstörung ist die Dichte des
Stromes, der aus den Röhren austritt.

Wo diese durch Bahnströme hervorgerufene Stromdichte
den Mittelwert (vgl. § 3) von 0,75 Milliampere pro dcm^2
erreicht, ist die Röhrenleitung unbedingt als durch die Bahn
gefährdet zu bezeichnen, und es sind weitere Schutzmaßnahmen zu treffen.

Für Güterbahnen mit außergewöhnlich kurzer Betriebszeit sind hier, wie in § 3, Ausnahmen zulässig.

Bei Richtungswechsel der aus den Röhren austretenden
und in sie eintretenden Ströme sind, bis weitere Erfahrungen
vorliegen, die letzteren bei der Bildung des Stromdichte-
mittels für die Betriebszeit gleich Null zu setzen.

§ 6.
Überwachung.

Um die Potentiale an den Schienenanschlußpunkten
prüfen zu können, sind für jedes Stromabgabegebiet von
diesen Punkten Prüfdrähte zu je einer Sammelstelle zu
führen.

Bei jeder größeren dauernden Betriebsverstärkung soll
die Spannungsverteilung im Schienennetz nachgeprüft
werden.

Die Schienenstoßverbindungen sind alljährlich einmal
mittels eines geeigneten Schienenstoßprüfers nachzuprüfen
und derart instand zu setzen, daß sie die Vorschriften
der §§ 1 und 2 erfüllen. Insbesondere sollen Stoßverbindungen, deren Widerstand bei der Prüfung sich größer als der
einer 10 m langen ununterbrochenen Schiene erweist, als-
bald vorschriftsmäßig instand gesetzt werden.

———

6. Normen für häufig gebrauchte Warnungstafeln.

Gültig ab 1. Juli 1910.[1]

I. Für Hochspannungsanlagen.

A = 30 × 20 cm.[2]

Diese Tafel soll den Zweck erfüllen, das nicht unterwiesene Personal, ebenso auch fremde Personen beim Betreten eines Werkes oder einer Werkstätte vor unnötiger Berührung der elektrischen Einrichtungen zu warnen und zur Vorsicht zu mahnen. Auch soll sie den Zweck erfüllen, darauf hinzuweisen, daß sich nur derjenige an den elektrischen Einrichtungen zu schaffen macht, der dazu berufen und befugt ist.

Diese Tafel ist also unter anderem bestimmt zum Anheften an die Zugangstore eines größeren Werkes oder einer Werkstätte oder an sonstige in die Augen fallende Stellen, wo täglich viel Menschen verkehren, z. B. im Hofe eines Elektrizitätswerkes, in der Montagehalle einer Maschinenfabrik, an der Hängebank, im Füllort einer Grube und dergleichen mehr.

---

[1] Angenommen auf der Jahresversammlung 1910. Veröffentlicht ETZ 1910 S. 414 und 491.

[2] Die Blitzpfeile sind bei allen Warnungstafeln rot auszuführen.

$$B = 30 \times 20 \text{ cm.}^1)$$

Diese Tafel ist bestimmt zum Anheften an die Zugänge von Hochspannungsschalträumen (auch auf die Innenseite der Türen von Schaltsäulen), an einzelne Hochspannungsmaschinen, an Freileitungsmaste bei Wegekreuzungen und dergleichen mehr.

$$C = 20 \times 12 \text{ cm.}^1)$$

In Schaltstationen wird diese Tafel bei Prüf- und Ausbesserungsarbeiten häufig Verwendung finden. Man wird sie sowohl für Hochspannungs- als für Niederspannungseinrichtungen verwenden können. Der rote Blitzpfeil auf der Tafel würde, da sie ihrer Bestimmung nach ja nur für Arbeiten durch unterwiesenes Personal Verwendung findet, in Niederspannungsanlagen weiter kein Hindernis sein. Wenn man dagegen eine besondere Tafel ohne Blitzpfeil beschaffen würde, so könnte diese sehr häufig auch in Hochspannungsanlagen Verwendung finden. Um das zu verhüten, wird nur eine Ausführung m i t Blitzpfeil vorgeschlagen.

---

¹) Siehe Anmerkung 2 Seite 98.

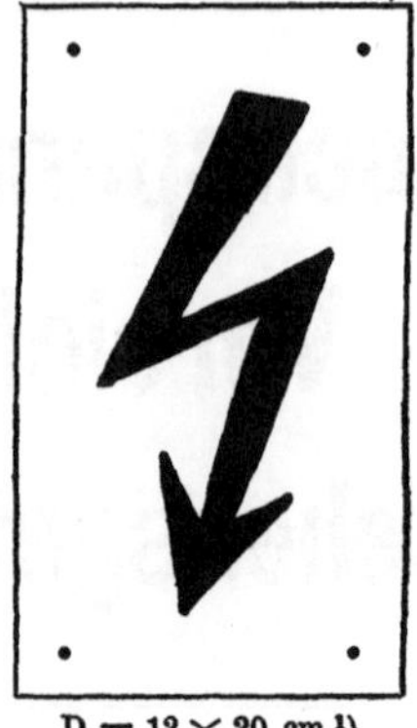

D = 12 × 20 cm.[1]

Diese Tafel dient zum Anheften an Masten, Träger, Verkleidungen usw. von Hochspannungseinrichtungen.

II. Für Niederspannungsanlagen.

E = 12 × 20 cm.

F = 20 × 12 cm.

Diese Tafeln sollen mit Rücksicht auf ihren Verwendungszweck sowohl in Längs- als auch in Querformat ausgeführt

---

[1] Siehe Anmerkung 2 Seite 98.

werden. Sie sollen den Zweck erfüllen, die Bauhandwerker, als Maler, Dachdecker, Schornsteinfeger usw., zur Vorsicht zu ermahnen, um bei etwaiger Berührung durch Schreck und Fehltritt hervorgerufenen mittelbaren Gefahren vorzubeugen.

Derartige Schilder sind in manchen Gegenden schon von den Behörden vorgeschrieben, sie werden an den Isolationsträgern und auf den Dachgestängen in etwa 1,5 m Höhe anzubringen sein.

III. Allgemeines.

Die Tafeln sollen schwarze Schrift und roten Blitzpfeil auf weißem Grunde erhalten. Als Schrift soll die sogenannte Blockschrift mit großen und kleinen Buchstaben ohne Zierat benutzt werden, damit sie schon in großer Entfernung deutlich lesbar ist. Der Blitzpfeil muß scharf hervortreten. Bei dünnen lackierten Blechtafeln sollen Schrift und Blitzpfeil außerdem erhaben geprägt sein. Bei starken Blechtafeln mit gebrannter Emaille ist erhabene Prägung nicht durchführbar und wird auch als nicht notwendig hingestellt, da bei derartigen und gut ausgeführten Tafeln die Schrift ohne weiteres etwas aufträgt und gebrannte Emailleschrift an und für sich gegen Witterungseinflüsse widerstandsfähiger ist, als Lackschrift.

Außer Blechtafeln werden für besondere Fälle auch Tafeln aus gepreßtem Holzstoff oder ähnlichem Material zweckmäßige Verwendung finden.

7. Empfehlenswerte Maßnahmen bei Bränden.[1])

Gültig ab 1. Juli 1910.[2])

Bei ausbrechenden Bränden sind an den elektrischen Installationen in den vom Brande betroffenen oder bedrohten Räumen folgende Maßnahmen zu empfehlen:

A. Betriebsanlagen.

1. In vom Feuer betroffenen oder unmittelbar bedrohten elektrischen Betriebsanlagen ist der Betrieb nur im äußersten Notfall und womöglich nur durch das Betriebspersonal einzustellen. Das Eingreifen von Personen, die mit dem betreffenden Betriebe nicht vertraut sind, ist tunlichst zu vermeiden.

2. Die Maschinen und Apparate sind soweit als möglich vor Löschwasser zu schützen. Empfehlenswerte Löschmittel für Maschinen und Apparate sind trockener Sand, Kohlensäure und ähnliche nicht leitende und nicht brennbare Stoffe.

B. Installationen.

1. Die Lampen in den vom Feuer betroffenen oder bedrohten Räumen sind — auch bei Tage — einzuschalten. Sie leuchten im Gegensatze zu allen anderen Beleuchtungsmitteln auch in raucherfüllten Räumen weiter und sind daher zur Erleichterung von Rettungsarbeiten unentbehrlich. Die Leitungen dürfen daher nicht abgeschaltet werden.

2. Vom Feuer bedrohte Elektromotorenbetriebe sind, falls erforderlich, durch die damit betrauten Personen auszuschalten. Das Eingreifen von Personen, die mit den betreffenden Betrieben nicht vertraut sind, ist tunlichst zu vermeiden.

3. Die Lösch- und Rettungsarbeiten der Feuerwehr sind im übrigen ohne Rücksicht auf die elektrischen Installationen vorzunehmen. Nur soll das Bespritzen von elektrischen Apparaten, Schalttafeln, Sicherungen, nach Möglichkeit vermieden und kein Leitungsdraht ohne zwingenden Grund durchhauen werden.

4. Sämtliche Einrichtungen, welche zum Anschlusse eines Elektrizitätswerkes gehören, wie Verteilungskästen, Elektrizitätszähler, Transformatoren, sind von der Feuer-

---

[1]) Sonderabdrücke können von der Verlagsbuchhandlung Julius Springer, Berlin, bezogen werden.

[2]) Angenommen auf den Jahresversammlungen 1905 und 1910. Veröffentlicht: ETZ 1905 S. 720 und 1910 S. 414.

wehr tunlichst unberührt zu lassen und deren Bespritzen mit Wasser ist zu vermeiden. Empfehlenswerte Löschmittel siehe A 2.

5. Beamte der Elektrizitätswerke, welche sich als solche legitimieren, erhalten Zutritt zur Brandstelle, um, wenn nötig, Transformatoren und deren Zubehör, sowie andere dem Elektrizitätswerke gehörige Teile stromlos zu machen. Den Anordnungen des Leiters der Feuerwehr auf der Brandstelle ist Folge zu leisten. Wenn an der Brandstelle Gefahr für die Beschädigung von Transformatoren oder deren Zuleitungen vorliegt, wird seitens der Feuerwehr der Betriebsdirektion des Elektrizitätswerkes auf dem schnellsten Wege Nachricht gegeben.

C. Freileitungen.

1. Die in der Nähe des Brandobjektes befindlichen Starkstrom-Freileitungen dürfen wegen der damit verbundenen Lebensgefahr nicht berührt werden. Da auch Leitern, Stangen, Helme usw. den elektrischen Strom zu übertragen vermögen, so dürfen die Mannschaften auch solche Geräte nicht mit den Freileitungen in Berührung bringen. Beim Spritzen ist darauf zu achten, daß das Strahlrohr möglichst weit, mindestens aber 3 m von den Freileitungen entfernt bleibt.

2. Wenn es unbedingt erforderlich ist, Freileitungen spannungslos zu machen, so soll dieses mit Hilfe der Freileitungsschalter an den Abschaltungsstellen möglichst durch Personal des Werkes bewirkt werden. Nur bei vorliegender Lebensgefahr sind die Leitungen durch Kurzschließen und Erden spannungslos zu machen. Dieses Gewaltmittel darf nur von eingehend geschulten Mannschaften ausgeführt werden. Zerschneiden der Leitungen ist gefährlich und soll nicht stattfinden.

3. Es empfiehlt sich, von jedem in der Nähe der Starkstrom-Freileitungen ausgebrochenen Brande die für diese Leitungen zuständige Stelle in Kenntnis zu setzen.

4. Es empfiehlt sich ferner, eine Anzahl Feuerwehrleute im Abschalten, Erden und Kurzschließen der Leitungen ausgebildet zu halten.

Empfehlenswerte Maßnahmen nach dem Brande.

Nach Beendigung der Löscharbeiten sind die vom Brande betroffenen Teile der Anlage zunächst vollständig abzuschalten. Sie dürfen nicht eher wieder in endgültige Benutzung genommen werden, als bis sie den Sicherheitsvorschriften entsprechen.

8. Anleitung zur ersten Hilfeleistung bei Unfällen im elektrischen Betriebe.

Aufgestellt unter Mitwirkung des Reichsgesundheitsrats. Gültig ab 1. Juli 1907.[1)

I. Ist der Verunglückte noch in Verbindung mit der elektrischen Leitung, so ist zunächst erforderlich, ihn der Einwirkung des elektrischen Stromes zu entziehen. Dabei ist folgendes zu beachten:

1. Die Leitung ist, wenn möglich, sofort spannungslos zu machen durch Benutzung des nächsten Schalters, Lösung der Sicherung für den betreffenden Leitungsstrang oder Zerreißung der Leitungen mittels eines trockenen, nicht metallischen Gegenstandes, z. B. eines Stückes Holz, eines Stockes oder eines Seiles, das über den Leitungsdraht geworfen wird.

2. Man stelle sich dabei selbst zur Fernhaltung oder Abschwächung der Stromwirkung (Isolierung) auf ein trockenes Holzbrett, auf trockene Tücher, Kleidungsstücke, oder auf eine ähnliche, nicht metallische Unterlage, oder man ziehe Gummischuhe an.

3. Der Hilfeleistende soll seine Hände durch Gummihandschuhe, trockene Tücher, Kleidungsstücke oder ähnliche Umhüllungen isolieren; er vermeide bei den Rettungsarbeiten jede Berührung seines Körpers mit Metallteilen der Umgebung.

4. Man suche den Verunglückten von dem Boden aufzuheben und von der Leitung zu entfernen. Er ist dabei an den Kleidern zu fassen; das Berühren unbekleideter Körperteile ist möglichst zu vermeiden. Umfaßt der Verunglückte die Leitung vollständig, so hat der Hilfeleistende mit seiner durch Gummihandschuhe usw. isolierten Hand Finger für Finger des Betäubten zu lösen. Bisweilen genügt schon das Aufheben des Getroffenen von der Erde, da hierdurch der Stromweg unterbrochen wird.

[1) Angenommen auf der Jahresversammlung 1907. Veröffentlicht: ETZ 1906 S. 1078. Vor der obenstehenden Fassung der „Anleitung zur ersten Hilfeleistung bei Unfällen im elektrischen Betriebe" hat eine ältere Fassung bestanden, welche am 9. 6. 1899 beschlossen wurde. Sie trat in Gültigkeit am 1. 7. 1899 und war ETZ 1899 Seite 728 veröffentlicht.

Das Gebiet elektrischer Betriebe, in dem das Eingreifen eines Laien nach den vorbezeichneten Leitsätzen Erfolg verspricht, ohne ihn selbst zu gefährden, beschränkt sich auf solche Anlagen, welche mit Spannungen betrieben werden, die 500 V nicht wesentlich übersteigen. Der Betrieb der Straßenbahnen hält sich in der Regel innerhalb dieser Grenzen. Bei Unfällen, welche an Leitungen mit höherer Spannung erfolgt sind, ist schleunigst für Benachrichtigung der nächsten Stelle der Betriebsleitung und für Herbeiholung eines Arztes zu sorgen. Leitungen und Apparate mit höherer Spannung pflegen mit einem roten Blitzpfeil ⚡ gekennzeichnet zu sein.

II. Ist der Verunglückte bewußtlos, so ist sofort zum Arzt zu schicken und bis zu dessen Eintreffen folgendermaßen zu verfahren:

1. Für gute Lüftung des Raumes, in welchem der Verunglückte sich befindet, ist zu sorgen.

2. Alle den Körper beengenden Kleidungs- und Wäschestücke (Kragen, Hemden, Gürtel, Beinkleider, Unterzeug usw.) sind zu öffnen. Man lege den Getroffenen auf den Rücken und bringe ein Polster aus zusammengelegten Decken oder Kleidungsstücken unter die Schultern und den Kopf derart, daß der Kopf ein wenig niedriger liegt.

3. Ist die Atmung regelmäßig, so ist der Verunglückte genau zu überwachen und nicht allein zu lassen. Bevor das Bewußtsein zurückgekehrt ist, flöße man ihm Flüssigkeiten nicht ein.

4. Fehlt die Atmung, oder ist sie sehr schwach, so ist künstliche Atmung einzuleiten. Bevor damit begonnen wird, hat man sich davon zu überzeugen, ob sich im Munde etwa Fremdkörper, z. B. Kautabak oder ein künstliches Gebiß befindet. Ist dies der Fall, so sind zunächst diese Gegenstände zu entfernen. Die künstliche Atmung ist alsdann in folgender Weise vorzunehmen:

Man knie hinter dem Kopfe des Verunglückten nieder, das Gesicht ihm zugewandt, fasse beide Arme an den Ellbogen und ziehe sie seitlich über seinen Kopf hinweg, so daß sich dort die Hände berühren. In dieser Lage sind die Arme 2 bis 3 Sekunden lang festzuhalten. Dann bewege man sie abwärts, beuge sie und presse die Ellbogen mit dem eigenen Körpergewicht gegen die Brustseiten des Verunglückten. Nach 2 bis 3 Sekunden strecke man die Arme wieder über dem Kopfe des Verunglückten aus und wiederhole das Ausstrecken und Anpressen der Arme möglichst regelmäßig etwa 15 mal in der Minute. Um Übereilung zu vermeiden, führe man die Bewegungen langsam aus und zähle während der Zwischenpausen laut: Hundert und eins! Hundert und zwei! Hundert und drei! Hundert und vier!

5. Ist noch ein Helfer zur Hand, so fasse er während dieser Hantierungen die Zunge des Verunglückten mit einem Taschentuche, ziehe sie kräftig heraus und halte sie fest.

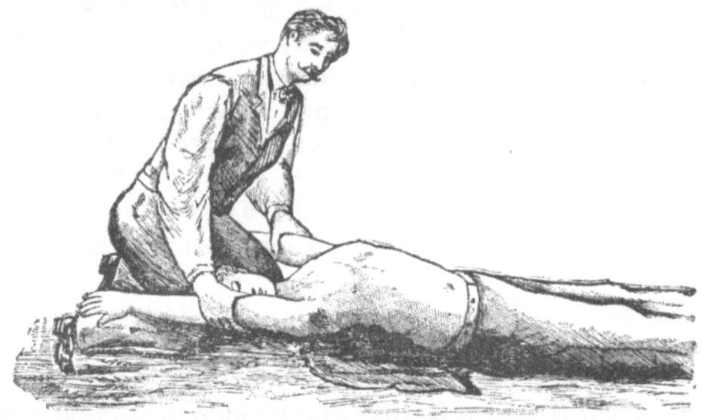

Künstliche Atmung: Einatmen.

Wenn der Mund nicht leicht aufgeht, öffne man ihn gewaltsam mit einem Stück Holz, dem Griff eines Taschenmessers oder dergleichen.

6. Sind mehrere Helfer zur Hand, so sind die vorstehend unter II. 4. beschriebenen Hantierungen von zweien auszu-

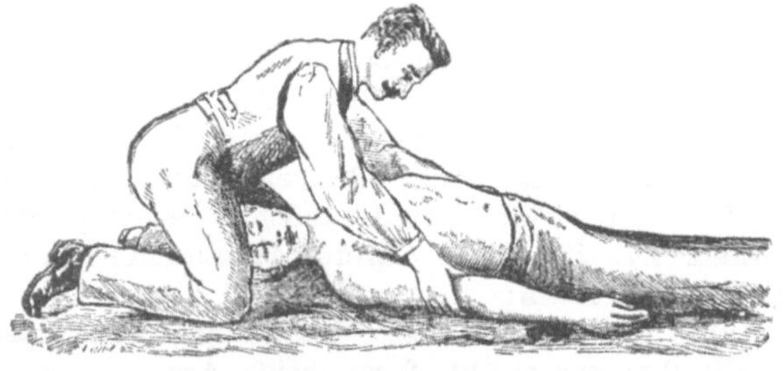

Künstliche Atmung: Ausatmen.

führen, indem jeder einen Arm ergreift und beide in den Zwischenpausen Hundert und eins! Hundert und zwei! Hundert und drei! Hundert und vier! zählend, gleichzeitig jene Bewegungen vornehmen.

7. Die künstliche Atmung ist so lange fortzusetzen, bis die regelmäßige, natürliche Atmung wieder eingetreten ist. Aber auch dann muß der Verunglückte noch längere Zeit überwacht und beobachtet werden. Bleibt die natürliche

Atmung aus, so muß man die künstliche Atmung bis zum Eintreffen des Arztes, mindestens aber 2 Stunden lang fortsetzen, bevor man mit solchen Wiederbelebungsversuchen aufhört.

8. Beim Vorhandensein von Verletzungen, z. B. Knochenbrüchen, ist diesem Zustande durch besondere Vorsicht bei der Behandlung des Verunglückten Rechnung zu tragen.

9. Die Unterschenkel und Füße können von Zeit zu Zeit mit einem rauhen warmen Tuche oder einer Bürste gerieben werden.

10. Auch nach der Rückkehr des Bewußtseins ist der Verunglückte in liegender oder halbliegender Stellung unter Aufsicht zu belassen und von stärkeren Bewegungen abzuhalten.

III. Liegt eine Verbrennung des Verunglückten vor, so ist, falls ärztliche Hilfe nicht zur Stelle ist, folgendes zu beachten:

1. Bevor der Hilfeleistende die Brandwunden berührt, wasche und bürste er sich auf das sorgfältigste beide Hände und Unterarme mit warmem Wasser und Seife ab; auch empfiehlt es sich, sie mit einem reinen Tuche, das mit Spiritus getränkt ist, abzureiben (das Abtrocknen hinterher ist zu unterlassen!).

2. Gerötete und geschwollene Stellen werden zweckmäßig mit Borsalbe auf Verbandwatte oder mit einer Wismut-Brandbinde bedeckt und sodann mit einer weichen Binde lose umwickelt.

Blasen sind nicht abzureißen, sondern mit einer gut (über Spiritusflamme) ausgeglühten Nadel anzustechen und mit einer Wismut-Brandbinde, darüber mit Verbandwatte und loser Binde zu bedecken.

Bei Verkohlungen und Schorfbildungen sind die Wunden mit Verbandmull in mehreren Lagen zu bedecken; darüber ist Watte anzubringen und das ganze mittels Binde zu befestigen.

9. Merkblatt für Verhaltungsmaßregeln gegenüber elektrischen Freileitungen.[1])

Gültig ab 1. Juli 1914.[2])

Wie verhält man sich gegenüber elektrischen Freileitungen?

Die Berührung aller elektrischen Leitungen
ist zu vermeiden.

Nicht nur die Berührung der durch rote Blitzpfeile und durch Warnungsschilder der Masten gekennzeichneten Leitungen ist lebensgefährlich, sondern auch nicht gekennzeichnete Leitungen können unter Umständen, die der Laie nicht beurteilen kann, Gefahren bringen.

Bei allen Arbeiten in der Nähe von elektrischen Leitungen, z. B. beim Fällen von Bäumen, beim Aufstellen von Gerüsten für Bauten und Brunnenbohrungen, beim Aufrichten von Leitern zum Obstpflücken und zum Feuerlöschen u. dgl. ist die Berührung der Leitungen, der Isolatoren und der an Holzmasten angebrachten Eisenteile, auch der Ankerdrähte, zu vermeiden.

Müssen Arbeiten in solcher Nähe von elektrischen Leitungen vorgenommen werden, daß eine Berührung vorkommen könnte, so ist die nächste Betriebsstelle der Überlandzentrale (des Elektrizitätswerkes) vor Beginn der Arbeiten davon zu verständigen.

Bei Bränden ist die nächste Betriebsstelle sofort zu benachrichtigen. Hochspannungsleitungen sollen nicht angespritzt werden.

Transformatorenhäuschen dürfen durch Unbefugte nicht betreten, Leitern an sie nicht angelegt werden.

In der Nähe elektrischer Leitungen Drachen
steigen zu lassen, ist gefährlich, ebenso das
Erklettern von Leitungsmasten.

Gerissene, von den Masten herabhängende
oder am Erdboden liegende Leitungen zu berühren, ist gefährlich. Vorübergehende sind in

---

[1]) Sonderabdrücke können von der Verlagsbuchhandlung Julius Springer, Berlin, bezogen werden.

[2]) Angenommen auf der Jahresversammlung 1914. Veröffentlicht: ETZ 1914 S. 478.

solchen Fällen zu warnen. Die nächste Betriebsstelle der Überlandzentrale (des Elektrizitätswerkes) ist auf schnellstem Wege, womöglich telephonisch oder telegraphisch, zu benachrichtigen.

Einen Verunglückten, der noch mit der Leitung verbunden ist, anzufassen, ist lebensgefährlich; nur durch sachgemäßes Eingreifen kann ihm geholfen werden.

Bei der Hilfeleistung ist zu beachten:

Die Leitung ist stromlos zu machen oder der Verunglückte von ihr zu trennen. Er darf dabei nicht an nackten Körperteilen angefaßt werden. Der Helfer muß seine Hände mit einem trockenen Tuch umwickeln (z. B. in die Ärmel der ausgezogenen Jacke stecken) und sich, wenn möglich, ein trockenes Brett unterlegen.

Bei Bewußtlosen ist so schnell wie möglich künstliche Atmung anzuwenden und bis zu vier Stunden fortzusetzen, wenn nicht inzwischen der Arzt aus sicheren Anzeichen den Tod festgestellt hat.

Zwecks künstlicher Atmung legt man den Verunglückten auf den Rücken[1]), öffnet alle beengenden Kleidungsstücke und schiebt ein Polster (z. B. einen zusammengerollten Rock) unter die Schultern, faßt mit einem Taschentuch die Zunge des Betäubten, zieht sie kräftig heraus, um die Luftwege frei zu machen, und bindet die Zunge mit dem Tuche an dem Kinn fest. Man kniet hinter dem Verunglückten nieder, das Gesicht dem Verunglückten zugewendet, faßt sodann dessen Arme am Ellenbogen, zieht sie über den Kopf, führt sie zurück und drückt sie an den Brustkasten. Die Bewegungen müssen langsam vorgenommen werden, etwa 15 mal in der Minute.

Auf alle Fälle ist schleunigst ein Arzt zu holen.

Wie sollen sich Kinder gegenüber elektrischen Freileitungen verhalten?

1. Du sollst nicht an Leitungsmasten hinaufklettern!

2. Du sollst nicht auf Bäume, Gerüste oder dgl. klettern, an denen Freileitungen vorbeiführen!

3. Du sollst nicht auf Transformatorhäuschen und ihre Umzäunungen klettern!

---

[1]) Vgl. die Abbildungen in: „Anleitung zur ersten Hilfeleistung bei Unfällen im elektrischen Betrieb" S. 106.

4. Du sollst in der Nähe von Freileitungen nicht Drachen steigen lassen!

5. Du sollst nie einen von einem Leitungsmast herabhängenden oder am Erdboden liegenden Draht berühren!

6. Du sollst an den zur Versteifung der Leitungsmaste dienenden Verankerungen nicht rütteln oder schaukeln!

7. Du sollst nicht mit Steinen oder anderen Gegenständen nach den Porzellanisolatoren oder nach den Leitungsdrähten werfen!

8. Du sollst Transformatorhäuser und Schalträume nicht betreten, auch wenn sie offenstehen und unbewacht sind!

9. Du sollst einen an elektrischen Leitungen Verunglückten nicht anfassen, aber du sollst sofort Erwachsene zu Hilfe holen!

Erläuterungen.

Nicht nur die Berührung der durch rote Blitzpfeile und durch Warnungsschilder der Masten gekennzeichneten Leitungen ist lebensgefährlich, sondern auch nicht gekennzeichnete Leitungen können unter Umständen, die der Laie nicht beurteilen kann, Gefahren bringen.

Zu 2. Nicht nur durch die unmittelbare Berührung der Leitungen, sondern auch durch die Berührung von Ästen und Zweigen in der Nähe von Hochspannung führenden Leitungen können Menschen zu Schaden kommen. Besondere Vorsicht ist daher auch beim Abernten der Obstbäume geboten, wenn sie sich in der Nähe von Freileitungen befinden.

Zu 3. An den Transformatorhäusern führen häufig die Leitungen herunter, die beim Erklettern der Häuschen oder Zäune erreichbar sind. Diese Leitungen sind zwar vielfach isoliert, doch bietet auch die Isolierung keinen zuverlässigen Schutz, schon deshalb, weil sie im Freien leicht verwittert und dann von der Spannung durchschlagen wird.

Zu 4. Die Drachenschnüre können, besonders wenn sie etwas feucht sind, im Falle einer Berührung mit einer Leitung den Strom gut leiten und so eine Verletzung oder den Tod des die Drachenschnur haltenden Kindes herbeiführen.

Zu 5. und 9. Wird ein abgerissener, herabhängender Draht einer elektrischen Leitung oder eine andere unregelmäßige Erscheinung an der Einrichtung (Feuererscheinung an einem Mast, an einer Verankerung, an einer Erdleitung oder an einer Transformatorstation) beobachtet, oder ist jemand durch Berührung mit der elektrischen Einrichtung verunglückt, so ist für unverzügliche Benachrichtigung der Betriebsleitung des Werkes Sorge zu tragen.

Zu 6. und 7. Abgesehen von allen möglichen Störungen für den Betrieb des Elektrizitätswerkes kann auf diese Weise das Reißen und Herabfallen der Drähte und damit eine Gefährdung der Vorüberkommenden herbeigeführt werden.

Zu 8. Die Transformatoren- und Schaltstationen sollen stets verschlossen gehalten werden, so daß sie Unbefugten unzugänglich sind. Es kann jedoch durch Fahrlässigkeit oder infolge Abbrechens eines Schlüssels oder aus einem ähnlichen Grunde doch einmal die Tür eines Transformatorhäuschen unverschlossen bleiben. In einem solchen Fall würde sich, da in einer Transformatorstation ein großer Teil der Einrichtung sich unter Hochspannung befindet, ein den Raum betretender Fachunkundiger in unmittelbare Lebensgefahr begeben.

A*)

10. Normen für Freileitungen.

Gültig ab 1. Januar 1914.[1][2]

I. Leitungen.

a) Geltungsbereich:

Von den folgenden Bestimmungen werden alle Freileitungen betroffen. Ausgenommen sind Fahrleitungen für Bahnen, sowie alle Hausanschlüsse an Niederspannungs-Leitungen für Stützentfernungen bis einschließlich 20 m und Anschlüsse für Straßenbeleuchtung für Niederspannung.

b) Normale Querschnitte:**

Als kleinster Querschnitt ist für Metalle mit mehr als 7,5 spezifischem Gewicht 10 mm², für Metalle mit weniger als 7,5 spezifischem Gewicht 25 mm² erlaubt. Die Leitungen sollen nach folgenden Normen hergestellt werden:

---

[1] Angenommen auf der Jahresversammlung 1913. Veröffentlicht: ETZ 1913. S. 1096. Die „Normen für Freileitungen" sind entstanden durch Neubearbeitung und Ergünzung der früheren „Vorschriften über die Herstellung und Unterhaltung von Holzgestängen für elektrische Starkstromanlagen". Letztere waren am 8. 6. 03 beschlossen worden mit Gültigkeit ab 1. 7. 03. Abgedruckt waren sie ETZ 1903, S. 682. Über die verschiedenen Fassungen der „Normen für Freileitungen" gibt die nachstehende Tabelle Aufschluß.

	Beschlossen	Gültig ab	Veröffentlicht in der ETZ
Erste Fassung:	7. 6. 07	1. 1. 08	07, Seite 825
Änderung der ersten Fassung:	30. 5. 11	1. 7. 11	11, Seite 450
Zweite Fassung:	19. 6. 13	1. 1. 14	13, Seite 1096.

Erläuterungen zu den Normen für Freileitungen sind in der ETZ 1919 S. 1155 abgedruckt.

Während des Krieges und der Übergangszeit wurden einige Änderungen an den Normen vorgenommen, welche bis auf Widerruf in Geltung bleiben sollen. Diese Änderungen sind durch besondere Fußnoten berücksichtigt.

[2] Sonderdrucke können von der Verlagsbuchhandlung Julius Springer, Berlin, bezogen werden.

*) Siehe Vorwort.

** Der Abschnitt I b wird für Eisenleitungen †) mit Ausnahme des ersten Satzes außer Kraft gesetzt. Mit Rücksicht auf den Widerstandszuwachs durch Hauteffekt bei größerer Drahtstärke, sowie mit Rücksicht darauf, daß zu dünne Drähte mechanisch nicht widerstandsfähig genug sind, wird empfohlen, bei Seilen den Drahtdurchmesser von 1,5 mm nicht wesentlich zu unterschreiten. (Veröffentlicht ETZ 1919, S. 41.)

†) Bezüglich der Verwendung von Eisen für Freileitungen s. auch ETZ 1914, S. 1109 u. 1915, S. 9 u. 44.

Querschnitt (Nennwert) mm²	Drahtzahl		Drahtdurch- messer mm (Nennwert)	Seildurchmesser mm (Nennwert d)
10	1	(massiv)	3,5	—
16	1	„	4,5	—
16	7	(verseilt)	1,7	5,2
25	7	„	2,1	6,5
35	7	„	2,5	7,7
50	14	„	2,1	9,2
70	19	„	2,1	10,9
95	19	„	2,5	12,7
120	19	„	2,8	14,2
150	30	„	2,5	15,9
185	37	„	2,5	17,7
240	37	„	2,8	20,1
310	61	„	2,5	22,9

Die Schlaglänge soll das 12- bis 15fache des äußeren Seildurchmessers betragen.

c) Material:

1. **Normales Material:** Als normales Material gelten Kupfer und Aluminium, deren Beschaffenheit folgenden Bedingungen entspricht:

mm Durchmesser			Zuglast in kg, die mindestens 1 Minute lang wirken soll, ohne zum Bruch zu führen		Widerstand in Ω/km bei 20° C höchstens	
Nennwert	Grenzwerte					
	von	bis	Kupfer	Aluminium	Kupfer	Aluminium
1,7	1,7	1,75	90	—	8,0	—
2,1	2,1	2,2	140	60	5,2	9,0
2,5	2,5	2,6	200	85	3,7	6,4
2,8	2,8	2,9	250	105	3,0	5,0
3,5	3,5	3,6	380	—	1,85	—
4,5	4,5	4,6	600	—	1,15	—

Außerdem sollen die Drähte bei dem Festigkeitsversuch in Form eines ausgeprägten Fließkegels zerreißen.

Die in der ETZ 1913, S. 1128 bekannt gegebenen Montagetabellen*) beruhen auf der Annahme, daß im ungünstigsten Belastungsfall (vgl. Absatz d)

massive Kupferleiter mit 12 kg pro mm²,

---

*) Die Montagetabellen sind bis auf weiteres nicht gültig, da die im Abschnitt I d der Berechnung zugrunde zu legende Zusatzlast (190 + 50 d) g für 1 m Leitungslänge, hervorgerufen durch Wind resp. Eis, geändert ist (s. nächste Seite).

Kupferseile mit 16 kg pro mm²,

Aluminiumseile mit 7 kg pro mm² †)

Zug gespannt seien. Diese Grenzwerte sind auch dann einzuhalten, wenn in Ausnahmefällen Kupfer oder Aluminium mit anderen als den in den Montagetabellen *) genannten Spannweiten verlegt werden.

2. Anderes Material: Anderes Material (auch Kupfer und Aluminium mit besonderen Eigenschaften) ist unter den Beschränkungen des Absatzes b zugelassen mit der Maßgabe, daß die Zugspannung im ungünstigsten Belastungsfall (vgl. Absatz d) für massive Drähte ein Drittel, für Seile die Hälfte der Streckgrenze nicht überschreiten darf. Als Streckgrenze ist diejenige Zugspannung zu verstehen, die eine Minute lang auf das Material wirken kann, ohne eine mehr als 0,2 % der Meßlänge betragende bleibende Dehnung zu erzeugen.

Außerdem sollen die Drähte bei dem Festigkeitsversuch in Form eines ausgeprägten Fließkegels zerreißen.

d) Festigkeitsrechnungen.

Den Festigkeitsrechnungen ist das eine Mal eine Temperatur von — 20° C ohne zusätzliche Belastung, das andere Mal eine Temperatur von — 5° C und eine zusätzliche Belastung, hervorgerufen durch Wind resp. Eis, zugrunde

---

†) Die Durchhänge von Leitungen, die nach den „Normen" gespannt werden, führen durch die Gefahr des Zusammenschlagens vielfach zu einer unzulässigen Herabsetzung der elektrischen Sicherheit. Andererseits erscheint nach den vorliegenden Betriebserfahrungen die laut I d angenommene Zusatzlast (190 + 50 d) g für 1 m Leitungslänge, hervorgerufen durch Wind bzw. Eis, unnötig hoch. Außerdem ist bei Aluminiumleitungen eine Erhöhung der Höchstbeanspruchung zulässig, wenn eine erhöhte Bruchfestigkeit des Aluminiums nachgewiesen wird. Deshalb wird in Abänderung des Abschnitts I c 1 der „Normen" die Zugbeanspruchung für Aluminiumseile mit 9 kg/mm² zugelassen, wenn die Zuglast in kg, die mindestens eine Minute wirken soll, ohne zum Bruch zu führen, für Drähte von 2,1 mm Nenndurchmesser 65 kg, für solche von 2,5 mm 90 kg und für solche von 2,8 mm 115 kg beträgt. (Veröffentlicht ETZ 1919, S. 42.)

*) Die Montagetabellen sind bis auf weiteres nicht gültig, da die im Abschnitt I d der Berechnung zugrunde zu legende Zusatzlast (190 + 50 d) g für 1 m Leitungslänge geändert ist (s. oben). Die Montagetabellen sind veröffentlicht ETZ 1913 S. 1128.

zu legen. Diese Zusatzlast ist hierbei gleich $(190 + 50 \times d)$ g pro m Leitungslänge einzusetzen †) wobei d den Leitungsdurchmesser, bei isolierten Leitungen den Außendurchmesser in mm bedeutet. In keinem dieser Fälle darf die Beanspruchung des Leitungsmaterials die unter c) festgesetzte Höchstbeanspruchung überschreiten. Für blanke Kupfer- und Aluminiumleitungen dürfen die Züge und Durchhänge die Grenzwerte der in der ETZ 1913 S. 1128 veröffentlichten Tabellen *) nicht überschreiten. Liegen die Stützpunkte nicht auf gleicher Höhe, so gelten dieselben Grenzwerte mit der Maßgabe, daß unter Spannweite die Entfernung der Stützpunkte, h o r i z o n t a l gemessen, und unter Durchhang der Abstand zwischen der Verbindungslinie der Stützpunkte und der dazu parallelen Tangente an die Durchhangslinie, v e r - t i k a l gemessen, verstanden wird.

e) Leitungsverbindungen.

Leitungsverbindungen müssen mindestens 85 % der Festigkeit der zu verbindenden Leitungen besitzen. Verbindungen mit kleinerer Festigkeit, sowie Lötverbindungen müssen von Zug entlastet sein. ††)

f) Fernsprechleitungen.

Bezüglich Fernsprechleitungen, welche an einem Freileitungsgestänge für Hochspannung verlegt sind, siehe § 20 und 22 der Errichtungsvorschriften (insbesondere § 22 i und k).

II. Gestänge.
a) Allgemeines.

Die Maste sind zu berechnen für den Spitzenzug und außerdem für den in der gleichen Richtung auf den Mast

---

†) Die Zusatzlast $(190 + 50\,d)$ g für 1 m Leitungslänge ist bis auf weiteres in $(180 \sqrt{d})$ geändert. In Gegenden, in denen nachweislich große Eislast zu erwarten ist, muß die Sicherheit der Anlage durch zweckdienliche Maßnahmen erhöht werden. Als solche werden empfohlen: Verringerung des Mastabstandes, Herabsetzung der Höchstbeanspruchung der Leitung bei gleichzeitiger Vergrößerung der Leiterabstände. (Veröffentlicht ETZ 1919, S. 42.)

††) Der Abschnitt erhält bis auf weiteres folgenden Zusatz: „Für Eisenleitungen, die mit nicht mehr als 12 kg/mm² gespannt sind, gilt letzteres nicht." (Veröffentlicht ETZ 1919, S. 42.)

*) Siehe Fußnote S. 114.

selbst entfallenden Winddruck. Unter Spitzenzug versteht man den auf die Mastspitze bezogenen, in einer der Hauptachsen angreifenden nutzbaren Zug.

Der Spitzenzug der Tragmaste wird durch den in horizontaler Richtung rechtwinklig zur Leitungsebene auf die halbe Länge sämtlicher Leistungen der beiden Nachbarfelder wirkenden Winddruck bestimmt. In der Leitungsrichtung müssen die Maste mindestens 1/4 dieses Zuges aufnehmen können. Tragmaste sind nur in gerader Linie oder bis zur Abweichung von 5° zulässig.

Als Spitzenzug der Eckmaste für Richtungsänderungen über 20° ist die Resultierende aus den größten Leitungszügen einzusetzen. Für kleinere Richtungsänderungen gilt der Spitzenzug für 20° Abweichung.

Als Spitzenzug der Abspannmaste sind ²/₃ des größten einseitigen Leitungszuges einzusetzen. Für Endmaste ist der ganze Zug zu berücksichtigen.

b) Holzgestänge.

Einfache Holzmaste für Niederspannungsleitungen müssen mindestens 13 cm, solche für Hochspannungsleitungen mindestens 15 cm Zopfstärke aufweisen. Bei A-Masten und gekuppelten Stangen ist eine Herabsetzung der Zopfstärke bis auf 12 cm zulässig.

Die Beanspruchung der Maste darf bei imprägnierten oder gegen Fäulnis in anderer Weise geschützten Stangen oder bei solchen aus besonders widerstandsfähigen Holzgattungen (wie z. B. Lärche) 110 kg/cm², bei nicht imprägnierten Weichholzstangen 80 kg/cm² nicht überschreiten. Die gleichen Werte sind auch der Berechnung zusammengesetzter Stützpunkte (A-Maste, Doppelmaste usw.) zugrunde zu legen.

Bei Berechnung der Maste ist der Winddruck mit 125 kg/m² senkrecht getroffener Fläche der Leitung und der Konstruktionsteile anzunehmen. Bei Leitungen ist die Fläche gleich dem 0,5 fachen, bei Masten gleich dem 0,7 fachen des Durchmessers, multipliziert mit der Länge in die Rechnung einzusetzen.

An Stelle der Rechnung auf vorstehender Grundlage kann für gerade Strecken und einfache Holzmaste die Zopfstärke Z entsprechend der Formel

$$Z = 1,2 \cdot \sqrt{D \cdot H}$$

bestimmt werden, wobei für die Stangenabstände folgende Höchstwerte zulässig sind:

Für Linien mit einem Gesamtquerschnitt der Leitungsdrähte und Schutzdrähte:

a) bis 110 mm²   80 m
b) über 110 bis 210 mm²   60 m
c) über 210 bis 300 mm²   50 m
d) über 300 mm²   40 m

In obiger Formel bedeutet D die Summe der Durchmesser aller an dem Mast verlegten Leitungen in mm und H die mittlere Höhe der Leitungen am Mast in m.

Bei Überführung über verkehrsreiche Fahrwege müssen die Stangenabstände den besonderen Umständen entsprechend geringer gewählt werden *).

c) Gestänge aus Flußeisen.

Die Beanspruchung der Eisenkonstruktionen auf Zug, Druck und Biegung darf im ungünstigsten Falle 1500 kg/cm² (Normalspannung), die Scheerbeanspruchung der Nieten 1200 kg/cm², die der Schrauben 750 kg/cm², der Lochleibungsdruck das Doppelte dieser Werte nicht überschreiten **). Die auf Druck beanspruchten Glieder müssen eine zweifache Sicherheit gegen Knicken nach der Tetmajerschen Formel haben, wenn:

$$\lambda = \frac{l}{i} = \frac{\text{Knicklänge in cm}}{\text{Trägheitshalbmesser}} < 105$$

ist. Der Sicherheitsgrad wird durch das Verhältnis $\dfrac{\text{Knick-spannung}}{\text{Normal-spannung}}$ bestimmt, worin nach Tetmajer die Knickspannung $= 3100 - 11{,}41 \cdot \dfrac{l}{i}$ ist. Der Trägheitshalbmesser ist definiert durch die Gleichung $i = \sqrt{\dfrac{J}{F}}$.

---

*) Dieser Absatz „Bei Überführung über verkehrsreiche Fahrwege müssen die Stangenabstände den besonderen Umständen entsprechend geringer gewählt werden", wird bis auf weiteres außer Kraft gesetzt. (Veröffentlicht ETZ 1919, S. 42.)

**) Dieser Satz erhält bis auf weiteres folgende Fassung:
Die Beanspruchung der Eisenkonstruktionen auf Zug, Druck und Biegung darf im ungünstigsten Falle 1500 kg/cm² (Normalspannung), die Scheerbeanspruchung der Nieten 1200 kg/cm², die der Schrauben 900 kg/cm², der Lochleibungsdruck das Doppelte der Scheerbeanspruchung nicht überschreiten. Die auf Druck ... (Veröffentlicht ETZ 1919, S. 42.)

Ist $\lambda > 105$, so müssen die auf Druck beanspruchten Glieder nach der Eulerschen Formel für die zulässige Belastung P in kg nach

$$P = \frac{J \cdot \pi^2 \cdot E}{n \cdot l^2}$$

berechnet werden, worin der Sicherheitsgrad $n = 3$ zu setzen ist.

J ist in beiden Fällen das Trägheitsmoment bezogen auf die zu einem Winkelschenkel parallele Achse $(J\xi)$, F die ungeschwächte Querschnittsfläche des Profils in cm² und E der Elastizitätsmodul $= 2\,150\,000$ kg/cm².

Hierbei müssen die Diagonalen eines Feldes bei der Abwicklung der Mastseiten parallel zueinander gerichtet sein. Bei nicht parallelen Diagonalen ist an Stelle von $J\xi$ das kleinste Trägheitsmoment $(J_{min.})$ für die Eckständer einzusetzen. Bei Berechnung der Diagonalen und bei Stäben, die reine Druckspannungen erhalten, ist stets das kleinste Trägheitsmoment (J_{min}) einzusetzen.

Die Abstände für die Anschlußnieten der Diagonalen an den Knotenpunkten sind so klein wie möglich zu bemessen.

Für sämtliche Konstruktionsteile sind Anschlußnieten unter 13 mm Durchmesser und Eisenstärken unter 4 mm unzulässig.

Für die verschiedenen Mindeststabbreiten sind die größten zulässigen Nietdurchmesser nachstehender Tabelle zu entnehmen:

Stabbreite in mm	35	45	55	60	70	80
Nietdurchmesser in mm	13	16	18	20	23	26

Bei Zuggliedern ist die Nietschwächung zu berücksichtigen.

Die Durchbiegung der Maste darf höchstens 2% der freien Länge betragen, wobei der Winddruck als gleichmäßig auf die freie Mastlänge verteilt einzusetzen ist. Als ungünstigster Fall gilt eine Windbelastung von 125 kg/m² senkrecht getroffener Fläche der Leitungen und der Masten. Hierbei ist entweder der wirkliche Winddruck festzustellen, oder es ist als Windfläche die Hälfte einer als voll angenommenen Mastwand zu berücksichtigen unter Vernachlässigung der Konstruktionsteile und der Saugwirkung auf der Rückseite. Der Winddruck ist dabei in halber Höhe der freien Mastlänge angreifend anzunehmen. Bei Leitungen ist die Fläche gleich dem 0,5fachen, bei runden Masten gleich dem 0,7fachen des Durchmessers, multipliziert mit der Länge, einzusetzen.

d) Gestänge aus besonderen Materialien.

Gestänge aus besonderen Materialien dürfen bis zu ⅓ der vom Lieferanten zu garantierenden Bruch- und Knickfestigkeit, gußeiserne Konstruktionsteile jedoch nur bis zu 300 kg/cm² beansprucht werden.

e) Aufstellung der Gestänge.

Die Maste und Gestänge sind ihrer Länge und der Bodengattung entsprechend tief einzugraben (im allgemeinen wird ⅙ der Mastlänge als Eingrabungstiefe gefordert) und gut zu verrammen (in weichem Boden entsprechend der Beanspruchung zu sichern). Die Verbindungen von Streben mit Holzmasten müssen durch durchgehende Verschraubungen oder durch Schellen hergestellt werden. Bei Verstrebungen sind auch noch Querverbindungen mit dem Mast anzubringen.

In Winkelpunkten der Leitungsführung ist der Eckmast mit einer seiner beiden Hauptachsen in Richtung der sich aus den Leitungszügen ergebenden Resultierenden zu stellen.

Erfolgt die Aufstellung abweichend hiervon, so ist der Mast entsprechend der Richtung des Spitzenzuges zu der Hauptachse zu berechnen, und zwar so, daß die Resultierende nach den Hauptachsen zu zerlegen und der Mast für die Summe der beiden Komponenten zu bemessen ist.

Bei Mastfundamenten gilt die erforderliche Standsicherheit der Gestänge im allgemeinen als nachgewiesen, wenn die Kantenpressung an der Fundamentsohle ohne Berücksichtigung des seitlichen Erddruckes bei dem größten vorkommenden Umsturzmoment das für den Baugrund zulässige Maß (normal 2,5 kg/cm²) nicht überschreitet, mit der Maßgabe, daß das Gewicht des auflastenden Erdreiches bis zu einem Böschungswinkel von 30° gegen die Vertikale berücksichtigt werden kann*). Bei der Berechnung des Fundamentes ist das Gewicht des Betons mit 2000 kg/m³ und das Gewicht des auflastenden Erdreiches mit 1600 kg/m³ einzusetzen.

---

*) Dieser Satz erhält bis auf weiteres folgende Fassung:
„Bei Mastfundamenten gilt die erforderliche Standsicherheit der Gestänge im allgemeinen als nachgewiesen, wenn die Abmessungen der Fundamente nach den Formeln nach Fröhlich ‚Beitrag zur Berechnung von Mastfundamenten' (vgl. ‚Zeitschrift für Bauwesen', Jahrgang 1915, Heft 10 bis 12) ermittelt werden." (Veröffentlicht ETZ 1919, S. 42.)

Über Anordnung der Maste an verkehrsreichen Fahrwegen wird auf § 22 k der Errichtungsvorschriften verwiesen.

Bei der Errichtung von Leitungen mit Holzmasten in Gegenden, die besonders heftigen Stürmen ausgesetzt sind, soll auch in geraden Strecken in der Regel alle 500 m ein verankerter Mast vorgesehen werden. Abspannmaste gelten als verankerte Maste.

Bei Verwendung eiserner Maste soll auch auf geraden Strecken mindestens alle 3 km ein Abspannmast gesetzt werden, sofern nicht durch Eck- oder Kreuzungsmaste schon für Abspannung gesorgt ist.

f) Konstruktion der Gestänge mit Rücksicht auf Vogelschutz.

Zur Vermeidung der Gefährdung von Vögeln sind bei Hochspannung führenden Starkstromleitungen die Befestigungsteile, Traversen, Stützen usw. möglichst derartig auszubilden, daß Vögeln eine Sitzgelegenheit dadurch nicht gegeben wird. Wo dies nicht angängig ist, sind die horizontalen Abstände zwischen einer Hochspannung führenden Starkstromleitung und geerdeten Eisenteilen mindestens 300 mm groß zu machen.

III. Befestigungspunkte der Leitungen.

a) Bunde.

Der Bindedraht soll stets aus demselben und bei Leichtmetallen aus möglichst gleich hartem Material bestehen wie die Leitung selbst. Die Bunde der Leichtmetalleitungen sind ferner vor Zerrung, gleitender Reibung, Vibration und Einschneiden zu schützen.

Bei Abweichung von der Geraden ist die Leitung so zu legen, daß der Isolator von der Leitung auf Druck beansprucht wird.

b) Isolatoren.

Die Überschlagsspannung der Hochspannungsisolatoren soll bei senkrecht und bei 45° geneigt einfallendem Regen von 3 mm Niederschlagshöhe in der Minute mindestens gleich der doppelten Netzspannung sein. Die Prüfung hat möglichst den praktischen Verhältnissen in bezug auf Stütze und Lage der Isolatoren entsprechend an Stichproben zu erfolgen. Die Benetzung soll fünf Minuten lang dauern.

Die normale Durchschlagsprüfung soll sich auf alle Isolatoren und über eine Viertelstunde im Wasserbade erstrecken, dabei soll die Durchschlagsspannung der Isolatoren größer sein als die Überschlagsspannung. Bei Isolatoren für weniger als 2000 V Netzspannung genügen Stichproben mit 5000 V Prüfspannung.

c) Stützen.

Für die Isolatorenstützen gelten die gleichen Festigkeitsgrundsätze wie für die eisernen Gestänge. Für die Befestigung der Isolatoren auf den Stützen wird Aufhanfen empfohlen.

IV. Besondere Bestimmungen zur Vermeidung von Schutznetzen.*)

Sollen durch erhöhte Sicherheit im Sinne des § 22 h und k Schutznetze vermieden werden, so sind besondere Vorkehrungen zu treffen, und zwar:

a) bei Parallelführung von Leitungen, wenn sie sich einem verkehrsreichen Fahrweg so weit nähern, daß Vorübergehende durch Drahtbrüche gefährdet werden können:

1. Die Leitung darf bei Kupferseilen nur mit 12 kg, bei Massivkupferleitungen nur mit 8 kg, bei Aluminiumleitungen nur mit 5 kg pro mm², bei anderen Materialien nur mit $^2/_3$ der sonst unter I c zugelassenen Beanspruchung verlegt werden.

2. Die Befestigung der Leitungen an den Isolatoren ist so auszuführen, daß bei Isolatorbruch und hierdurch ent-

---

*) Abschnitt IV erhält bis auf weiteres folgende Fassung:

IV. Besondere Bestimmungen zur Vermeidung von Schutznetzen.

Sollen durch erhöhte Sicherheit im Sinne des § 22 h und k Schutznetze vermieden werden, so sind besondere Vorkehrungen zu treffen.

1. Die Leitung darf nur als Seil ausgeführt werden. Kupfer- und Eisenseile sollen einen Mindestquerschnitt von 16 mm², Aluminiumleitungen von 35 mm² aufweisen.

2. Die Befestigung der Leitungen an den Isolatoren ist so auszuführen, daß bei Isolatorbruch und hierdurch entstehendem Lichtbogen zwischen Leitung und Eisenteilen die beiden Enden der etwa abschmelzenden Leitung nicht herunterfallen können, sondern durch zweckdienliche Einrichtungen zusammengehalten werden. Als solche kommen in Frage: Sicherheitsbügel, doppelte Aufhängung oder Verwendung mechanisch besonders sicherer Isolatoren in Verbindung mit besonders starkem Bund (z. B. Wickelbund). (Veröffentlicht ETZ 1919, S. 42.)

stehendem Lichtbogen zwischen Leitung und Eisenteilen die beiden Enden der etwa abschmelzenden Leitung nicht herunterfallen können, sondern durch zweckdienliche Einrichtungen zusammengehalten werden. Als solche kommen in Frage: Sicherheitsbügel, doppelte Aufhängung oder Verwendung mechanisch besonders sicherer Isolatoren, in Verbindung mit besonders starkem Bund (z. B. Wickelbund).

b) Bei Kreuzungen außerdem:

3. Die Maste sind so zu berechnen, daß entweder jeder einzelne Mast den gesamten Leitungszug aufnimmt, oder es muß jeder der beiden an der Kreuzung stehenden Maste dem halben im Nachbarfeld vorhandenen Zuge genügen, wobei die Maste mit einem Spannseil verbunden sein müssen, welches die Differenz des Leitungszuges mit erhöhter Sicherheit aufzunehmen in der Lage ist.

Es ist dabei angenommen, daß bei einem Leitungsbruch im Nachbarfeld der einseitige Zug der Leitung durch beide Maste zusammen aufgenommen werden muß.

An Winkelpunkten kann erhöhte Sicherheit erreicht werden durch Fangbügel oder Abspannung der Leitungen an zwei Isolatoren.

V. Prüfung fertiger Hochspannungsfreileitungen mit Spannungen von 2000 bis einschließlich 50000 V.[*])

Vor Inbetriebnahme müssen solche Hochspannungs-Freileitungen einschließlich der Einführungen in Zentrale und Unterstationen gegen Erde mit dem 1,5 fachen Wert der Spannung des Netzes geprüft werden. Die Dauer der Prüfung muß mindestens 30 Minuten betragen. Tritt ein Durchschlag ein, so ist nach Beseitigung des Fehlers die Prüfung zu wiederholen.

Zur Vermeidung von Überspannungserscheinungen ist die Spannung von der Netzspannung ab tunlichst zu steigern.

Bei Parallelführung mit Schwachstromleitungen der Telegraphenverwaltung ist es erforderlich, diese vor der Prüfung zu benachrichtigen.

---

[*]) Der Abschnitt V wird bis auf weiteres außer Kraft gesetzt. (Veröffentlicht ETZ 1919, S. 42.)

11. Allgemeine Vorschriften für die Ausführung elektrischer Starkstromanlagen bei Kreuzungen und Näherungen von Bahnanlagen.[1])

Gültig ab 1. Juli 1908.[2])

---

12. Allgemeine Vorschriften für die Ausführung und den Betrieb neuer elektrischer Starkstromanlagen (ausschließlich der elektrischen Bahnen) bei Kreuzungen und Näherungen von Telegraphen- und Fernsprechleitungen.[3])

Gültig ab 1. Juli 1908.[4])

[Die Vorschriften 11 und 12 sind in der vorliegenden Auflage nicht aufgenommen worden, da ihr Inhalt durch verschiedene neuere Bestimmungen der Behörden teilweise ungültig geworden ist. Eine Neufassung befindet sich in Vorbereitung.]

---

[1]) Siehe auch ETZ 1910 S. 141.
[2]) Angenommen auf der Jahresversammlung 1908. Veröffentlicht: ETZ 1908 S. 876.
[3]) Siehe auch ETZ 1909 S. 520.
[4]) Angenommen auf der Jahresversammlung 1908. Veröffentlicht: ETZ 1908 S. 874.

13. Leitsätze zum Schutze von Fernsprech-Doppelleitungen gegen die Beeinflussung durch Drehstromleitungen.[1])*)

Gültig ab 1. Oktober 1920.

A. Anlagen bis 1000 V Betriebsspannung.

1. In Anlagen ohne Nulleiter kann der Nullpunkt des Stromerzeugers oder der Transformatoren ohne besondere Vorsichtsmaßnahmen geerdet werden. Wenn bei größeren Netzen, welche von mehreren örtlich getrennten und sekundär parallel geschalteten Transformatoren gespeist werden, störende Ausgleichströme auftreten, so muß das Netz in geeigneter Weise unterteilt werden.

2. In Anlagen mit isoliert verlegtem Nulleiter kann dieser ohne weiteres geerdet werden. Ist der Nulleiter blank verlegt, so sind Störungen nicht zu befürchten, wenn der übliche Spannungsabfall in Installationen auch für den Nulleiter eingehalten wird.[2])

B. Anlagen über 1000 V Betriebsspannung.

3. Bei Erdung des Nullpunktes sind Vorkehrungen gegen Störungen durch Ströme und Spannungen der dreizahligen Harmonischen zu treffen.

Der Widerstand der Erdung soll so bemessen sein, daß der bei Erdschluß auftretende Kurzschlußstrom möglichst klein bleibt.

4. Hochspannungs-Freileitungen sind in möglichst großem Abstande von Fernsprechleitungen zu führen. Wenn Parallelführung nicht zu vermeiden ist, so sind folgende Maßnahmen nötig:

a) Der Abstand zwischen Hochspannungsleitungen und Fernsprechleitungen soll so groß oder die Länge des Parallelverlaufs so klein sein, daß durch Schaltvorgänge während des Bestehens von Erdschlüssen im Hochspannungsnetz keine

---

*) Angenommen auf der Jahresversammlung 1920. Veröffentlicht: ETZ 1920 S. 597.

gefährliche Spannung[3]) in den Sprechleitungen entstehen kann.

b) Die Hochspannungsleitungen sollen auf den Parallelstrecken verdrillt werden, wenn sie bei fehlerfreiem Zustande störende Influenzströme[4]) in den Sprechleitungen erzeugen.

c) Um im Falle b) den störenden Einfluß der unausgeglichenen Spannungen (Restspannung)[4]) zu beseitigen, sind alle Netzstrecken zu verdrillen,[5]) sofern der Parallelverlauf mit derselben Sprechleitung länger als 10 km ist.

d) Die Freileitungen des gesamten Hochspannungsnetzes sollen soweit von Baumzweigen, Blättern und anderen geerdeten Körpern entfernt sein, daß Berührungen zwischen diesen und den Leitern vermieden werden, und daß Äste und Zweige nicht in die Hochspannungsleitungen fallen können.

e) Zum Schalten von Hochspannungsleitungen sollen Schutzschalter oder ähnliche zur Unterdrückung von Stromstößen geeignete Einrichtungen verwendet werden. Mastschalter sind möglichst zu vermeiden. Das Einschalten und Ausschalten von Hochspannungsstrecken, welche mit Fernsprechleitungen parallel laufen, hat möglichst während der Betriebspausen des Netzes oder während der Betriebsruhe in den Fernsprechleitungen zu erfolgen. Dies gilt auch für die erstmalige Unterspannungsetzung[6]) neuer Strecken.

f) Es sind Einrichtungen zu treffen, durch welche das Betriebspersonal auf Erdschlüsse möglichst schon im Entstehen aufmerksam gemacht wird. Solche Einrichtungen sollen an verschiedenen Punkten des Netzes vorgesehen werden, sofern dadurch die Fehlereingrenzung erleichtert wird.

Leitungen mit Erdfehlern sind baldmöglichst abzuschalten[7]) oder bis zur Fehlerbeseitigung zu erden, sofern dadurch keine erheblichen Störungen im Fernsprechbetrieb auftreten.

Erläuterungen.

1. Die Leitsätze beschränken sich auf Fernsprech-Doppelleitungen, da die Schwierigkeiten, welche bei Fernsprech-Einzelleitungen auftreten, am besten durch deren Umwandlung in Doppelleitungen vermieden und Telegraphenleitungen im allgemeinen durch Drehstromanlagen nicht gestört werden.

2. Der übliche Spannungsabfall beträgt 2 %. Im allgemeinen genügt es, dem Nulleiter ein Viertel der Leitfähigkeit eines Außenleiters zu geben.

3. Als gefährlich gilt eine Spannung, wenn sie einer Fernsprechleitung einen Energiebetrag von mehr als 10^{-2} Volt-coulomb (Joule) mitteilt. Damit dieser Energiebetrag nicht überschritten wird, muß, wenn z Drähte am Fernsprech-gestänge verlaufen und l die Länge des Parallelverlaufs in km ist, sein:

$$l \cdot V_{e(w)}^2 \leqq 1{,}13 \, (z + 2{,}7) \cdot 10^5.$$

Dabei ist die Annahme zugrunde gelegt, daß bei Schal-tungen in Drehstromleitungen mit Erdfehler die Spannung gegen Erde in einem einzelnen Hochspannungsleiter den doppelten Scheitelwert der effektiven Betriebsspannung, d. i. 2,8 E, erreichen kann. Unter $V_{e(w)}$ ist die wirksame effektive Leerlaufspannung in den Schwachstromleitungen bei Phasenerdschluß zu verstehen. Sie ist

$$V_{e(w)} = 0{,}26 \cdot E \, \frac{b \cdot c}{a^2 + b^2 + c^2} \times (1 - m_1)\,(1 - m_2)\,(1 - m_3) \ldots \text{Volt}.$$

Hierin bedeuten:

a den durchschnittlichen Abstand der beiden Linien in m,

b die Durchschnittshöhe der Masten der Hochspannungs-linie in m,

c die durchschnittliche Stangenhöhe der Fernsprechlinie in m.

Durch die Faktoren $(1 - m_1)$ usw. wird die spannungs-senkende (schirmende) Wirkung von geerdeten Nachbarkör-pern ausgedrückt, und zwar ist zu setzen beim Vorhanden-sein eines Erdseiles (Blitzschutzdraht): $m_1 = 0{,}25$, für ge-schlossene Baumreihen in unmittelbarer Nähe der Linien $m_2, \ldots m_3 \ldots$ usw. je $= 0{,}3$, wenn die Drähte nicht höher als 2 m über den Bäumen geführt sind. In allen anderen Fällen sind die Größen $m = 0$ zu nehmen. Aus der Bedingungs-gleichung läßt sich für eine geplante Parallelstrecke l der einzuhaltende Abstand a oder für einen geplanten Abstand a die zulässige Länge l des Parallelverlaufs berechnen. Letz-tere ist unbegrenzt, wenn sich $V_{e(w)} \leqq 100$ V ergibt. Die durchschnittliche Ansprechspannung von 300 V der Span-nungssicherungen in den Fernsprechleitungen wird in diesem Falle nicht erreicht, da der Schaltvorgang nur eine Span-nungsspitze von $2{,}8 \cdot 100 = 280$ V erzeugt.

Die Wirkungen von zwei am gleichen Gestänge geführten Hochspannungsleitungen sind der Wirkung einer einzigen gleichzuachten, da nicht anzunehmen ist, daß in zwei gleichen Phasen der beiden Systeme zu genau der gleichen Zeit Überspannungswellen vorkommen.

4. Die Sprechleitungen stehen unter der Einwirkung der Ströme und der Spannungen der Hochspannungsleiter. Die Stromwirkungen können im allgemeinen vernachlässigt werden. Bei den Spannungen hat man zu unterscheiden zwischen den ausgeglichenen und den nicht ausgeglichenen Spannungen (Restspannung).

Die ausgeglichenen Spannungen sind die Komponenten der Phasenspannungen gegen Erde, die gleiche Größe und eine solche Phase gegeneinander haben, daß ihre Vektorsumme Null ist.

Die Restspannung ist die Vektorsumme der Phasenspannungen gegen Erde. Sie entsteht durch Verschiedenheit der Erdkapazität der Phasendrähte. Um die Störwirkung der Spannungen zu bewerten, genügt es, die Influenzwirkung zu berechnen, die durch die ausgeglichenen Spannungen hervorgerufen wird.

Störungen durch diese sind nicht zu erwarten, wenn die Störungsgröße

$$k = \frac{l}{D_1} \cdot V_{(w)} \leqq 10$$

ist.

Hierin ist $D_1 = \sqrt{a^2 + (b + c)^2}$.

Mit $V_{(w)}$ ist die effektive Leerlaufspannung (Influenzspannung) der Fernsprechleitung bei erdfehlerfreier Hochspannungsanlage bezeichnet.

$$V_{(w)} = 0{,}17 \cdot \frac{c \cdot \delta}{D_1 \cdot D_2} \cdot (1 - m_2)(1 - m_3) \text{ Volt.}$$

Darin ist δ das Mittel aus den gegenseitigen Abständen der Phasendrähte und $D_2 = \sqrt{a^2 + (b - c)^2}$. Der Faktor $(1 - m_1)$ ist fortgelassen, weil bei fehlerfreier Drehstromleitung die Influenzspannung durch Blitzschutzdrähte im allgemeinen nicht verringert wird. Es ist beabsichtigt, für Anlagen über 35 kV den Grenzwert für k zu erhöhen, sobald ausreichende Erfahrungen dies zulassen.

Wenn die Hochspannungslinie zwei Drehstromleitungen enthält, so ist die Influenzspannung für die Leitung, welche mit der höheren Spannung betrieben wird, zu berechnen und um 50 % der Influenzspannung aus der anderen Leitung zu erhöhen.

Auf jede gleichmäßige Parallelstrecke muß mindestens eine volle Verdrillung — Umlauf — entfallen.

Eine gleichmäßige Parallelstrecke ist eine solche, auf welcher die Anordnung und die Abmessungen der Hochspannungsleiter sich nicht wesentlich ändern und die Abstandsunterschiede zwischen den beiden Linien 10 % nicht überschreiten. Ein Verlauf an derselben Straße gilt als gleichmäßige Parallelstrecke.

Ein Umlauf ist ein Abschnitt, in welchem jeder Leiter im gleichen Drehsinne und in gleichen Zwischenräumen zweimal seinen Platz verändert. Wird die Fernsprechlinie innerhalb des Umlaufs überkreuzt, so sollen die Phasendrähte vor und hinter der Kreuzung die gleiche Lage zur Fernsprechlinie erhalten. Die Verdrillungen verlaufen dann auf den beiden Seiten in entgegengesetztem Drehsinne.

Bei Abständen bis zu 40 m zwischen den beiden Linien darf die Entfernung zwischen 2 Verdrillungspunkten desselben Umlaufs nicht mehr als 1 km betragen, so daß auf höchstens je 3 km ein voller Umlauf kommt. Eine einzelne Parallelstrecke unter 2 km Länge braucht nicht verdrillt zu werden. Sind mehrere getrennte Parallelstrecken unter 2 km vorhanden, so bleiben die Strecken unter 1 km unverdrillt, die übrigen erhalten je einen Umlauf.

Bei Abständen über 40 m kann der Umlauf bis zu 6 km, die unverdrillte Einzelparallelstrecke bis zu 4 km lang sein. Bei mehreren getrennten Parallelstrecken unter 4 km Länge dürfen die Strecken unter 2 km unverdrillt bleiben.

An der Verbindungsstelle zweier Umläufe fällt der Drillschritt aus.

5. Mindestens ein voller Umlauf ist erforderlich auf 72 km bei dreieckiger Anordnung der Hochspannungsleiter, auf 36 km bei anderen Anordnungen. Eine dreieckige Anordnung ist eine solche, bei welcher die Dreieckshöhe größer ist als die Hälfte der längsten Seite.

Abzweiglinien, welche kürzer sind als ein voller Umlauf, sind auf die Hauptlinien anzurechnen.

An der Verbindungsstelle zweier Umläufe fällt der Drillschritt aus.

Es empfiehlt sich, bei Herstellung neuer oder bei Umbau bestehender Netze die Verdrillungen von vornherein vorzusehen, auch wenn zunächst keine Parallelstrecke in Aussicht steht. Bei Erweiterung vorhandener Netze müssen, wenn durch die neu hinzukommenden Parallelstrecken Störungen in den Fernsprechleitungen verursacht werden, die sich durch Verdrillung auf der Parallelstrecke selbst nicht beseitigen lassen, die übrigen Netzteile nachträglich verdrillt werden. In diesem Falle ist die Länge der Umläufe mit dem Besitzer der Fernsprechleitungen zu vereinbaren.

6. Mit dem Besitzer der Fernsprechanlagen ist der Zeitpunkt der erstmaligen Unterspannungsetzung neuer Hochspannungsleitungen oder Leitungsteile, welche mit Fern-

sprechleitungen parallel laufen oder unmittelbar an die Parallelstrecke anschließen, zu vereinbaren, damit die Sprechleitungen in dieser Zeit möglichst nicht benutzt werden.

7. Wenn während der Fernsprechbetriebszeit Hochspannungsleitungen zum Auffinden von Fehlern geschaltet werden müssen, so ist den Betriebsstellen der Fernsprechleitungen, die mit irgendwelchen Teilen des Netzes parallel laufen, der Zeitpunkt vorher mitzuteilen, damit diese Leitungen mit Vorsicht bedient werden. Welche Betriebsstellen zu benachrichtigen sind, ist mit dem Besitzer der Anlage zu vereinbaren.

Anhang.

Als Besitzer der Fernsprechleitungen im Sinne der Leitsätze gelten bei Reichs-Fernsprechleitungen die Ober-Postdirektionen, bei Bahn-Fernsprechleitungen die Eisenbahndirektionen. Bei beabsichtigter Parallelführung zwischen Hochspannungsleitungen und Fernsprechleitungen sind der zuständigen Behörde oder der von ihr bezeichneten Dienststelle einzureichen:

a) ein Lageplan der Parallelstrecke (mindestens 1:25 000),

b) ein Querschnittsbild für die Hochspannungsleitungen und die Fernsprechleitungen mit Angabe des mittleren Abstandes auf der Parallelstrecke (1:100),

c) Berechnungen über die Einwirkungen auf die Fernsprechleitungen nach 3 und 4),

d) ein Lageplan des gesamten Hochspannungsnetzes mit Angabe der Verdrillungspunkte sowie Querschnittsbilder der Leiteranordnung auf den einzelnen Strecken.

14. Kupfernormen.

Gültig ab 1. Juli 1914.[1]

§ 1.

Leitungskupfer darf für 1 km Länge und 1 mm² Querschnitt bei 20⁰ C keinen höheren Widerstand haben als 17,84 Ohm.

Der Widerstand eines Leiters von 1 km Länge und 1 mm² Querschnitt wächst um 0,068 Ohm für 1⁰ C Temperaturzunahme.

§ 2.

Kupferleitungen müssen aus Leitungskupfer hergestellt sein. Die wirksamen Querschnitte von Kupferleitungen sind grundsätzlich aus Widerstandsmessungen zu ermitteln, wobei für 1 mm² ein kilometrischer Widerstand von 17,84 Ohm (vgl. § 1) einzusetzen und für Litzen und Mehrfachleiter die Länge des fertigen Kabels, also ohne Zuschlag für Drall zu nehmen ist.

§ 3.

Bei der Untersuchung, ob eine Kupferleitung aus Leitungskupfer hergestellt ist, beziehungsweise ob diese den Bedingungen des § 1 entspricht, ist der Querschnitt durch Gewichts- und Längenbestimmung eines einfachen gerade gerichteten Leiterstückes zu ermitteln, wobei, falls eine besondere Ermittelung des spezifischen Gewichtes nicht vorgenommen wird, für dieses der Wert 8,89 einzusetzen ist.

---

[1] Angenommen auf der Jahresversammlung 1914. Veröffentlicht: ETZ 1914 S. 366. Vor obenstehender Fassung haben mehrere andere Fassungen bestanden. Über die Entwicklung gibt nachstehende Tabelle Aufschluß.

Fassung	Beschlossen	Gültig ab:	Veröffentl. ETZ
Erste Fassung	18. 2. 96	1. 7. 96	96 S. 402
Erste Änderung	8. 6. 03	1. 7. 03	03 S. 687
Zweite Änderung	24. 6. 04	1. 7. 04	04 S. 687
Zweite Fassung	25. 5. 06	1. 1. 07	06 S. 666
Dritte Fassung	26. 5. 14	1. 7. 14	14 S. 366

*) Siehe Vorwort.

International ist folgendes vereinbart:

1. Bei der Temperatur von 20^0 C beträgt der Widerstand eines Drahtes aus mustergültigem, geglühtem Kupfer von einem Meter Länge und einem gleichmäßigen Querschnitt von einem Quadratmillimeter $^1/_{58}$ Ohm $= 0{,}017241 \ldots$ Ohm.

2. Bei der Temperatur von 20^0 C beträgt die Dichte des mustergültigen geglühten Kupfers 8,89 g für das Kubikzentimeter.

3. Bei der Temperatur von 20^0 C beträgt der Temperaturkoeffizient für den Widerstand, der zwischen zwei fest an dem Draht angebrachten, zur Spannungsmessung bestimmten Ableitungen ermittelt wird (also bei gleichbleibender Masse) $0{,}00393 = 1/254{,}45 \ldots$ für einen Grad Celsius.

4. Es folgt aus 1. und 2, daß bei der Temperatur von 20^0 C der Widerstand eines Drahtes aus mustergültigem, geglühtem Kupfer von gleichmäßigem Querschnitt. von einem Meter Länge und einer Masse von einem Gramm $1/58 \times 8{,}89 = 0{,}15328 \ldots$ Ohm beträgt.

A^{*)} 15. Normen für isolierte Leitungen in Starkstromanlagen.[1]

Gültig ab 1. Juli 1915.[2]

Inhalt:

A. Gummiisolierte Leitungen.

I. Allgemeines.

1. Beschaffenheit der Kupferleiter.
2. Zusammensetzung der Gummihülle.
3. Verwendungsbereich.

II. Bauart und Prüfung der Leitungen.

1. Leitungen für feste Verlegung.
   - a) Gummiaderleitungen . . . (GA)
   - b) Spezialgummiaderleitungen (SGA)
   - c) Rohrdrähte . . . . . . (RA)
   - d) Panzeradern . . . . . . (PA)
2. Leitungen für Beleuchtungskörper.
   - a) Fassungsadern . . . . . (FA)
   - b) Pendelschnüre . . . . . (PL)

---

[1] Erläuterungen hierzu von Dr. R. Apt können von der Verlagsbuchhandlung Julius Springer, Berlin, bezogen werden.

[2] Angenommen auf der Jahresversammlung 1914 und veröffentlicht ETZ 1914, S. 367 und 604.

Vorher hat eine Anzahl anderer Fassungen bestanden. Über die Entwicklung gibt nachstehende Tabelle Aufschluß.

Fassung:	Beschlossen:	Gültig ab:	Veröffentl. ETZ.
Erste Fassung	28. 6. 01	1. 1. 03	01 S. 800
Zusatz zur ersten Fassung	13. 6. 02	1. 1. 03	02 S. 762
Zweite Fassung	8. 6. 03	1. 7. 03	03 S. 887
Zusatz zur zweiten Fassung	24. 6. 04	1. 7. 04	04 S. 687
Dritte Fassung	25. 5. 06	1. 1. 07	06 S. 664
Vierte Fassung	7. 6. 07	1. 1. 08	07 S. 823
Zusatz zur vierten Fassung	3. 6. 09	1. 7. 09 bezw. 1. 1. 10	09 S. 787
Zweiter Zusatz und Änderung der vierten Fassung	26. 5. 10	1. 7. 10 bezw. 1. 1. 12	10 S. 279, 382, 519 und 740.
Fünfte Fassung	6. 6. 12	1. 7. 12	12 S. 545
Änderungen d. fünften Fassung	19. 6. 13	1. 7. 13	13 S. 1041
Sechste Fassung	26. 5. 14	1. 7. 15	14 S. 367 u. 604

*) Siehe Vorwort.

3. **Leitungen zum Anschluß ortsveränderlicher Stromverbraucher.**
   - a) Gummiaderschnüre . . . (SA)
   - b) Werkstattschnüre . . . . (WK)
   - c) Spezialschnüre . . . . . (SGK, SK)
   - d) Hochspannungsschnüre . . (HK)
   - e) Leitungstrossen . . . . . (LT)

B. Bleikabel.

I. Gummibleikabel.
II. Papier oder Faserstoffbleikabel.

1. **Einleiter-Gleichstrom-Bleikabel.**
2. **Konzentrische und verseilte Mehrleiter-Bleikabel.**

C. Belastungstabellen für isolierte Leitungen.

I. Kupferleitungen.

1. **Belastungstabelle für gummiisolierte Leitungen.**
2. **Belastungstabelle für Bleikabel.**

II. Aluminiumleitungen.

1. **Belastungstabelle für Einleiterkabel mit Aluminiumleiter.**

A. Gummiisolierte Leitungen[1]).

I. Allgemeines.

1. **Beschaffenheit der Kupferleiter.**

Die für isolierte Leitungen verwendeten Kupferdrähte müssen den Kupfernormen des Verbandes Deutscher Elektrotechniker entsprechen und feuerverzinnt sein.

2. **Zusammensetzung der Gummihülle.**

Die Gummihülle des fertigen Fabrikates muß folgender Zusammensetzung entsprechen:

Mindestens 33,3 % Kautschuk, der nicht mehr als 6 % Harz enthalten darf,

höchstens 66,7 % Zusatzstoffe einschließlich Schwefel.

----

[1]) Zwischen der Vereinigung der Elektrizitätswerke (Berlin, Wilhelmstraße 72) und den Firmen, welche Leitungsmaterial fabrizieren, besteht eine Vereinbarung dahingehend, daß bei allen Fabrikaten durch Kennfäden ersichtlich gemacht werden muß, von wem das Material stammt und ob es den Vorschriften des Verbandes entspricht. Die Mustersammlung der Kennfäden kann von der Vereinigung der Elektrizitätswerke bezogen werden.

Diejenigen Leitungsmaterialien, welche obenstehenden Bestimmungen entsprechen, müssen einen weißen Kennfaden besitzen.

Von organischen Füllstoffen ist nur der Zusatz von Zeresin (Paraffinkohlenwasserstoffen) bis zu einer Höchstmenge von 3% gestattet. Das spezifische Gewicht des Adergummis soll mindestens 1,5 betragen.

Rote Färbung des Gummis ist mit Rücksicht auf die „Normen für isolierte Leitungen in Fernmeldeanlagen" nicht zulässig.

3. Verwendungsbereich.

Der Verwendungsbereich ist für jede Leitungsart besonders festgelegt.

Ist hierfür eine Spannung angegeben, so bedeutet diese den höchsten Wert, den die Spannung zwischen zwei Leitern oder einem Leiter und Erde annehmen darf.

II. Bauart und Prüfung der Leitungen.
1. Leitungen für feste Verlegung.

a) Gummiaderleitungen,
für Spannungen bis 750 V.

Bezeichnung: GA

Die Gummiaderleitungen sind mit massiven Leitern in Querschnitten von 1 bis 16 mm², mit mehrdrähtigen Leitern in Querschnitten von 1 bis 1000 mm² zulässig.

Für die Bauart der Leitungen gilt folgende Tabelle:

Kupferquerschnitt in mm²	Mindestzahl der Drähte bei mehrdrähtigen Leitern	Stärke der Gummischicht mindestens mm
1,0	7	0,8
1,5	7	0,8
2,5	7	1,0
4,0	7	1,0
6,0	7	1,0
10,0	7	1,2
16,0	7	1,2
25,0	7	1,4
35,0	19	1,4
50,0	19	1,6
70,0	19	1,6
95,0	19	1,8
120,0	37	1,8
150,0	37	2,0
185,0	37	2,2
240,0	61	2,4
310,0	61	2,6
400,0	61	2,8
500,0	91	3,2
625,0	91	3,2
800,0	127	3,5
1000,0	127	3,5

Die Gummihülle ist mit gummiertem Band bedeckt. Hierüber befindet sich eine Umklöpplung aus Baumwolle, Hanf oder gleichwertigem Material, welche in geeigneter Weise imprägniert ist. Bei Mehrfachleitungen kann die Umklöpplung gemeinsam sein.

Die Leitungen müssen nach 24 stündigem Liegen unter Wasser von nicht mehr als 25° C während einer halben Stunde einer Prüfspannung von 2000 V Wechselstrom oder 2800 V Gleichstrom widerstehen können. Für die Gleichstromprüfung muß eine Stromquelle von mindestens 2 kW benutzt werden.

b) Spezial-Gummiaderleitungen,
für alle Spannungen.

Bezeichnung: SGA,

der die effektive Gebrauchsspannung beizufügen ist, z. B.

$$\frac{SGA}{3000} \, 10.$$

Die Spezial-Gummiaderleitungen sind mit massiven Leitern in Querschnitten von 1 bis 16 mm², mit mehrdrähtigen Leitern in Querschnitten von 1 bis 1000 mm² zulässig.

Die Gummihülle muß bei diesen Leitungen aus mehreren Lagen Gummi hergestellt sein, deren Gesamtdicke mindestens den Werten der folgenden Tabelle entsprechen muß.

Kupferquerschnitt in mm²	Stärke der Gummischicht mindestens mm	Kupferquerschnitt in mm²	Stärke der Gummischicht mindestens mm
1,0	1,5	95,0	2,6
1,5	1,5	120,0	2,6
2,5	1,5	150,0	2,8
4,0	1,5	185,0	3,0
6,0	1,5	240,0	3,2
10,0	1,7	310,0	3,4
16,0	1,7	400,0	3,6
25,0	2,0	500,0	4,0
35,0	2,0	625,0	4,0
50,0	2,3	800,0	4,5
70,0	2,3	1000,0	4,5

Die Mindestzahl der Drähte bei mehrdrähtigen Leitern ist dieselbe wie die in der Tabelle für GA-Leitungen angegebene.

Die Gummihülle ist mit gummiertem Band bedeckt. Hierüber befindet sich eine Umklöpplung aus Baumwolle, Hanf oder gleichwertigem Material, welche in geeigneter

Weise imprägniert ist. Bei Mehrfachleitungen kann die Umklöpplung gemeinsam sein.

Die Leitungen müssen nach 24 stündigem Liegen unter
Wasser von nicht mehr als 25° C während einer halben
Stunde einer Wechselstromprüfung gemäß nachstehender Ta-
belle widerstehen können.

Betriebsspannung	Prüfspannung
1000 V	2000 V
2000 „	4000 „
3000 „	6000 „
4000 „	8000 „
5000 „	9000 „
6000 „	10000 „
7000 „	12000 „
8000 „	13000 „
10000 „	15000 „
12000 „	18000 „
15000 „	23000 „
20000 „	30000 „

c) Rohrdrähte,

für Niederspannungsanlagen, zur erkennbaren Verlegung, die
es ermöglicht, den Leitungsverlauf ohne Aufreißen der Wände
zu verfolgen.

Bezeichnung: RA

Rohrdrähte sind Gummiaderleitungen mit gefalztem, eng
anliegendem Metallmantel (nicht Bleimantel), die an Stelle
der imprägnierten Umklöpplung eine mechanisch gleichwertige, isolierende Hülle von mindestens 0,4 mm Wandstärke haben.

Rohrdrähte sind als Einfachleitungen in Querschnitten
von 1 bis 16 mm², als Mehrfachleitungen in Querschnitten
von 1 bis 6 mm² zulässig. Die Wandstärke des Mantels soll
mindestens 0,25 mm betragen. Für den äußeren Durchmesser der Rohrdrähte gilt folgende Tabelle:

Anzahl der Adern und Quer-schnitt in mm²	Außendurchmesser (über Falz gemessen) in mm	
	nicht unter	nicht über
1	5,3	6
1,5	5,4	6,2
2,5	6,4	7,2
4	6,8	7,6
6	7,2	8
10	8,2	9,2
16	9,2	10,2
2 × 1	8,3	9,3
2 × 1,5	8,7	9,7

Anzahl der Adern und Querschnitt in mm²	Außendurchmesser (über Falz gemessen) in mm	
	nicht unter	nicht über
2 × 2,5	10	11
2 × 4	10,5	11,5
2 × 6	11,5	12,5
3 × 1	8,7	9,7
3 × 1,5	9,2	10,2
3 × 2,5	10,5	11,5
3 × 4	11,5	12,5
3 × 6	12,5	13,5
4 × 1	9,5	10,5
4 × 1,5	10	11
4 × 2,5	11,5	12,5

Die Rohrdrähte müssen einer halbstündigen Einwirkung eines Wechselstroms von 2000 V Spannung zwischen den Leitern und zwischen Leitung und Metallmantel in trockenem Zustand widerstehen können.

d) Panzeradern,

für Spannungen bis 1000 V.

Bezeichnung: PA

Panzeradern sind Spezialgummiaderleitungen mit einer Hülle von Metalldrähten (Geflecht, Umwicklung), die gegen Rosten geschützt sind. Bei Mehrfachleitungen darf die Metallhülle gemeinsam sein.

Die imprägnierte Umklöpplung der SGA-Leitung darf durch eine andere gleichwertige Schutzhülle, die als Zwischenlage gegen das Durchstechen abgerissener Drähte Schutz bietet, ersetzt sein.

Die Prüfung der fertigen PA hat mit 4000 V Wechselstrom zwischen Leiter und Schutzpanzer bei trockenem Zustand zu erfolgen.

2. Leitungen für Beleuchtungskörper.

a) Fassungsadern,

zur Installation nur in und an Beleuchtungskörpern[1]) in Niederspannungsanlagen.

Bezeichnung: FA

Die Fassungsader besteht aus einem massiven oder mehrdrähtigen Leiter von 0,5 mm² oder 0,75 mm² Kupferquerschnitt. Bei mehrdrähtigen Leitern darf der Durchmesser der einzelnen Drähte nicht mehr als 0,13 mm betragen.

---

[1]) Als Zuleitungen nicht zulässig. Siehe § 18 der Errichtungsvorschriften.

Die Kupferseele ist mit einer vulkanisierten Gummihülle von 0,6 mm Wandstärke umgeben. Über dem Gummi befindet sich eine Umklöpplung aus Baumwolle, Hanf, Seide oder ähnlichem Material, das auch in geeigneter Weise imprägniert sein kann. Diese Adern können auch mehrfach verseilt werden.

Eine Fassungs - Doppelader (Bezeichnung FA 2) kann auch aus zwei nebeneinander liegenden nackten Fassungsadern, die gemeinsam wie oben angegeben umklöppelt sind, bestehen.

Die Fassungsadern müssen in trockenem Zustande einer halbstündigen Durchschlagsprobe mit 1000 V Wechselstrom widerstehen können. Bei Prüfung einfacher Fassungsadern sind zwei 5 m lange Stücke zusammenzudrehen.

b) Pendelschnüre,

zur Installation von Schnurzugpendeln in Niederspannungs-anlagen.

Bezeichnung: PL

Die Pendelschnur hat einen Kupferquerschnitt von 0,75 mm².

Die Kupferseele besteht aus Drähten von höchstens 0,2 mm Durchmesser, welche zweckentsprechend verseilt sind. Die Kupferseele ist mit Baumwolle umsponnen und darüber mit einer vulkanisierten Gummihülle von 0,6 mm Wandstärke umgeben. Zwei Adern sind mit einer Tragschnur oder einem Tragseilchen aus geeignetem Material zu verseilen und erhalten eine gemeinsame Umklöpplung aus Baumwolle, Hanf, Seide oder ähnlichem Material. Die Tragschnur oder das Tragseilchen können auch doppelt zu beiden Seiten der Adern angeordnet werden. Wenn das Tragseilchen aus Metall hergestellt ist, muß es umsponnen oder umklöppelt sein. Die gemeinsame Umklöpplung der Schnur kann wegfallen, doch müssen die Gummiadern dann einzeln umflochten werden.

Die Pendelschnüre müssen so biegsam sein, daß einfache Schnüre um Rollen von 25 mm Durchmesser und doppelte um Rollen von 35 mm Durchmesser ohne Nachteil geführt werden können.

Die Pendelschnüre müssen in trockenem Zustande einer halbstündigen Durchschlagsprobe mit 1000 V Wechselstrom widerstehen können.

3. Leitungen zum Anschluß ortsveränderlicher Stromverbraucher.

a) Gummiaderschnüre (Zimmerschnüre)

für geringe mechanische Beanspruchung in trockenen Wohnräumen in Niederspannungsanlagen.

Bezeichnung: SA

Die Gummiaderschnüre sind in Querschnitten von 1 und 1,5 mm² zulässig. Die Kupferseele besteht aus Drähten von höchstens 0,25 mm Durchmesser, welche zweckentsprechend verseilt sind. Sie ist mit Baumwolle umsponnen; darüber befindet sich die wasserdichte vulkanisierte Gummihülle.

Jede Ader muß über der Gummihülle einen Schutz aus Fasermaterial (Garn, Seide, Baumwolle oder ähnlichem) erhalten. Bei Einleiterschnüren oder verseilten Mehrfachschnüren muß dieser Schutz in einer Umklöpplung bestehen.

Runde oder ovale Mehrfachschnüre müssen außerdem eine gemeinsame Umklöpplung erhalten.

Für die Spannungsprüfung gelten die Bestimmungen über Gummiaderleitungen.

b) Werkstattschnüre,

für mittlere mechanische Beanspruchung in Werkstätten und Wirtschaftsräumen in Niederspannungsanlagen.

Bezeichnung: WK

Die Werkstattschnüre sind in Querschnitten von 1 bis 16 mm² zulässig.

Die Bauart des Kupferleiters ist die gleiche wie bei den Gummiaderschnüren, jedoch ist bei Querschnitten über 6 mm² ein Drahtdurchmesser von 0,4 mm zulässig.

Die Gummihülle jeder einzelnen Ader ist mit gummiertem Band zu umwickeln; zwei oder mehr solcher Adern sind rund zu verseilen und mit einer dichten Umklöpplung aus Fasermaterial zu versehen. Darüber ist eine zweite Umklöpplung aus besonders widerstandsfähigem Material (Hanfkordel oder dgl.) anzubringen.

Erdungsleiter müssen aus verzinnten Kupferdrähten von höchstens 0,25 mm Durchmesser verseilt sein. Sie sind innerhalb der inneren Umklöpplung anzuordnen.

Für die Abmessungen gilt folgende Tabelle:

Kupfer-querschnitt in mm²	Stärke der Gummischicht mindestens mm	Querschnitt des Erdungsleiters in mm²
1,0	0,8	1,0
1,5	0,8	1,0
2,5	1,0	1,0
4,0	1,0	2,5
6,0	1,0	2,5
10,0	1,2	4,0
16,0	1,2	4,0

Für die Spannungsprüfung gelten die Bestimmungen über die Gummiaderleitungen.

c) Spezialschnüre,
für rauhe Betriebe in Gewerbe, Industrie und Landwirtschaft in Niederspannungsanlagen.

Bezeichnung: SGK und SK

Die Spezialschnüre sind in Querschnitten von 1 bis 16 mm² zulässig. Die Bauart des Kupferleiters ist die gleiche wie bei den Gummiaderschnüren.

Für die Wandstärke der Gummihülle gilt die entsprechende Tabelle über die Werkstattschnüre.

SGK: Die Gummihülle der einzelnen Adern ist mit gummiertem Band zu umwickeln; zwei oder mehr solcher Adern sind zu verseilen und mit Gummi so zu umpressen, daß alle Hohlräume ausgefüllt sind und die Gummiumpressung an der schwächsten Stelle mindestens dieselbe Wandstärke hat, wie die Gummihülle der einzelnen Adern. Die Zusammensetzung des Gummis dieser Umpressung muß den unter A, I, 2 gegebenen Bestimmungen entsprechen.

SK: Die gemeinsame Gummiumpressung kann fortfallen, wenn die Gummihülle der einzelnen Adern mindestens die für Spezialgummiaderleitungen vorgeschriebene Bauart und Dicke besitzt.

Über der gemeinsamen Gummiumpressung der SGK-Ausführung bzw. über den rund verseilten Spezialgummiadern der SK-Ausführung ist ein gummiertes Band und darüber eine Umklöpplung aus Fasermaterial anzubringen, hierüber eine zweite Umklöpplung aus besonders widerstandsfähigem Material (Hanfkordel oder dgl.). Die zweite Umklöpplung kann auch durch eine gut biegsame Metallbewehrung (nicht Drahtbeklöpplung) ersetzt sein.

Für Bauart und Abmessungen der Erdungsleiter gelten die entsprechenden Bestimmungen über Werkstattschnüre. Die Erdungsleiter können auch in Form eines die Leitung umgebenden Geflechtes oder einer Umwicklung unmittelbar unter der inneren Umklöpplung angebracht werden, jedoch muß hierbei die Biegsamkeit der Leitung gewahrt bleiben. Der Gesamtquerschnitt muß auch in diesem Falle mindestens die angegebenen Werte besitzen.

Für die Spannungsprüfung gelten die Bestimmungen über Gummiaderleitungen.

d) Hochspannungsschnüre,
für Spannungen bis 1000 V.

Bezeichnung: HK

Die Hochspannungsschnüre sind in Querschnitten von 1 bis 16 mm² zulässig. Die Bauart der Kupferleiter ist die gleiche wie bei den Gummiaderschnüren.

Die Gummihülle der einzelnen Adern entspricht in Bauart und Dicke mindestens der Gummihülle der Spezialgummiaderleitungen.

Die Gummihülle der einzelnen Adern ist mit gummiertem Band zu umwickeln. Zwei oder mehr solcher Adern sind zu verseilen und mit Gummi so zu umpressen, daß alle Hohlräume ausgefüllt sind und die Gummiumpressung an der schwächsten Stelle mindestens dieselbe Wandstärke hat, wie die Gummihülle der einzelnen Adern. Die Zusammensetzung des Gummis dieser Umpressung muß den unter A, I, 2 gegebenen Bestimmungen entsprechen.

Für die Teile über der gemeinsamen Gummiumpressung gelten die entsprechenden Bestimmungen über Spezialschnüre.

Die Hochspannungsschnüre müssen nach 24 stündigem Liegen unter Wasser von nicht mehr als 25° C während einer halben Stunde einer Prüfspannung von 4000 V Wechselstrom widerstehen können.

e) Leitungstrossen,
geeignet zur Führung über Leitrollen und Trommeln.

Bezeichnung: LT
(Kranleitungen, Abteufleitungen, Schießleitungen u. dgl., ausgenommen Pflugleitungen.)

Leitungstrossen sind bewegliche Leitungen für solche Anwendungsgebiete, wo ein häufiges Auf- und Abwickeln der Leitungen betriebsmäßig stattfindet. Sie sind nur mit mehrdrähtigen Kupferleitern in den normalen Querschnitten von 2,5 mm² bis 150 mm² zulässig. Die Einzeldrähte dürfen bis zum Querschnitt von 50 mm² nicht über 0,8 mm Durchmesser, bei größeren Querschnitten nicht über 1,2 mm Durchmesser haben. Verbindungen müssen in der Weise her-

gestellt sein, daß die Drähte einzeln verlötet und die Löt-
stellen versetzt werden. Bei Querschnitten über 10 qmm
muß der Leiter mehrlitzig sein. Der Drall darf bei einzelnen Litzen nicht mehr als das 12- bis 15 fache des
Litzendurchmessers betragen, bei mehrlitzigen Leitern nicht
mehr als das 11 fache des Gesamtdurchmessers.

Die Isolierung der Adern soll in Leitungstrossen für
Spannungen bis 250 V mit der der GA-Leitungen, in solchen
für mehr als 250 V mit der der SGA-Leitungen übereinstimmen.

Leitungstrossen dürfen keinen Bleimantel haben[1]); sie
sind mit einer bei Mehrfachleitungen gemeinsamen Umhüllung oder Bewehrung zu versehen, die hinreichend bieg-
sams und so widerstandsfähig ist, daß sie bei der vorgesehenen Beanspruchung keine mechanische Verletzung erleidet. Für Spannungen über 250 V ist nur zur Erdung geeignete Metallbewehrung zulässig. Eine Umklöpplung mit
Drähten von weniger als 0,5 mm Durchmesser gilt nicht
als ausreichende Metallbewehrung. Bei Leitungstrossen, die
sich selbst tragen müssen, sind entweder Drahtseile einzu-
legen, oder die Bewehrung kann als Träger verwendet werden. Die stromführenden Leiter selbst sind nicht als tra-
gende Teile in Rechnung zu setzen[2]). Die Festigkeit der
tragenden Teile ist hierbei so zu bemessen, daß das Ge-
samtgewicht der freihängenden Leitung und der daran hän-
genden Teile mit fünffacher Sicherheit getragen werden
kann; die tragenden Teile sind so zu gestalten oder anzuordnen, daß die freihängende Trosse sich nicht durch Auf-
drehen verändern kann. Zwischen Leitungsadern und Bewehrung muß außer der Beklöpplung ein Schutzpolster aus
feuchtigkeitsbeständigem Material angebracht werden, dessen
Stärke einschließlich der Beklöpplung der Isolationsdicke
gleichkommt. Mit einer gleichstarken Hülle aus entsprechendem Material sind Tragseile zu umgeben. Tragseile
müssen aus Einzeldrähten von höchstens 0,8 mm Durchmesser verseilt sein.

Erdungsleiter in beweglichen Leitungstrossen sollen aus
Kupfer bestehen und einen Querschnitt von mindestens
4 mm² haben[3]).

Bei Spannungen von mehr als 250 V sind Prüf- und
Hilfsdrähte unzulässig.

---

[1]) Für Abteufkabel, die über Leitrollen und Trommeln geführt und selten
bewegt werden, sind bis auf weiteres Bleimäntel zulässig.

[2]) Bei Schießleitungen ist es zulässig, den Leiter als Tragorgan auszubilden.

[3]) Siehe auch die „Leitsätze für Schutzerdungen" S. 56.

Für die Prüfung der Leitungstrossen gelten die Vorschriften für die Prüfung von GA- und SGA-Leitungen, wobei als Betriebsspannung stets die Spannung zwischen zwei Adern anzusehen ist.

Leitungstrossen in Betriebsstätten und Lagerräumen mit ätzenden Dünsten müssen gegen chemische Beschädigungen tunlichst geschützt sein.

B. Bleikabel.

I. Gummibleikabel.

Für Gummibleikabel sind je nach Spannung normale GA-Leitungen oder SGA-Leitungen zu verwenden. Mehrleiter-Gummibleikabel sind als verseilte Kabel aus solchen Leitungen herzustellen. Bei Einfachkabeln kann die Umklöpplung der GA-Leitungen durch eine zweite Bandbewicklung ersetzt sein. Bei Mehrfachkabeln kann die Beklöpplung der einzelnen Adern fortfallen; die Adern müssen indes nach der Verseilung mit einem imprägnierten Bande umgeben werden. Bleimantel und Bewehrung müssen bei Einleiterkabeln der Tabelle I, bei Mehrleiterkabeln der Tabelle III entsprechen. Bei mit Metall umklöppelten Gummibleikabeln werden Vorschriften, betreffend die Hülle über dem Bleimantel, nicht erlassen.

Adern und fertige Kabel sind nach den Bestimmungen für GA-Leitungen und SGA-Leitungen zu prüfen. Für die zulässige Belastung sind die Tabellen unter C maßgebend.

II. Papier- oder Faserstoff-Bleikabel.

1. **Einleiter-Gleichstrom-Bleikabel mit und ohne Prüfdraht bis 750 V.**

Einfache Gleichstrom-Bleikabel müssen der Konstruktionstabelle I entsprechen, und zwar gelten für

α) blanke Bleikabel die Spalten 1 bis 5,

β) asphaltierte Bleikabel die Spalten 1 bis 6,

γ) bewehrte asphaltierte Bleikabel die Spalten 1 bis 9.

Die Prüfspannung beträgt für alle drei Arten 1200 V Wechselstrom. Die Kabel dürfen bei einhalbstündiger Prüfung in der Fabrik nicht durchschlagen.

Besteht der Leiter aus Aluminium anstatt aus Kupfer, so sind nur die normalen Querschnitte von 4 mm² an aufwärts zulässig; die Bauart der Kabel ist dieselbe.

2. **Konzentrische und verseilte Mehrleiter-Bleikabel mit und ohne Prüfdraht.**

Die Drähte der Außenleiter bei konzentrischen Mehrleiterkabeln sind derart zu wählen, daß dieselben einen

Tabelle I. Konstruktionstabelle für Einleiter-Gleichstrom-Bleikabel mit und ohne Prüfdraht bis 750 V.

Effektiver Kupferquerschnitt	Zahl der Drähte — Kabel ohne Prüfdraht, Minimalzahl	mit Prüfdraht	Prüfdraht: Querschnitt d. Kupferseele mm²	Isolierhülle — Material	Isolierhülle — Minimaldicke	Bleimantel — einfacher, Gesamtdicke	Bleimantel — doppelter, Gesamtdicke	Bedeckung des Bleimantels — Material	Bedeckung des Bleimantels — Dicke mm	Bewehrung — Blechstärke mm	Bewehrung — Drahtstärke mm	Bedeckung der Bewehrung — Material	Bedeckung der Bewehrung — Dicke mm	Äußerer Durchmesser des fertigen Kabels ungefähr mm — ohne Prüfdraht	mit Prüfdraht
1	2		3	4		5		6		7		8		9	
1,0	1	—	—	Gut imprägnierte Papier- oder andere Faserstoffisolierung	1,75	1,2	—	Gut imprägniertes Papier oder anderer säurefreier imprägnierter Faserstoff	1,5	—	Verzinkter Eisendraht von 1,8 mm Durchmesser	Gut säurefrei imprägnierter Faserstoff	1,5	17	—
1,5	1	—			1,75	1,2	—		1,5	—			1,5	17	—
2,5	1	—			1,75	1,2	—		1,5	—			1,5	18	—
4,0	1	—			1,75	1,4	—		1,5	—			1,5	19	—
6,0	1	—			1,75	1,4	—		1,5	—			1,5	19	—
10,0	1	—	—		1,75	1,4	—		1,5	—			1,5	20	—
16,0	7	3	1		2,0	1,5	2×0,9		2,0	—			2,0	25	26
25	7	6			2,0	1,5	2×0,9		2,0	2×0,8	—		2,0	25	26
35	7	6			2,0	1,6	2×0,9		2,0	2×0,8	—		2,0	26	27
50	19	6			2,0	1,6	2×1,0		2,0	2×0,8	—		2,0	29	30
70	19	13			2,0	1,7	2×1,0		2,0	2×0,8	—		2,0	31	32
95	19	13			2,0	1,7	2×1,0		2,0	2×0,8	—		2,0	32	33
120	19	13			2,0	1,8	2×1,1		2,0	2×1,0	—		2,0	35	36
150	19	18			2,25	1,9	2×1,1		2,0	2×1,0	—		2,0	37	38
185	37	26			2,25	2,0	2×1,1		2,5	2×1,0	—		2,0	40	41
240	37	29			2,50	2,1	2×1,2		2,5	2×1,0	—		2,0	43	44
310	37	36			2,50	2,2	2×1,2		2,5	2×1,0	—		2,0	46	47
400	37	36			2,50	2,3	2×1,2		2,5	2×1,0	—		2,0	49	50
500	37	36			2,75	2,4	2×1,3		3,0	2×1,0	—		2,0	54	55
625	37	36			2,75	2,6	2×1,3		3,0	2×1,0	—		2,0	58	59
800	37	36			3,0	2,8	2×1,4		3,0	2×1,0	—		2,0	63	64
1000	37	36			3,0	3,0	2×1,5		3,0	2×1,0	—		2,0	67	68

Die Bespinnung über der Bewehrung muß derart ausgeführt werden, daß eine gute Deckung vorhanden ist.

möglichst geschlossenen Leiter bilden. Schwächer als 0,8 mm Durchmesser dürfen die Drähte jedoch nicht sein.

Konzentrische Mehrleiterkabel sind nur für Spannungen bis 3000 V zulässig.

Prüfdrähte sind nur in Kabeln für Spannungen bis 750 V zulässig.

Die Prüfspannungen der Kabel werden wie folgt festgesetzt:

Die Spannung bei der Prüfung in der Fabrik soll das Doppelte, jene bei der Prüfung nach fertiger Verlegung das 1,25fache der Betriebsspannung betragen.

Den Bedingungen ist genügt, wenn die Kabel in der Fabrik nach einhalbstündiger Prüfung und im fertig verlegten Netz nach einstündiger Prüfung mit den vorgeschriebenen Spannungen in Wechselstrom- bzw. bei den Dreifachkabeln in Drehstromschaltung nicht durchschlagen.

Für den Aufbau des Kupferleiters und der Isolierhülle von Kabeln für Spannungen bis 750 V. gilt Tabelle II.

Tabelle II.

Kupferquerschnitt der Einzelleiter mm²	Mindestzahl der Drähte		in jedem kreisförmigen Leiter b. den verseilten Kabeln	Prüfdrähte Querschnitt der Kupferseele mm²	Isolierhülle für Kabel bis 750 V.	
	des Innenleiters bei konzentrischen Kabeln				Material	Mindeststärke zwischen den Leitern und zwischen Leiter und Blei
	Kabel ohne Prüfdrähte	mit Prüfdrähten				
1	—	—	1			2,3
1,5	—	—	1			2,3
2,5	—	—	1			2,3
4	—	—	1			2,3
6	—	—	1			2,3
10	1	—	1			2,3
16	1	3	7		Gut imprägnierte Papier- oder andere Faserstoffisolierung	2,3
25	7	6	7			2,3
35	7	6	7			2,3
50	19	6	19			2,3
70	19	13	19	1		2,3
95	19	13	19			2,3
120	19	13	19			2,3
150	19	18	37			2,3
185	37	26	37			2,5
240	37	29	37			2,5
310	37	36	61			2,8
400	37	36	—			2,8

Die Stärken der Isolierschichten zwischen den Leitern unter sich und zwischen den Leitern und Blei werden bei den Kabeln höherer Spannungen, also über 750 V, dem Ermessen des Fabrikanten überlassen. Keinesfalls dürfen die Stärken geringer sein, als für die Kabel für 750 V festgelegt ist.

Für die Stärke der Bleimäntel und der Eisenbandbewehrung gilt Tabelle III.

Tabelle III.

Durchmesser der Kabelseele unter dem Bleimantel mm	Bleimantel einfach mm	doppelt mm	Bespinnung des Bleimantels mm	Blechstärke der Bewehrung mm	Bedeckung der Bewehrung; Dicke in mm
bis 10	1,5	$2 \times 0,9$	2	$2 \times 0,8$	2
„ 12	1,6	$2 \times 0,9$	2	$2 \times 0,8$	2
„ 14	1,7	$2 \times 1,0$	2	$2 \times 0,8$	2
„ 16	1,7	$2 \times 1,1$	2	$2 \times 0,8$	2
„ 18	1,8	$2 \times 1,1$	2	$2 \times 0,8$	2
„ 20	1,9	$2 \times 1,1$	2,5	$2 \times 1,0$	2
„ 23	2,0	$2 \times 1,2$	2,5	$2 \times 1,0$	2
„ 26	2,1	$2 \times 1,2$	2,5	$2 \times 1,0$	2
„ 29	2,2	$2 \times 1,2$	2,5	$2 \times 1,0$	2
„ 32	2,3	$2 \times 1,3$	2,5	$2 \times 1,0$	2
„ 35	2,4	$2 \times 1,3$	2,5	$2 \times 1,0$	2
„ 38	2,6	$2 \times 1,3$	3	$2 \times 1,0$	2
„ 41	2,7	$2 \times 1,4$	3	$2 \times 1,0$	2
„ 44	2,8	$2 \times 1,4$	3	$2 \times 1,0$	2
„ 47	3,0	$2 \times 1,5$	3	$2 \times 1,0$	2
„ 50	3,2	$2 \times 1,6$	3	$2 \times 1,0$	2
„ 54	3,2	$2 \times 1,6$	3	$2 \times 1,0$	2
„ 58	3,4	$2 \times 1,7$	3	$2 \times 1,0$	2
„ 62	3,4	$2 \times 1,7$	3	$2 \times 1,0$	2
„ 66	3,6	$2 \times 1,8$	3	$2 \times 1,0$	2
„ 70	3,6	$2 \times 1,8$	3	$2 \times 1,0$	2

Die Bespinnung über der Bewehrung muß derart ausgeführt werden, daß eine gute Deckung vorhanden ist.

Bestehen die Leiter aus Aluminium anstatt aus Kupfer, so sind nur die normalen Querschnitte von 4 mm² an aufwärts zulässig; die Bauart der Kabel ist dieselbe.

C. Belastungstabellen für isolierte Leitungen.

I. Kupferleitungen.

1. Belastungstabelle für gummiisolierte Leitungen.

Querschnitt in mm²	Höchste dauernd zulässige Stromstärke pro Leiter[1] in A.
0,50	7,5
0,75	9
1	11
1,5	14
2,5	20
4	25
6	31
10	43
16	75
25	100
35	125
50	160
70	200
95	240
120	280
150	325
185	380
240	450
310	540
400	640
500	760
625	880
800	1050
1000	1250

Bei intermittierendem Betriebe ist die zeitweilige Erhöhung der Belastung über die Tabellenwerte zulässig, sofern dadurch keine größere Erwärmung als bei der der Tabelle entsprechenden Dauerbelastung entsteht.

---

[1] Bei Auswahl der Sicherung ist § 20¹ der „Errichtungsvorschriften" zu beachten.

2. Belastungstabelle für Bleikabel.

| Quer-schnitt | Höchste dauernd zulässige Stromstärke in A.[1]) bei Verlegung im Erdboden | | | | | | | Konzentr. | |
| | Einleiter-kabel bis | Verseilte Zweileiter-kabel bis | | Verseilte Dreileiter-kabel bis | | Verseilte Vierleiter-kabel bis | | Zweileiter-kabel bis | Dreileiter-kabel bis |
mm²	750 V	3000 V	10000 V	3000 V	10000 V	3000 V	10000 V	3000 V	3000 V
1	24	19	—	17	—	16	—	—	—
1,5	31	25	—	22	—	20	—	—	—
2,5	41	33	—	29	—	26	—	—	—
4	55	42	—	37	—	34	—	—	—
6	70	53	—	47	—	43	—	—	—
10	95	70	65	65	60	57	55	70	55
16	130	95	90	85	80	75	70	90	75
25	170	125	115	110	105	100	95	120	100
35	210	150	140	135	125	120	115	145	120
50	260	190	175	165	155	150	140	180	150
70	320	230	215	200	190	185	170	220	185
95	385	275	255	240	225	220	205	270	220
120	450	315	290	280	260	250	240	310	255
150	510	360	335	315	300	290	275	360	290
185	575	405	380	360	340	330	310	405	330
240	670	470	—	420	—	385	—	470	385
310	785	545	—	490	—	445	—	550	455
400	910	635	—	570	—	—	—	645	530
500	1035	—	—	—	—	—	—	—	—
625	1190	—	—	—	—	—	—	—	—
800	1380	—	—	—	—	—	—	—	—
1000	1585	—	—	—	—	—	—	—	—

Bei Verlegung von Kabeln in Luft oder bei Anordnung in Kanälen und dergleichen, Anhäufung von Kabeln im Erdboden oder ähnlichen ungünstigten Verhältnissen empfiehlt es sich, die Belastung auf $^3/_4$ der in der Tabelle angegebenen Werte zu ermäßigen[2]).

Der Tabelle ist eine Übertemperatur von 25° C bei Dauerbelastung und die übliche Verlegungstiefe von etwa 70 cm zugrunde gelegt.

Sie gilt, solange nicht mehr als zwei Kabel im gleichen Graben nebeneinander liegen. Gesondert verlegte Mittelleiter bleiben hierbei unberücksichtigt.

---

[1]) Bei Auswahl der Sicherung ist § 201 der Errichtungsvorschriften zu beachten.

[2]) In Bergwerken unter Tage sind Kabel, die in der Sohle verlegt sind, zu behandeln wie im Erdboden verlegte Kabel.

Bei intermittierendem Betriebe ist die zeitweilige Erhöhung der Belastung über die Tabellenwerte zulässig, sofern dadurch keine größere Erwärmung als bei der der Tabelle entsprechenden Dauerbelastung entsteht.

II. Aluminiumleitungen.

1. Belastungstabelle für im Erdboden verlegte
Einleiterkabel mit Aluminiumleiter für Gleichstrom bis 750 V.

Querschnitt in mm²	Höchste dauernd zulässige Stromstärke[1] in A.
4	42
6	55
10	75
16	100
25	130
35	160
50	200
70	245
95	295
120	345
150	390
185	440
240	515
310	600
400	695
500	795
625	910
800	1055
1000	1210

[1]) Bei Auswahl der Sicherung ist § 201 der Errichtungsvorschriften zu beachten.
Anmerkung. Vom Elektrotechnischen Verein ist 1909 eine Arbeit herausgegeben:

„Definition der elektrischen Eigenschaften gestreckter Leiter",

die auf der Jahresversammlung des VDE. 1910 angenommen worden ist. Veröffentlicht ist diese: ETZ 1909 S. 1155 und 1184.

A*) 16. Normen für isolierte Leitungen in Fernmelde-anlagen (Schwachstromleitungen).

Aufgestellt vom V. D. E. in Gemeinschaft mit dem Verband der elektrotechnischen Installationsfirmen in Deutschland.

Gültig ab 1. Juli 1914.[1]

Allgemeines.

Das zu den isolierten Leitungen verwendete Kupfer muß den Kupfernormen des Verbandes Deutscher Elektrotechniker entsprechen.

Werden mehrere isolierte Leitungen miteinander verseilt, so sind die einzelnen Leitungen so zu kennzeichnen, daß sie ohne weiteres voneinander zu unterscheiden sind. Dies kann durch die Farbe der Umklöpplung, Umspinnung usw., durch Einlegen farbiger Fäden oder durch Verzinnung des Leiters geschehen. Ebenso sollen sich die Einzeladern mehradriger Kabel unterscheiden. Sind die Adern in konzentrischen Lagen angeordnet, so genügt es, wenn in jeder Lage eine Ader als Zählader kenntlich gemacht wird; die zu einem Adernpaare vereinigten Adern müssen unter sich ebenfalls zu unterscheiden sein.

1. Asphaltdraht,

geeignet zur festen Verlegung in dauernd trockenen Räumen über Putz.

Bezeichnung: A

Der Leiter besteht aus einem massiven Kupferdraht und wird doppelt mit Baumwolle in entgegengesetzter Richtung umsponnen; die erste Umspinnung wird asphaltiert, die zweite gewachst oder paraffiniert. Als Mehrfachleitungen dürfen die Drähte nicht benutzt werden. Durchmesser und Gewicht der Drähte müssen der folgenden Tabelle entsprechen.

Durchmesser des Kupferleiters mm	Durchmesser der fertigen Leitung mindestens mm	Auf 1 kg fertigen Leitungsdrahtes entfallen mindestens m
0,8	1,6	125
0,9	1,7	110

[1] Angenommen auf der Jahresversammlung 1914. Veröffentlicht: ETZ 1914 S. 486.

*) Siehe Vorwort.

2. Draht mit Papierisolierung,

geeignet zur festen Verlegung in dauernd
trockenen Räumen über Putz.

Bezeichnung: P

Der Leiter besteht aus massivem Kupferdraht von mindestens 0,8 mm Durchmesser. Er erhält eine Papierumhül·
lung, die mit Isoliermasse zu tränken ist, und darüber eine
in geeigneter Weise imprägnierte, die Papierumhüllung völlig
deckende Umspinnung. Über dieser ist eine zweite, ent-
gegengesetzt verlaufende Umspinnung oder eine Umklöpplung aus Baumwolle oder gleichwertigem Material anzubringen, die gleichfalls in geeigneter Weise imprägniert
sein muß. Die Isolierhülle darf nicht brechen, wenn der
Draht bei Zimmertemperatur in enganeinander liegenden
Spiralwindungen um einen Dorn von fünffachem Durchmesser
gewickelt wird.

Die Drähte müssen gegeneinander in trockenem Zu-
stande einer halbstündigen Durchschlagsprobe mit 500 V
Wechselstrom widerstehen können. Bei Prüfung einfacher
Drähte sind zwei 5 m lange Stücke zusammenzudrehen.

3. Draht mit Lack- (Emaille-) und Faserstoffisolierung,

geeignet zur festen Verlegung in trockenen Räumen über
Putz oder in Rohr unter Putz.

Bezeichnung: L

Der Leiter besteht aus massivem Kupferdraht von mindestens 0,8 mm Durchmesser und wird mit einer dichten
Lackschicht überzogen. Diese darf weder Risse bekommen
noch abspringen, wenn der Draht in eng aneinander liegenden Spiralwindungen um einen Dorn von fünffachem Durchmesser gewickelt wird. Der Lackdraht erhält zwei Um·
hüllungen aus Faserstoff, deren äußere aus Baumwolle oder
Seide besteht. Die Umhüllungen müssen mit Isoliermasse
getränkt sein.

Die Drähte müssen in trockenem Zustande einer halbstündigen Durchschlagsprobe mit 500 V Wechselstrom widerstehen können. Bei Prüfung einfacher Drähte sind zwei
5 m lange Stücke zusammenzudrehen.

4. Gummiaderdraht,

geeignet zur festen Verlegung über Putz oder in Rohr unter
Putz.

Bezeichnung: Z

Der Leiter besteht aus massivem, feuerverzinntem
Kupferdraht, der mit einer Umhüllung aus vulkanisiertem

Gummi von roter Farbe[1]) zu versehen ist. Darüber erhält
die Ader eine in geeigneter Weise imprägnierte Umklöpplung aus Baumwolle oder gleichwertigem Material. Durchmesser und Gewicht des Drahtes müssen der folgenden
Tabelle entsprechen:

Durchmesser des Kupferleiters	Stärke der Gummihülle mindestens	Durchmesser der fertigen Einzelleitung mindestens
mm	mm	mm
0,8	0,5	2,3
0,9	0,5	2,4
1,0	0,6	2,8
1,2	0,6	3,0
1,5	0,6	3,3

Die Gummihülle der fertigen Leitung muß folgender
Zusamensetzung entsprechen:
Mindestens 33,3 % Kautschuk, der nicht mehr als 6 %
Harz enthalten darf,
höchstens 66,7 % Zusatzstoffe einschließlich Schwefel.
Von organischen Füllstoffen ist nur der Zusatz von
Zeresin (Paraffin-Kohlenwasserstoffen) bis zu einer Höchst-
menge von 3 % gestattet. Das spezifische Gewicht des
Adergummis soll mindestens 1,5 betragen.
Die Drähte müssen in trockenem Zustande gegeneinander
einer halbstündigen Durchschlagsprobe mit 1000 V Wechsel-
strom widerstehen können. Bei Prüfung einfacher Drähte
sind zwei 5 m lange Stücke zusammenzudrehen.

5. Kabel ohne Bleimantel,

geeignet für die gleichen Zwecke wie die Einzeldrähte, aus
denen das Kabel zusammengesetzt ist.

Bei der Vereinigung mehrerer Drähte zu einem Kabel
sollen die einzelnen Adern den vorstehend (unter Nr. 2 bis 4)
dafür festgesetzten Bedingungen entsprechen; der Durchmesser des Kupferleiters kann jedoch bis auf 0,6 mm er-
mäßigt werden, auch kann die Umklöpplung der einzelnen
Adern durch eine Umspinnung ersetzt werden. Es ist auch
eine Isolierung der Adern durch Baumwolle oder Seide
zulässig. In diesem Fall soll das Gewicht der Seide bei
einem Kupferleiter von 0,6 mm Durchmesser nicht weniger
als 190 mg auf 1 m Aderlänge betragen. Die Gummiadern

---

[1]) Die rote Färbung ist vorgeschrieben, damit die Gummiaderdrähte für Fernmeldeanlagen von dem gleichen Material für Starkstromanlagen, das eine stärkere
Gummihülle hat, leicht zu unterscheiden sind.

können in den Kabeln statt der Umklöpplung oder Umspinnung eine Umwicklung mit imprägniertem Bande haben.

Die Kabeladern sind durch gemeinsame Umwicklung mit Band, durch Umspinnung oder Umklöpplung, zusammenzufassen.

6. Kabel mit Bleimantel.

Die Kabel müssen den Bestimmungen unter Nr. 5 entsprechen, jedoch darf bei Kabeln mit Papierisolierung die Umspinnung und Tränkung der Adern fortfallen. Im übrigen müssen die Kabel der nachstehenden Tabelle entsprechen, und zwar gelten für

blanke Bleikabel die Spalten 1 und 2,
asphaltierte Bleikabel die Spalten 1 bis 4,
bewehrte asphaltierte Bleikabel die Spalten 1 bis 8.

Kabel mit Bleimantel.

Durchmesser d. Kabels unter d. Bleimantel mm	Mindeststärke des Bleimantels bei unbewehrten Kabeln mm	bewehrten Kabeln mm	Bedeckung des Bleimantels Material mm	Dicke mm	Bewehrung Blechstärke mm	Drahtstärke mm	Bedeckung der Bewehrung Material mm	Stärke mm
1	2	3	4	5	6	7	8	9
5	0,8	1,0	Gut imprägniertes Papier oder anderer säurefrei imprägnierter Faserstoff	1,0	—	Runddrähte 1,4	Gut säurefrei imprägnierter Faserstoff	1,5
8	1,0	1,0		1,0	—	1,4		1,5
10	1,2	1,1		1,0	2 × 0,5	Flachdrähte 1,4		1,5
12	1,3	1,2		1,0	2 × 0,5	1,4		1,5
14	1,4	1,3		1,0	2 × 0,5	1,4		1,5
16	1,5	1,4		1,0	3 × 0,5	1,4		1,5
18	1,6	1,5		1,0	2 × 0,5	1,4		1,5
20	1,7	1,6		1,2	2 × 0,8	1,4		1,5
23	1,8	1,7		1,2	2 × 0,8	1,4		1,5
26	1,9	1,7		1,2	2 × 0,8	1,4		1,5
29	2,0	1,8		1,2	2 × 0,8	1,7		1,5
32	2,1	1,8		1,2	2 × 0,8	1,7		1,5
35	2,2	1,8		1,2	2 × 1,0	1,7		1,5
38	2,3	1,9		1,5	2 × 1,0	1,7		1,5
41	2,4	1,9		1,5	2 × 1,0	1,7		2,0
44	2,5	2,0		1,5	2 × 1,0	1,7		2,0
47	2,6	2,0		1,5	2 × 1,0	1,7		2,0
50	2,7	2,1		1,5	2 × 1,0	1,7		2,0
54	2,8	2,2		2,0	2 × 1,0	1,7		2,0
58	2,9	2,3		2,0	2 × 1,0	1,7		2,0
62	3,0	2,4		2,0	2 × 1,0	1,7		2,0
66	3,1	2,5		2,0	2 × 1,0	1,7		2,0
70	3,2	2,6		2,0	2 × 1,0	1,7		2,0

Zur Prüfung des Bleimantels sollen die Kabel mindestens 12 Stunden unter Wasser gelegt werden.

Der Isolationswiderstand für 1 km Leitung muß bei 15° C mindestens 100 Megohm betragen. Die Messung hat nach zwölfstündigem Liegen in Wasser zu erfolgen. Hierbei sind sämtliche Adern, abgesehen von derjenigen, die gerade gemessen wird, sowie der Bleimantel und die Bewehrung zu erden.

7. Schnüre,

geeignet zum Anschließen beweglicher Kontakte.

Bezeichnung: BS

Die Kupferseele besteht aus verseilten Drähten von höchstens 0,2 mm Durchmesser. Der Gesamtquerschnitt der Kupferseele muß mindestens 0,3 qmm betragen. Die Kupferseele wird mit Baumwollängsfäden umgeben und dann mit Glanzgarn oder Seide umsponnen oder umklöppelt. Zwei oder mehr solcher Adern sind miteinander oder mit einer Tragschnur zu verseilen.

17. Normen für die Spannungen elektrischer Anlagen unter 100 V.[1])

Gültig ab 1. Oktober 1920. [2])

§ 1.

Die in diesen Normen aufgeführten Spannungen sind Nennspannungen. Als Nennspannung, gemessen in Volt, gilt:

a) bei Verwendung von Bleiakkumulatoren als Stromerzeuger die doppelte Zellenzahl,

b) in allen anderen Fällen die Spannung, für die der Stromverbraucher gebaut ist.

§ 2.

Nennspannungen sind festgelegt für die folgenden Fachgebiete:

1. Beleuchtung,

2. Elektromedizin,

3. Fernmeldung,

4. Motorenbetrieb.

§ 3.

Für die verschiedenen Fachgebiete und Stromarten gelten folgende Nennspannungen:

---

[1]) Erläuterungen hierzu siehe ETZ 1920 S. 443.

[2]) Angenommen auf der Jahresversammlung 1920. Veröffentlicht: ETZ 1920 S. 443.

Gleichstrom

Nenn-spannung in V	Fachgebiete:			
1,5	—	—	Fernmeldung	—
2	Beleuchtung	Elektromedizin	Fernmeldung	—
2,5	Beleuchtung nur für Taschenlampen)	—	—	—
3,5	Beleuchtung (nur für Taschenlampen)	—	—	—
4	Beleuchtung	Elektromedizin	—	Motorenbetrieb
6	Beleuchtung	Elektromedizin	Fernmeldung	Motorenbetrieb
8	Beleuchtung	Elektromedizin	Fernmeldung	Motorenbetrieb nur für Spielzeug-industrie
12	Beleuchtung	Elektromedizin	Fernmeldung	Motorenbetrieb
16	Beleuchtung	Elektromedizin	—	—
24	Beleuchtung	—	Fernmeldung	Motorenbetrieb
32	Beleuchtung	—	—	—
36	—	—	Fernmeldung	—
40	Beleuchtung nur für Elektromobile	—	—	Motorenbetrieb
48	—	—	Fernmeldung	—
60	—	—	Fernmeldung	—
65	Beleuchtung	—	—	Motorenbetrieb
80	Beleuchtung nur für Elektromobile	—	—	Motorenbetrieb

Wechselstrom

Nenn-spannung in V	Fachgebiete:			
2	Für Beleuchtung mit Wechselstrom können alle in der Tabelle für Gleichstrom genannten Nennspannungen verwendet werden	Elektromedizin	—	—
3		—	Nur für Klingeltransformatoren	—
		Elektromedizin	—	—
5		—	Nur für Klingeltransformatoren	—
6		Elektromedizin	—	—
8		Elektromedizin	Nur für Klingeltransformatoren	—
12		Elektromedizin	—	—
36		—	Fernmeldung	—
48		—	Fernmeldung	—
75		—	Fernmeldung	—

18. Normen für die Betriebsspannung elektrischer Anlagen über 100 V.[1])

Gültig ab 1. November 1919.[2])

§ 1.

Als Betriebsspannung wird diejenige Spannung bezeichnet, die in leitend zusammenhängenden Netzteilen an den Klemmen der Stromverbraucher im Mittel vorhanden ist. Als Stromverbraucher gelten außer Lampen, Motoren usw. auch Primärwicklungen von Transformatoren.

§ 2.

Als Betriebsspannung gelten folgende Werte:

Gleichstrom.

V	Verwendungsgebiet
110	normal für alle Fälle.
220	normal für alle Fälle.
440	normal für alle Fälle.
550	für Bahnen.
750	für Bahnen.
1 100	für Bahnen.
1 500	für Bahnen.
2 200	für Bahnen.
3 000	für Bahnen.

Drehstrom von 50 Per/s.

V	Verwendungsgebiet
125	bei Neuanlagen nur, wenn die Anwendung von 220 V erhebliche Nachteile hat.
220	normal für alle Fälle.
380	normal für alle Fälle.
500	bei Neuanlagen nur für solche industriellen Betriebe, bei denen die Anwendung von 380 V erhebliche Nachteile hat.

---

[1]) Erläuterungen hierzu siehe ETZ 1919 S. 457.
[2]) Angenommen auf der Jahresversammlung 1919. Veröffentlicht: ETZ 1919 S. 457.

V	Verwendungsgebiet
3 000	bei Neuanlagen nur für solche industriellen **Betriebe**, bei denen die Anwendung von 6000 V erhebliche Nachteile hat.
5 000	bei Neuanlagen nur, wenn der Anschluß an ein bestehendes 5000 V-Netz wahrscheinlich ist.
6 000	normal für alle Fälle.
10 000	bei Neuanlagen nur, wenn der Anschluß an ein bestehendes 10000 V-Netz wahrscheinlich ist.
15 000	normal für alle Fälle.
25 000	bei Neuanlagen nur, wenn die Verwendung von 35000 V erhebliche Nachteile hat.
35 000	normal für alle Fälle.
50 000	bei Neuanlagen nur, wenn die Verwendung von 60000 V erhebliche Nachteile hat.
60 000	normal für alle Fälle.
100 000	normal für alle Fälle.

Die **fettgedruckten** Spannungen werden in erster Linie empfohlen sowohl für Neuanlagen als auch für umfangreiche Erweiterungen.

Einphasenstrom von $16^2/_3$ Per/s.

Für Neuanlagen sollen nur fettgedruckte Werte aus der Drehstromtabelle gewählt werden.

§ 3.

Wenn die Abweichungen von den Spannungswerten nach § 2 nicht mehr betragen als $+$ 10 % auf der Erzeugerseite, $\pm$ 5 % auf der Verbraucherseite der Leitungsanlagen, kann normal gefertigtes elektrisches Material ohne weiteres verwendet werden. Ausgenommen hiervon sind Maschinen, Transformatoren und Wicklungen bei Apparaten; für diese Gegenstände sollen in den betr. Sondervorschriften die nötigen Bestimmungen gegeben werden.

19. Normen für die Abstufung von Stromstärken bei Apparaten. [1]

Gültig ab 1. Januar 1912. [2]

2, 4, 6, 10, 25, 60, 100, 200, 350, 600, 1000, 1500, 20 00
3000, 4000, 6000 A.

---

[1] (Ausschließlich Zähler.)

[2] Angenommen auf der Jahresversammlung 1910. Veröffentlicht: ETZ 1910, S. 323. Vorher bestand eine Fassung, die im Jahre 1895 beschlossen und in der ETZ 1895, S. 594 veröffentlicht war. Erläuterungen siehe ETZ 1910 S. 854.

 20. Normen für Anschlußbolzen und ebene Schraubkontakte für Stromstärken von 10 bis 1500 A.

Gültig ab 1. Januar 1912.[1])

Die Kontaktfläche der Anschlußstelle ist gleich Ringfläche der Unterlegscheibe.

| Stromstärke | Mindestmaße | | | |
| | Schraubendurchmesser für den Klemmkontakt | | Durchmesser für den Anschlußbolzen | |
A.	mm	Zoll engl.	Messing	Kupfer
10	3	$^1/_8$	3	3
25	4,5	$^3/_{16}$	4,5	4,5
60	6	$^1/_4$	6	6
100	7	$^5/_{16}$	8	7
200	9	$^3/_8$	12	10
350	12	$^1/_2$	20	14
600	16	$^5/_8$	—	20
1000	20	$^3/_4$	—	30
1500	26	1	—	40

Wenn an Stelle eines einzigen Anschlußbolzens oder Schraubkontaktes deren mehrere verwendet werden, so muß die Summe ihrer Nennstromstärken mindestens gleich der Nennstromstärke des entsprechenden Einzelkontaktes sein.

---

[1]) Angenommen auf der Jahresversammlung 1910. Veröffentlicht: ETZ 1910, S. 326. Vorher bestand eine Fassung, die im Jahre 1895 beschlossen und in der ETZ 1895, S. 594 veröffentlicht war. Erläuterungen siehe ETZ 1910 S. 354.

*) Siehe Vorwort.

21. Leitsätze für die Konstruktion und Prüfung elektrischer Starkstrom-Handapparate für Niederspannungsanlagen (ausschließlich Koch- und Heizgeräte).[1])[2])

(Massageapparate, Heißluftapparate, Tischventilatoren, Haushaltungsmotoren, Staubsauger, Handmagnete, Spannfutter, Handbohrmaschinen sowie ähnliche elektrische Betriebswerkzeuge u. dgl.)

Gültig ab 1. Juli 1914.[3])

A. Allgemeines.

1. Jeder Apparat soll ein Ursprungszeichen haben, das den Hersteller erkennen läßt.
2. Auf jedem Apparat sollen Spannung, Stromstärke, Stromart und Frequenz verzeichnet sein.
3. Alle einzelnen Teile der Apparate und Zuleitungen sollen den jeweils in Betracht kommenden Vorschriften und Normen des Verbandes Deutscher Elektrotechniker entsprechen.
4. Jeder Apparat muß Abweichungen vom Nennwert der Spannung bis zu $\pm 10\%$ schadlos aushalten können.
5. Im allgemeinen sollen Apparate eine vorübergehende Stromüberlastung von mindestens 25% aushalten[4]).
6. Handapparate mit Ausnahme der Betriebswerkzeuge sollen bei normaler Belastung und ordnungsmäßiger Benutzung an den äußeren Teilen, deren Berührung betriebsmäßig in Frage kommen kann, keine höhere Übertemperatur als 35^0 C, an den Handgriffen nicht mehr als 20^0 C annehmen.
7. Handapparate mit einer Aufnahme bis einschließlich 0,3 kW sind für Betriebsspannungen von mehr als 250 V nicht zulässig.

---

[1]) Für Koch- und Heizgeräte gelten die hierfür besonders aufgestellten Vorschriften. Siehe S. 163.

[2]) Sonderabdrücke können von der Verlagsbuchhandlung Julius Springer, Berlin, bezogen werden.

[3]) Angenommen auf der Jahresversammlung 1914. Veröffentlicht: ETZ 1914, S. 71 u. 478.

[4]) „vorübergehend": etwa 5 bis 15 Minuten, je nach der normalen Benutzungsart der Apparate.

Vorschriften. 10. Aufl.   **11**

B. Berührungsschutz.

1. Spannungführende Teile der Apparate dürfen ohne besondere Maßnahmen nicht berührt werden können.
2. Die spannungführenden Teile sollen von den nicht spannungführenden Metallteilen und insbesondere von metallenen Gehäuseteilen dauernd zuverlässig isoliert sein.
3. Die Hüllen und Abdeckungen spannungführender Teile sollen mechanisch widerstandsfähig, stoßfest und besonders zuverlässig befestigt sein.
4. Innere Verbindungen sollen so geführt und befestigt sein daß sie durch Erwärmung oder Erschütterungen nicht gelockert werden und mit den Gehäuseteilen nicht in leitende Berührung kommen können.
5. Die Bedienungsgriffe der Handapparate mit Ausnahme derjenigen der Betriebswerkzeuge sollen möglichst nicht aus Metall bestehen und im übrigen so gestaltet sein, daß eine Berührung benachbarter Metallteile erschwert ist[1]).
6. An Apparaten, für die Erdung notwendig ist, soll ein besonderer Anschluß für die Erdungsleitung vorhanden sein.

C. Anschlüsse und Verbindungsstellen.

1. Die Enden von Litzen sollen in sich verlötet sein.
2. Anschlüsse und Verbindungsstellen sind derartig anzuordnen, daß sie äußerer Beschädigung und schädlichen Einflüssen nach Möglichkeit entzogen sind. Sie müssen mechanisch fest und gegen Lockerung genügend sicher sein.
3. Die Anschluß- und Verbindungsstellen sollen von Zug entlastet sein.

D. Zuleitungen.

1. Die Zuleitungen müssen an beiden Enden mit Zugentlastung versehen sein.
2. Bei Anschluß von Apparaten, bei denen Erdung nötig ist, muß ein Erdungsleiter in der Zuleitung vorhanden sein.

E. Prüfung.

1. Alle Apparate sind mit mindestens 1000 V[2]) Wechselstrom eine Minute lang auf Isolation zu prüfen. Die Stromquelle, welche die Prüfspannung hergibt, soll eine Leistung von mindestens 3 kW besitzen.

---

[1]) Es ist möglichst weitgehende Verwendung von Isolierstoffen für das Äußere der Apparate anzustreben.

[2]) Es ist beabsichtigt, diese Prüfspannung in einiger Zeit noch zu erhöhen.

22. Vorschriften für Koch- und Heizgeräte.[1]

A. Einleitung.

§ 1.

Die Vorschriften sind gültig vom 1. April 1921 ab.[2]

§ 2.

Die Vorschriften gelten für alle elektrisch beheizten Geräte mit Ausnahme derjenigen, die, wie z. B. Heißluftduschen und ähnliche Handgeräte, unter den Geltungsbereich anderer VDE-Vorschriften fallen.

§ 3.

Geräte, welche mit den nach Absatz F. vorgesehenen Aufschriften gekennzeichnet sind, müssen den nachstehenden Vorschriften entsprechen.

B. Begriffserklärungen.

§ 4.

Nennspannung ist die auf dem Gerät angegebene Spannung in V, für die es gebaut ist.

Nennspannungsbereich liegt zwischen den Spannungsgrenzen, innerhalb deren die Geräte betriebsmäßig verwendbar sind.

Nennaufnahme ist die vom Gerät im betriebswarmen Zustande bei der Nennspannung aufgenommene Leistung in W, Nennstromstärke die unter den gleichen Umständen aufgenommene Stromstärke in A.

---

[1] Angenommen auf der Jahresversammlung 1920. Veröffentlicht: ETZ 1920, 860.

Vor obenstehender Fassung bestanden bereits andere Fassungen. Über die Entwicklung gibt nachstehende Tabelle Aufschluß.

Fassung:	Beschlossen:	Gültig ab:	Veröffentl. ETZ.
Erste Fassung	6. 6. 12	1. 7. 13	12 S. 410
Änderung der ersten Fassung	19 6. 18	1. 1. 15	13 S. 570
Zweite Fassung	26. 5. 14	1. 7. 14	14 S. 341 u. 574
Dritte Fassung	24. 9. 20	1. 4. 20	20 S. 860

[2] Gültigkeitstermin für § 14 und 15 sofern keine konstruktiven Änderungen vorgenommen werden 1. 10. 1921.

Für die Nennaufnahme ist ein Spiel von $\pm$ 10 % zulässig. Für Heizgeräte mit weniger als 125 W Nennaufnahme ist ein Spiel von $\pm$ 20 % zulässig.

Nenninhalt ist die Menge des Kochgutes, die im Gerät praktisch zum Sieden gebracht werden kann, ohne daß ein Überkochen stattfindet.

§ 5.

Heizkörper ist der Geräteteil, in dem unmittelbar die elektrische Energie in Wärme umgesetzt wird und der aus dem Heizleiter und seiner Einfassung besteht.

Auswechselbare Heizkörper sind solche, die ohne Werkzeug vom Heizgerät getrennt werden können, z. B. Heizpatronen.

Abnehmbare Heizkörper sind solche, die nur mittelst Werkzeug, aber ohne Nietarbeiten abnehmbar sind.

Alle übrigen Heizkörper gelten als eingebaut.

§ 6.

Innere Verbindungen sind Leitungen zwischen Heizkörpern untereinander oder zwischen Heizkörper und Anschlußstelle am Heizgerät.

Die Kupplungsleitung verbindet das Heizgerät mit der festverlegten Zuleitung.

Die Gerätekupplung besteht aus Gerätestecker und Gerätedose. Gerätestecker ist der mit Stiften ausgerüstete Kupplungsteil am Gerät, Gerätedose der mit Anschlußbuchsen ausgerüstete an der Kupplungsleitung befestigte Kupplungsteil.

§ 7.

Ortsfest sind die Geräte, die mit ihrem Verwendungsort so verbunden sind, daß sie nicht ohne besondere Maßnahmen oder Werkzeuge von ihrem Platze entfernt und anderweitig benutzt werden können. Alle anderen Geräte gelten als ortsveränderlich.

§ 8.

Anheizwirkungsgrad ist das Verhältnis der bei der Nennaufnahme durch Anwärmung des Gerätes nebst Nenninhalt von der Normaltemperatur von 20° C auf die Betriebstemperatur nutzbar aufgenommenen Wärmemenge, umgerechnet in elektrische Arbeit, zu der dem Gerät in der gleichen Zeit mit der Nennaufnahme zugeführten elektrischen Arbeit.

Dauerwirkungsgrad ist das Verhältnis der im betriebsmäßigen Dauerzustand bei der Nennaufnahme nutzbar aufgenommenen Wärmemenge, umgerechnet in elektrische Arbeit, zu der in der gleichen Zeit zugeführten elektrischen Arbeit.

Unter Siedezeit ist die Zeitdauer zu verstehen, in der das mit dem Nenninhalt Wasser gefüllte Gerät ohne Vorwärmung von Gerät oder Inhalt mit der Nennaufnahme von der Normaltemperatur von 20 ° C auf die Siedetemperatur gebracht wird.

C. Allgemeine Bestimmungen.

§ 9.

Ortsfeste Geräte mit einer Nennaufnahme bis einschl. 1500 W und ortsveränderliche Geräte überhaupt sind für Betriebsspannungen von mehr als 250 V nicht zulässig.

Im übrigen sollen höhere Spannungen als 250 V vermieden werden. Ist der Anschluß an höhere Spannungen nicht zu vermeiden, so müssen stets ortsfeste Anschlüsse gewählt werden, d. h. die Geräte sind ohne bewegliche Kupplungsleitungen mit der festverlegten Zuleitung zu verbinden.

§ 10.

Der Anschluß darf bei Geräten bis 250 V und bis zu einer Nennaufnahme von 2000 W durch eine Gerätekupplung, in anderen Fällen nur durch Verschraubung, Lötung oder eine gleichwertige feste Verbindung erfolgen.

§ 11.

Bei Geräten bis 250 V und bis zu einer Nennaufnahme von 2000 W bei höchstens 10 A darf die Gerätekupplung auch zum Ein- oder Ausschalten dienen. In allen anderen Fällen müssen Schalter vorgesehen werden, und zwar sollen diese am Gerät angebracht sein. Nur wo dies durch die Raumverhältnisse oder die Betriebsweise unausführbar ist, darf der Schalter im festverlegten Teil der Leitung nahe der Abzweigstelle liegen.

§ 12.

Bei Verwendung von Regelschaltern müssen die Schaltstellungen durch Worte oder Zahlen bezeichnet sein. Dabei muß der höheren Aufnahme die höhere Zahl und der Ausschaltstellung die Zahl Null entsprechen.

§ 13.

Zum Einschalten von Geräten mit mehr als 750 W Nennaufnahme, deren Einschaltstromstärke mehr als das Doppelte der Nennstromstärke betragen würde, muß ein Anlasser verwendet werden.

§ 14.

Die Gerätekupplung ist in ihren Grundabmessungen nach nachstehendem Maß- und Schaltbild auszuführen.[1]

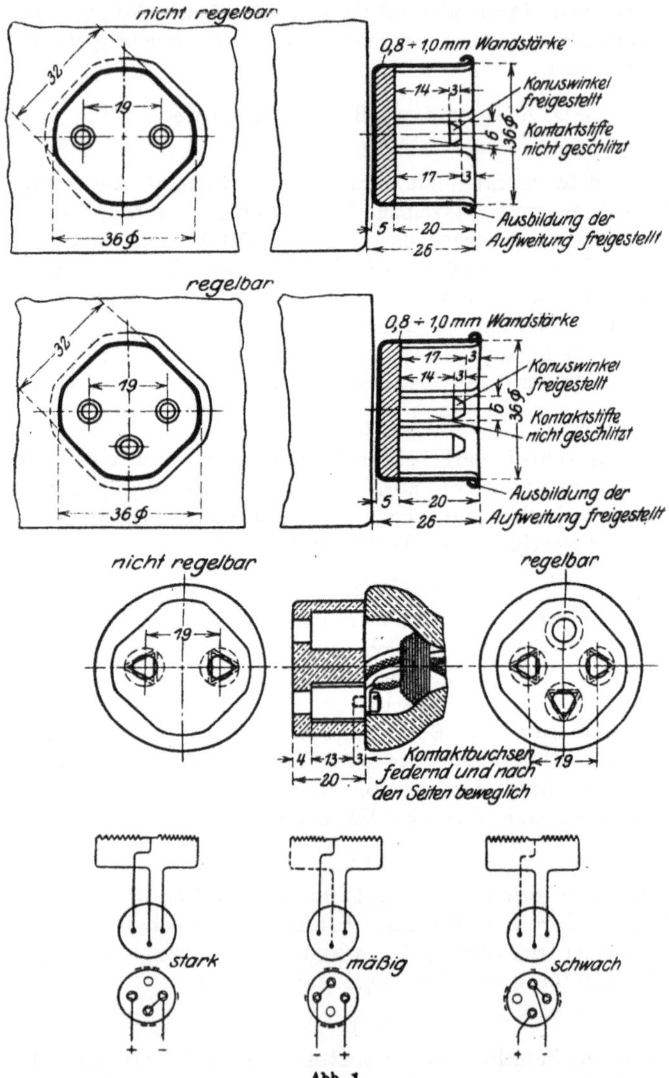

Abb. 1.

<hr>

[1] Gültigkeitstermin für §§ 14 und 15, sofern keine konstruktiven Änderungen vorgenommen werden, 1. 10. 1921.

§ 15.

Die Erdung der Geräte muß bei Betriebsspannungen bis zu 250 V in Räumen, in denen sie nach den Errichtungsvorschriften notwendig ist, zwangsläufig vor Unterspannungsetzen erfolgen.[1])

Für Betriebsspannungen über 250 V sind sämtliche Geräte gemäß § 3 der Errichtungsvorschriften zuverlässig zu erden.

§ 16.

Alle Kupplungsleitungen müssen an beiden Enden der äußeren Schutzhülle mit Zugentlastungen, wie Knoten, Schellen oder dgl., versehen sein.

§ 17.

Kupplungsleitungen müssen den Normen für isolierte Leitungen in Starkstromanlagen entsprechen.

Als Leitungsader ist nur Kupfer zu verwenden; es sind nur runde oder ovale Mehrfachschnüre, aber keine verseilten Mehrfachschnüre zu benutzen.

§ 18.

Die Enden der Litzen müssen in sich verlötet oder mit einer besonderen Umkleidung versehen sein, die das Abspleißen einzelner Drähte zuverlässig verhindert.

§ 19.

Anschlüsse und Verbindungsstellen sind derart anzuordnen, daß sie äußerer Beschädigung und schädlichen Einflüssen nach Möglichkeit entzogen sind. Sie müssen mechanisch fest und gegen Lockerung genügend gesichert sein.

§ 20.

Innere Verbindungen müssen so geführt und befestigt sein, daß sie durch Erwärmung oder Erschütterungen nicht gelockert werden und mit den Gehäuseteilen nicht in leitende Berührung kommen können. Eiserne Verbindungen sind vor Rost zu schützen.

§ 21.

Die spannungführenden Teile müssen von den nicht spannungführenden Metallteilen und insbesondere von metallenen Gehäuseteilen dauernd zuverlässig isoliert sein.

---

[1]) Gültigkeitstermin für §§ 14 und 15, sofern keine konstruktiven Änderungen vorgenommen werden, 1. 10. 1921.

§ 22.

Die Hüllen und Abdeckungen spannungführender Teile müssen mechanisch widerstandsfähig, stoßfest und besonders zuverlässig befestigt sein.

D. Prüfung.

§ 23.

Die Heizleiter müssen in betriebswarmem Zustande gegen die Metallteile des Gerätes und die Adern der Kupplungsleitungen gegeneinander dem $2\frac{1}{2}$-fachen der Nennspannung, mindestens aber 750 V Wechselstrom, Frequenz 50, 5 min lang widerstehen können. Die dazu benutzte Stromquelle soll eine Leistung von wenigstens 0,5 kW besitzen.

Bei der fabrikationsmäßigen Einzelprüfung kann diese Durchschlagsprobe durch sekundenlanges Unterspannungsetzen mit der 3-fachen Nennspannung, mindestens aber 1000 V Wechselstrom ersetzt werden.

§ 24.

Die Geräte müssen eine halbe Stunde lang mit dem 1,4-fachen der Nennaufnahme gebrauchsmäßig betrieben werden können.

In Geräten für Flüssigkeitserhitzung, jedoch mit Ausnahme der Durchlauf-Erhitzer, muß — an Stelle der vorstehenden Prüfung — viermal hintereinander mit dem 1,4fachen der Nennaufnahme (mit dazwischenliegender Abkühlung auf die Normaltemperatur von 20° C) der Nenninhalt zum Sieden gebracht werden können.

Nach diesen Versuchen müssen die Geräte noch die in § 23 vorgeschriebene Spannungsprüfung aushalten.

E. Sonderbestimmungen.

§ 25.

Bei Verwendung der Geräte in Küchen ist ein leicht lösbarer schnurloser Anschluß zu erstreben.

§ 26.

Bei Geräten, welche im Gebrauch üblicherweise gespült werden, muß der Heizkörper warmwasserdicht abgeschlossen sein.

§ 27.

Durchlauf-Erhitzer müssen so eingerichtet sein, daß Dampfbildung unter erhöhtem Druck nicht möglich ist.

§ 28.

Heizkissen müssen durch Temperaturbegrenzer in solcher Zahl und Verteilung geschützt werden, daß sie auch nicht teilweise eine gefährliche Temperatur annehmen können.

F. Aufschriften.

§ 29.

Heizkörper müssen Ursprungszeichen und Angabe des Widerstandes bei 20° C tragen.

Auf dem Gerät ist anzugeben:

Ursprungszeichen (und Fertigungsnummer),

Nennspannung in V,

Nennaufnahme in W.

Bei Drehstrom ist die verkettete Spannung anzugeben und die Schaltung der Heizkörper durch das Stern- oder Dreieckzeichen anzudeuten.

A*) 23. Vorschriften für die Konstruktion und Prüfung von Installationsmaterial.[1])

(Dosenschalter, Steckvorrichtungen, Sicherungen mit geschlossenem Schmelzeinsatz, Fassungen und Lampenfüße, Edisongewinde, Nippel, Handlampen, Rohre, Verteilungstafeln.)[2])

Gültig ab 1. Juli 1915.[3])

A. Vorbemerkungen.
B. Geltungsbereich § 1.
C. Begriffsbestimmungen § 2.
D. Allgemeines § 3.
E. Dosenschalter §§ 4 bis 14.
F. Steckvorrichtungen §§ 15 bis 23.
G. Sicherungen mit geschlossenem Schmelzeinsatz §§ 24 bis 33.

---

[1]) Sonderabdrücke sowie Erläuterungen hierzu von G. Dettmar können von der Verlagsbuchhandlung Julius Springer, Berlin, bezogen werden.

[2]) Durch die obenstehende neue Fassung der „Vorschriften für die Konstruktion und Prüfung von Installationsmaterial" werden folgende früheren Einzelbestimmungen ersetzt:

1. Vorschriften und Regeln für die Konstruktion und Prüfung von Glühlampenfassungen und Lampenfüßen (ETZ 1912, S. 909),
2. Normalien und Kaliberlehren für Lampenfüße und Fassungen mit Edison-Mignon-Gewindekontakt (ETZ 1907, S. 472; 1909, S. 236),
3. desgleichen mit Edison-Gewindekontakt (ETZ 1898, S. 534; 1899, S. 563; 1909, S. 237),
4. desgleichen mit Edison-Goliath-Gewindekontakt (ETZ 1910, S. 324),
5. Normalien für Stöpselsicherungen mit Edisongewinde (ETZ 1908, S. 509),
6. desgleichen mit großem Edisongewinde (ETZ 1908, S. 532; 1910, S. 323),
7. Normalien über zwei- und dreipolige Steckvorrichtungen für Spannungen bis 250 V (ETZ 1910, S. 323; 1911, S. 450),
8. Normalien für Fassungsnippel (ETZ 1908, S. 492),
9. Normalien für Isolierrohre mit Metallmantel (ETZ 1906, S. 845; 1909, S. 410).

[3]) Angenommen auf der Jahresversammlung 1914, veröffentlicht: ETZ 1914, S. 515 und 540. Änderungen der §§ 11, 30, 32 u. 33 wurden angenommen auf der Jahresversammlung 1920, veröffentlicht ETZ 1920 S. 839.

Vorher hat eine Anzahl anderer Fassungen bestanden. Über die Entwickelung gibt nachstehende Tabelle Aufschluß:

Fassung:	Beschlossen:	Gültig ab:	Veröffentl. ETZ:
Erste Fassung	13 6. 02	1. 7. 02	02 S. 762
Erste Änderung	8. 6. 03	1. 7. 03	03 S. 683
Zweite Änderung	24. 6. 04	1. 7. 04	04 S. 687
Zweite Fassung	12. 6. 08	1. 7. 09	08 S. 872
Dritte Fassung	26. 5 14	1. 7. 15	14 S. 515, 540
Erste Änderung	24. 9. 20	1. 10. 20	20 S. 839

*) Siehe Vorwort.

H. Fassungen und Lampenfüße §§ 34 bis 45.
I. Edisongewinde § 46.
K. Nippel § 47.
L. Handlampen § 48.
M. Papierrohre (Isolierrohre) mit Metallmantel und Metallrohre für Verschraubung § 49.
N. Verteilungstafeln § 50.

A. Vorbemerkungen.

a) Die nachstehenden Vorschriften sind in der Weise geordnet, daß jeder Abschnitt für sich Konstruktions- und Prüfvorschriften enthält, und zwar sind stets zuerst die Konstruktions-, dann die Prüfvorschriften gegeben.

Die Prüfvorschriften sind äußerlich durch Kursivschrift gekennzeichnet.

1. Im Gegensatz zu den mit Buchstaben bezeichneten Absätzen, welche grundsätzliche Vorschriften darstellen, enthalten die mit Ziffern versehenen Absätze Ausführungsregeln und Normalabmessungen. Sie geben an, wie die Errichtungsvorschriften und die Vorschriften für Konstruktion und Prüfung von Installationsmaterial mit den üblichen Mitteln im allgemeinen zur Ausführung gebracht werden sollen.

Abweichende Ausführungen sollen nicht mit den normalen verwechselbar sein.

B. Geltungsbereich.

§ 1.

Die nachstehenden Vorschriften und Regeln beziehen sich auf Installationsmaterial für Nennspannungen bis 750 V.

C. Begriffsbestimmungen.

Siehe auch Err.-Vorschr. § 2; Bahn-Vorschr. § 2.

§ 2.

a) Feuersicher ist ein Gegenstand, der entweder nicht entzündet werden kann oder nach Entzündung nicht von selbst weiter brennt.

b) Wärmesicher ist ein Gegenstand, der bei der höchsten betriebsmäßig vorkommenden Temperatur, keine den Gebrauch beeinträchtigende Veränderung erleidet[1]).

c) Feuchtigkeitssicher ist ein Gegenstand, der sich im Gebrauch durch Feuchtigkeitsaufnahme nicht derart verändert, daß er für die Benutzung ungeeignet wird.

d) Nennstrom, Nennspannung, Nennleistung bezeichnen den Verwendungsbereich.

---

[1]) Die genaue Festsetzung der Mindesttemperaturen, denen die einzelnen Konstruktionsteile unter allen Umständen müssen standhalten können, wird in einer besonderen Arbeit betr. Klassifizierung von Isolierstoffen gegeben werden.

D. Allgemeines.

Siehe auch Err.-Vorschr. §§ 3, 4, 5, 10, 15, 23, 28, 35, 39, 41.
Bahn-Vorschr. §§ 4, 5, 13, 15, 36.

§ 3.

a) Alle Installationsmaterialien müssen so gebaut und bemessen sein, daß durch die bei ihrem Betriebe auftretende Erwärmung weder die Wirkungsweise und Handhabung beeinträchtigt werden, noch eine für die Umgebung gefährliche Temperatur entstehen kann.

b) Die spannungführenden Teile müssen auf feuer-, wärme- und feuchtigkeitssicheren Körpern angebracht sein.

c) Abdeckungen müssen mechanisch widerstandsfähig, zuverlässig befestigt, wärmesicher und, wenn sie mit spannungführenden Teilen in Berührung stehen, auch feuchtigkeitssicher sein. Solche aus Isolierstoff, die im Gebrauch mit einem Lichtbogen in Berührung kommen können, müssen auch feuersicher sein.

d) Lackierung und Emaillierung von Metallteilen gilt nicht als Isolierung im Sinne des Berührungsschutzes.

e) Ortsfeste Apparate müssen für Anschluß der Leitungsdrähte durch Verschraubung oder gleichwertige Mittel eingerichtet sein.

f) Ein Erdungsanschluß muß als solcher gekennzeichnet („Erde“, oder ▓▓▓) und als Schraubkontakt ausgebildet sein.

g) Alle Schrauben, die Kontakte vermitteln, müssen metallenes Muttergewinde haben.

h) Für Installationsmaterial gelten die „Normalien für Anschlußbolzen und ebene Schraubkontakte für 10—1500 A“.

i) Auf jedem Apparat müssen Nennstrom und Nennspannung verzeichnet sein. Werden die Bezeichnungen abgekürzt, so ist für den Nennstrom A, für die Nennspannung V zu verwenden.

k) Installationsmaterialien müssen ein Ursprungszeichen haben, das den Hersteller erkennen läßt.

E. Dosenschalter.

Siehe auch Err.-Vorschr. §§ 11, 28, 35, 36, 43, 45. Bahn-Vorschr. § 17.

§ 4.

a) Der geringste zulässige Nennstrom beträgt bei 250 V für Ausschalter 4 A, für Umschalter aller Arten 2 A, bei 500 und 750 V für Ausschalter 2 A, für Umschalter aller Arten 1 A.

1. Normale Nennstromstärken sind:

bei 250 V
- für Ausschalter: 4 6 10 25 60 A
- „ Umschalter: 2 4 6 10 25 60 „

bei 500 und 750 V
- für Ausschalter: 2 4 6 10 25 60 „
- „ Umschalter: 1 2 4 6 10 25 60 „

§ 5.

a) Alle Schalter müssen für mindestens 250 V gebaut sein.

1. Normale Nennspannungen sind 250, 500, 750 V.

§ 6.

a) Nennstrom und Nennspannung müssen auf dem ortsfesten Teil des Schalters so verzeichnet sein, daß sie am montierten Schalter nach Entfernen der Abdeckung leicht und deutlich zu erkennen sind.

1. Die Bezeichnung soll auf dem Schalter so angebracht sein, daß sie nicht ohne weiteres entfernt werden kann.

§ 7.

Alle Metallteile des Mechanismus müssen gegen die spannungführenden Teile isoliert sein.

§ 8.

Die Kontakte müssen Schleifkontakte sein.

§ 9.

Abdeckungen und Gehäuseteile, welche der zufälligen Berührung zugängig sind, sowie Betätigungsorgane (Griffe, Ketten, Drücker usw.) müssen, wenn sie nicht für Erdung eingerichtet sind, aus Isolierstoff bestehen.

§ 10.

Bei Drehschaltern muß der Griff so befestigt sein, daß er sich beim Rückwärtsdrehen nicht ohne weiteres abschrauben läßt.

§ 11*)

Zur Prüfung der mechanischen Haltbarkeit ist der Schalter ohne Strom zu führen, absatzweise 10 000 mal einzuschalten und 10 000 mal auszuschalten, bei 700 bis 800 Ein- und Ausschaltungen pro Stunde; Drehschalter für Rechts- und Linksdrehung sind in jeder Drehrichtung mit 5000 Schaltungen zu prüfen.

Nach dieser Prüfung muß der Schalter die in den §§ 12, 13 und 14 vorgeschriebenen Versuche noch aushalten.

---

*) Wortlaut des § 11 auf Beschluß der Jahresversammlung 1920 geändert.

§ 12.

Die spannungführenden Teile des Schalters müssen in einge-schalteter Stellung gegen die Befestigungsschrauben, gegen den Griffträger und gegen das Gehäuse, ferner in ausgeschalteter Stellung zwischen den Klemmen folgende Spannungen eine Minute lang aushalten:

bei 250 V Nennspannung 1500 V Wechselstrom
„ 500 „ „ 2000 „ „
„ 750 „ „ 2500 „ „

§ 13.

Die Kontaktteile des Schalters dürfen nach einstündiger Be-lastung mit dem 1,25 fachen des Nennstromes, jedoch mit nicht weniger als 6 A, bei geschlossenem Gehäuse und bei einer Raum-temperatur von ungefähr 20° C keine solche Temperatur annehmen, daß an irgendeiner Stelle ein vor dem Versuch angedrücktes Kügelchen reinen Bienenwachses von etwa 3 mm Durchmesser nach Beendigung des Versuches geschmolzen ist.

§ 14.

Der Schalter muss bei 1,1 facher Nennspannung mit dem 1,25 fachen Nennstrom induktionsfrei belastet im Gebrauchszustand und in der Gebrauchslage während der Dauer von 3 Minuten die nachstehend verzeichnete Zahl von Stromunterbrechungen aushalten, ohne daß sich ein dauernder Lichtbogen bildet:

Größe des Schalters: bis 10 A, 25 A, 60 A u. darüber
Zahl der Schaltungen in 3 Minuten 90 „ 60 „ 30 „

Die Schaltung bei der Prüfung ist
für einpolige Schalter nach Schema Abb. 1,
„ zweipolige „ „ „ „ 2,
„ dreipolige „ „ „ „ 3
vorzunehmen.

Hierin bedeuten:
W_1 *Induktionsfreie Widerstände zur Verhinderung unmittel-barer Kurzschlüsse. Sie sollen den Kurzschlußstrom auf 550 A begrenzen, und es muß daher jeder einzelne die in folgender Tabelle angegebenen Widerstandswerte aufweisen.*

Nennspannung in V	250	500	750
Prüfspannung „ „	275	550	825
W_1 in Ohm bei zweipoligen Schaltern	0,25	0,50	0,75
„ dreipoligen „	0,25	0,50	0,75

*W_2 Einstellbare Widerstände resp. Drosselspulen zur Einstellung
des vorgeschriebenen Prüfstromes. Bei ein- und zweipoligen
Schaltern müssen diese Widerstände induktionsfrei sein.
Bei Drehstrom sind induktionsfreie Widerstände und Drosselspulen parallel zu schalten.*

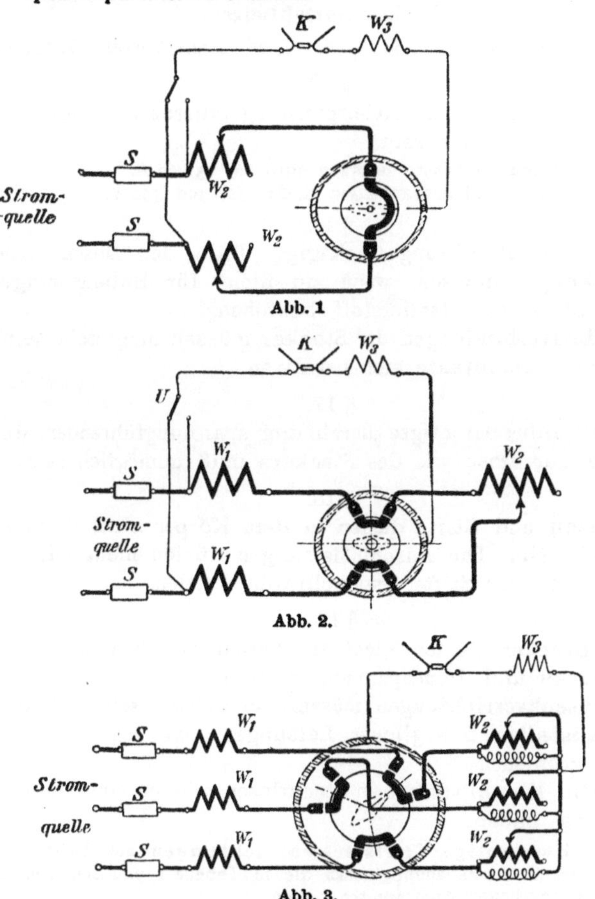

*Hintereinanderschaltung von Drosselspulen und Wider-
ständen ist nicht statthaft.*

*Die Widerstände sind so abzugleichen, daß der Leistungs-
faktor 0,3 nicht überschreitet.*

*W_3 Widerstand zur Verhinderung eines unmittelbaren Kurz-
schlusses bei Überschlag nach dem Gehäuse, wenn dieses
aus Metall besteht. Diese Widerstände sollen die Stromstärke auf 550 A begrenzen und betragen daher bei 275 V
0,5, bei 550 V 1,0 und bei 825 V 1,5 Ohm ($W_3 = 2 \times W_1$).*

K Kennsicherung, bestehend aus blankem Widerstandsdraht (Rheotan) von 0,1 mm Durchmesser und mindestens 30 mm Länge.
S—S Sind Schutzsicherungen für die ganze Prüfanordnung.

F. Steckvorrichtungen.

Siehe auch Err.-Vorschr. §§ 13, 35, 36, 44. Bahn-Vorschr. §§ 18, 36.

§ 15.

a) Nennstrom und Nennspannung müssen auf Dose und Stecker verzeichnet sein.

    1. Normale Nennstromstärken sind: 6, 25, 60 A.
    2. Normale Nennspannungen sind: 250, 500, 750 V.

§ 16.

a) Der Berührung zugängige Teile der Dosen- und Steckerkörper müssen, wenn sie nicht für Erdung eingerichtet sind, aus Isolierstoff bestehen.

b) Erdverbindungen der Stecker müssen hergestellt sein, bevor die Polkontakte sich berühren.

§ 17.

Eine unbeabsichtigte Berührung spannungführender Metallteile der Dose wie des Steckers muß unmöglich sein.

§ 18.

Hülsen und Stifte dürfen in dem Körper nicht drehbar befestigt sein. Die Anschlußleitungen dürfen nicht mittels der Hülsen oder Stifte festgeschraubt werden.

§ 19.

a) Stecker dürfen nicht in Dosen für höhere Nennstromstärke und Nennspannung passen.

b) Steckvorrichtungen müssen so gebaut sein, daß die Anschlußstellen beweglicher Leitungen von Zug entlastet werden können.

e) Die Kontakthülsen in Steckdosen müssen eine Isolierabdeckung haben.

    1. Zweipolige Stiftsteckvorrichtungen aus Isolierstoff von 250 V Nennspannung sollen die in Tabelle 1 und den Abb. 4 und 5 gegebenen Abmessungen haben.
    Die Steckerstifte sollen an ihrem Ende halbkugelförmig verrundet und der Länge nach mit einem Schlitz versehen sein. Der Schlitz soll quer zur Verbindungslinie der Steckerstifte gerichtet sein (siehe Abb. 4 und 5).
    2. Dreipolige Stiftsteckvorrichtungen aus Isolierstoff von 250 V Nennspannung sollen die in Tabelle II und Abb. 6 gegebenen Abmessungen haben.
    Die Unverwechselbarkeit in bezug auf Stromstärke wird durch unterschiedlichen Mittenabstand der Stifte und Buchsen (Maß a der Tabelle II), die Unverwechselbarkeit der Polarität durch seitliche Ausrückung der mittelsten Stifte und Buchsenbohrungen (Maß o der Tabelle II) erreicht.

Tabelle I.

Stromstärke in A	verwechsel- bar	unwechselbar	
	6	6	25
	mm	mm	mm
a Mittenabstand der Stifte und Buchsen . .	19	19	28
b Länge der Stifte	19	19	24
c }Durchmesser der Stifte . . . .{	4	4	6
d	4	5	7
e Größte Höhe . . . . . . } des Bundes[1] {	4	4	6
f Größter Durchmesser . . }	7	7	10
g Größte Breite des Schlitzes	0,8	0,8	1
h Tiefe des Schlitzes	14	14	17
i Abstand der Mitte der Halterille von der Auflagefläche	14,5	14,5	20
k Kleinste Breite der Halterille (vor Abrundung der Kanten)	1,5	1,5	2
l Kleinste Tiefe der Halterille	0,5	0,5	0,8
m Kleinste Tiefe der Bohrung für die Stifte	15	15	18
n }Durchmesser der Buchsenbohrungen . .{	4,05	4,05	6,05
o	4,05	5,05	7,05
n_1 }Durchmesser der Bohrungen in der {	4,55	4,55	6,55
o_1 Isolierabdeckung	4,55	5,55	7,55
p Abstand der Stirnfläche der Isolierabdeckung von der Mitte der Haltefeder	10,5	10,5	14
q Größte Breite der Haltefeder	0,8	0,8	1
r Abstand der Stirnfläche der Isolierabdeckung von der Kontaktbuchse	4	4	5
s Durchmesser der Steckdosenlöcher	10	10	14
t Lichte Tiefe der Steckdosenlöcher	4	4	6
v Kleinster } Durchmesser des Steckers . .	36	36	47
	Größter }	37	37	49
w Kleinster } Durchmesser der ebenen Stirn-	38	38	50
	Größter } fläche der Steckdose	40	40	52
x Kleinste Höhe des Randes der Steckdose .	3	3	5
y Kleinste Stärke des Randes der Steckdose	5	5	6
z Kleinster Durchmesser der Dose in der Ebene der Fläche der Isolierabdeckung .	56	56	82

Die Stecker sollen an ihren Enden halbkugelförmig verrundet und der Länge nach mit einem Schlitz versehen sein. Der Schlitz soll quer zur Verbindungslinie der Steckerstifte gerichtet sein (siehe Abb. 6).

---

[1] Der Bund (*e, f*) ist nicht obligatorisch; die Länge der Stifte ist jedoch in jedem Falle *b*.

Tabelle II.

Stromstärke in A		6	25
		mm	mm
a	Abstand der Mittellinie der Stifte und Buchsen .	15	21
b	Länge der Stifte	19	24
c	Durchmesser der Stifte . . . :	4	6
d	Kleinste ⎰ halbe Breite der ebenen Fläche der ⎱ Größte ⎱ Dose . . . . ⎰	13 14	18 19
e f	Größte Höhe . . . . ⎱ des Bundes[1] . . . . . ⎰ Größter Durchmesser ⎰	4 7	6 10
g	Größte Breite des Schlitzes	0,8	1
h	Tiefe des Schlitzes	14	17
i	Abstand der Mitte der Halterille von der Auflagefläche	14,5	20
k	Kleinste Breite der Halterille (vor Abrundung der Kanten	1,5	2
l	Kleinste Tiefe der Halterille	0,5	0,8
m	Kleinste Tiefe der Bohrung für die Stifte . . .	15	18
n	Durchmesser der Buchsenbohrung	4,05	6,05
n_1	Durchmesser der Bohrung in der Isolierabdeckung	4,55	6,55
o	Breitenabstand der Stifte und Buchsen	3	4
p	Abstand der Stirnfläche der Isolierabdeckung von der Mitte der Haltefeder	10,5	14
q	Größte Breite der Haltefeder	0,8	1
r	Abstand der Stirnfläche der Isolierabdeckung von der Kontaktbuchse	4	5
s	Durchmesser der Steckdosenlöcher	10	14
t	Lichte Tiefe der Steckdosenlöcher	4	6
u	Kleinste ⎱ halbe Breite des Steckers . . . . ⎰ Größte ⎰	11 12	16 17
v	Kleinster ⎱ Radius der Länge des Steckers . . . ⎰ Größter ⎰	29 30	39 40
w	Kleinster ⎱ Radius der ebenen Länge der Steck⎱ Größter ⎰ dose . . . . ⎰	31 32	41 42
x	Kleinste Höhe des Randes der Steckdose	3	5
y	Kleinste Stärke des Randes der Steckdose . . .	5	6

§ 20.

Zur Prüfung der mechanischen Haltbarkeit der Steckvorrichtung ist der Stecker ohne Strombelastung 1000 mal vollständig ein- und auszuführen.

Nach dieser Prüfung muß die Steckvorrichtung die in den §§ 21, 22 und 23 vorgeschriebenen Versuche noch aushalten.

---

[1] Der Bund (e, f) ist nicht obligatorisch; die Länge der Stifte ist jedoch in jedem Falle b.

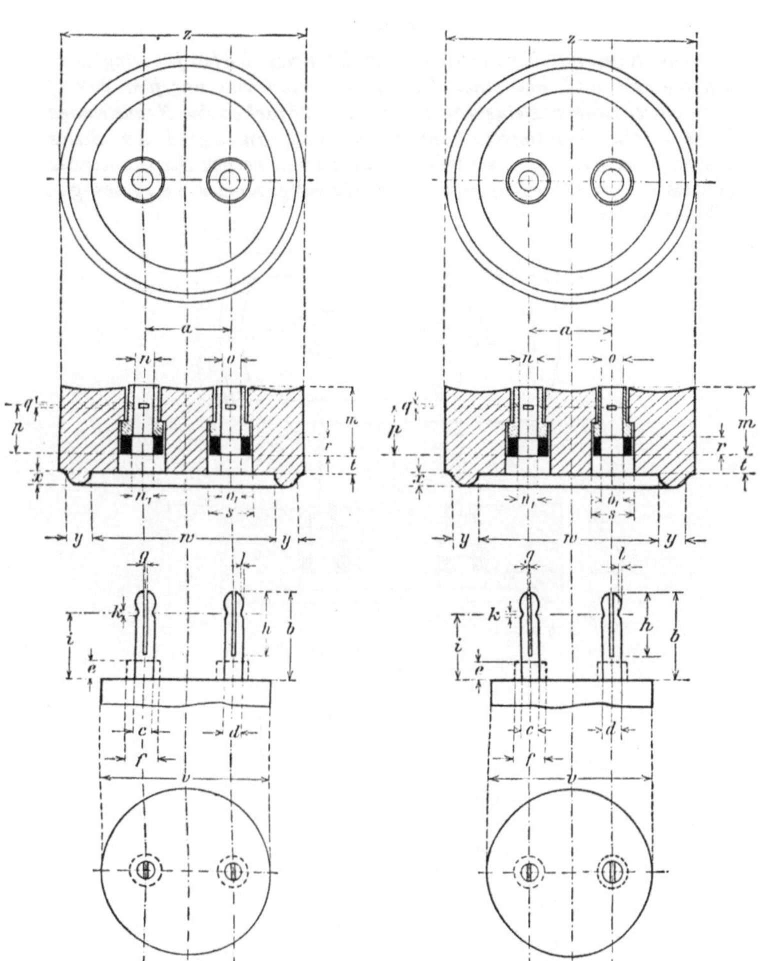

Abb. 4. Verwechselbare Ausführung.   Abb. 5. Unverwechselbare Ausführung.

§ 21.

Es müssen bei eingesetztem Stecker die Steckvorrichtung gegen die Befestigungsschrauben und gegen eine am Stecker angebrachte Stanniolumwicklung, bei ausgezogenem Stecker die Kontakte gegeneinander die folgende Spannung eine Minute lang aushalten:

bei 250 V Nennspannung 1500 V Wechselstrom
„ 500 „   „   2000 „   „
„ 750 „   „   2500 „   „

§ 22.

Die Kontaktteile der Steckvorrichtungen dürfen bei eingesetztem Stecker und bei einer Raumtemperatur von ungefähr 20° C nach einstündiger Belastung mit dem 1,25fachen des Nennstromes keine solche Temperatur annehmen, daß an irgendeiner Stelle ein vor dem Versuch angedrücktes Kügelchen reinen Bienenwachses von etwa 3 mm Durchmesser nach Beendigung des Versuches geschmolzen ist.

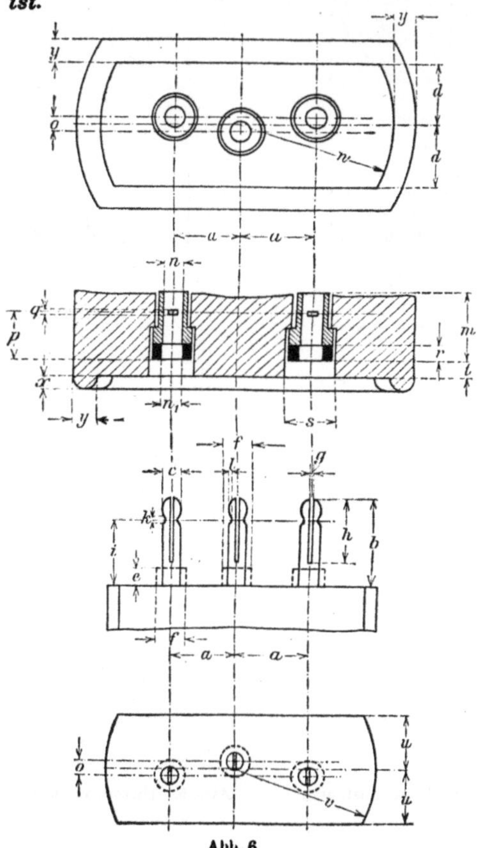

Abb. 6

§ 23.

Die Steckvorrichtung muß bei 1,1facher Nennspannung mit dem 1,25fachen Nennstrom induktionsfrei belastet im Gebrauchszustand und in der Gebrauchslage 20mal nacheinander, jedoch mit Pausen von mindestens 10 Sekunden, ein- und ausgeschaltet werden können, ohne daß sich ein dauernder Lichtbogen bildet.

Die Schaltung der Prüfanordnung ist die gleiche wie bei der Prüfung von Dosenschaltern (§ 14).

G. Sicherungen mit geschlossenem Schmelzeinsatz.

Siehe auch Err.-Vorschr. §§ 14, 20, 28, 35, 36, 43. Bahn-Vorschr. §§ 16, 19.

§ 24.

a) Nennstrom und Nennspannung müssen auf dem ortsfesten Teil des Sicherungselementes sichtbar und haltbar verzeichnet sein.

1. Normale Nennstromstärken sind: 25, 60, 100, 200 A.
2. Normale Nennspannungen sind: 500, 750 V.

§ 25.

a) Nennstrom und Nennspannung müssen auf dem Schmelzeinsatz haltbar verzeichnet sein.

1. Normale Nennstromstärken sind: 6, 10, 15, 20, 25, 35, 60, 80, 100, 125, 160, 200 A. Für höhere Stromstärken werden bestimmte Abstufungen nicht festgelegt.
2. Normale Nennspannungen sind: 500, 750 V.

§ 26.

Das Sicherungselement muß aus solchem Material hergestellt sein, daß seine Brauchbarkeit durch die höchste Temperatur, die im Betriebe mit dem stärksten zulässigen Schmelzeinsatz auftreten kann, auch auf die Dauer nicht beeinträchtigt wird.

§ 27.

Der Schmelzraum muß abgeschlossen sein und darf ohne besondere Hilfsmittel und ohne Beschädigung nicht geöffnet werden können.

§ 28.

a) Die Sicherungen für Nennstromstärken bis einschließlich 60 A müssen so gebaut sein, daß die fahrlässige oder irrtümliche Verwendung von Einsätzen für zu hohe Stromstärken ausgeschlossen ist.

1. Bei Sicherungen mit Normal-Edisongewinde für 500 V Nennspannung bis 25 A bei denen die Unverwechselbarkeit durch Höhenunterschiede erreicht wird, gelten als Maße für die Unverwechselbarkeit die Werte der Tabelle III.

Tabelle III.

Zusammenstellung der Unverwechselbarkeitsmaße.

Nennstromstärke in A		6	10	15	20	25
Stöpsellänge L in mm	mindest.	27,2	25,2	23,2	21,2	19,2
	höchst.	27,8	25,8	23,8	21,8	19,8
Kopfhöhe der Kontakt-schraube h in mm	mindest.	3,9	5,9	7,9	9,9	11,9
	höchst.	4,1	6,1	8,1	10,1	12,1

6 bis 20 Ampere.

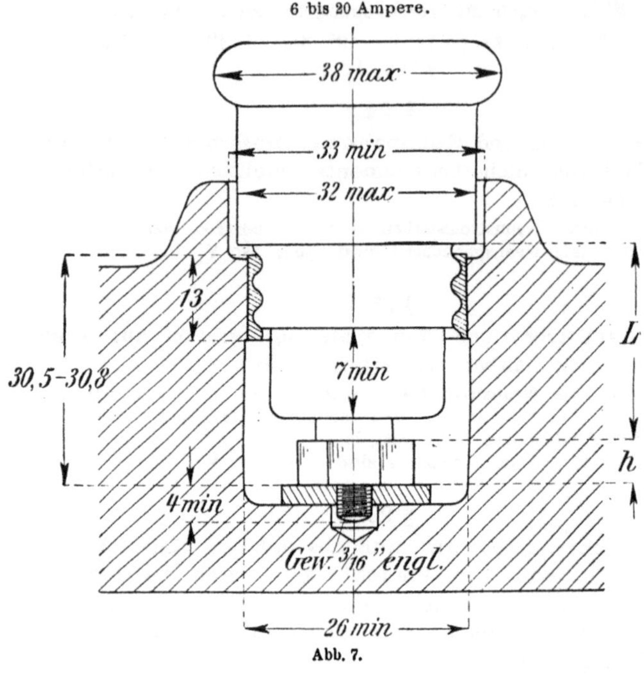

Abb. 7.

25 Ampere.

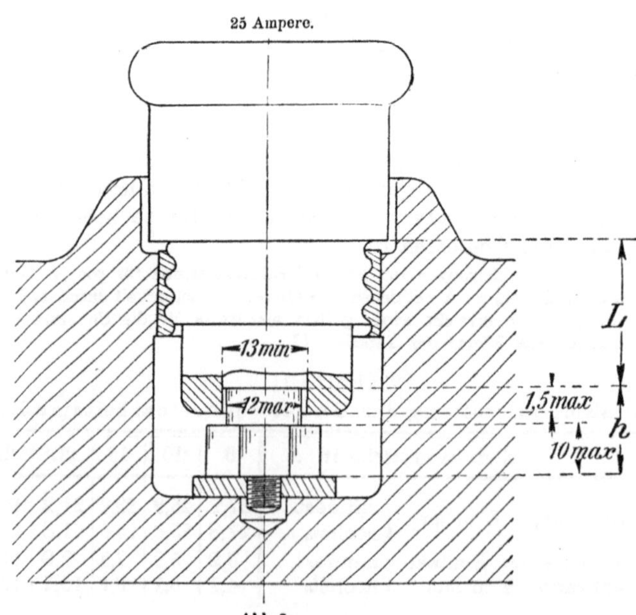

Abb. 8.

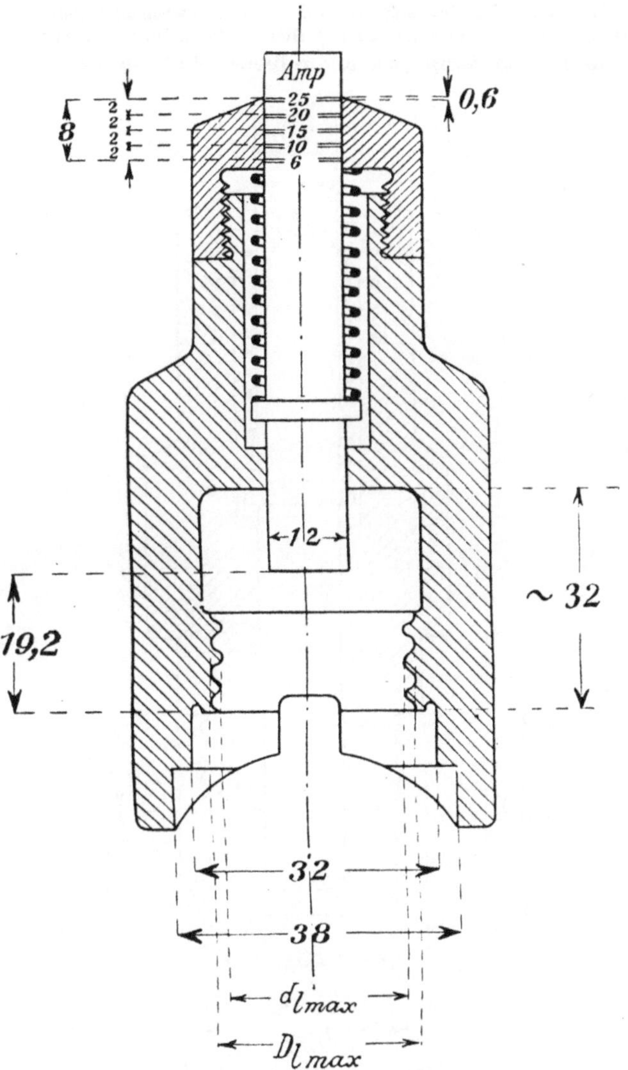

Abb. 9. Lehre für den Sicherungsstöpsel.

Das Muttergewinde für die Kontaktschraube soll von Oberkante des Mittelkontaktes aus gemessen mindestens 3 mm lang sein.

Im übrigen sollen die in Abb. 7 und 8 eingetragenen Mindest- und Höchstmaße gelten.

Die Maßzahlen bedeuten Millimeter.

Zur Kontrolle des Stöpsels und Sicherungselementes (mit Ausnahme der Gewindeabmessungen) dienen die Lehren Abb 9 und 10. Gewindeabmessungen und Kontrollehren hierfür siehe § 46.

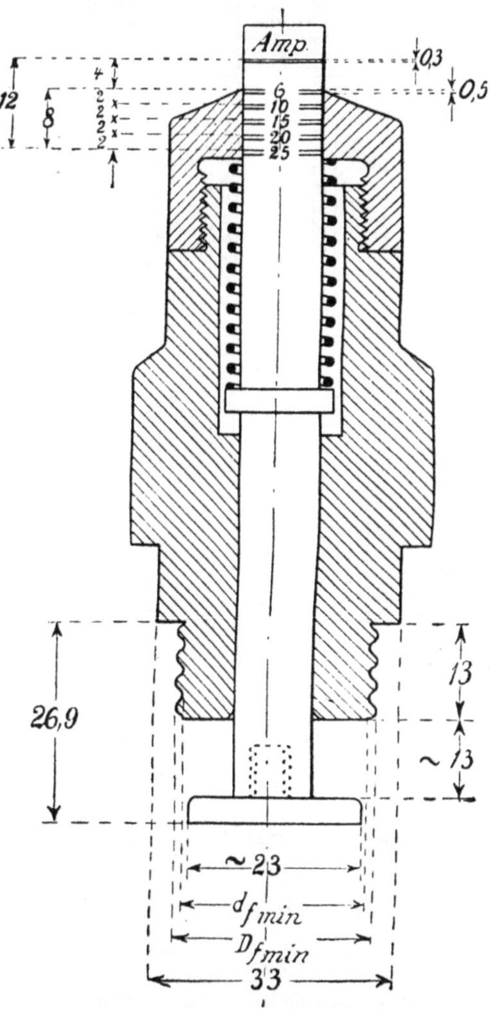

Abb. 10.   Lehre für das Sicherungselement.

2. Bei Sicherungen mit großem Edisongewinde für 500 V Nennspannung bis 60 A, bei denen die Unverwechselbarkeit durch Höhenunterschiede erreicht wird, gelten als Maße für die Unverwechselbarkeit die Werte der Tabelle IV:

Tabelle IV.

Zusammenstellung der Unverwechselbarkeitsmaße.

Nennstromstärke in A		6	10	15	20	25	35	60
Kontakttiefe k in mm .	mindest.	2,9	4,9	6,9	8,9	10,9	12,9	14,9
	höchst.	3,5	5,5	7,5	9,5	11,5	13,5	15,5
Kopfhöhe der Kontaktschraube h in mm . .	mindest.	3,9	5,9	7,9	9,9	11,9	13,9	15,9
	höchst.	4,1	6,1	8,1	10,1	12,1	14,1	16,1

6—60 Ampere.

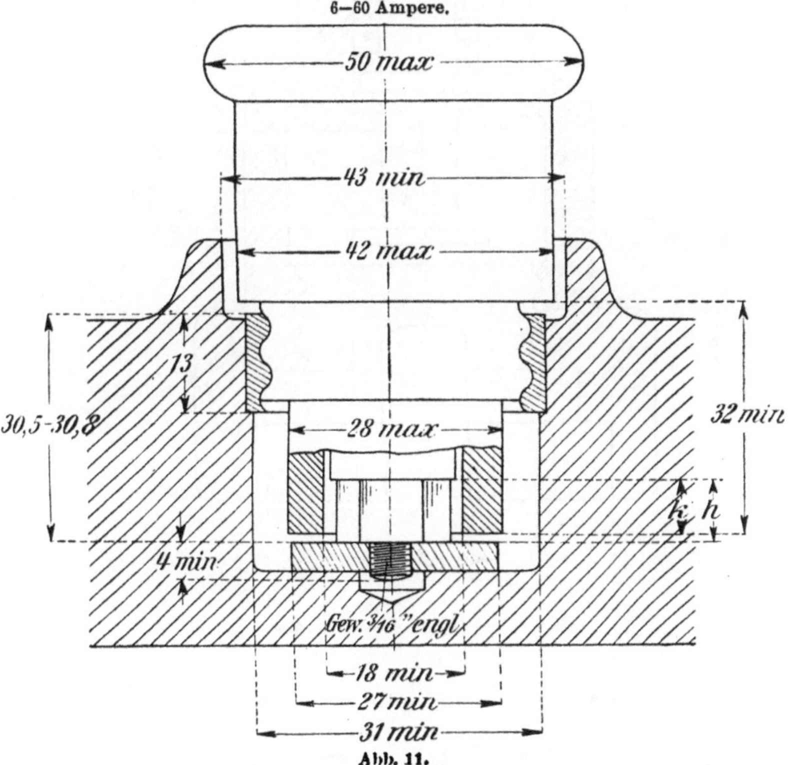

Abb. 11.

Das Muttergewinde für die Kontaktschraube soll, von Oberkante des Mittelkontaktes aus gemessen, mindestens 3 mm lang sein.

Im übrigen sollen die aus der Abb. 11 ersichtlichen Mindest- und Höchstmaße gelten.

Die Maßzahlen bedeuten Millimeter.

Zur Kontrolle des Stöpsels und Sicherungselementes (mit Ausnahme der Gewindeabmessungen) dienen die Lehren Abb. 12 und 13.

Gewindeabmessungen und Kontrollehren hierfür siehe § 46.

3. Es empfiehlt sich, das erfolgte Abschmelzen kenntlich zu machen.

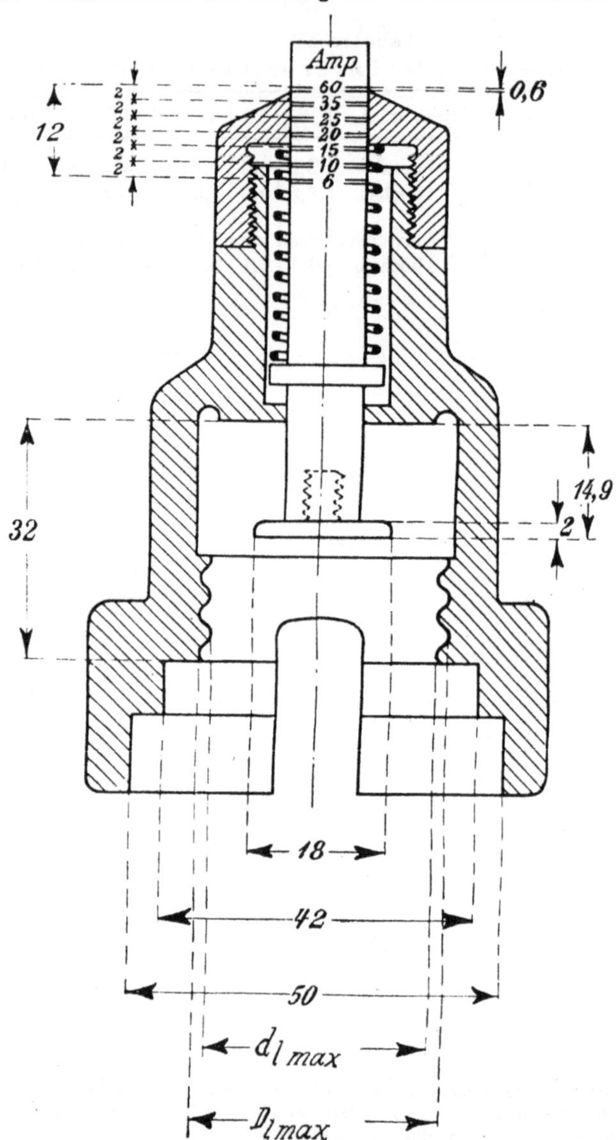

Abb. 12. Lehre für den Sicherungsstöpsel.

§ 29.

*Die spannungführenden Teile der Sicherungen müssen bei
eingesetztem Schmelzeinsatz gegen die Befestigungsschraube und
gegen die der Berührung zugänglichen Metallteile am Sockel und*

Einsatz, ferner ohne Einsatz zwischen den Kontakten, folgende Spannungen 1 Minute lang aushalten:

bei 500 V Nennspannung 2000 V Wechselstrom
„ 750 „   „   2500 „   „

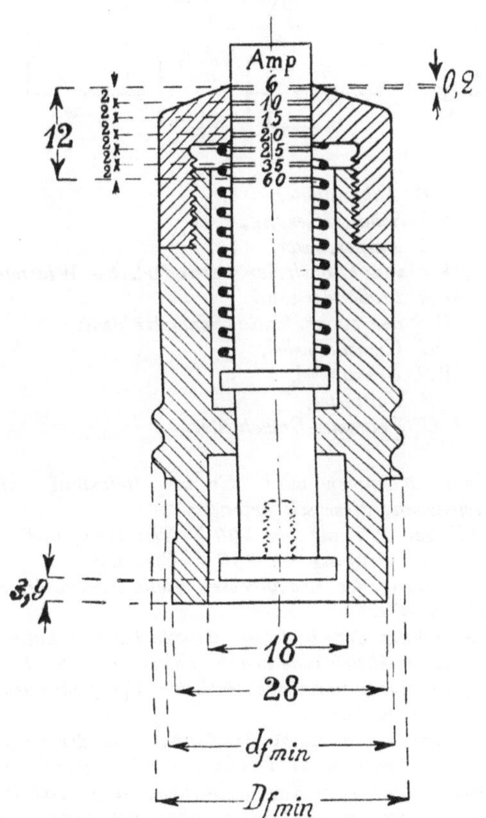

Abb. 13.   Lehre für das Sicherungselement.

§ 30*)

„Für die Prüfung bei Kurzschluß gelten folgende Vorschriften:
Als Stromquelle dient ein Akkumulator von mindestens 1000 A bei einstündiger Entladung und einer Klemmenspannung, die um 10⁰/₀ höher ist, als die Nennspannung des zu prüfenden Schmelzeinsatzes, gemessen an der offenen Batterie.

Zur Bestimmung der Widerstände des Stromkreises und der Batterie einschließlich desjenigen der Schutzsicherung dient der unveränderliche (Meß-) Widerstand W_{II}; er beträgt 1 Ω.

---

*) Wortlaut des § 30 auf Beschluß der Jahresversammlung 1920 geändert.

Schaltungsschema für die Kurzschlußprüfung.

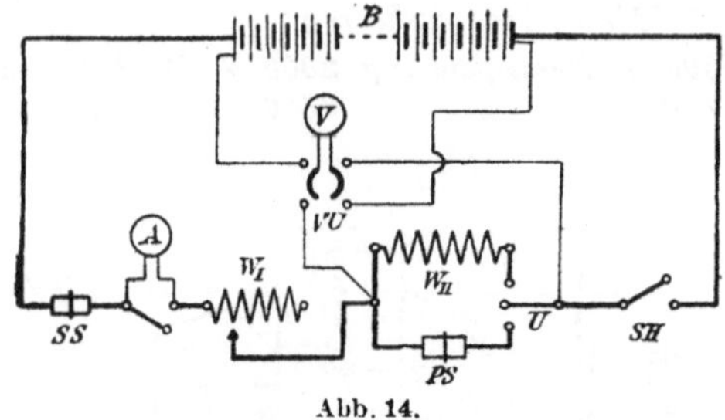

Abb. 14.

B Akkumulator,
S S Schutzsicherung,
A Amperemeter,
W I induktionsfreier veränderlicher Widerstand,
W II Meßwiderstand,
P S der zu prüfende Schmelzeinsatz,
U Umschalthebel,
S H Schalthebel,
V Voltmeter,
V U Voltmeter-Umschalter.

An seinen Klemmen wird die bei Belastung auftretende Spannung gemessen; diese soll betragen:
400 V bei Prüfung von 500 V - Einsätzen, und
600 V bei Prüfung von 750 V - Einsätzen.
Zur Abgleichung des Stromkreises dient hierbei der regulierbare Widerstand W $_I$.
Die zum Schutz der Batterie erforderliche Schutzsicherung S S muß bei dieser Abgleichung eingeschaltet sein. Sie besteht aus fünf frei ausgespannten parallelgeschalteten Kupferdrähten von je 1,5 mm ⌀ und 50 cm Länge.
Zur Vornahme der Kurzschlußprüfung wird der zu prüfende Schmelzeinsatz an Stelle des Widerstandes W $_{II}$ gesetzt. Er muß beim Schließen des Schalters S $_{II}$ ordnungsgemäß abschalten ohne daß die Schutzsicherung abschmilzt oder der etwa verwendete Selbstschalter unterbricht."

§ 31.

Für die Prüfung auf richtige Abschmelzstromstärke gilt folgende Tabelle:

Nennstrom A	Minimaler Prüfstrom	Maximaler Prüfstrom
6 bis 10	1,5 × Nennstrom	2,10 × Nennstrom
15 „ 25	1,4 × Nennstrom	1,75 × Nennstrom
35 „ 200	1,3 × Nennstrom	1,60 × Nennstrom

Den Minimalprüfstrom müssen die Sicherungen bis 60 A mindestens 1 Stunde, diejenigen bis 200 A mindestens 2 Stunden aushalten, mit dem Maximalprüfstrom belastet, müssen sie innerhalb derselben Zeiten abschmelzen.

§ 32.*)

Geschlossene Sicherungs-Schmelzeinsätze müssen auch bei jeder anderen Abschmelzbelastung ordnungsgemäß abschalten. Diese Forderung gilt als erfüllt, wenn die Einsätze bei Belastung nach folgendem Verfahren sicher unterbrechen:

Die zu prüfenden Einsätze we den mit dem Maximalprüfstrom drei Minuten lang belastet und hierdurch angewärmt. Alsdann wird plötzlich auf den für die Kurzschlußprüfung vorgesehenen Stromkreis umgeschaltet und der erste Einsatz bis zum Abschmelzen mit dem zweieinhalbfachen, der zweite mit dem dreifachen, der dritte mit dem vierfachen des Nennstroms belastet.

Hierbei werden die Schmelzeinsätze, wie bei Kurzschlußprüfungen, an die Stelle des Widerstandes W_{II} gesetzt, während der Widerstand W_I zur Einstellung der verschiedenen Stromstärken dient.

§ 33.

[Fällt auf Beschluß der Jahresversammlung 1920 fort.]

H. Fassungen und Lampenfüße.

Siehe auch Err.-Vorschr. §§ 16, 18, 31, 33, 43. Bahn-Vorschr. §§ 21, 42.

§ 34.

a) Jede Fassung ist mit der Nennspannung zu bezeichnen.

1. Normale Nennspannungen sind: 250, 500, 750 V.

§ 35.

Bei Fassungen verwendete Isolierstoffe müssen wärme-, feuer- und feuchtigkeitssicher sein.

§ 36.

a) Bei Fassungen für Hochspannung müssen die äußeren Teile aus Isolierstoff bestehen und sämtliche spannungführenden Teile zufälliger Berührung entziehen.

b) Für Fassungen, die zeitweilig wie Handlampen benutzt werden, gelten die Bestimmungen über Handlampen (§ 48).

c) Bei Fassungen für 250 V darf die kürzeste Kriechstrecke zwischen stromführenden Teilen verschiedener Po-

---

*) Wortlaut des § 32 auf Beschluß der Jahresversammlung 1920 geändert.

larität oder zwischen solchen und einer metallenen Umhüllung 3 mm nicht unterschreiten.

1. Der Gewindekorb soll aus Kupfer oder einer mindestens 80 $^0/_0$
Kupfer enthaltenden Legierung bestehen.

2. Die Anschlußkontakte sollen aus Kupfer, Messing, oder anderen
Kupferlegierungen bestehen.

3. Alle Anschluß und Befestigungsschrauben sollen aus Kupferlegierungen (Messing usw.), die in Metall gehenden Nippelschrauben
aus Stahl bestehen.

§ 37.

Für Fassungen mit Metallgehäuse gilt noch besonders:

a) Die Befestigung des Fassungsmantels durch den
Fassungsring ist unzulässig.

b) Die Höhe des Fassungsmantels ist den normalen
Fassungsringen (vgl. § 38) anzupassen.

1. Die Leitungsanschlüsse sollen als Buchsenklemmen ausgeführt
werden.

2. Der Fassungsstein soll kreisrund sein.

§ 38.

a) Fassungen müssen mit Schutzmitteln (z. B. Fassungsringen) versehen sein, die eine Berührung spannungführender
Metallteile des Lampensockels verhindern.

Die Fassungsringe oder ähnliche Schutzmittel können
auch mit dem Gehäuse der Fassung zu einem Körper vereinigt sein.

1. Als normale Fassungsringe für Fassungen mit Normal- und
Mignongewinde gelten nachstehende Ausführungen:

Für Fassungen mit Edison-Normalgewinde:

Ring 0
„ 1
„ 2   } Abb. 15.
„ 3

Für Fassungen mit Edison-Mignongewinde:

Ring a
„ b   } Abb. 17.
„ c

Die Fassungsringe sollen die durch die Kontrollehren gegebenen
Abmessungen haben. (Abb. 16 und 18.)

2. Glühlampenfüße mit Normal- und Mignongewinde sollen die
durch die zur Kontrolle dienenden Lehren gegebenen Abmessungen
haben. (Abb. 19 und 20.)

Diese Lehren sind als Maximallehren für die Durchmesser, als
Minimallehren für die Höhenmaße aufzufassen.

Sie dienen nicht zur Prüfung der Gewinde selbst, deren Ausführung den in § 46 gegebenen Normalien für Edison-Gewinde
entsprechen soll.

Für die Gesamthöhe des Fußes ist eine Überschreitung des
Mindestmaßes um höchstens 1,5 mm zulässig.

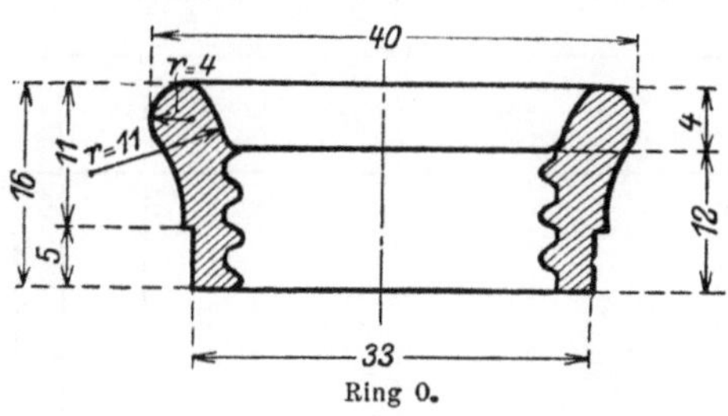

Ring 0.

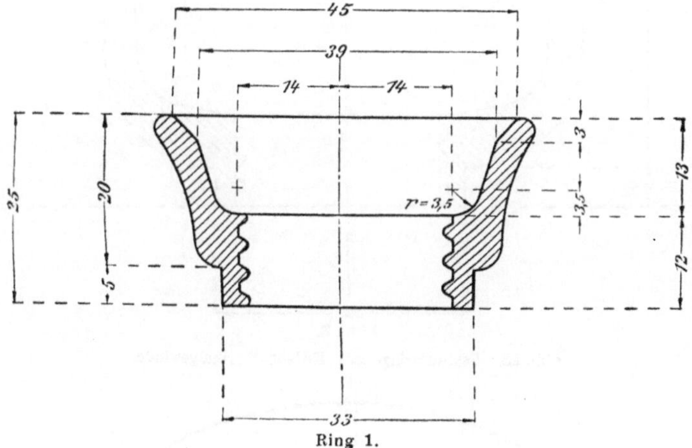

Ring 1.

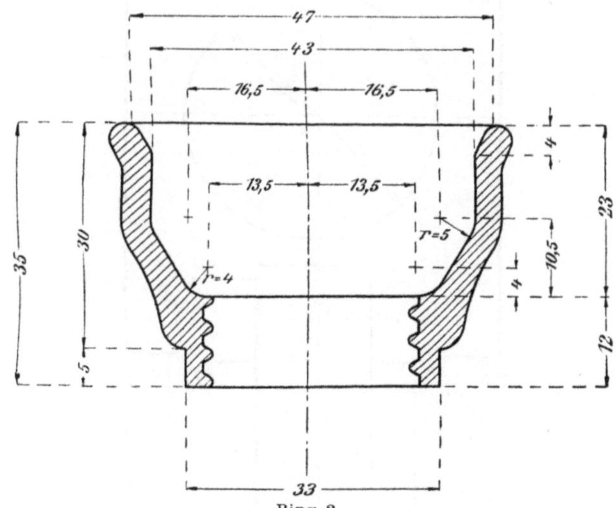

Ring 2.

Abb. 15. Fassungsringe mit Edison-Normalgewinde.

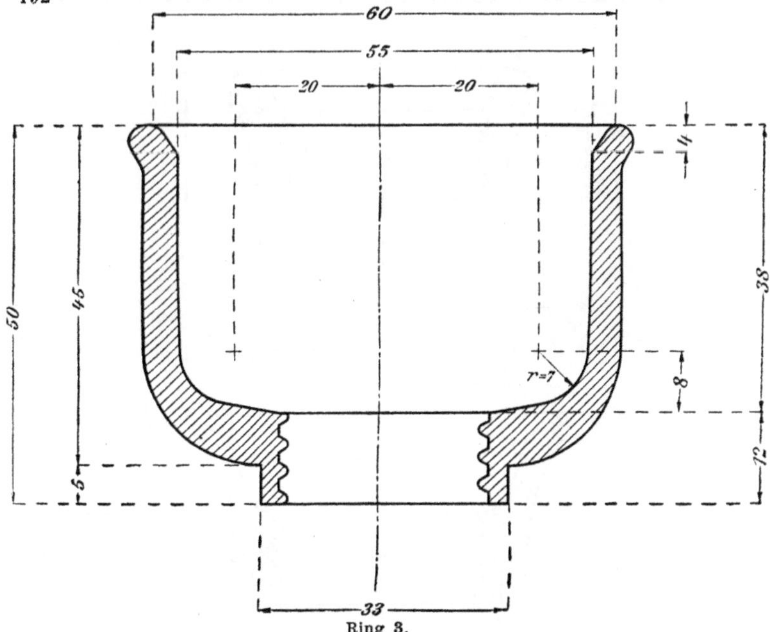

Ring 3.

Abb. 15. Fassungsringe mit Edison-Normalgewinde.

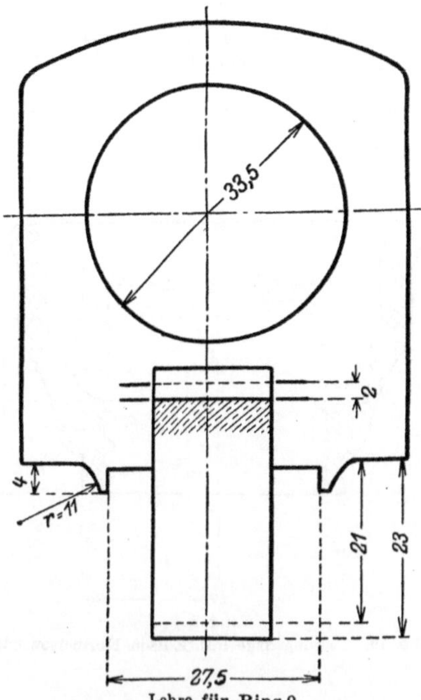

Lehre für Ring 0.

Abb. 16. Lehren für die Fassungsringe mit Edison-Normalgewinde.

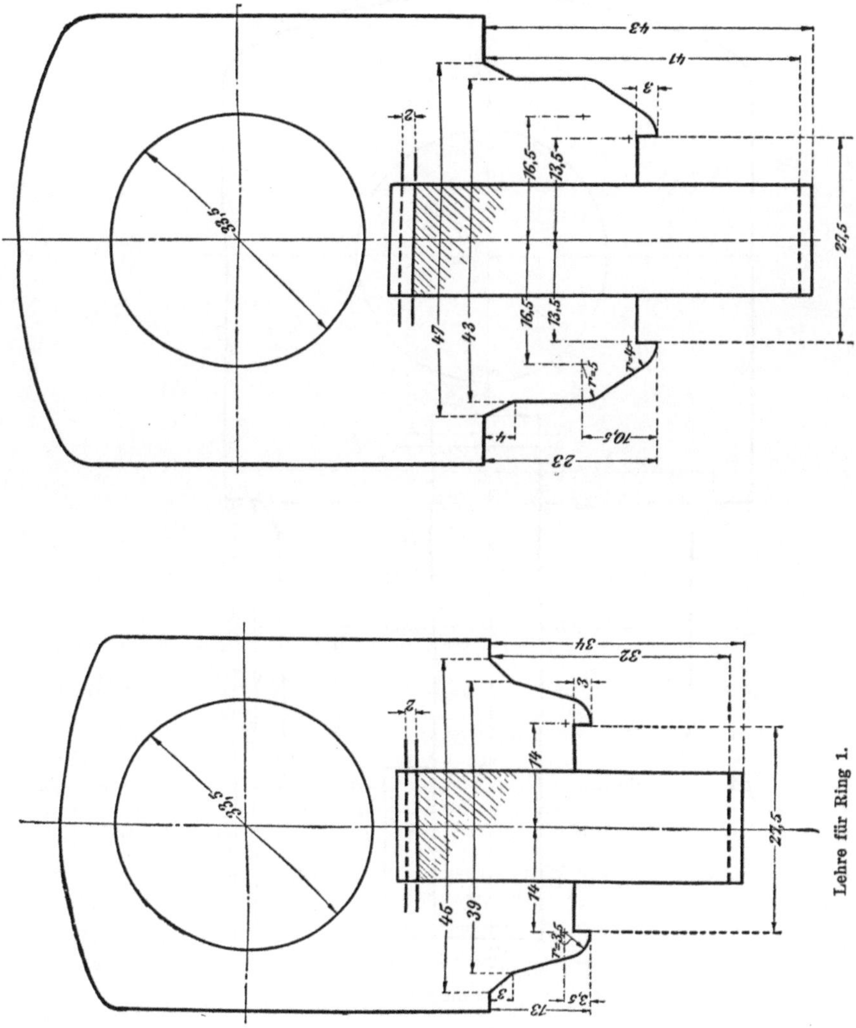

Lehre für Ring 1.

Lehre für Ring 2.

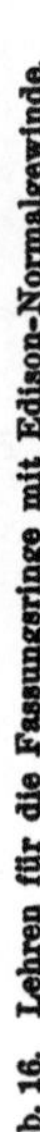

Abb. 16. Lehren für die Fassungsringe mit Edison-Normalgewinde.

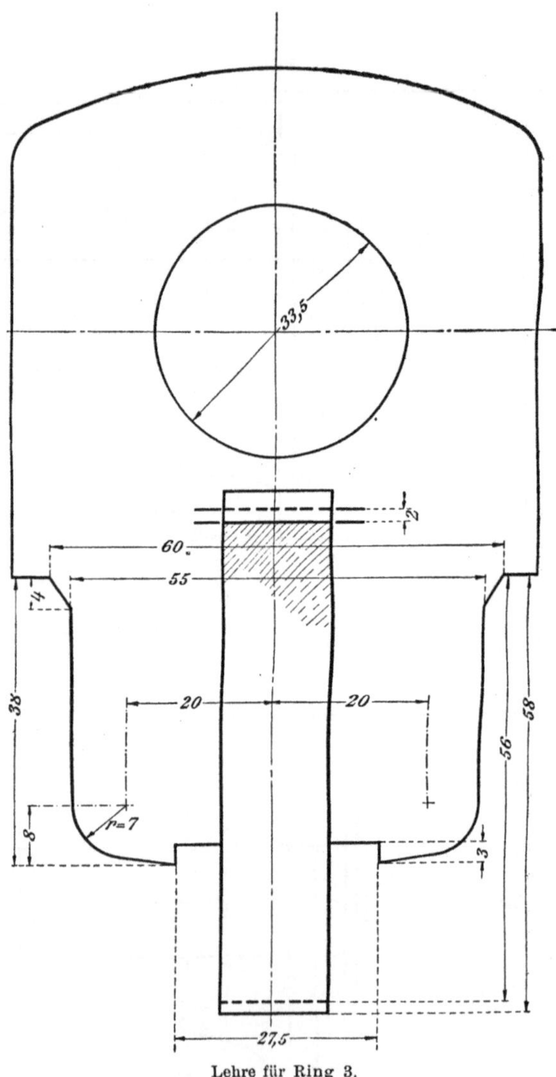

Lehre für Ring 3.

Abb. 16. Lehren für die Fassungsringe mit Edison-Normalgewinde.

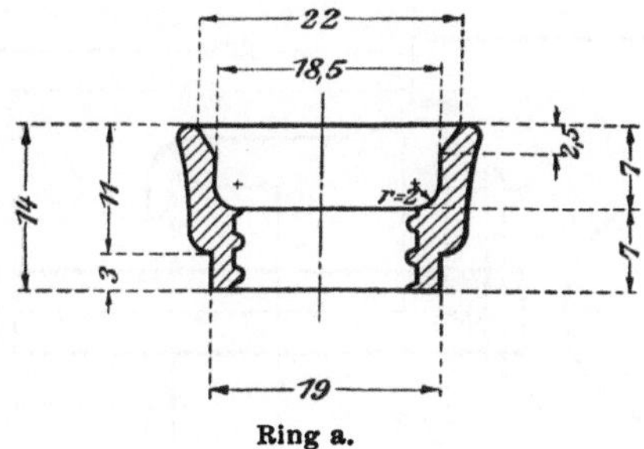

Ring a.

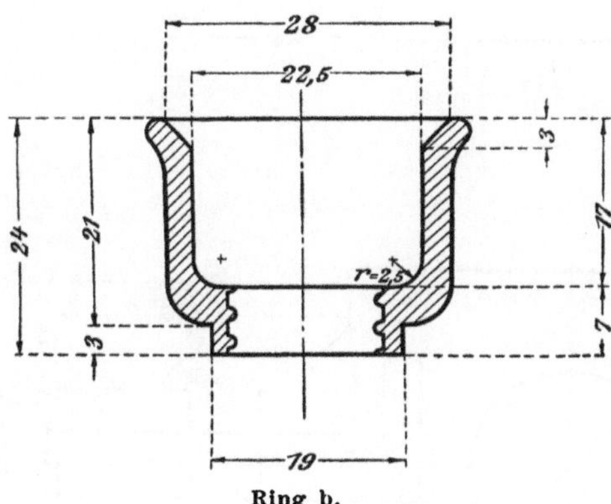

Ring b.

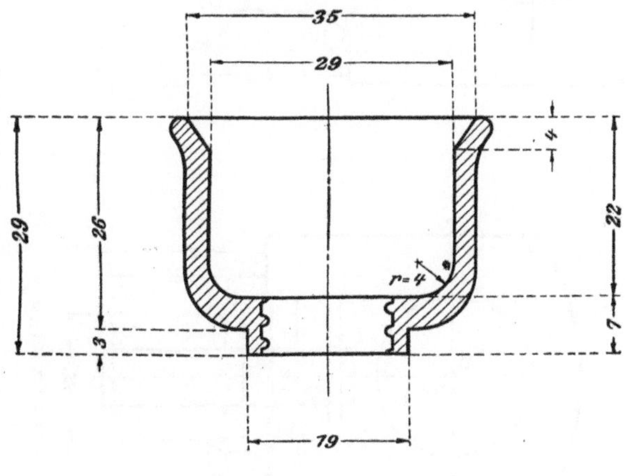

Ring c.

Abb. 17. Fassungsringe mit Edison-Mignongewinde.

13*

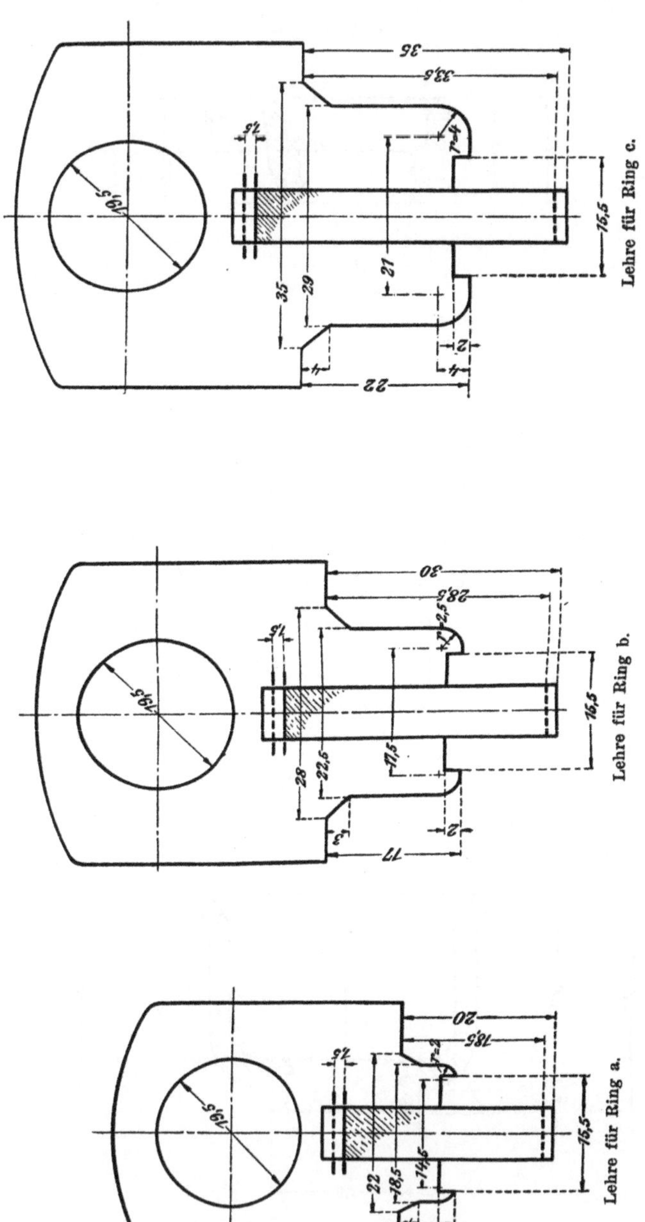

Abb. 18. Lehren für die Fassungsringe mit Edison-Mignongewinde.

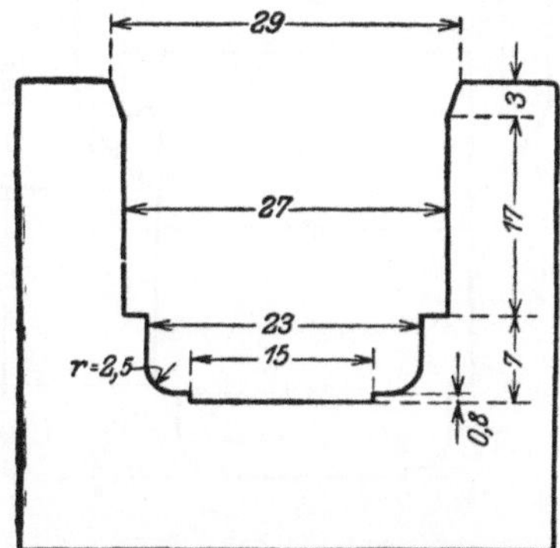

Lampenfuß passend zu Ring 0.

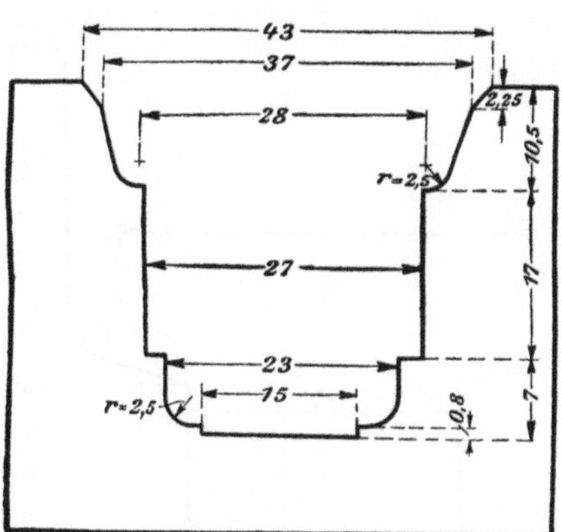

Lampenfuß passend zu Ring 1.

Abb. 19.   Lehren für Lampenfüße mit Edison-Normalgewinde.

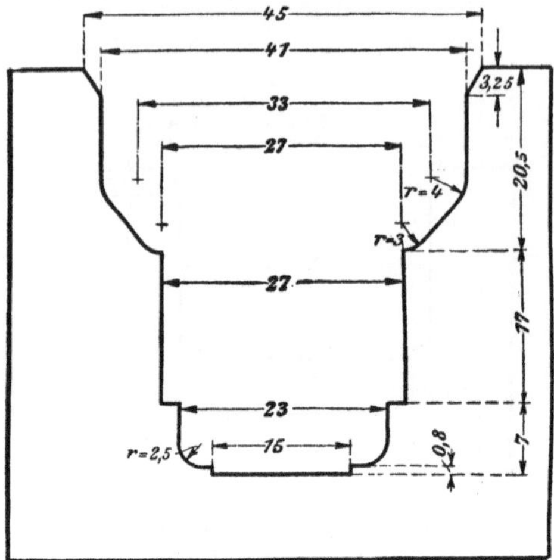

Lampenfuß passend zu Ring 2.

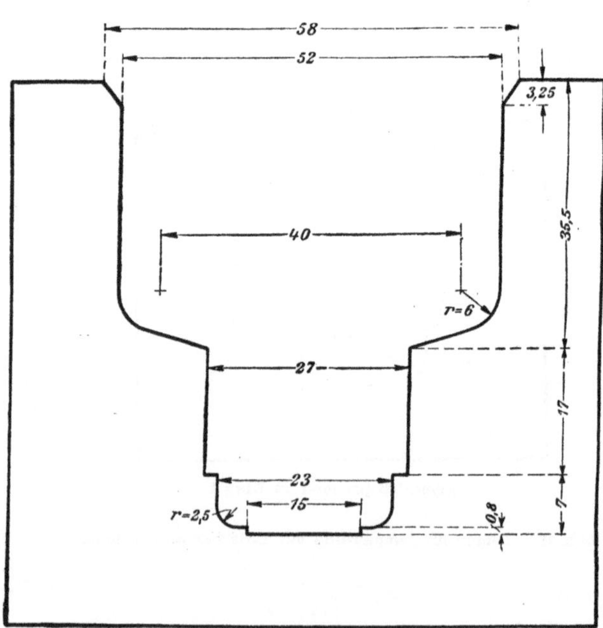

Lampenfuß passend zu Ring 3.

Abb. 19. Lehren für Lampenfüße mit Edison-Normalgewinde.

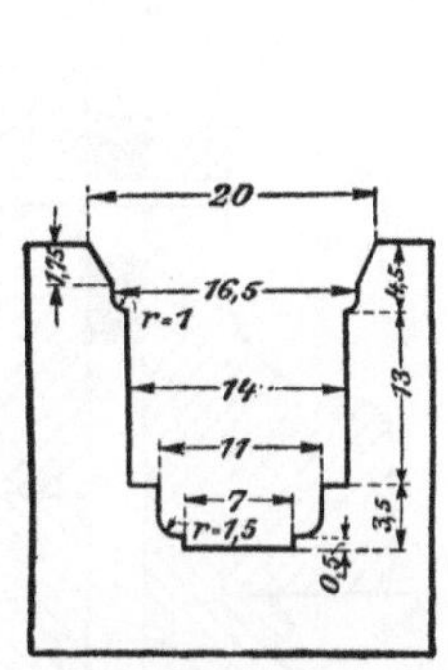

Lampenfuß passend zu Ring a.

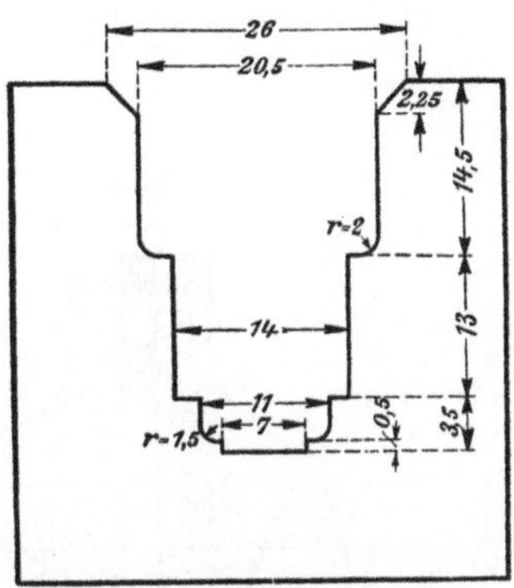

Lampenfuß passend zu Ring b.

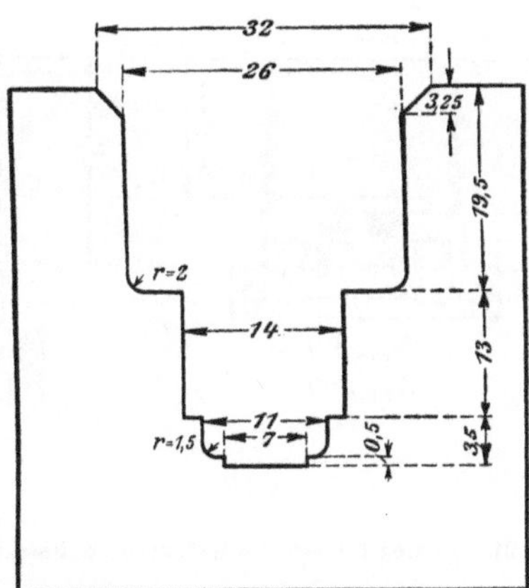

Lampenfuß passend zu Ring c.

Abb. 20. Lehren für Lampenfüße mit Edison-Mignongewinde.

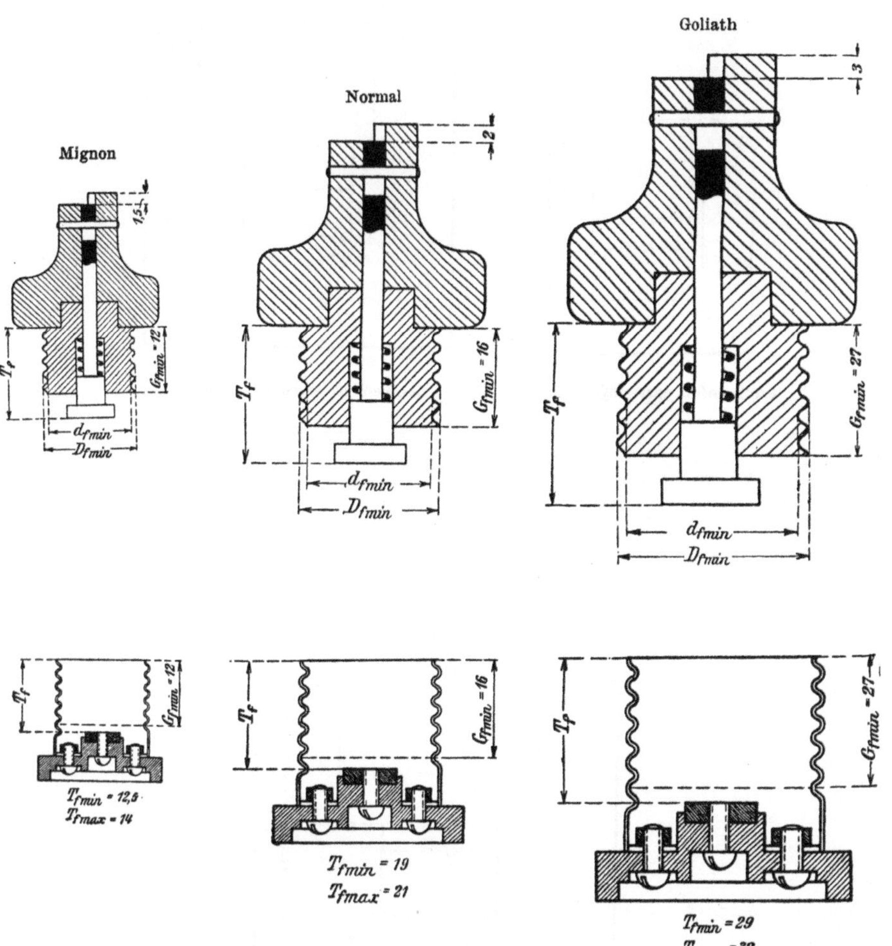

Abb. 21. Lehren für den Gewindekorb an Fassungen.

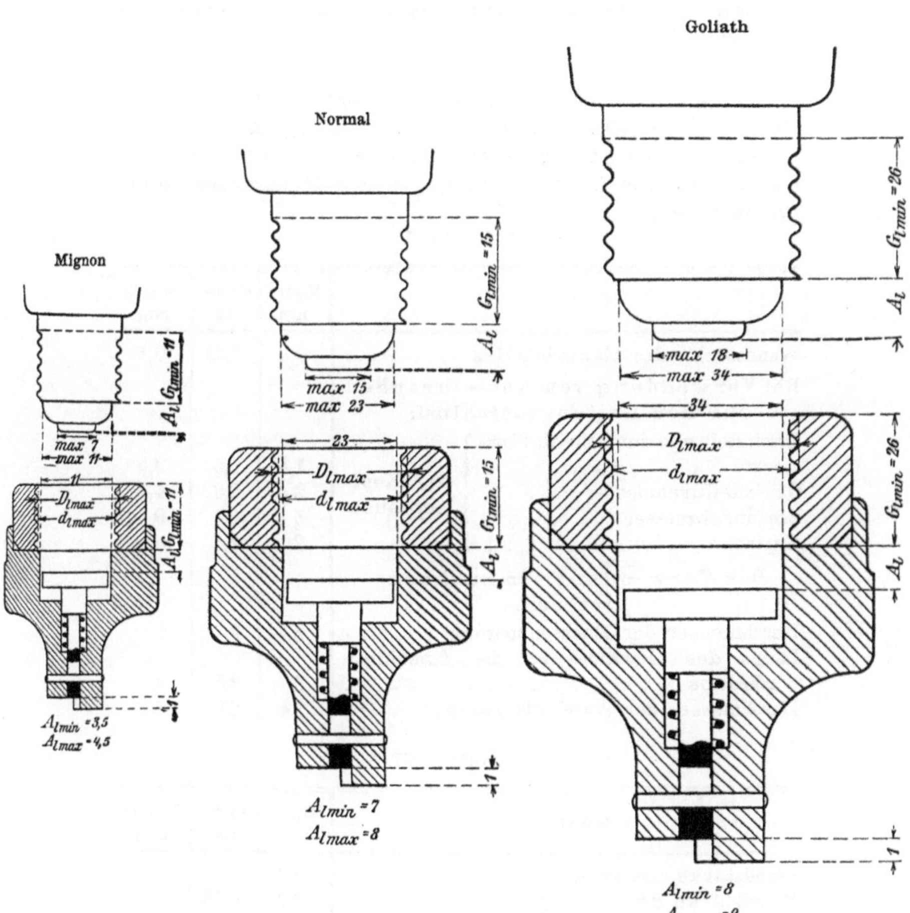

Abb. 22. Lehren für den Gewindeteil der Lampenfüße.

3. Der Gewindekorb der Fassungen und der Gewindeteil der Lampenfüße sollen die durch die Kontrollehren Abb. 21 und 22 gegebenen Abmessungen haben.

Diese Lehren dienen nicht zur Prüfung der Gewinde selbst, deren Ausführung den in § 46 gegebenen Normalien für Edisongewinde entsprechen soll.

§ 39.

a) Bei allen Fassungen für 250 V müssen die in Tabelle V gegebenen Mindestmaße innegehalten sein.

b) Bei Fassungen mit Metallgehäuse müssen außerdem die in Tabelle VI gegebenen Mindestmaße innegehalten sein.

Tabelle V.

Gewinde	Mignon mm	Normal mm	Goliath mm
Wandstärke des Gewindekorbes	0,3	0,35	0,5
Bei Verwendung von Kopfschrauben für den Leitungsanschluß:			
Gewindelänge im Anschlußkontakt *(der Kopfschraube)*	1,5	1,5	2,5
Gewindedurchmesser *(der Kopfschraube)*	2,4	2,8	4,8
Kopfdurchmesser *(der Kopfschraube)*	5	6	9
Kopfhöhe *(der Kopfschraube)*	2	2,5	5
Bei Verwendung von Buchsenklemmen:			
Durchmesser der Buchsenbohrung	2,5	3	4
Länge des Gewindes für die Anschlußschraube	2	2,5	4
Durchmesser der Anschlußschraube	2,4	2,8	4

Tabelle VI.

Gewinde	Mignon mm	Normal mm	Goliath mm
Wandstärke des Mantels	0,3	0,45	1
Wandstärke des Fassungsbodens	0,3	0,45	1
Lichte Pfeilhöhe der Wölbung des Fassungsbodens	5	7	12
Wandstärke des Nippels	2,5	2,5	4
Länge des Nippelgewindes	7	7	10
Durchmesser der Nippelschraube	3,5	3,5	4,5
Länge der Gewindeüberdeckung zwischen Fassungsmantel und -boden	5	7	10

Ein Beispiel einer nach den vorstehenden Vorschriften und Regeln ausgeführten Fassung gibt Abb. 23.

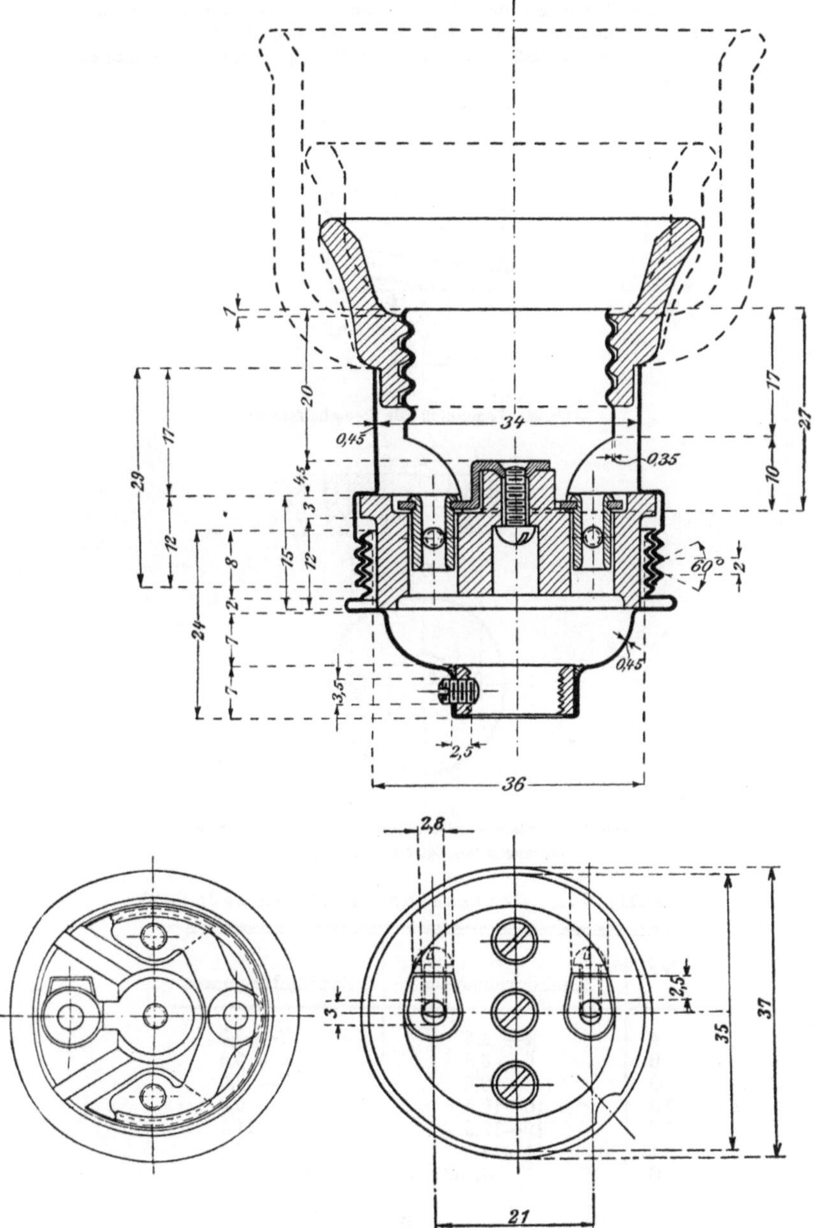

Abb. 23. Beispiel einer Fassung mit Edison-Normalgewinde.

1. Bei Fassungen und Lampenfüßen (mit Normal-Edisongewinde) für das Pauschalsystem sollen die Unverwechelbarkeitsorgane die in den Abb. 24 und 25 und Tabelle VII gegebenen Abmessungen haben.

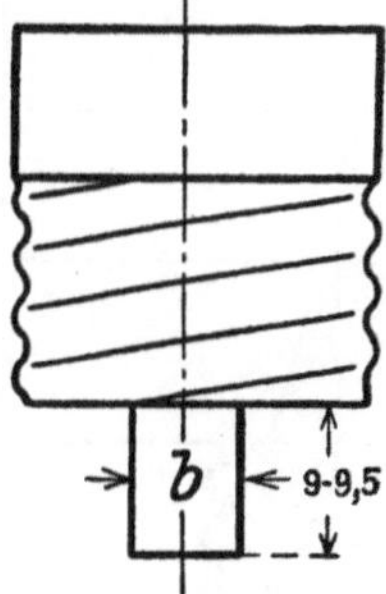

Abb. 24. Lampenfuß für Pauschalfassung.

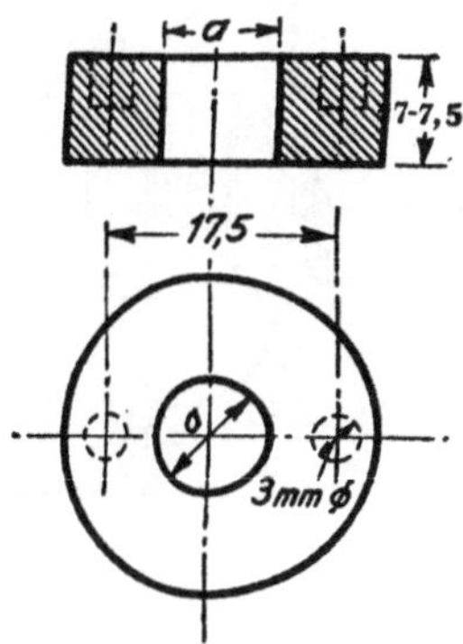

Abb. 25. Unverwechselbarkeitsring zum Einsetzen in Fassungen mit Edison-Normalgewinde.

Tabelle VII. Unverwechselbarkeitsmaße (mm).

Nr.	a Lochdurchmesser	b Zapfendurchmesser
4	4— 4,5	3— 3,5
6	6— 6,5	5— 5,5
8	8— 8,5	7— 7,5
10	10—10,5	9— 9,5
12	12—12,5	11—11,5
14	14—14,5	13—13,5
0	Schutzring ohne Loch	

§ 40.

Schalter in Fassungen müssen Momentschalter sein.

§ 41.

Schaltfassungen müssen im Innern so gebaut sein, daß eine Berührung zwischen den beweglichen Teilen des

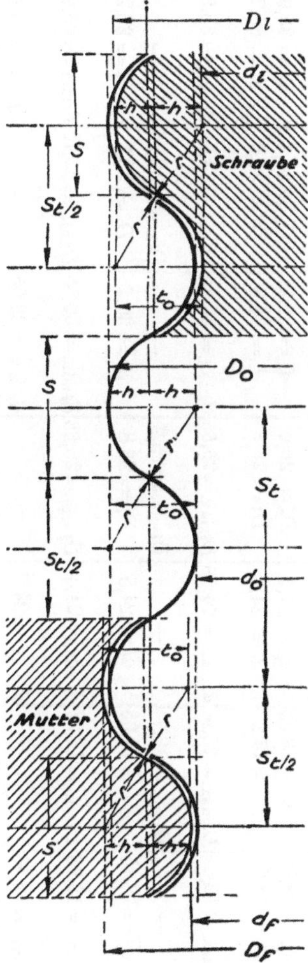

Abb. 26. Gewindeform.

Schalters und den Zuleitungsdrähten ausgeschlossen ist. Handhaben zur Bedienung der Schaltfassungen dürfen nicht aus Metall bestehen. Die Schaltachse muß von den spannungführenden Teilen und von dem Metallgehäuse isoliert sein.

Tabelle VIII. Zusammenstellung der Maße für die Edisongewinde (Abb. 26).

Benennung	Mignon Gewindedurchmesser in mm		Normal-Edison Gewindedurchmesser in mm		Großes Edison Gewindedurchmesser in mm		Goliath-Edison Gewindedurchmesser in mm	
	Innerer	Äußerer	Innerer	Äußerer	Innerer	Äußerer	Innerer	Äußerer
Idealgewinde	$d_0 = 12{,}33$	$D_0 = 13{,}93$	$d_0 = 24{,}3$	$D_0 = 26{,}6$	$d_0 = 30{,}5$	$D_0 = 33{,}1$	$d_0 = 35{,}95$	$D_0 = 39{,}55$
Schraube Lampenfuß bzw. Sicherungsstöpsel — Sollmaß	$d_l = 12{,}2$	$D_l = 13{,}8$	$d_l = 24{,}1$	$D_l = 26{,}4$	$d_l = 30{,}3$	$D_l = 32{,}9$	$d_l = 35{,}7$	$D_l = 39{,}3$
Maximallehre	$d_l\,\mathrm{max.} = 12{,}3$	$D_l\,\mathrm{max.} = 13{,}9$	$d_l\,\mathrm{max.} = 24{,}25$	$D_l\,\mathrm{max.} = 26{,}55$	$d_l\,\mathrm{max.} = 30{,}45$	$D_l\,\mathrm{max.} = 33{,}05$	$d_l\,\mathrm{max.} = 35{,}9$	$D_l\,\mathrm{max.} = 39{,}5$
Minimallehre	—	$D_l\,\mathrm{min.} = 13{,}7$	—	$D_l\,\mathrm{min.} = 26{,}2$	—	$D_l\,\mathrm{min.} = 32{,}65$	—	$D_l\,\mathrm{min.} = 39{,}05$
Mutter Fassung bzw. Sicherungssockel — Sollmaß	$d_f = 12{,}45$	$D_f = 14{,}05$	$d_f = 24{,}5$	$D_f = 26{,}8$	$d_f = 30{,}7$	$D = 33{,}3$	$d_f = 36{,}2$	$D = 39{,}8$
Minimallehre	$d_f\,\mathrm{min.} = 12{,}36$	$D_f\,\mathrm{min.} = 13{,}96$	$d_f\,\mathrm{min.} = 24{,}35$	$D_f\,\mathrm{min.} = 26{,}65$	$d_f\,\mathrm{min.} = 30{,}55$	$D_f\,\mathrm{min.} = 33{,}15$	$d_f\,\mathrm{min.} = 36{,}0$	$D_f\,\mathrm{min.} = 39{,}6$
Maximallehre	$d_f\,\mathrm{max.} = 12{,}56$	—	$d_f\,\mathrm{max.} = 24{,}7$	—	$d_f\,\mathrm{max.} = 30{,}95$	—	$d_f\,\mathrm{max.} = 36{,}45$	—
Gewindesteigung Profilradius Gewindetiefe	$S_t = {}^1/_9{}''$ engl. $= 2{,}822$ mm $r = 0{,}825$ $t_? = 0{,}80$		$S_t = {}^1/_7{}''$ engl. $= 3{,}628$ mm $r = 1{,}00$ $t_0 = 1{,}15$		$S_t = {}^1/_6{}''$ engl. $= 4{,}233$ mm $r = 1{,}19$ $t_0 = 1{,}30$		$S_t = {}^1/_4{}''$ engl. $= 6{,}35$ mm $r = 1{,}85$ $t_0 = 1{,}80$	
Schraube und Mutter — Sehnenlängen	$S = 1{,}411$		$S = 1{,}814$		$S = 2{,}116$		$S = 3{,}175$	
Bogenhöhen	$h = 0{,}40$		$h = 0{,}575$		$h = 0{,}65$		$h = 0{,}90$	

§ 42.

Schaltfassungen mit Normalgewinde für Spannungen über 250 V sowie Schaltfassungen mit Mignon- und Goliathgewinde für alle Spannungen sind unzulässig.

§ 43.

Zur Prüfung der mechanischen Haltbarkeit ist eine Schaltfassung, ohne Strom zu führen absatzweise 5000 mal einzuschalten und 5000 mal auszuschalten, bei 700 bis 800 Ein- und Ausschaltungen pro Stunde. Schalter für Rechts- und Linksdrehung sind in jeder Drehrichtung mit 2500 Schaltungen zu prüfen. Nach diesem Versuch muß die Fassung noch den in den §§ 44 und 45 vorgeschriebenen Versuch aushalten.

§ 44.

Fassungen müssen in eingeschalteter Stellung eine Minute lang

bei 250 V Nennspannung 1500 V Wechselstrom

„ 500 „   „   2000 „   „

„ 750 „   „   2500 „   „

aushalten und zwar

zwischen den einzelnen Kontakten,

zwischen jedem spannungführenden Kontakt und dem Mantel,

zwischen jedem spannungführenden Kontakt und einer Stanniolumhüllung am Griff,

zwischen den Kontakten des Hahns in ausgeschalteter Stellung.

§ 45.

Die Schaltfassung muß bei 1,1 facher Nennspannung mit 2 A induktionsfrei belastet im Gebrauchszustand während einer Dauer von 3 Minuten 90 mal ein- und ausgeschaltet werden können, ohne daß sich ein dauernder Lichtbogen bildet.

J. Edisongewinde.
§ 46.

1. Edisongewinde sollen die in Tabelle VIII und Abb. 26 gegebenen Abmessungen haben. Zur Kontrolle dienen die Lehren nach Tabelle IX und Abb. 27.

K. Nippel.
§ 47.

1. Fassungsnippel und Nippelgewinde sollen die in den Abb. 28 und 29 und der nachstehenden Tabelle X gegebenen Abmessungen haben.

Zur Kontrolle des Nippelgewindes dienen die Lehren nach Tabelle XI und Abb. 30.

Bei Nippeln und Nippelmuttern sollen die Kanten, wie in den Abb. 28 und 29 angegeben, stark verrundet sein.

Tabelle IX.   Abmessungen der Lehren für Edisongewinde in mm (Abb. 27).

Benennung		Mignon				Normal-Edison				Großes Edison				Goliath-Edison			
		A	l	L	m	A	l	L	m	A	l	L	m	A	l	L	m
Schraube {	Maximallehre	32,5	12,5	—	—	48	16	—	—	55	18	—	—	65	20	—	—
	Minimallehre	32,5	12,5	—	—	48	16	—	—	55	18	—	—	65	20	—	—
Mutter {	Minimallehre	11	17	80	8	20	22	95	8	25	27	110	8	30	32	115	8
	Maximallehre	11	17	80	8	20	22	95	8	25	27	110	8	30	32	115	8

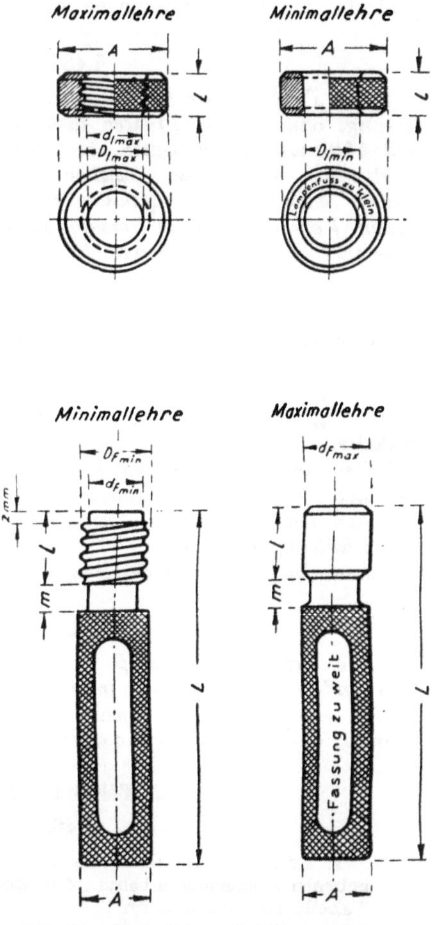

Abb. 27.   Kontrollehren für Edisongewinde.

2. **Als Anschlußgewinde für Reduziernippel kann außer obigen
Gewinden das normale Rohrgewinde des Vereins Deutscher Gas-
und Wasserfachmänner und des Vereins Deutscher Ingenieure genommen werden** („Zeitschrift des Vereins Deutscher Ingenieure"
1903, S. 1236).

Tabelle X. Maße und Gewindeform für Tippelgewinde (Abb. 28, 29).

Gewindeform	Benennung	Größe I		Größe II		Größe III	
		Kern-durchmesser mm	Äuß. Gewinde-durchmesser mm	Kern-durchmesser mm	Äuß. Gewinde-durchmesser mm	Kern-durchmesser mm	Äuß. Gewinde-durchmesser mm
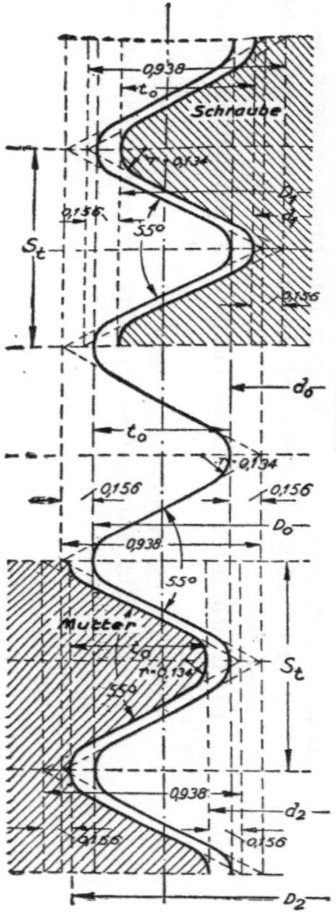	Idealgewinde	$d_0 = 8{,}75$	$D_0 = 10$	$d_0 = 11{,}75$	$D_0 = 13$	$d_0 = 14{,}75$	$D_0 = 16$
	Schraube Nippel — Sollmaß	$d_1 = 8{,}65$	$D_1 = 9{,}9$	$d_1 = 11{,}65$	$D_1 = 12{,}9$	$d_1 = 14{,}65$	$D_1 = 15{,}9$
	Maximallehre	$d_{1\,max.} = 8{,}7$	$D_{1\,max.} = 9{,}95$	$d_{1\,max.} = 11{,}7$	$D_{1\,max.} = 12{,}95$	$d_{1\,max.} = 14{,}7$	$D_{1\,max.} = 15{,}95$
	Minimallehre	—	$D_{1\,min.} = 9{,}83$	—	$D_{1\,min.} = 12{,}83$	—	$D_{1\,min.} = 15{,}83$
	Mutter Nippel-mutter — Sollmaß	$d_2 = 8{,}85$	$D_2 = 10{,}1$	$d_2 = 11{,}85$	$D_2 = 13{,}1$	$d_2 = 14{,}85$	$D_2 = 16{,}1$
	Minimallehre	$d_{2\,min.} = 8{,}8$	$D_{2\,min.} = 10{,}05$	$d_{2\,min.} = 11{,}8$	$D_{2\,min.} = 13{,}05$	$d_{2\,min.} = 14{,}8$	$D_{2\,min.} = 16{,}05$
	Maximallehre	$d_{2\,max.} = 8{,}92$	—	$d_{2\,max.} = 11{,}92$	—	$d_{2\,max.} = 14{,}92$	—
	Gewindetiefe in mm	$t_0 = 0{,}625$		$t_0 = 0{,}625$		$t_0 = 0{,}625$	
	Anzahl der Gewindegänge auf 1″ engl.	26		26		26	
	Gewindelänge der Nippelmutter in mm	$b_{min.} = 7$		$b_{min.} = 7$		$b_{min.} = 7$	
	Lichte Weite des Nippels	$a = 7$		$a = 10$		$a = 13$	

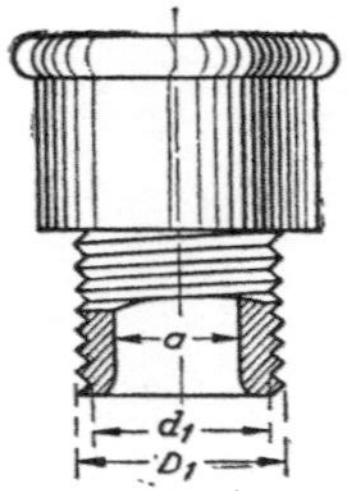

Abb. 28. Nippel.

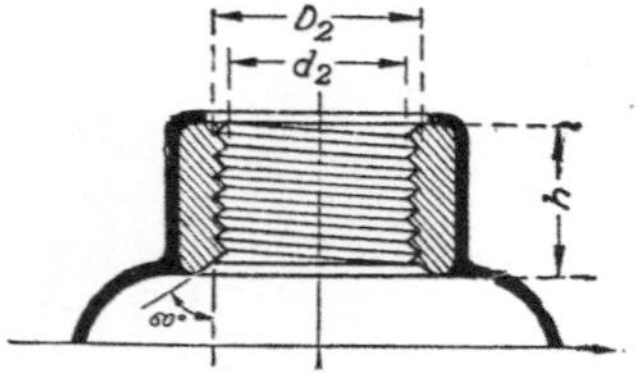

Abb. 29. Nippelmutter.

L. Handlampen.

Siehe auch Err.-Vorschr. §§ 18, 28, 33. Bahn-Vorschr. § 21.

§ 48.

a) Körper und Griff der Handlampen müssen aus wärme-
und feuchtigkeitssicherem Isolierstoff bestehen. Die span-

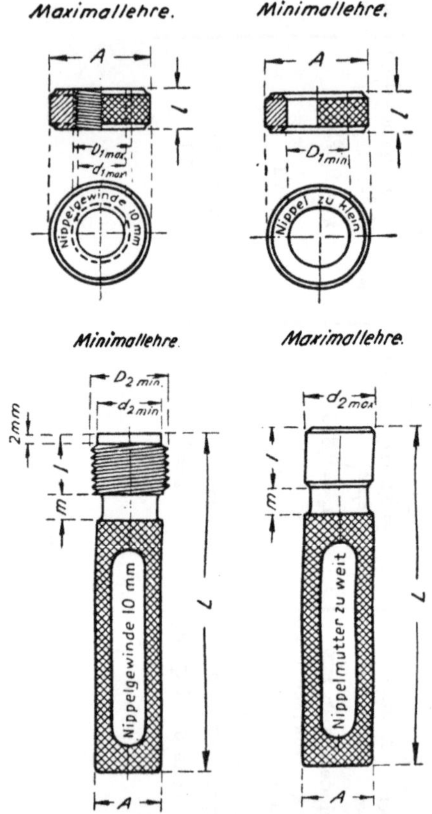

Abb. 30. Kontrollehren für das Nippelgewinde.

nungführenden Teile müssen durch ausreichend widerstandsfähige Schutzmittel der zufälligen Berührung entzogen sein.

b) Die Anschlußstellen der Leitungen müssen von Zug
entlastet sein.

c) Gewöhnliche Schaltfassungen in Handlampen sind
verboten.

Schalter in Handlampen sind nur bis 250 V zulässig.
Sie müssen den Vorschriften für Dosenschalter entsprechen

Tabelle XI. Abmessungen der Lehren für das Nippelgewinde in mm (Abb. 30.)

Benennung		Größe 1				Größe 2				Größe 3			
		A	l	L	m	A	l	L	m	A	l	L	m
Schraube {	Maximallehre	25	10	—	—	32,5	15	—	—	32,5	15	—	—
	Minimallehre	25	10	—	—	32,5	15	—	—	32,5	15	—	—
Mutter {	Minimallehre Maximallehre }.	8	12	70	8	11	17	80	8	11	17	80	8

Tabelle XII. Abmessungen der Papierrohre (Isolierrohre) mit gefalztem Metallmantel in mm.

a	Innerer Rohrdurchmesser	7	9	11	13,5	16	23	29	36	48
b	Äußerer Rohrdurchmesser	11	13	15,8	18,7	21,2	28,5	34,5	42,5	54,5
c	Blechbreite	40	47	56,5	65	74	97	118	143	183
d	Blechstärke des Messingmantels	0,13	0,15	0,15	0,15	0,18	0,18	0,20	0,24	0,24
e	Blechstärke des Eisenmantels (galvan. vermessingt oder lackiert)	0,15	0,15	0,15	0,15	0,18	0,20	0,24	0,24	0,24
f	Blechstärke des verbleiten Eisenmantels	0,20	0,20	0,20	0,20	0,23	0,25	0,29	0,29	0,29
g	Lichte Weite der Tüllen der Muffen	11,3	13,3	16,1	19	21,5	29	35	43	55

und so im Körper oder im Griff eingebaut sein, daß sie mechanischen Beschädigungen bei Gebrauch der Handlampe nicht unmittelbar ausgesetzt sind.

14*

Additional material from *Vorschriften und Normen des Verbandes Deutscher Elektrotechniker,*
ISBN 978-3-662-22793-0, is available at
http://extras.springer.com

Metallteile der Betätigungsvorrichtung des Schalters müssen auch beim Bruch des Schaltergriffes der zufälligen Berührung entzogen bleiben.

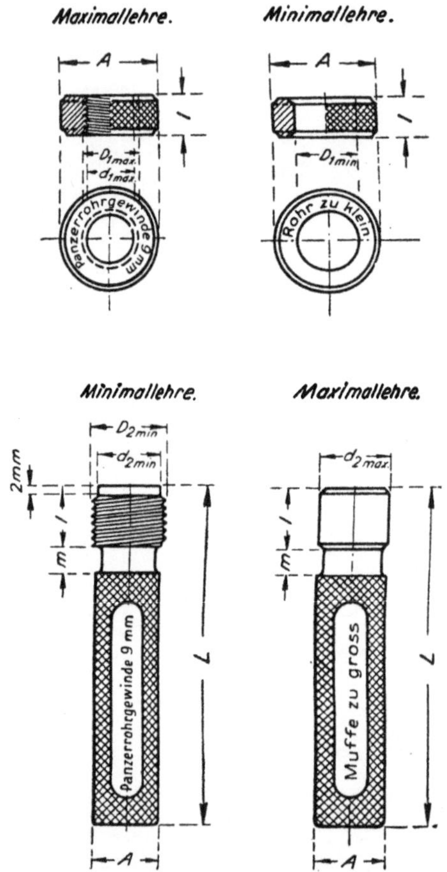

Abb. 31. Kontrollehren für Panzerrohrgewinde.

d) Die Einführungsstellen für die Leitungen müssen derart ausgebildet sein, daß eine Beschädigung der biegsamen Leitungen auch bei rauher Behandlung nicht zu·befürchten ist.

e) Ist die Lampe mit einem Schutzkorbe, Aufhängehaken, Tragebügel oder dergleichen aus Metall versehen, so müssen diese auf dem isolierenden Körper befestigt sein.

Tabelle XIV. Abmessungen der Lehren für das Gewinde der Panzerrohre und Muffen. (Abb. 31.)

Benennung		7				9				11				13,5				16				21				29				36				42			
		A	l	L	m	A	l	L	m	A	l	L	m	A	l	L	m	A	l	L	m	A	l	L	m	A	l	L	m	A	l	L	m	A	l	L	m
Schraube	Maximallehre	32,5	12,5	—	—	32,5	12,5	—	—	40	15	—	—	40	15	—	—	48	16	—	—	48	16	—	—	55	18	—	—	65	20	—	—	65	20	—	—
	Minimallehre	32,5	12,5	—	—	32,5	12,5	—	—	40	15	—	—	40	15	—	—	48	16	—	—	48	16	—	—	55	18	—	—	65	20	—	—	65	20	—	—
Mutter	Minimallehre	11	17	80	8	11	17	80	8	15	20	85	8	15	20	85	8	20	22	95	8	20	22	95	8	25	27	110	8	30	32	115	8	30	30	115	8
	Maximallehre	11	17	80	8	11	17	80	8	15	20	85	8	15	20	85	8	20	22	95	8	20	22	95	8	25	27	110	8	30	32	115	8	30	30	115	8

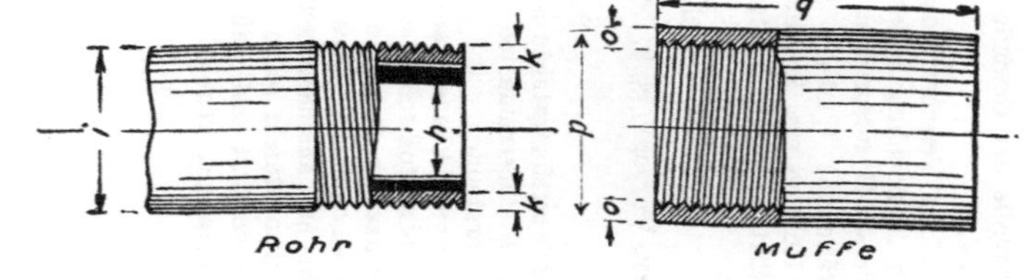

Normalmaße sind: b, g, i, l, m, n, r, St, t.   Maximalmaß ist: p.

Minimalmaße sind: a, c, d, e, f, h, k, o, q.

Maße a bis l und o bis T sind Millimeter.

M. Papierrohre (Isolierrohre) mit Metallmantel und Metallrohre für Verschraubung.

Siehe auch Err.-Vorschr. §§ 26, 31.
Bahn-Vorschr. §§ 10, 24, 36.

§ 49.

1. Rohre sollen die in den Tabellen XII und XIII gegebenen Abmessungen haben.

Die Messung des äußeren Rohrdurchmessers (b) bei Papierrohren mit gefalztem Metallmantel soll nicht über dem Falz erfolgen; der Falz soll außen liegen und darf in das Papierrohr nicht eingedrückt sein.

Zur Kontrolle der Gewinde dienen die Lehren nach Abb. 31 und Tabelle XIV.

2. Rohre für Verschraubung nach Art der Stahlpanzerrohre jedoch ohne Auskleidung sollen in ihren Abmessungen mindestens der Tabelle XIII entsprechen.

3. Rohrähnliche Winkel-, T-, Kreuzstücke u. dergl. sollen als Teile des Rohrsystems in gleicher Weise ausgekleidet sein wie die Rohre selbst. Scharfe Kanten im Innern sind auf alle Fälle zu vermeiden.

N. Verteilungstafeln.

Siehe auch Err.-Vorschr. §§ 9, 14, 37, 38. Bahn-Vorschr. §§ 19, 37.

§ 50.

1. Unter Verteilungstafeln ist der Zusammenbau von Sicherungen, Schaltern, Meßinstrumenten usw. auf besonderer, gemeinsamer Unterlage verstanden.

2. Unterlagen können aus Metall oder Isolierstoff bestehen. Solche aus Isolierstoff sollen feuer-, wärme- und feuchtigkeitssicher sein.

3. Die einzelnen Apparate sollen für sich befestigt sein.

4. Sammelschienen, denen mehr als 60 A zugeführt werden, sollen nicht aus aneinandergereihten Stücken bestehen.

5. Verteilungstafeln sollen durch eine Umrahmung oder ähnliche Mittel so geschützt sein, daß Fremdkörper nicht an die Rückseite der Tafel gelangen können.

24. Normen für D-Stöpsel (Durchmesser-System)[1].

Gültig ab 1. Oktober 1919.

§ 1.

a) Nennstrom und Nennspannung müssen auf Schmelz-einsatz und Paßschraube haltbar verzeichnet sein.

> 1. Normale Nennstromstärken: 6, 10, 15, 20, 25 A;
> 2. normale Nennspannung: 500 V.

§ 2.

Der Kragen der Paßschraube muß aus solchem Isolier-stoff hergestellt sein, daß die Brauchbarkeit der Paßschraube durch die höchste Temperatur, die im Betriebe mit dem zu-gehörigen Schmelzeinsatz auftreten kann, nicht beeinträch-tigt wird.

§ 3.

Der Schmelzraum muß abgeschlossen sein und darf ohne besondere Hilfsmittel und ohne Beschädigung nicht geöffnet werden können.

§ 4.

a) Die Sicherungen müssen so gebaut sein, daß die fahr-lässige oder irrtümliche Verwendung von Einsätzen für zu hohe Stromstärken ausgeschlossen ist.

> 1. Für die zweiteiligen Schraubstöpsel und die Paßschrauben gelten die in Tafel I gegebenen Maße. Zur Kontrolle der Stöpsel und Paßschrauben dienen die in Tafel I wiedergegebenen Lehren.

§ 5.

Außer den vorstehenden Bestimmungen gelten für die zweiteiligen Sicherungsstöpsel die Paragraphen 1 bis 3 und 23 bis 33 (Prüfbestimmungen) der „Vorschriften für die Kon-struktion und Prüfung von Installationsmaterial", die in der „ETZ" 1914, S. 515, 540 und 1920, S. 839 veröffentlicht waren.

---

[1] Angenommen auf der Jahresversammlung 1919. Veröffentlicht: ETZ 1919, S. 399. Erläuterungen: ETZ 1919, S. 402.

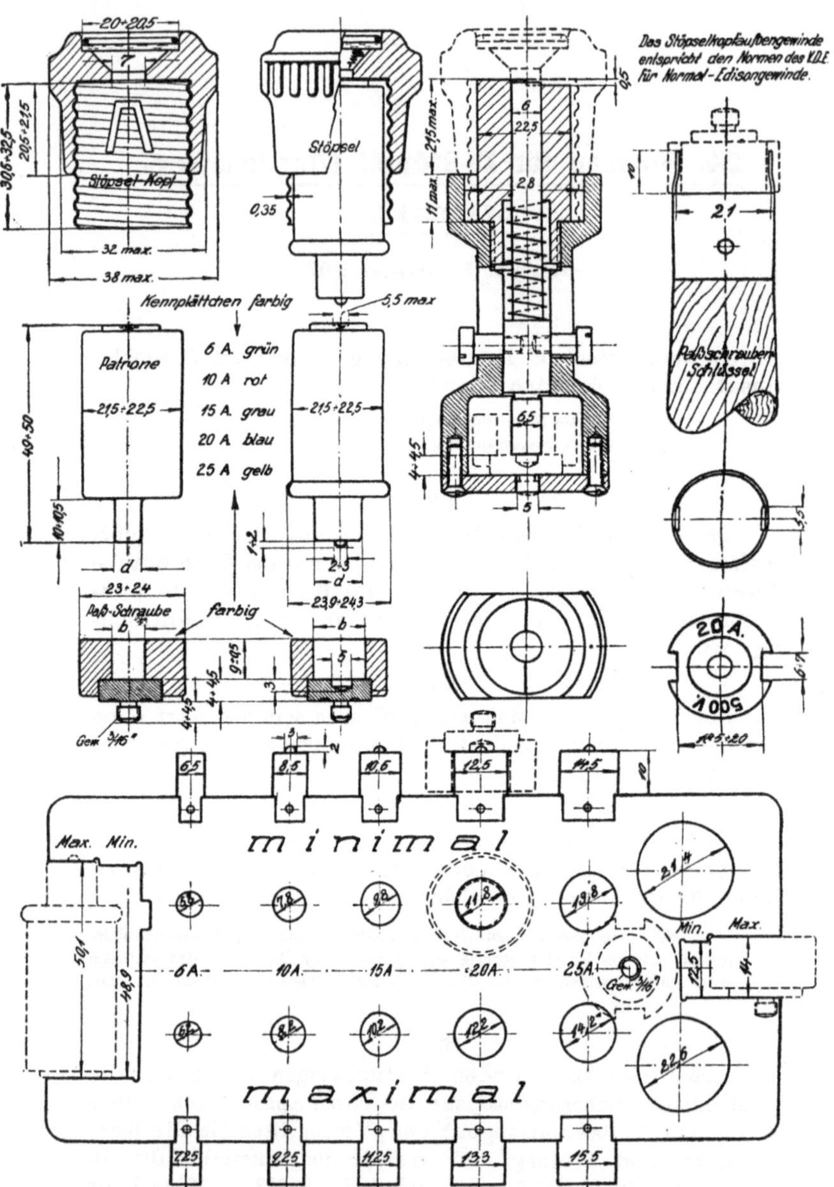

Tafel I.   Normale D-Stöpsel und Paßschrauben für 6 bis 25 A,
500 V, mit Prüflehren.

25. Normen für Zwerg-Edisongewinde.[1]

Gültig ab 1. Oktober 1919.

Zwerg-Edisongewinde sollen die in nachstehender Tabelle und Tafel II gegebenen Abmessungen haben. Zur Kontrolle dienen die in der Tabelle und in Tafel II enthaltenen Lehren.

Benennung		Zwerg-Edison	
		Gewindedurchmesser in mm	
		innerer	äußerer
Idealgewinde		$d_0 = 8{,}6$	$D_0 = 9{,}6$
Schraube Lampenfuß bzw. Sicherungsstöpsel	Sollmaß	$d_i = 8{,}485$	$D_i = 9{,}485$
	Maximallehre	d_i max. $= 8{,}57$	D_i max. $= 9{,}57$
	Minimallehre	—	D_i min. $= 9{,}40$
Mutter Fassung bzw. Sicherungssockel	Sollmaß	$d_f = 8{,}715$	$D_f = 9{,}715$
	Minimallehre	d_f min. $= 8{,}63$	D_f min. $= 9{,}63$
	Maximallehre	d_f max. $= 8{,}80$	—
Gewindesteigung		$St = \frac{1}{14}''$ engl. $= 1{,}814$ mm	
Profilradius		$r = 0{,}536$	
Gewindetiefe		$t_0 = 0{,}5$	
Schraube und Mutter	Sehnenlängen	$S = 0{,}907$	
	Bogenhöhen	$h = 0{,}25$	

---

[1] Angenommen auf der Jahresversammlung 1919, veröffentlicht ETZ 1919 S. 401. Erläuterungen: ETZ 1919 S. 402.

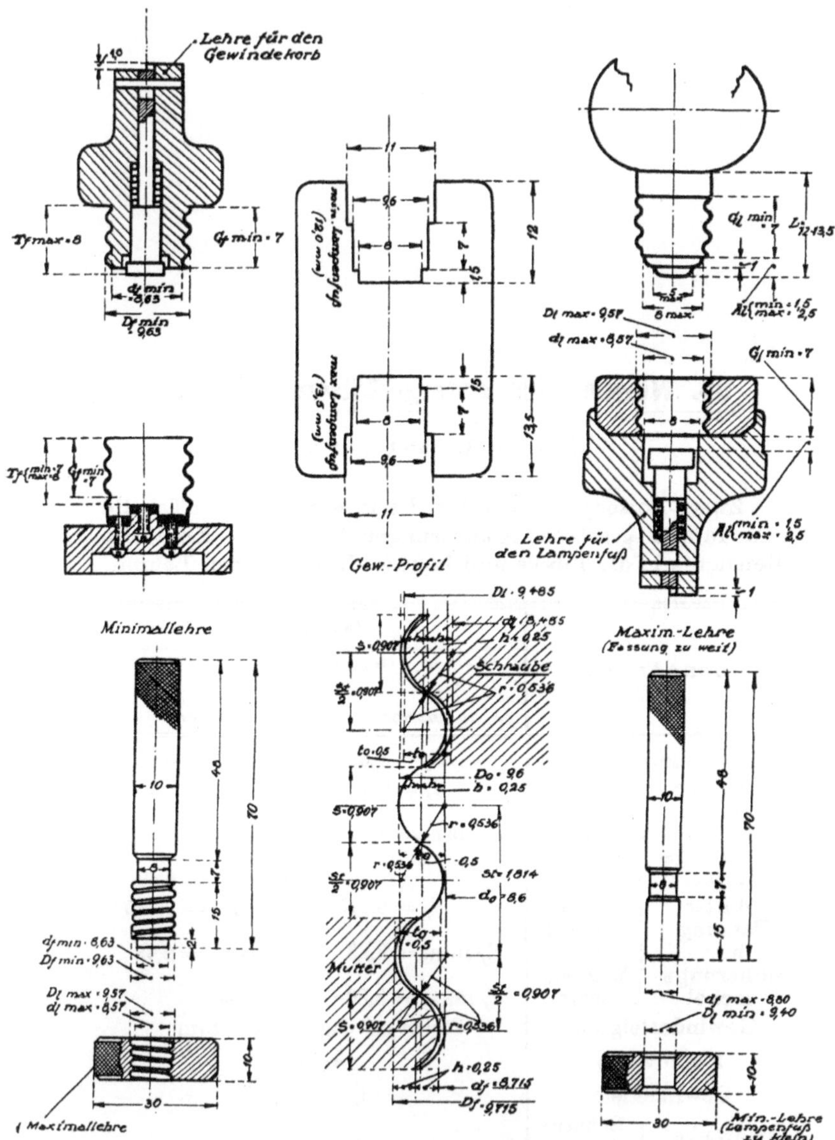

Tafel II. Normen für Zwerg-Edisongewinde.

26. Vorschriften für die Konstruktion und Prüfung A*)
von Schaltapparaten für Spannungen bis einschl.
750 V.¹)

(Hebelschalter, Ölschalter, offene Schmelzsicherungen, Anlasser
und Regulierwiderstände.)²)

Gültig ab 1. Juli 1915.³)

A. Vorbemerkungen.
B. Geltungsbereich § 1.
C. Begriffsbestimmungen § 2.
D. Allgemeines § 3.
E. Hebelschalter und Ölschalter §§ 4 bis 21.
F. Offene Schmelzsicherungen §§ 22 bis 25.
G. Anlasser und Regulierwiderstände §§ 26 bis 38.

A. Vorbemerkungen.

a) Die nachstehenden Vorschriften sind in der Weise
geordnet, daß jeder Abschnitt für sich Konstruktions- und
Prüfvorschriften enthält, und zwar sind stets zuerst die
Konstruktions-, dann die Prüfvorschriften gegeben.

*Die Prüfvorschriften sind äußerlich durch Kursivschrift ge-
kennzeichnet.*

1. Im Gegensatz zu den mit Buchstaben bezeichneten Absätzen,
die grundsätzliche Vorschriften darstellen, enthalten die mit Ziffern
versehenen Absätze Ausführungsregeln und Normalabmessungen.
— Sie geben an, wie die Errichtungsvorschriften und die Vorschriften für Konstruktion und Prüfung von Schaltapparaten
mit den üblichen Mitteln im allgemeinen zur Ausführung gebracht
werden sollen.

Abweichende Ausführungen sollen nicht mit den normalen verwechselbar sein.

---

¹) Sonderabdrucke sowie Erläuterungen hierzu können von der Verlagsbuchhandlung Julius Springer, Berlin, bezogen werden.

²) Durch die hier enthaltenen Bestimmungen über Hebelschalter und Schmelzsicherungen werden die entsprechenden Abschnitte aus der früheren Fassung der
„Vorschriften über Konstruktion und Prüfung von Installationsmaterial" (Nor-
malienbuch 4. bis 8. Aufl. und ETZ 1908, S. 872) ersetzt.

³) Angenommen auf der Jahresversammlung 1914. Veröffentlicht ETZ 1914,
S. 513.

*) Siehe Vorwort.

B. Geltungsbereich.

§ 1.

Die nachstehenden Vorschriften und Regeln beziehen sich auf Schaltapparate für Nennspannungen bis 750 V.

C. Begriffsbestimmungen.

Siehe auch Err.-Vorschr. § 2. Bahn-Vorschr. § 2.

§ 2.

a) Feuersicher ist ein Gegenstand, der entweder nicht entzündet werden kann oder nach Entzündung nicht von selbst weiter brennt.

b) Wärmesicher ist ein Gegenstand, der bei der höchsten betriebsmäßig vorkommenden Temperatur keine den Gebrauch beeinträchtigende Veränderung erleidet[1]).

c) Feuchtigkeitssicher ist ein Gegenstand, der sich im Gebrauch durch Feuchtigkeitsaufnahme nicht so verändert, daß er für die Benutzung ungeeignet wird.

d) Nennstrom, Nennspannung, Nennleistung bezeichnen den Verwendungsbereich.

D. Allgemeines.

Siehe auch Err.-Vorschr. §§ 3, 4, 5, 9, 10, 15, 23, 28, 35, 39, 41. Bahn-Vorschr. §§ 4, 5, 13, 15, 17, 19, 36. .

§ 3.

a) Alle Apparate müssen so gebaut und bemessen sein, daß durch die bei ihrem Betrieb auftretende Erwärmung weder die Wirkungsweise und Handhabung beeinträchtigt werden, noch eine für die Umgebung gefährliche Temperatur entstehen kann.

b) Die spannungführenden Teile müssen auf feuer-, wärme- und feuchtigkeitssicheren Körpern angebracht sein.

c) Abdeckungen müssen mechanisch widerstandsfähig, zuverlässig befestigt, wärmesicher, und, wenn sie mit spannungführenden Teilen in Berührung stehen, auch feuchtigkeitssicher sein. Solche aus Isolierstoff, die im Gebrauch mit einem Lichtbogen in Berührung kommen können, müssen auch feuersicher sein.

d) Griffe, Handräder, der Berührung zugängliche Gehäuse u. dgl. können aus Isolierstoff oder Metall bestehen. In letzterem Falle müssen sie entweder mit einem Erdungsanschluß versehen oder mit einer haltbaren Isolierschicht vollständig überzogen sein.

---

[1]) Die genaue Festsetzung der Mindesttemperaturen, denen die einzelnen Konstruktionsteile unter allen Umständen müssen standhalten können, wird in einer besonderen Arbeit betr. Klassifizierung von Isolierstoffen gegeben werden.

e) Metallteile, für die Erdung in Frage kommen kann, müssen mit einem Erdungsanschluß versehen sein.

Der Erdungsanschluß muß als solcher gekennzeichnet sein („Erde", oder ▨).

f) Lackierung und Emaillierung von Metallteilen gilt nicht als Isolierung im Sinne des Berührungsschutzes.

g) Alle Schrauben, die Kontakte vermitteln, müssen metallenes Muttergewinde haben.

h) Ortsfeste Apparate müssen für Anschluß der Leitungsdrähte durch Verschraubung oder gleichwertige Mittel eingerichtet sein.

i) Für Schaltapparate gelten die „Normalien für Anschlußbolzen und ebene Schraubkontakte für Stromstärken von 10 bis 1500 A".

k) Auf jedem Apparat müssen Nennstrom und Nennspannung verzeichnet sein. Werden die Bezeichnungen abgekürzt, so ist für den Nennstrom A, für die Nennspannung V zu verwenden.

l) Schaltapparate müssen ein Ursprungszeichen haben, das den Hersteller erkennen läßt.

E. Hebelschalter und Ölschalter.
Siehe auch Err.-Vorschr. §§ 11, 15, 22, 28, 34, 35, 36, 43, 45.
Bahn-Vorschr. § 17.

§ 4.
a) Nennstrom und Nennspannung müssen auf dem ortsfesten Teil des Schalters so verzeichnet sein, daß sie am montierten Schalter nach Entfernung der Abdeckung leicht und deutlich zu erkennen sind.

b) Sind Schalter für mehrere Spannungen bestimmt, so muß für jede Spannung die zugehörige Stromstärke auf dem Schalter verzeichnet sein. Die zu der höheren Spannung gehörige Stromstärke braucht den in § 5 angegebenen Werten nicht zu entsprechen.

1. Die Bezeichnung soll auf dem Schalter so angebracht sein, daß sie nicht ohne weiteres entfernt werden kann.

2. Hebelschalter, die nur als Trennschalter zu benutzen sind, sollen durch ein gut sichtbares „T" gekennzeichnet sein.

§ 5.
a) Der geringste zulässige Nennstrom beträgt bei Hebelschaltern 25 A, bei Ölschaltern 60 A.

1. Normale Nennstromstärken sind:
25, 60, 100, 200, 350, 600 usw. A.[1]

---

[1] Siehe „Normen für die Abstufung von Stromstärken bei Apparaten" S. 159.

§ 6.

a) Hebelschalter müssen für mindestens 250 V, Ölschalter für 750 V gebaut sein.

1. Normale Nennspannungen sind:
250, 500 und 750 V.

Besondere Bestimmungen für Hebelschalter
(Messerschalter).

§ 7.

Abdeckungen mit offenem Schlitz sind nicht zulässig.

§ 8.

Die Griffdorne von Hebelschaltern dürfen nicht spannungführend sein.

§ 9.

Die Kriechstrecke zwischen spannungführenden Teilen
sowie zwischen solchen und anderen Metallteilen muß bei
Schaltern für 250 V mindestens 10 mm betragen.

§ 10.

*Die Kontakte des Schalters dürfen in neuem Zustand bei
dauernder Belastung mit dem Nennstrom nicht mehr als 35° C
Temperaturzunahme aufweisen. (Prüfung bei 15 bis 25° C Raumtemperatur.)*

§ 11.

*Zur Prüfung der mechanischen Haltbarkeit ist der Schalter,
ohne Strom zu führen, 1000 mal auszuschalten. Nach dieser
Prüfung muß er die in den §§ 12 und 13 vorgeschriebenen Versuche noch aushalten.*

§ 12.

*Die spannungführenden Teile des Schalters müssen in ein-
geschalteter Stellung gegen die Befestigungsschrauben, gegen eine
am Griff angebrachte Stanniolumwicklung und gegen das Gehäuse,
ferner in ausgeschalteter Stellung zwischen den Klemmen folgende
Spannungen eine Minute lang aushalten:*

*bei 250 V Nennspannung 1500 V Wechselstrom
„ 500 „ „ 2000 „ „
„ 750 „ „ 2500 „ „*

§ 13.

*Die Prüfung der Schaltleistung von ein- und zweipoligen
Schaltern*[1]*) hat zu erfolgen im Gebrauchszustand und in der Gebrauchslage mit Gleichstrom und induktionsfreier Belastung bei*

---

[1]) Bestimmungen für die Prüfung dreipoliger Schalter bleiben vorbehalten.

10 °/₀ höherer Spannung und 25°/₀ mehr Strom, als auf dem betreffenden Schalter angegeben ist. Der Schalter gilt als brauchbar, wenn bei der nachstehend beschriebenen Prüfung weder ein Kurzschluß zwischen den Polen noch ein Überschlag nach den für Erdung eingerichteten Teilen (Schmelzen der Kennsicherung) eintritt. Für Hebelumschalter und Trennschalter ist die Prüfung der Schaltleistung nicht erforderlich.

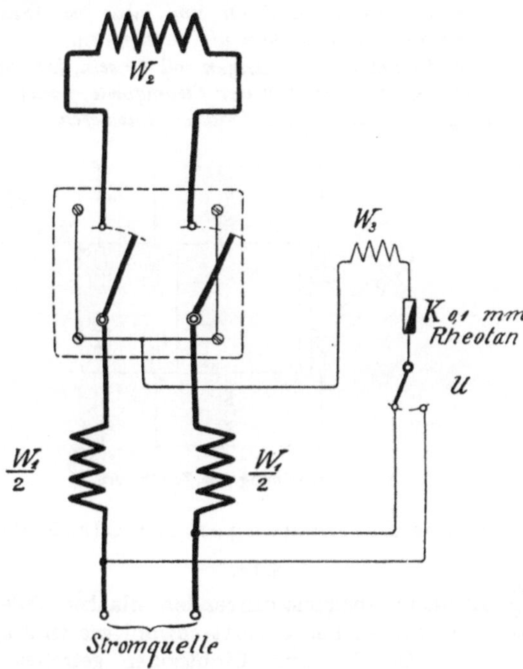

Abb. 1. Schaltungsschema für die Prüfung von Hebelschaltern.

Ausführung der Prüfung:

   1. Bei der Prüfung ist der Schalter nach dem Schema, Abb. 1, anzuschließen. Zuleitungen sind nach Abb. 2 anzuordnen. Die Abbrennstellen müssen in ordnungsgemäßem Zustand sein.

   2. Der Widerstand W_1 einschließlich des Leitungswiderstandes ist so zu bemessen, daß er bei dem vorgeschriebenen Prüfstrom die um 10°/₀ erhöhte EMK auf die Nennspannung des Schalters reduziert.

    W_2 ist der Belastungswiderstand,

    W_3 ein Widerstand zur Verhütung eines unmittelbaren Kurzschlusses bei Überschlag nach den für Erdung eingerichteten Teilen,

U ein Umschalter, der gestattet, die Befestigungs-
schrauben und die für Erdung eingerichteten Teile bei dem
Versuch wahlweise an den einen oder andern Pol zu legen,

    K, Kennsicherung, bestehend aus blankem Wider-
standsdraht (Rheotan) von 0,1 mm Durchmesser und
mindestens 30 mm Länge.

3. *Die Prüfung ist mit dem zugehörigen, aufgesetzten*
Schutzkasten auszuführen und zwar bei Anschluß der
Stromquelle sowohl oben als auch unten.

4. *Die Anzahl der Schaltungen soll 40 sein, je 20 bei oberem*
und unterem Anschluß der Stromquelle; nach je 10 Schal-
tungen ist der Erdungsschalter umzulegen.

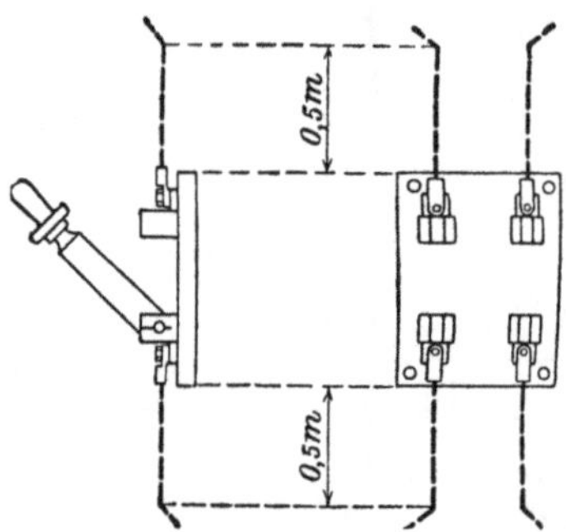

Abb. 2. Anordnung der Zuleitungen.

Besondere Bestimmungen für Ölschalter[1]).

§ 14.

Der Abstand spannungführender blanker Teile gegen
Erde und von Pol zu Pol in Luft sowohl wie an denjenigen
Stellen unter Öl, die vom Lichtbogen getroffen werden
können (geradlinig gemessener Abstand), muß mindestens
30 mm, von der Unterbrechungsstelle an den feststehenden
Kontakten bis zum Ölspiegel mindestens 80 mm betragen.

§ 15.

Entsprechend § 11 f. der Errichtungsvorschriften müssen
Schalterstellung und Einschaltrichtung erkennbar sein.

§ 16.

a) Ölschalter sind mit einer Einrichtung zu versehen,
die das Vorhandensein des normalen Ölstandes anzeigt.

---

[1]) Normale Installationsschalter unter 60 A, die aus Betriebsgründen in Öl
gesezt sind (z. B. um Schlagwettersicherheit zu erzielen), fallen nicht unter den Begriff „Ölschalter" im Sinne dieser Vorschriften.

1. Bei Ölschaltern für mehr als 200 A sollen zum Entleeren der Ölbehälter geeignete Einrichtungen vorgesehen sein.

2. Die Ölschalter sollen eine Vorrichtung zum Ausgleich der bei bestimmungsgemäßer Verwendung in ihnen auftretenden Drucksteigerungen haben, oder sie sollen so eingerichtet sein, daß sie diese schadlos aushalten.

§ 17.

Die äußeren Anschlußstellen des Schalters dürfen in neuem Zustand bei dauernder Belastung mit dem Nennstrom nicht mehr als 35 ⁰ C Temperaturzunahme aufweisen. (Prüfung bei 15 bis 25 ⁰ C Raumtemperatur.) Zur Feststellung der Temperatur der unter Öl liegenden stromführenden Teile ist die Temperatur der oberen Ölschicht zu messen. Die Temperaturzunahme darf im Beharrungszustand bei Schaltern bis zu 350 A nicht mehr als 20⁰ C, bei Schaltern darüber bis 2000 A nicht mehr als 30⁰ C, bei allen größeren Schaltern nicht mehr als 40⁰ C betragen.

§ 18.

Die spannungführenden Teile des Schalters müssen in eingeschalteter Stellung gegen die spannungslosen Teile, ferner im ausgeschalteten Zustand zwischen den Klemmen eine Spannung von 5000 V Wechselstrom 1 Minute lang aushalten. Der gleichen Spannungsprüfung sind auch alle sonstigen Zubehörteile zu unterziehen, die innerhalb des Ölkastens untergebracht sind.

Bestimmungen für Öl-Selbstausschalter und Öl-Fernschalter.

§ 19.

a) Dauernd eingeschaltete Magnetwicklungen (z. B. für Höchststrom- oder Nullspannungsauslösung) dürfen keine höhere Übertemperatur als 50 ⁰ C (thermometrisch gemessen) bei ihrem Nennstrom bzw. normaler Spannung erreichen.

b) Zeitweise eingeschaltete Magnetwicklungen (für Ein- und Ausschalten bei Fernbetätigung) dürfen nach zehnmaligem unmittelbar aufeinander folgendem Ein- und Ausschalten bei normaler Spannung des Betätigungsstromes keine größeren Übertemperaturen (thermometrisch gemessen) als 50⁰ C erreichen.

Anmerkung: Die thermometrische Messung ist nach § 14 der Normalien für Bewertung und Prüfung von elektrischen Maschinen und Transformatoren vorzunehmen.

c) Elektromagnete für Einschaltung müssen noch bei einer Spannung des Betätigungsstromes wirken, die von der normalen um ± 10 % abweicht.

d) Zeitweise eingeschaltete Elektromagnete für Ausschaltung müssen noch bei einer Spannung des Betätigungsstromes wirken, die von der normalen um $+$ 10 oder $-$ 25 % abweicht.

e) Elektromagnete für Nullspannungsauslösung dürfen erst nach 35 % Rückgang der Spannung wirken.

§ 20.

a) Bei Magnetwicklungen für Maximalstrom gelten folgende Stromwerte als normal:

Nennstrom	Auslösestrom einstellbar zwischen		
A	A		A
4	5,5	und	8
6	8	„	12
8	11	„	16
10	14	„	20
15	21	„	30
20	28	„	40
25	35	„	50
30	42	„	60
40	56	„	80
50	70	„	100
60	84	„	120
75	105	„	150
100	140	„	200
125	175	„	250
160	225	„	320
200	280	„	400
265	370	„	530
350	490	„	700
450	630	„	900
600	840	„	1 200
750	1 050	„	1 500
1 000	1 400	„	2 000
1 500	2 100	„	3 000
2 000	2 800	„	4 000
3 000	4 200	„	6 000
4 000	5 600	„	8 000
6 000	8 400	„	12 000

Wicklungen für weniger als 4 A Nennstrom sind nicht zulässig.

1. Das Verhältnis des an der Verwendungsstelle des Schalters möglichen Kurzschlußstromes zum Nennstrom soll nicht größer sein als 250 bei Auslösung ohne Verzögerung, 150 bei Auslösung mit von der Stromstärke abhängiger Verzögerung, $\dfrac{100}{\sqrt{t}}$ bei Auslösung mit von der Stromstärke unabhängiger Verzögerung (wobei t die Verzögerung in Sekunden bedeutet).

Für Stromwandler von Auslöseapparaten gelten die gleichen Bestimmungen.

Für die Einstellung des Auslösestromes soll eine Anzeigevorrichtung vorhanden sein. Die Auslösevorrichtung soll mit einer Genauigkeit von $\pm 7{,}5\,^0/_0$ wirken.

Auslöseapparate mit Verzögerung sollen nicht in Wirkung treten, wenn innerhalb der ersten zwei Drittel der Verzögerungszeit der Strom auf die Nennstromstärke zurückgeht.

§ 21.

Die Auslösemagnete sind zu bezeichnen mit ihrem Nennstrom und den Auslösestromstärken, zwischen denen sie einstellbar sind, bzw. der Spannung des Auslösestromes.

F. Offene Schmelzsicherungen.
Siehe auch Err.-Vorschr. §§ 14, 20, 28, 34, 35, 36, 43.
Bahn-Vorschr. §§ 16, 19.

§ 22.

a) Nennstrom und Nennspannung sind auf dem ortsfesten Teil der Sicherung sichtbar und haltbar zu verzeichnen.

1. Normale Nennstromstärken sind:
25, 60, 100, 200, 350, 600 usw. A.[1]
2. Normale Nennspannungen sind:
250, 500 V.

§ 23.

a) Nennstrom und Nennspannung sind auf dem Schmelzeinsatz zu verzeichnen.

1. Normale Nennstromstärken sind:
6, 10, 15, 20, 25, 35, 60, 80, 100, 125, 160, 200, 225, 260, 300, 350, 430, 500, 600 usw. A.[2]

§ 24.

Die spannungführenden Teile der Sicherung müssen gegen die Befestigungsschrauben, gegen das Gehäuse und gegen den Griff (falls ein solcher vorhanden ist), ferner nach Entfernung der Schmelzlamelle von Kontakt zu Kontakt folgende Spannungen eine Minute lang aushalten:

bei 250 V 1500 V Wechselstrom
,, 500 ,, 2000 ,, ,,

§ 25.

Bei der Prüfung auf Überlastungsfähigkeit sind die Sicherungen mit dem 1,6fachen und dem 1,8fachen Nennstrom zu belasten. Den 1,6fachen Nennstrom müssen sie 1 Stunde lang aushalten; bei dem 1,8fachen Nennstrom müssen sie innerhalb derselben Zeit abschmelzen.

---

[1] Siehe die „Normen für die Abstufung von Stromstärken bei Apparaten", S. 159.

[2] Siehe die Bestimmungen über die Belastung von Leitungen. Errichtungsvorschriften § 20[1].

G. Anlasser und Regulierwiderstände.[1])

Siehe auch Err.-Vorschr. §§ 12, 28, 33, 34, 35, 39, 43.
Bahn-Vorschr. §§ 17, 38, 40.

§ 26.

Bei Apparaten mit Handbetrieb darf die Achse der Betätigungsvorrichtung nicht spannungführend sein.

§ 27.

Alle der Berührung zugängigen Metallteile müssen untereinander dauernd leitend verbunden und mit einem gemeinsamen Erdungsanschluß versehen sein, damit die Apparate bei **Verwendung** in solchen Fällen, wo eine Erdung zweckmäßig oder nach §§ 3 und 4 der Err.-Vorschr. notwendig ist, geerdet werden können.

§ 28.

Das Widerstandsmaterial muß von wärme- und feuersicherer Unterlage getragen werden. Falls diese nicht feuchtigkeitssicher ist, müssen die Widerstandsträger noch besonders vom Gehäuse isoliert sein.

§ 29.

a) Anlasser müssen derart gebaut sein, daß die Widerstände, Spiralen, Bleche usw. bei den betriebsmäßigen Beanspruchungen nicht mit Metallteilen des Gehäuses in Berührung kommen können. Hierbei sind Größe des Anlaßstromes, Dauer und Häufigkeit des Anlassens besonders zu berücksichtigen.

1. Anlasser für Wechsel- und Drehstrommotoren sollen so gebaut sein, daß sie den Sekundärkreis nicht völlig unterbrechen können.

§ 30.

Die Verbindungsleitungen zwischen den Widerständen und den Kontakten müssen zuverlässig isoliert und möglichst übersichtlich geführt sein.

§ 31.

a) Drähte mit nicht feuchtigkeitssicherer Isolierung dürfen nicht mit dem Gehäuse in Berührung kommen.

b) Drähte mit nicht wärmebeständiger Isolierung **müssen** einer schädlichen Einwirkung der im Apparat entwickelten Wärme entzogen sein.

§ 32.

Die Anschlußklemmen der Apparate müssen entsprechend den „Normen für die Bezeichnung von Klemmen bei Maschi-

---

[1]) Die Bestimmungen dieses Abschnittes sind sinngemäß auch auf Flüssigkeitswiderstände anzuwenden.

nen, Anlassern, Regulatoren und Transformatoren" kenntlich gemacht werden. Sind Widerstand und Stufenschalter getrennt, so müssen beide entsprechende Bezeichnungen haben.

§ 33.

a) Jedem Apparat ist ein Schaltbild mitzugeben, aus dem sich die Anschlüsse und die innere Schaltung erkennen lassen.

1. Es empfiehlt sich, dies Schaltbild fest am oder im Apparat anzubringen.

§ 34.

Kontaktbahn und Anschlußstellen müssen mit einer widerstandsfähigen, zuverlässig befestigten und leicht abnehmbaren Abdeckung versehen sein. Diese darf keine Öffnung enthalten, die eine unmittelbare Berührung spannungführender Teile zuläßt. (Ausnahmen siehe §§ 28 und 29 der Errichtungsvorschr.)

§ 35.

Ölanlasser sind mit einer Einrichtung zu versehen, die das Vorhandensein des normalen Ölstandes erkennen läßt.

§ 36.

Auf jedem Apparat muß die Stellung, bei der der Apparat eingeschaltet, und die, bei der er ausgeschaltet ist, sowie der Schaltweg deutlich gekennzeichnet sein (z. B.   ).

Aus   Ein

§ 37.

Für Magnete in Verbindung mit Anlassern gelten sinngemäß die Vorschriften des § 19.

§ 38.

Anlasser und Regulierwiderstände für 250 und 500 V sind mit 2000 V Wechselstrom, solche für 750 V mit 2500 V Wechselstrom eine Minute lang auf Isolierung der spannungführenden Teile gegen Körper zu prüfen.

A*) 27. Richtlinien[1]) für die Konstruktion und Prüfung von Wechselstrom-Hochspannungsapparaten von einschließlich 1500 V Nennspannung aufwärts.[2])

(Ölschalter, Trennschalter, Stützisolatoren, Durchführungen, Kabelendverschlüsse, Überspannungsschutzapparate, Schmelzsicherungen, Stromtransformatoren und Freileitungsapparate.)

Gültig ab 1. Januar 1914.[3]

A. Allgemeine Bestimmungen.

§ 1.

Für Hochspannungsapparate gelten als Nennspannungen 1500, 3000, 6000, 12000, 24000, 35000 (50000, 80000, 110000, 150000 und 200000) V.

> **Anmerkung.** Im Sinne des § 2a der Errichtungsvorschriften sollen die Apparate bis 35000 V auch für die bis 15% über den Nennspannungen liegenden Spannungen anwendbar sein, die infolge Spannungsabfalles bis zur Verbrauchsstelle in der Erzeugerstelle auftreten.

§ 2.

Für Hochspannungsapparate gelten als Nennstromstärken 2, 4, 6, 10, 25, 60, 100, 200, 350, 600, 1000, 1500, 2000, 3000, 4000 und 6000 A[4].)

§ 3.

Für Hochspannungsapparate gelten die „Normen für Anschlußbolzen und ebene Schraubkontakte von 10 bis 1500 A".

---

[1]) Im Gegensatz zu den sonst üblichen Bezeichnungen wurde hier der Name „Richtlinien" gewählt, um auszudrücken, daß es sich um keine streng bindenden Bestimmungen handeln soll, sondern um Empfehlungen, deren Wert zunächst durch praktische Erprobung geprüft und bestätigt werden soll.

[2]) Sonderabdrücke können von der Verlagsbuchhandlung Julius Springer, Berlin, bezogen werden. Erläuterungen siehe ETZ 1912, S. 354, 380.

[3]) Angenommen auf der Jahresversammlung 1913. Veröffentlicht: ETZ 1913 S. 1067.

[4]) „Normen über die Abstufung von Stromstärken bei Apparaten", S. 159.

*) Siehe Vorwort.

§ 4.

Hochspannungsapparate sind zu wählen nach der Spannung und dem für den Ort ihrer Verwendung errechneten Kurzschlußstrom.

Anmerkung: Unter Kurzschlußstrom ist nicht der erste, beim Einsetzen des Kurzschlusses auftretende Stromstoß, sondern der Strom im stationären Zustand des Kurzschlusses verstanden.

§ 5.

Bei Hochspannungsapparaten für Innenräume gelten die in Tabelle 1 und in Tabelle 2, Rubrik 1 bis 3, angegebenen Nennspannungen, Kurzschlußströme, Prüfspannungen und lichten Maße.

Diese Tabellen gelten jedoch für Ölschalter nicht, wenn außergewöhnliche Verhältnisse (hoher Momentan - Kurzschlußstrom, besonders bei unverzögerter Auslösung) vorliegen.

Anmerkung. Bei Anlagen für 15000 V kann die Serie III verwendet werden, wenn der Kurzschlußstrom nicht mehr als 500 A beträgt.

Die angegebenen lichten Maße bedeuten geradlinig gemessene Abstände spannungführender blanker Teile an der ungünstigsten Stelle.

Für alle Apparate gilt:

Maß A.

Es gibt an den Abstand
  1. gegen Erde,
  2. verschiedener Pole oder Phasen gegeneinander,
  3. im ausgeschalteten Zustand getrennter Teile, gleichnamiger Pole oder Phasen gegeneinander.

Anmerkung. Bei hochwertig isolierten Leitungen, deren Isolierung durch geeignete Maßnahmen gegen Verwitterung geschützt ist, brauchen vorstehende Mindestmaße nicht eingehalten zu werden.

Nur für Ölschalter gilt:

Maß B.

Es gibt an den Abstand
  1. gegen Erde,
  2. gegen den Ölspiegel,
  3. verschiedener Pole oder Phasen gegeneinander,
  4. im ausgeschalteten Zustand getrennter Teile gleichnamiger Pole oder Phasen gegeneinander mit Ausnahme der Ausschaltstrecken.

Anmerkung. Das Maß B gilt nicht für außerhalb des Wirkungsbereiches des Lichtbogens sonst noch im Ölbade befindliche Hilfsapparate, z. B. Stromwandler. Schutzwiderstände.

Maß C.

der Unterbrechungsstelle an den feststehenden Kontakten von der Öloberfläche.

Die vorstehenden Maße sollen nie unterschritten werden. Andere Maße, als die Stufenreihen enthalten, können auf Grund dieser Normalien nicht gefordert werden.

Tabelle 1.

Nenn-spannung V	Kurzschlußstrom in A[1)					
	1000	1500	2000	3000	4500	6000
1 500	I	I	I	I	—	—
3 000	I	I	I	II	II	II
6 000	II	II	II	III	III	III
12 000	III	III	IV	IV	IV	—
24 000	IV	V	V	—	—	—
35 000	V					
50 000	VI					
80 000	VII					
110 000	VIII					
150 000	IX					
200 000	X					

(Innerhalb jeder Serie ist die Type zu bestimmen mit Rücksicht auf die Nennstromstärke.)

Tabelle 2.

Serie	Prüfspannung	Lichte Maße mm		
		außer Öl	unter Öl (nur für Ölschalter)	
	V	A	B	C
1	2	3	4	5
I	10 000	75	40	90
II	20 000	100	50	100
III	30 000	125	60	120
IV	50 000	180	90	180
V	70 000	240	120	240
VI	100 000			
VII	160 000			
VIII	220 000			
IX	300 000			
X	400 000			

Anmerkung. Zur Bestimmung des Kurzschlußstromes können mit einer für die Praxis genügenden Genauigkeit für normale Fälle im allgemeinen folgende Annäherungsregeln benutzt werden.

[1) Vergl. die Anmerkung in § 4.

a) Bei Apparaten, welche ohne merkliche· Widerstände an den Sammelschienen einer Zentrale liegen, ist, sofern bestimmte Werte nach § 4 nicht zur Verfügung stehen, das 3fache des bei Vollbelastung aller gleichzeitig arbeitenden Maschinen in die Sammelschienen fließenden Stromes anzunehmen.

b) Bei Apparaten, welche durch einen merklichen Widerstand mit einem Spannungsverlust von $n\,{}^0/_0$ beim Normalverbrauch des betreffenden Abzweiges von den Sammelschienen der Zentrale getrennt sind, ist als Kurzschlußstrom anzunehmen $\dfrac{100}{n}$ des Normalstromes des Abzweiges.

c) Apparate in Ringleitungen sind wie unter b) zu bestimmen, wobei anzunehmen ist, daß die Stromzuführung nur aus dem Teil der Ringleitung erfolgt, bei welchem sich die ungünstigste Beanspruchung des Apparates ergibt.

Bei Apparaten, die in Abzweigungen von Ringleitungen liegen, gilt die Regel b) ohne Einschränkung.

d) Bei Apparaten hinter Transformatoren ist als Kurzschlußstrom — unter Annahme eines Spannungsabfalles von $3,3\,{}^0/_0$ in den Transformatoren — das $\dfrac{100}{3,3} = 30$fache des normalen Stromes der Transformatoren anzunehmen.

e) Bei Apparaten hinter Transformatoren, bei denen in der primären Zuleitung ein Spannungsverlust von $n\,{}^0/_0$ bei Normalleistung der Transformatoren vorhanden ist, ist als Kurzschlußstrom anzunehmen $\dfrac{100}{3,3+n}$ des normalen Transformatorenstromes.

f) Bei Apparaten hinter Transformatoren, bei denen in den primären und sekundären Leitungen ein Spannungsverlust von n_1 bzw. $n_2\,{}^0/_0$ bei Normalleistung der Transformatoren auftritt, ist als Kurzschlußstrom anzunehmen $\dfrac{100}{3,3+n_1+n_2}$ des normalen Stromes in der Sekundärleitung.

g) In den Fällen b) bis f) ist für die Auswahl der Apparate als Kurzschlußstrom derjenige der Zentrale anzunehmen, wenn dieser kleiner als der errechnete ist. Beispiele im Anhang.

§ 6.

Wenn eine Abnahmeprüfung in der Fabrik oder am Verwendungsort verlangt wird, so soll jeder Hochspannungsapparat in betriebsfertigem Zustande den in § 5 angegebenen Prüfspannungen bei etwa 50 Perioden in der Sekunde je 1 Minute ausgesetzt werden. Hierbei darf ein Überschlag oder Durchschlag nicht stattfinden. Die Prüfspannungen sollen praktisch sinusförmigen Verlauf haben und allmählich auf den zu prüfenden Apparat gegeben werden.

Anmerkung. In Streitfällen gilt als nicht praktisch sinusförmig eine Spannungskurve, bei welcher die Amplituden der höheren Harmonischen mehr als $3\,{}^0/_0$ der Amplitude der Grundschwingung betragen.

§ 7.

An Apparaten, die geerdet werden sollen, muß ein zuverlässiger Anschluß der Erdleitung ermöglicht sein.

Die Konstruktionsteile der Schaltanlagen usw. können als ein Teil der Erdleitung benutzt werden, sofern sie eine d a u e r n d gute Leitung gewährleisten.

B. Besondere Bestimmungen für Ölschalter.

§ 8.

Bei Ölschaltern gilt § 2 mit der Einschränkung, daß die Stromstufen von 2 bis 25 A und von Serie II (Tabellen, § 5) einschließlich ab die unter 200 A liegenden Stromstufen den Normen nicht entsprechen.

§ 9.

Ölschalter sollen den angegebenen Kurzschlußstrom zweimal hintereinander abschalten können.

§ 10.

Die im § 6 angegebene Prüfung ist bei Ölschaltern:
1. im eingeschalteten Zustand gegen Erde,
2. im ausgeschalteten Zustand gegen Erde,
3. im eingeschalteten Zustand, Pol gegen Pol,
4. im ausgeschalteten Zustand, gleichnamige Pole gegeneinander

vorzunehmen.

§ 11.

Wenn die Temperatur des Öles und damit die des Schalters geprüft werden soll, ist die Temperatur in der oberen Ölschicht zu messen. Die Übertemperatur darf im Beharrungszustand bei dem Nennstrom bei Schaltern bis einschließlich 350 A nicht mehr als 20° C, bei Schaltern bis einschließlich 2000 A nicht mehr als 30° C, bei Schaltern mit größerem Strom nicht mehr als 40° C betragen, wobei Voraussetzung ist, daß sich die Kontakte des Schalters im ordnungsgemäßen Zustande befinden.

§ 12.

Ölschalter sind mit einer Einrichtung zu versehen, die das Vorhandensein des normalen Ölstandes anzeigt.

§ 13.

Bei Ölschaltern sollen zum Entleeren der Ölbehälter geeignete Einrichtungen vorgesehen sein.

§ 14.

Holz, Holzstoff, Papier und ähnliche Faserstoffe sind als Isoliermittel bei Ölschaltern in unmittelbarer Verbindung mit spannungführenden Teilen nur zulässig, wenn sie so behandelt sind, daß das notwendige Isoliervermögen dauernd gewährleistet ist.

§ 15.

Entsprechend § 11f der Errichtungsvorschriften sollen Schalterstellung und Einschaltrichtung erkennbar sein.

§ 16.

Die Schalter sollen eine Vorrichtung zum Ausgleich der bei bestimmungsgemäßer Verwendung in ihnen auftretenden Drucksteigerungen haben, oder sie sollen so eingerichtet sein, daß sie diese schadlos aushalten.

§ 17.

Schalter von Serie VI einschließlich aufwärts müssen für jeden Pol einen gesonderten Ölbehälter haben.

§ 18.

Jeder Ölschalter soll ein Schild mit der Nennstromstärke in Ampere, der Prüfspannung in V, den Nennspannungen in V und den zugehörigen Kurzschlußströmen in A tragen.

§ 19.

Dauernd eingeschaltete Magnetwicklungen (für Höchststrom- oder Nullspannungsauslösung) dürfen keine größere Übertemperatur als 50° C (thermometrisch gemessen) bei ihrem Nennstrom bzw. normaler Spannung erreichen.

Anmerkung. Die thermometrische Messung ist nach § 14 der „Normen für Bewertung und Prüfung von elektrischen Maschinen und Transformatoren" vorzunehmen.

§ 20.

Bei Magnetwicklungen für Maximalstrom gelten folgende Stromwerte als normal:

Nenn- strom	Auslösestrom, einstellbar zwischen		Nenn- strom	Auslösestrom, einstellbar zwischen	
A	A	A	A	A	A
4	5,5 und	8	160	225 und	320
6	8 „	12	200	280 „	400
8	11 „	16	265	370 „	530
10	14 „	20	350	490 „	700
15	21 „	30	450	630 „	900
20	28 „	40	600	840 „	1 200
25	35 „	50	750	1050 „	1 500
30	42 „	60	1000	1400 „	2 000
40	56 „	80	1500	2100 „	3 000
50	70 „	100	2000	2800 „	4 000
60	84 „	120	3000	4200 „	6 000
75	105 „	150	4000	5600 „	8 000
100	140 „	200	6000	8400 „	12 000
125	175 „	250			

Wicklungen für weniger als 4 A Nennstrom sind nicht zulässig.

Das Verhältnis des an der Verwendungsstelle des Schalters möglichen Dauer-Kurzschlußstromes zum Nennstrom soll nicht größer sein als

$$\frac{\begin{array}{l} 250 \text{ bei Auslösung ohne Verzögerung,} \\ 150 \quad " \qquad " \qquad \text{mit von der Stromstärke abhängiger} \\ \qquad \qquad \qquad \qquad \text{Verzögerung,} \\ 100 \quad " \qquad " \qquad \text{mit von der Stromstärke unabhängiger} \\ \qquad \qquad \qquad \qquad \text{Verzögerung (wobei t die Verzögerung} \end{array}}{\sqrt{t}}$$
in Sekunden bedeutet):

Für Stromwandler von Auslöseapparaten gelten die gleichen Bestimmungen.

Für den Auslösestrom soll eine Anzeigevorrichtung vorhanden sein. Die Auslösevorrichtung soll mit einer Genauigkeit von $\pm 7\frac{1}{2}\%$ wirken.

Auslöseapparate mit Verzögerung sollen nicht in Wirkung treten, wenn innerhalb der ersten $^2/_3$ der Verzögerungszeit der Strom auf die Nennstromstärke zurückgeht.

§ 21.

Zeitweise eingeschaltete Magnetwicklungen (für Ein- und Ausschaltung bei Fernbetätigung) sollen nach zehnmaligem, unmittelbar aufeinander folgendem Ein- und Ausschalten bei normaler Spannung des Betätigungsstromes keine größere Übertemperatur (thermometrisch gemessen) als 50° C erreichen.

> **Anmerkung.** Die thermometrische Messung ist nach § 14 der „Normen für Bewertung und Prüfung von elektrischen Maschinen und Transformatoren"[1]) vorzunehmen.

§ 22.

Elektromagnete für Einschaltung sollen noch bei einer Spannung des Betätigungsstromes wirken, die von der normalen um $\pm 10\%$ abweicht.

§ 23.

Zeitweise eingeschaltete Elektromagnete für Ausschaltung sollen noch bei einer Spannung des Betätigungsstromes wirken, die von der normalen um $+10\%$ und -25% abweicht.

§ 24.

Elektromagnete für Nullspannungsauslösung sollen erst nach 35% Rückgang der Spannung wirken.

---

[1]) Siehe S. 262.

§ 25.

Die Auslösemagnete sollen bezeichnet sein mit ihrem Nennstrom und den Auslösestromstärken, zwischen denen sie einstellbar sind bzw. der Spannung des Betätigungsstromes.

C. Besondere Bestimmungen für Trennschalter.

§ 26.

Es sind nur Trennschalter für Stromstärken von 200 A (einschließlich) aufwärts zulässig.

§ 27.

Bei Trennschaltern muß die vollzogene Unterbrechung zuverlässig erkennbar sein.

Kriechströme über die Isolatoren müssen durch eine geerdete Stelle abgeleitet werden.

§ 28.

Trennschalter in Öl sind nur für Spannungen bis 6000 V zulässig. Die Trennstrecke muß dem Maß A der Tabelle 2 entsprechen.

D. Besondere Bestimmungen für Freileitungsapparate bis einschließlich 35000 V[1]).

Außer den Bestimmungen der §§ 1, 2, 3 und 7 gelten noch die folgenden:

§ 29.

An Hochspannungs-Mastschaltern dürfen Kontakte für weniger als 200 A Nennstromstärke nicht verwendet werden.

§ 30.

Die Kittstellen zwischen Metall und Isolatoren an Freileitungsapparaten müssen mit einem Schutzanstrich versehen sein.

§ 31.

Die die Kontakte tragenden Isolatoren an Freileitungsapparaten sollen im allgemeinen nicht zur Abspannung benutzt werden.

§ 32.

Bei Freileitungsapparaten muß die Prüfspannung bei unter 45° fallenden Regen von 5 mm Regenhöhe pro Minute mindestens das Doppelte der Nennspannung betragen.

Die Prüfdauer beträgt 5 Minuten.

---

[1]) Die Verwendung von Freileitungs-Schaltapparaten für höhere Spannungen wird für unzweckmäßig gehalten.

E. Anhang.

Beispiele zu § 5.

Zu Anmerkung a.

1 a. Bei einer Zentrale mit Generatoren von je 195 A bei 12 000 V, also einem Gesamtstrom von 780 A ist als Kurzschlußstrom für sämtliche an den Sammelschienen liegenden Apparate, einerlei ob sie für Generatoren, große Abzweige und kleine Abzweige (Kondensationsmotoren, Beleuchtungstransformatoren u. dergl.) bestimmt sind, 2340 A anzunehmen, also ist bei 12000 V die Serie IV zu wählen.

1 b. Bei einer Zentrale von nur 2 Generatoren von je 48 A bei 12 000 V, also einem Kurzschlußstrom von 228 A genügt dagegen Serie III.

Zu Anmerkung b.

2. Für Apparate, welche am Ende einer Leitung liegen, die bei dem Gesamtverbrauch der Verbrauchsstellen einen Spannungsverlust von $5\,^0/_0$ aufweist, berechnet sich der Kurzschlußstrom bei einem Verbrauch von 67,5 A zu $\dfrac{100\times 67{,}5}{5} = 1350$ A. Hierfür genügt die Serie III.

Zu Anmerkung c.

3. Bei einer Drehstromzentrale mit einer Leistungsfähigkeit von 10000 kVA liegt direkt an den Sammelschienen ein Kabelring, der in jeder Ringhälfte bei 150 A Maximal-Belastung einen Spannungsabfall von $10^0/_0$ hat. Für Apparate, die z. B. auf $^1/_3$ der Ringperipherie liegen, berechnet sich der Kurzschlußstrom unter der Voraussetzung, daß der Kurzschluß unmittelbar hinter den Apparaten auf der längeren Strecke eintritt, zu $\dfrac{150\times 100}{10\times{}^2/_3} = 2250$ A.

Es sind also z. B. bei 6000 V Apparate der Serie III zu wählen.

Tritt der Kurzschluß auf der kürzeren Strecke unmittelbar an den Apparaten auf, so berechnet sich der Kurzschlußstrom zu $\dfrac{150\times 100}{10\times{}^1/_3} = 1125$ A.

Für diese Leistung würden die Apparate der Serie II genügen. Trotzdem sind mit Rücksicht auf den für das vorliegende Beispiel ungünstigsten Fall die Apparate der Serie III zu wählen.

Zu Anmerkung d.

4. Hinter einem primär unmittelbar an den Sammelschienen liegenden Transformator für sekundär 95 A bei 3000 V berechnet sich der Kurzschlußstrom zu $95\times 30 = 2850$ A. Hierbei ist für die Apparate bei 3000 V die Serie II zu wählen, falls die Zentrale einen größeren Kurzschlußstrom als 2000 A besitzt, dagegen Serie I, falls der Kurzschlußstrom der Zentrale kleiner als 2000 A ist.

Zu Anmerkung e.

5. Für Apparate hinter einem Transformator von 115 A bei 3000 V, der am Ende einer mit $5^0/_0$ Verlust arbeitenden Primärleitung liegt, berechnet sich der Kurzschlußstrom zu $\dfrac{100\times 115}{3{,}3+5} = 1385$ A. Hierfür genügt bei 3000 V die Serie I.

Zu Anmerkung f.

6. Für Apparate hinter einem Transformator von 115 A bei 3000 V, bei dem in der primären Zuleitung zum Transformator 5 % und in der sekundären Zuleitung zu den Apparaten 5 % Spannungsverlust auftritt, berechnet sich der Kurzschlußstrom zu $\dfrac{100 \times 115}{3,3 + 5 + 5}$ 865 A. Hierfür genügt bei 3000 V die Serie I.

Zu Anmerkung g.

7. Bei einer Zentrale mit einer Leistungsfähigkeit von 150 A bei 12000 V berechnet sich der Kurzschlußstrom für unmittelbar an den Sammelschienen liegende Apparate zu $150 \times 3 = 450$ A. Es ist also bei z. B. 12000 V die Serie III zu nehmen. Für einen unmittelbar an den Sammelschienen liegenden Transformator von 45 A ist primär ebenfalls Serie III zu wählen. Für die beispielsweise mit 3000 V betriebene Sekundärseite ergibt sich rechnerisch zwar der Kurzschlußstrom zu $\dfrac{45 \cdot \dfrac{12000}{3000} \times 100}{3,3} = 5450$ A, wofür Serie II in Frage käme. Da indessen der Kurzschlußstrom der Zentrale, reduziert auf die Sekundärspannung, nur $450 \cdot \dfrac{12000}{3000}$ 1800 A ist, so genügt Serie I.

28. Normen und Prüfvorschriften für Porzellanisolatoren.

Gültig ab 1. Oktober 1920.[1]

A. Freileitungsisolatoren.

1. Stützenisolatoren und Schäkelisolator für Betriebsspannungen bis einschl. 500 V.

2. Stützenisolatoren für Betriebsspannungen über 500 V bis einschl. 35 000 V.

B. Stützer und Durchführungen.

1. Stützer Form S.
2. Durchführungen Form D.
3. Riffelung für Kittstellen.

C. Vorschriften für die Prüfung von Isolatoren für Betriebsspannungen über 500 V bis einschl. 35 000 V.

A. Freileitungsisolatoren.

1. Stützenisolatoren und Schäkelisolator für Betriebsspannungen bis einschl. 500 V.

Werkstoff: Porzellan glasiert.

Das Gewinde wird nicht festgelegt.

Verwendbar:

N_{80} für Querschnitte bis　　35 mm²
N_{95} 〃　　　〃　　　〃　　150 mm²

Be-zeichnung	Betriebs-Spannung	Maße in mm						
		D	D_1	H	d	d_1	l	R
N 80	bis einschl. 500 V	(76) 80 (84)	(40) 42 (44)	(81) 85 (89)	(18) 19 (20)	(20) 21 (22)	(30) 31 (32)	(5,5) 6 (6,5)
N 95	bis einschl. 500 V	(91) 95 (99)	(48) 50 (52)	(91) 95 (99)	(21) 22 (23)	(23) 24 (25)	(36) 38 (40)	(8,5) 9 (9,5)

Die eingeklammerten Zahlen gelten als Grenzmaße.

[1] Angenommen auf der Jahresversammlung 1920. Veröffentlicht ETZ 1920 S. 737. Erläuterungen: ETZ 1920 S. 738.

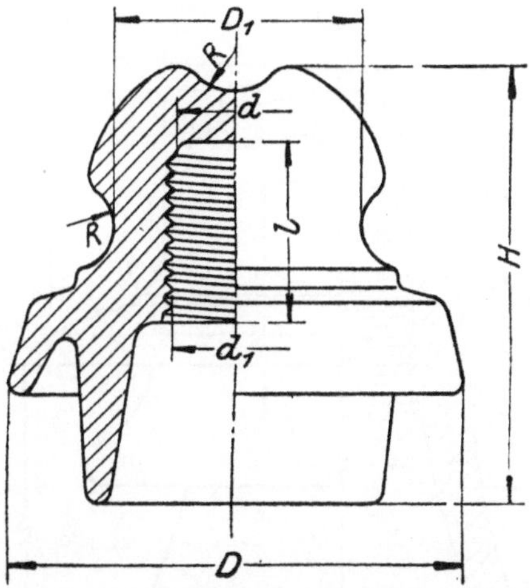

Abb. 1. Stützenisolatoren für Betriebsspannungen bis einschl. 500 V.

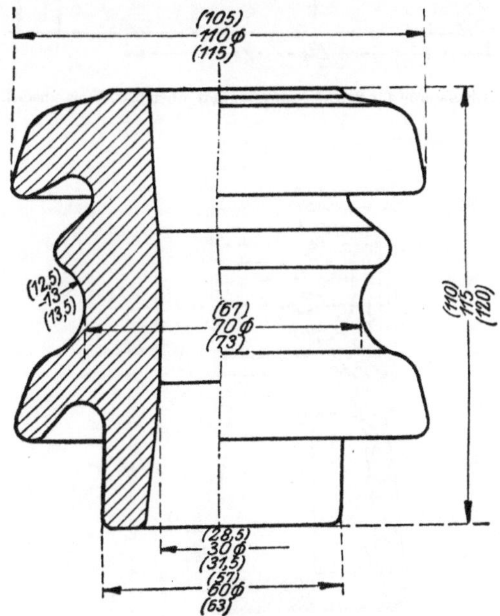

Abb. 2. Schäkelisolator für Betriebsspannungen bis einschl. 500 V.

Werkstoff: Porzellan glasiert.
Verwendbar: für Querschnitte bis 120 mm²

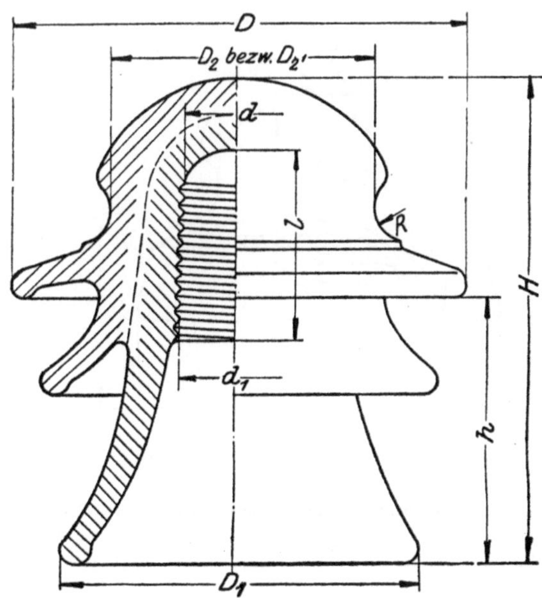

Abb. 3.   Stützenisolatoren für Betriebsspannungen über 5000 V bis einschl. 35000 V.

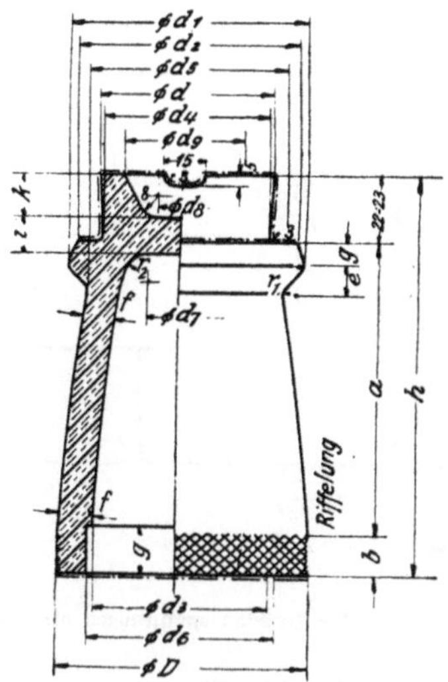

Abb. 4.   Stützer Form S.

2. Stützenisolatoren für Betriebsspannungen über 500 V bis einschl. 35000 V.

Werkstoff: Porzellan glasiert nach den Prüfvorschriften des VDE.

Die innere Durchbildung der Isolatoren, ob ein- oder mehrteilig, die Verbindung der Einzelteile und das Gewinde wird nicht festgelegt.

Bezeichnung	Betriebsspannung	Maße in mm									
		D	D_1	D_2*)	D_2'**)	H	h	d	d_1	l	R
H 6	500 bis 6000 V	(114)	(91)	(62)	(67)	(124)	(67)	(26,5)	(29,5)	(48)	(8,5)
		120	95	65	70	130	70	28	31	50	9
		(126)	(99)	(68)	(73)	(136)	(73)	(29,5)	(32,5)	(52)	(9,5)
H 10	„ 10000 „	(129)	(105)	(67)	(76)	(138)	(78)	(26,5)	(29,5)	(53)	(8,5)
		135	110	70	80	145	82	28	31	55	9
		(141)	(115)	(73)	(84)	(152)	(86)	(29,5)	(32,5)	(57)	(9,5)
H 15	„ 15000 „	(143)	(114)	(67)	(76)	(157)	(91)	(26,5)	(29,5)	(57)	(8,5)
		150	120	70	80	165	95	28	31	60	9
		(157)	(126)	(73)	(84)	(173)	(99)	(29,5)	(32,5)	(63)	(9,5)
H 25	„ 25000 „	(181)	(148)		(91)	(209)	(131)	(26,5)	(30,5)	(62)	(9,5)
		190	155		95	220	137	28	32	65	10
		(199)	(162)		(99)	(231)	(143)	(29,5)	(33,5)	(68)	(10,5)
H 35	„ 35000 „	(238)	(186)		(110)	(281)	(181)	(36)	(41)	(91)	(9,5)
		250	195		115	295	190	38	43	95	10
		(262)	(204)		(120)	(309)	(199)	(40)	(45)	(99)	(10,5)

Die eingeklammerten Zahlen gelten als Grenzmaße.

B. Stützer und Durchführungen.

1. Stützer Form S.

2. Durchführungen Form D.

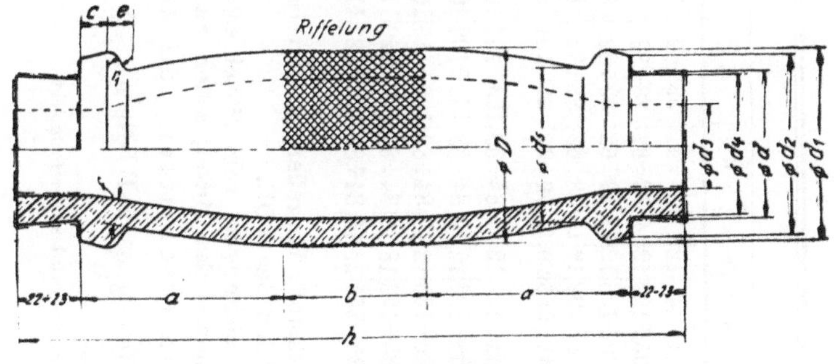

Abb. 5. Durchführungen Form D.

*) Maße D_2 gelten für einteilige Ausführung.
**) Maße D_2' gelten für zweiteilige Ausführung.

Stützer Form S.

Bezeich-nung	Maße in mm																					
	a	b	c	d	d_1	d_2	d_3	d_4	d_5	d_6	d_7	d_8	d_9	D	e	f	g	h	i	k	r_1	r_2
S 1	41÷44	12	7	39÷41	59÷62	55÷58	39÷41	37÷39	50÷53	43÷46	10	5	25	59÷62	7	10	12	75÷79	10	10	4	10
S 2	105÷109	12	9	59÷62	78÷83	76÷80	57÷61	57÷60	66÷70	63÷68	20	16	42	83÷88	10	13	16	139÷144	13	15	5	10
S 3	130÷135	12	12	59÷62	83÷89	80÷85	66÷72	57÷60	68÷72	72÷78	17	16	42	94÷100	12	14	18	164÷170	14	15	6	10
S 4	185÷192	18	15	59÷62	88÷94	85÷90	76÷82	57÷60	76÷81	84÷90	14	16	42	108÷114	12	16	20	225÷233	16	14	7	15
S 5	245÷255	20	16	59÷62	95÷101	90÷96	84÷91	57÷60	82÷87	92÷99	7	20	42	120÷127	12	18	20	287÷298	18	13	7	20
S 11	41÷44	12	7	84÷88	103÷109	101÷106	82÷87	82÷86	91÷96	88÷94	35	30	50	108÷114	7	10	12	75÷79	10	10	4	10
S 22	105÷109	12	9	84÷88	103÷109	101÷106	82÷87	82÷86	91÷96	88÷94	45	41	67	108÷114	10	13	16	139÷144	13	15	5	10
S 33	130÷135	12	12	84÷88	108÷115	105÷111	92÷99	82÷86	93÷98	97÷104	42	41	67	120÷127	12	14	18	164÷170	14	15	6	10
S 44	185÷192	18	15	84÷88	113÷120	110÷116	101÷108	82÷86	101÷107	109÷116	39	41	67	133÷140	12	16	20	225÷233	16	14	7	15
S 55	245÷255	20	16	84÷88	120÷127	115÷122	109÷117	82÷86	107÷113	117÷125	32	45	67	145÷153	12	18	20	287÷298	18	13	7	20

Werkstoff: Porzellan glasiert (mit Ausnahme der durch — · — · — gekennzeichneten) und nach den Prüfvorschriften des VDE.

Abweichungen vom Mittel sollen bei allen Maßen in gleichem Sinne erfolgen; d. h. unterschreiten z. B. die Längenmaße das Mittel, sollen auch die Durchmessermaße das Mittel unterschreiten. Die Kleinstmaße dürfen nicht unterschritten, die Größtmaße nicht überschritten werden.

Riffelung nach DI-Norm...[1])

---

[1]) Nummer wird später festgelegt.

Durchführungen Form D.

Bezeich-nung	Maße in mm													
	a	b	c	d	d_1	d_2	d_3	d_4	d_5	D	e	f	h	r_1
D 1	41÷44	50÷52	7	39÷41	59÷62	55÷58	15÷17	37÷39	50÷53	59÷62	7	10	176÷186	4
D 2	105÷109	60÷62	9	59÷62	78÷83	76÷80	35÷37	57÷60	66÷70	83÷88	10	13	314÷326	5
D 3	130÷135	72÷75	12	59÷62	83÷89	80÷85	35÷37	57÷60	68÷72	94÷100	12	14	376÷391	6
D 4	185÷192	80÷83	15	59÷62	88÷94	85÷90	35÷37	57÷60	76÷81	108÷114	12	16	494÷513	7
D 5	245÷255	90÷93	16	59÷62	95÷101	90÷96	35÷37	57÷60	82÷87	120÷127	12	18	624÷649	7
D 11	41÷44	50÷52	7	84÷88	103÷109	101÷106	60÷63	82÷86	91÷96	108÷114	7	10	176÷186	4
D 22	105÷109	60÷62	9	84÷88	103÷109	101÷106	60÷63	82÷86	91÷96	108÷114	10	13	314÷326	5
D 33	130÷135	72÷75	12	84÷88	108÷115	105÷111	60÷63	82÷86	93÷98	120÷127	12	14	376÷391	6
D 44	185÷182	80÷83	15	84:88	113÷120	110÷116	60÷63	82÷86	101÷107	133÷140	12	16	494÷513	7
D 55	245÷255	90÷93	16	84÷88	120÷127	115÷122	60÷63	82÷86	107÷113	145÷153	12	18	624÷649	7

Werkstoff: Porzellan glasiert (mit Ausnahme der durch — · — · — gekennzeichneten) und nach den Prüfvorschriften des VDE.

Abweichungen vom Mittel sollen bei allen Maßen in gleichem Sinne erfolgen; d. h. unterschreiten z. B. die Längenmaße das Mittel, sollen auch die Durchmessermaße das Mittel unterschreiten. Die Kleinmaße dürfen nicht unterschritten, die Größtmaße nicht überschritten werden.

Riffelung nach D I-Norm...[1]

---

[1] Nummer wird später festgelegt.

3. Riffelung für Kittstellen.

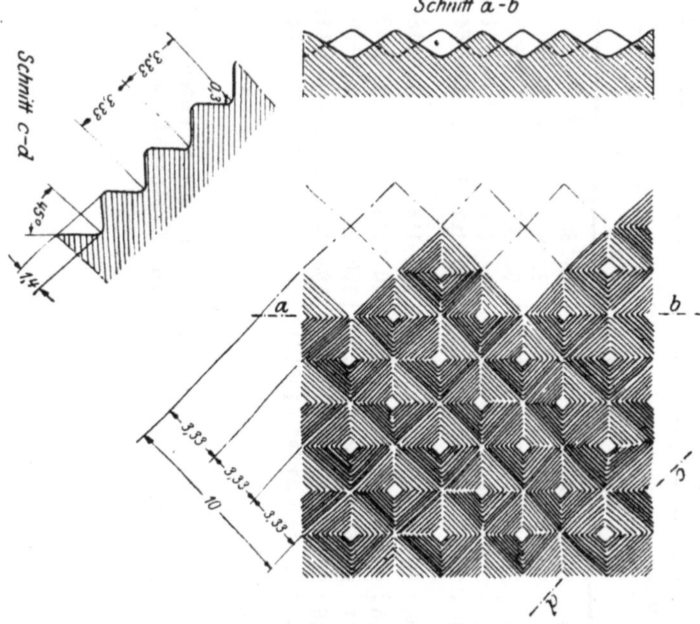

Abb. 6. Riffelung für Kittstellen.

D. Vorschriften für die Prüfung von Isolatoren für Betriebsspannungen über 500 V bis einschl. 35000 V.

Porzellanisolatoren, die den Normen des VDE entsprechen sollen, müssen Fertigungen entstammen, die die nachstehend beschriebenen Materialerprobungen bestanden haben.

Durch die Normung sind die Hauptmaße und damit die Überschlagsspannungen festgelegt. Weitere Prüfungen als die nachstehend aufgeführten (z. B. Regenproben u. dgl.) sind daher entbehrlich.

I. Laufende Materialerprobungen.

Die Porzellanfabriken haben laufend Stichproben vorzunehmen, um die gleichmäßige Güte des Porzellans festzustellen. Diese Stichproben umfassen:

1. Elektrische Prüfung.

Zu dieser Prüfung werden zweckmäßig Freileitungs-Stützenisolatoren oder deren Teile auf Durchschlag unter Öl geprüft. Die bei der Prüfung im Wasserbade (II. 2.) benetzten Flächen werden mit einem leitenden Überzug versehen. Die Prüfspannung wird mit etwa 70 % der Überschlagsspannung in Luft beginnend, alle 5 Sekunden um je etwa 5000 V bis zum Durchschlag gesteigert. Die mittlere Durchschlagsspannung unter Öl muß mindestens das 1,3-fache der Überschlagsspannung in Luft des ganzen Isolators oder des geprüften Teiles sein. Dabei wird vorausgesetzt, daß die Überschlags- und die Durchschlagsprüfung unter den gleichen Bedingungen insbesondere mit demselben Transformator und in derselben Transformatorenschaltung vorgenommen wird.

Die übrigen Bedingungen, unter denen die Prüfung vorzunehmen ist (Wellenform, Frequenz, Regelung, Spannungsmessung u. dgl.), wird in der in Vorbereitung befindlichen VDE-Vorschrift für Durchschlagsprüfung festgelegt werden.

2. Wärmeprüfung.

Die Prüfung wird an den Isolatoren ohne Stützen vorgenommen. Die Prüfstücke werden dreimal abwechselnd in kaltes und warmes Wasser getaucht. Die Temperaturen der Wasserbäder sollen betragen:

	warmes Bad	kaltes Bad
für gekittete und einteilige Isolatoren . .	90°	15°
zusammenglasierte Isolatoren.	65°	15°

Die Eintauchdauer muß ausreichen, um völliges Durchwärmen und Abkühlen der Stücke zu gewährleisten. Nach der Prüfung dürfen die Prüfstücke keinerlei Veränderung zeigen (Glasurrisse, Sprünge u. dgl.). Sie müssen auch die elektrische Prüfung (II. 2.) aushalten.

3. Mechanische Prüfungen.

Diese Prüfung wird nur an Freileitungsstützen-Isolatoren vorgenommen. Die Isolatoren sind mit eingekitteten Stützen zu prüfen. Das Zugseil ist in die Halsrille anzulegen, der Zug soll senkrecht zur Isolatorachse wirken. Der Bruch darf erst bei den in folgender Zahlentafel angegebenen Belastungen nach höchstens 1 Minute eintreten.

	Mindestbruchlast	
Isolator	einseitig oder gekittet kg	zusammenglasiert kg
H 6	1300	1000
H 10	1500	1500
H 15	1700	1700
H 25	2100	1800
H 35	2300	1900

Nach Belastung mit zwei Drittel Mindestbruchlast während 15 Minuten müssen die Isolatoren die elektrische Prüfung unter II 2 aushalten.

4. Prüfung der Saugfähigkeit.

Bei frischen Bruchflächen der Prüfstücke wird eine Lösung von 1 g Fuchsin in 100 g Methyl-Alkohol aufgetragen und darauf mit ungefärbtem Methyl-Alkohol abgespült. Die Farbenlösung darf keine nennenswerten Spuren hinterlassen. Im Zweifelsfalle ist durch Zerschlagen der Prüfstücke festzustellen, ob das Färbemittel in das Porzellan eingedrungen ist oder ob es nur durch Kapillarwirkung an der körnigen Oberfläche festgehalten wird.

II. Stückprüfung.

Die Porzellanfabriken haben an jedem Stück zur Aufdeckung von Fabrikationsfehlern folgende Prüfungen anzustellen.

1. Prüfung der Abmessungen und der Oberflächenbeschaffenheit.

Die Isolatoren sind auf Einhaltung der durch die Normen vorgeschriebenen Abmessungen und Form zu prüfen. Sie dürfen keine Brandrisse aufweisen. Bei Freileitungs-Isolatoren darf das Stützenlochgewinde keine Mängel zeigen, die die Gebrauchsfähigkeit beeinträchtigen. Die Oberfläche soll glatt und glänzend, die Glasur zusammenhängend sein. Vereinzelte Fehler sind zulässig, wenn ihre Gesamtfläche 1 cm² nicht überschreitet.

2. Elektrische Prüfung.

Alle Isolatoren sowie einzelne Teile gekitteter Freileitungsisolatoren sind während 15 Minuten mit einer Prüfspannung zu prüfen, die mindestens 95 % der Überschlagsspannung beträgt. Erfolgen bei der Prüfung Durchschläge, so zählt im allgemeinen die Prüfzeit erst vom letzten Durchschlag ab. Tritt ein Durchschlag erst nach 12 Minuten ein, so gilt die Prüfung als abgeschlossen, wenn in den nächsten 10 Minuten kein neuerlicher Durchschlag erfolgt. Als Überschlagsspannung gilt die Spannung, bei der Überschläge in kurzer Folge — etwa alle 3 Sekunden — an verschiedenen Isolatoren auftreten.

Mit Ausnahme sämtlicher Durchführungen und der Stützer S 1 und S 11 wird die Prüfung im Wasserbade vorgenommen, und zwar

a) Freileitungsstützen-Isolatoren oder ihre Einzelteile sind bis über die Halsrille und bei Innenteilen bis zum Kittrande in Wasser zu tauchen. Die Innenräume sind bis zum Gewindeende des Stützenloches bzw. bis zum Kittrande mit Wasser zu füllen. Bei g e k i t t e t e n Isolatoren soll diese

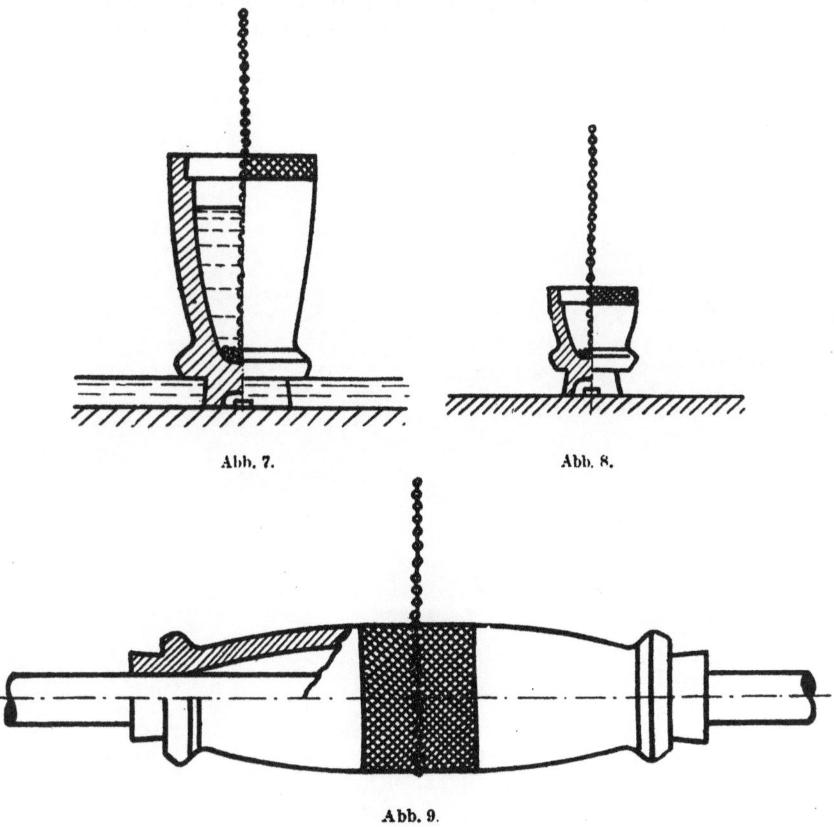

Abb. 7.   Abb. 8.

Abb. 9.

Prüfung an 10 % der fertigen Stücke einer Fertigung, mindestens jedoch an 50 Stück stattfinden. Erfolgen Durchschläge, so ist die ganze Fertigung der Nachprüfung zu unterziehen.

b) Stützer von Größe S 2 ab werden gemäß Abb. 7 bis zum Wulst ins Wasser gestellt und mit etwa drei Viertel der Höhe des Innenraumes mit Wasser gefüllt. Stützer S 1 und S 11 werden gemäß Abb. 8 mit dem Kopfe auf eine Metallplatte gestellt und ohne Wasserfüllung geprüft.

c) Durchführungen werden gemäß Abb. 9 auf Metallstäbe, die in die Bohrungen passen, gesteckt, um die Riffelfläche werden Ketten oder Metallbänder geschlungen.

Die übrigen Bedingungen, unter denen die Prüfung vorzunehmen ist (Wellenform, Frequenz, Regelung, Spannungsmessung u. dgl.) wird in der in Vorbereitung befindlichen VDE-Vorschrift für Durchschlagsprüfung festgelegt werden.

29. Normen für Bedienungselemente.

Gültig ab 1. Oktober 1920.[1])

Griffdorne.

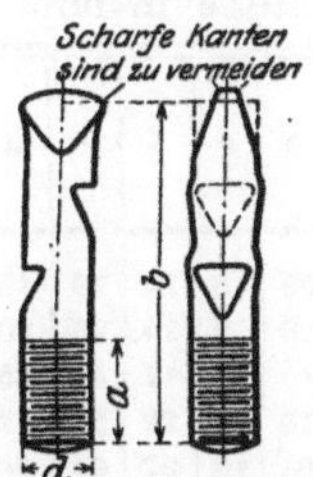

Abb. 1.

Maße in mm.

Gewindedurchmesser „d"		a	b
Metr. Gew.	Whitw. Gew.		
6		10,5	36
6		10,5·	50
6		10,5	56
8		13	45
8		13	75
10		15	56
10		15	90
	$^1/_2$″	19,5	64
	$^1/_2$″	19,5	112
	$^5/_8$″	24,5	80
	$^5/_8$″	24,5	125
	$^3/_4$″	29	95
	$^3/_4$″	29	140

Metrisches Gewinde nach DIN 13.
Whitworth-Gewinde nach DIN 12.

Beispiel für die Bezeichnung eines Griffdornes von 6 mm Durchmesser und 56 mm Länge, Griffdorn 6×56 DIN 580.

---

[1]) Angenommen auf der Jahresversammlung 1920. Veröffentlicht: ETZ 1920 S. 660.

Knöpfe für Hochspannungsschalter.

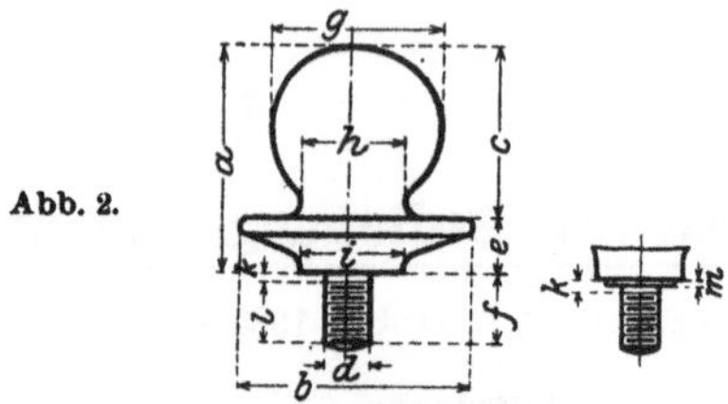

Abb. 2.

Maße in mm.

Gewindedurchmesser „d"		a	b	c	e	f	g	h	i	k	l	m	Zugehöriger Griffdorn nach D I N 580
Metr.Gew.	Whitw.Gew.												
6		36	36	28	8	12	28	16	16	1,5	10,5	0,5	6×36
8		45	45	36	9	15	36	20	20	2	13	0,5	8×45
10		56	56	45	11	17	45	25	25	2	15	0,5	10×56
	¹/₂″	70	66	56	14	22	56	32	32	2,5	19,5	0,5	¹/₂″×64
	⁵/₈″	80	75	64	16	27	64	36	36	2,5	24,5	0,5	⁵/₈″×80
	³/₄″	90	80	70	20	32	70	40	40	3	29	0,5	³/₄″×95

Whitworth-Gewinde nach D I N 12.
Metrisches Gewinde nach D I N 13.

Die angegebenen Maße sind Höchstmaße; Abmaße sind bis 3 % nur nach unten zugelassen.

Werkstoff des Griffes: Isolationsmaterial.

1. Prüfspannung nach den Vorschriften des V D E.

2. Die Ausbildung der Anlagefläche des Griffhalses mit dem Durchmesser „i" bleibt den Herstellerfirmen überlassen; sie können z. B. wie in der Nebenfigur dargestellt, einen Ansatz des Griffdornes von der Länge „m" aus der Anlagefläche heraussstehen lassen.

3. Das Material soll bei Temperaturen bis 100° keine den Gebrauch beeinträchtigenden Veränderungen erleiden.

4. Jeder Griff ist mit einem Ursprungszeichen zu versehen.

Feste isolierte Handgriffe.

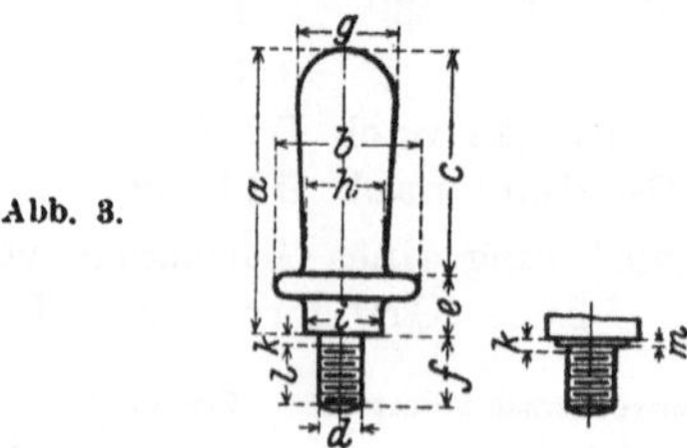

Abb. 3.

Maße in mm.

Gewindedurchmesser „d"		a	b	c	e	f	g	h	i	k	l	m	Zugehöriger Griffdorn nach D I N 580
Metr.Gew.	Whitw.Gew.												
6		48	22	40	8	12	16	13	13	1,5	10,5	0,5	6 × 50
6		58	28	50	8	12	20	16	16	1,5	1',5	0,5	6 × 56
8		74	36	64	10	15	25	20	20	2	13	0,5	8 × 75
10		92	45	80	12	17	32	25	25	2	15	0,5	10 × 90
	¹/₂''	115	56	100	15	22	40	32	32	2,5	19,5	0,5	¹/₂'' × 112
	⁵/₈''	130	64	112	18	27	45	36	36	2,5	24.5	0,5	⁵/₈'' × 125
	³/₄''	145	70	125	20	32	50	40	40	3	29	0,5	³/₄'' × 140

Whitworth-Gewinde nach D I N 12.
Metrisches Gewinde nach D I N 13.

Die angegebenen Maße sind Höchstmaße; Abmaße sind bis 3 % nur nach unten zugelassen.

Werkstoff des Griffes: Isolationsmaterial.

1. Prüfspannung nach den Vorschriften des V D E.

2. Die Ausbildung der Anlagefläche des Griffhalses mit dem Durchmesser „i" bleibt den Herstellerfirmen überlassen; sie können z. B. wie in der Nebenfigur dargestellt, einen Ansatz des Griffdornes von der Länge „m" aus der Anlagefläche herausstehen lassen.

3. Das Material soll bei Temperaturen bis 100⁰ keine den Gebrauch beeinträchtigenden Veränderungen erleiden.

4. Jeder Griff ist mit einem Ursprungszeichen zu versehen.

30. Normen für die Prüfung von Eisenblech.

Gültig ab 1. Juli 1914.[1)]

1. Für die Messung der Eisenverluste und der Magnetisierbarkeit dient ein magnetischer Kreis, der nur Eisen der zu prüfenden Qualität enthält und den Ausführungsbestimmungen gemäß zusammengesetzt ist.

2. Die Probe soll 10 kg wiegen und mindestens 4 Tafeln entnommen sein. Der Eisenverlust soll bei $20\,^{0}$ C gemessen werden.

3. Der Eisenverlust soll in W pro Kilogramm, bezogen auf rein sinusförmigen Verlauf der induzierten Spannung, bei den Maximalwerten der magnetischen Induktion $\mathfrak{B}_{max}$ $= 10\,000$ cgs-Einheiten und $\mathfrak{B}_{max} = 15\,000$ cgs-Einheiten angegeben werden. Diese Zahlen heißen Verlustziffern. (Abgekürzte Bezeichnung: V_{10} und V_{15}.)

4. Unter „Alterungskoeffizient" soll die prozentuale Änderung der Verlustziffer für $\mathfrak{B}_{max} = 10\,000$ cgs-Einheiten nach 600 Stunden erstmaliger Erwärmung auf $100\,^{0}$ C verstanden werden.

5. Zur Beurteilung der Magnetisierbarkeit soll die Induktion $\mathfrak{B}$ bei zwei verschiedenen Feldstärken im Eisen angegeben werden, und zwar bei zweien der Werte 25, 50, 100 oder 300 AW pro Zentimeter. (Abgekürzte Bezeichnung: $\mathfrak{B}_{25}$, $\mathfrak{B}_{50}$, $\mathfrak{B}_{100}$, $\mathfrak{B}_{300}$.)

6. Für das spezifische Gewicht des Eisens sollen die Werte nach folgender Tabelle gelten:

[1)] Angenommen auf der Jahresversammlung 1914. Veröffentlicht ETZ. 1914 S. 512.

Vorher haben schon andere Fassungen bestanden. Über die Entwicklung gibt nachstehende Tabelle Aufschluß.

Fassung:	Beschlossen:	Gültig ab:	Veröffentl. ETZ
Erste Fassung	28. 6. 01	1. 7. 01/02	01 S. 801
Erste Änderung	8. 6. 03	1. 7. 03	03 S. 684
Zweite Änderung	5. 6. 05	1. 7. 05	05 S. 720
Zweite Fassung	26. 5. 10	1. 7. 10	10 S. 519 u. S. 740
Dritte Fassung	26. 5. 14	1. 7. 14	14 S. 512.

V_{10} (garantierter Wert)		Spez. Gewicht
Blechstärke: 0,35 mm	Blechstärke: 0,5 mm	
über 2,60	über 3,00	7,80
„ 2,20 bis 2,60	„ 2,60 bis 3,00	7,75
„ 1,60 „ 2,20	„ 1,85 „ 2,60	7,65
1,60 und darunter	1,85 und darunter	7,55

Diese Gewichte verstehen sich für ungebeizte Bleche Für gebeizte, also zunderfreie, Bleche erhöhen sich die Gewichte um 0,05.

7. Als normale Blechstärken gelten 0,35, 0,5 und 1,0 mm; Abweichungen der Blechstärken dürfen an keiner Stelle $+10\%$ der vorgeschriebenen überschreiten. (Dabei ist gemeint, daß es sich um Abweichungen von meßbarer Ausdehnung handelt, nicht um kleine Grübchen oder Wärzchen, wie sie bei der Fabrikation unvermeidlich sind.)

8. In Zweifelsfällen gilt die Untersuchung durch die Physikalisch-Technische Reichsanstalt.

Ausführungsbestimmungen.

a) Die zur Prüfung verwendeten Blechstreifen, 500 mm lang und 30 mm breit, sollen zur Hälfte parallel und zur Hälfte senkrecht zur Walzrichtung mit einem scharfen Werkzeug gratfrei geschnitten werden und dürfen einer weiteren Behandlung nicht unterliegen. Für hinreichende Isolierung der Streifen gegeneinander durch Papierzwischenlagen ist Sorge zu tragen.

b) Zur Feststellung der Verlustziffern wird ein Apparat nach Epstein benutzt, an dem zwischen Eisen und Erregerwicklung gleichmäßig verteilte Hilfswicklungen angebracht sind[1]).

c) Die Bestimmung der Magnetisierbarkeit wird nach dem Kommutierungsverfahren ebenfalls in einem Apparat nach Epstein vorgenommen.

d) Wird eine Untersuchung durch die Physikalisch-Technische Reichsanstalt nach diesen Normalien gewünscht, so ist dies in dem Prüfungsantrag ausdrücklich anzugeben, und zwar unter Hinzufügung der garantierten Verlustziffer V_{10}.

---

[1]) Literatur: Epstein ETZ 1900, S. 303; 1911, S. 334, 363, 1314; 1912, S. 1180; 1913 S. 147. Gumlich, Rose ETZ 1905, S. 403; Gumlich, Rogowski ETZ 1911, S. 613; 1912, S. 262; 1913, S. 146; Gumlich, Steinhaus ETZ 1913, S. 1022; Rogowski, Steinhaus, Arch. für Elektrot. I. S. 141. Lonkhuyzen ETZ 1911, S. 1131; 1912, S. 531. Goltze, Arch. für Elektrot. II S. 148.

A*) 31. Normen für Bewertung und Prüfung von elektrischen Maschinen und Transformatoren.[1][2]

Gültig ab 1. Juli 1914.[3]

Begriffserklärungen.

Generator (Stromerzeuger) oder Dynamo ist jede umlaufende Maschine, die mechanische in elektrische Leistung verwandelt.

Motor ist jede umlaufende Maschine, die elektrische in mechanische Leistung verwandelt.

Motorgenerator ist eine Doppelmaschine, bestehend aus einem Motor und einem Generator, die unmittelbar miteinander gekuppelt sind.

Umformer ist eine Maschine, bei der die Umformung elektrischer in elektrische Leistung in einem Anker stattfindet.

Ständer (Stator) ist der feststehende, Läufer (Rotor) der umlaufende Teil einer elektrischen Maschine.

Anker ist derjenige Teil einer elektrischen Maschine, in dem durch Umlauf in einem magnetischen Felde oder

---

[1]) Erläuterungen von G. Dettmar sind im Verlage von J. Springer erschienen.

[2]) Die „Normen für Bewertung und Prüfung von elektrischen Maschinen und Transformatoren" sind zusammen mit den „Normen für die Bezeichnung von Klemmen bei Maschinen, Anlassern, Regulatoren und Transformatoren", den „Normalen Bedingungen für den Anschluß von Motoren an öffentliche Elektrizitätswerke" und den „Normen für die Verwendung von Elektrizität auf Schiffen" in einem Bande (Taschenformat) erschienen und können von der Verlagsbuchhandlung Julius Springer, Berlin, bezogen werden.

[3]) Angenommen auf der Jahresversammlung 1913. Veröffentlicht: ETZ 1913 S. 1038. Vorher hat eine andere mehrfach geänderte Fassung der Maschinennormen bestanden. Über die Entwicklung gibt nachstehende Tabelle Aufschluß.

Fassung:	Beschlossen:	Gültig ab:	Veröffentl. ETZ:
Erste Fassung	28. 6. 01	1. 7. 01	01 S. 798
Erste Änderung	13. 6. 02	1. 7. 02	02 S. 764
Zweite Änderung	8. 6. 03	1. 7. 03	03 S. 684
Dritte Änderung	7. 6. 07	1. 7. 07	07 S. 826
Vierte Änderung	3. 6. 09	1. 1. 10	09 S. 788
Zweite Fassung	19. 6. 13	1. 7. 14	13 S. 1038

*) Siehe Vorwort.

eines magnetischen Feldes elektromotorische Kräfte erzeugt werden.

Transformator ist eine elektromagnetische Vorrichtung ohne dauernd bewegte Teile zur Umwandlung elektrischer in elektrische Leistung.

Drehtransformator ist ein nach Art der Asynchronmotoren gebauter Transformator, bei dem durch Verdrehung eines Ankers die Größe oder Phase der Sekundärspannung geändert werden kann.

Wechselstrom ist Einphasenstrom und Mehrphasenstrom.

Drehstrom ist verketteter Dreiphasenstrom.

Spannung ist bei Zweiphasenstrom die Spannung zwischen den zwei Leitern einer Phase.

Spannung ist bei Drehstrom die verkettete Spannung.

Sternspannung ist bei Drehstrom die Spannung zwischen dem Nullpunkt und je einem der drei Hauptleiter.

Anlaßspannung ist bei Asynchronmotoren die im offenen Sekundäranker bei Stillstand auftretende Spannung.

Übersetzung ist bei Transformatoren das Verhältnis der Spannungen bei Leerlauf.

Frequenz ist die Anzahl der Perioden in der Sekunde.

Drehzahl ist die Zahl der Umläufe in der Minute.

Das Voltampere ist die Einheit für das Produkt aus Stromstärke, in Ampere gemessen, Spannung, in Volt gemessen, und dem der Stromart entsprechenden Zahlenfaktor.

Abgabe ist die abgegebene Nutzleistung in Kilowatt (kW).

Aufnahme ist die zugeführte Leistung in Kilowatt (kW).

Belastbarkeit bedeutet

bei Gleichstrommaschinen (Generatoren und Motoren) und Wechselstrommmotoren: die normale Abgabe,

bei Wechselstromgeneratoren, Transformatoren und solchen Synchronmotoren, die betriebsmäßig mit Phasenverschiebung arbeiten, das Produkt aus normaler Spannung, normalem Strom und dem der Stromart entsprechenden Zahlenfaktor (bei Transformatoren und Umformern gemessen auf der Sekundärseite).

Leistungsfaktor (cos. φ) ist das Verhältnis:

$$\frac{\text{Zahl der Watt}}{\text{Zahl der Voltampere.}}$$

Wirkungsgrad ist das Verhältnis: $\dfrac{\text{Abgabe}}{\text{Aufnahme.}}$

Allgemeine Bestimmungen.

§ 1.

Die folgenden Bestimmungen gelten allgemein für Lieferungen. Sie können nur durch ausdrücklich vereinbarte Verträge aufgehoben werden. Ausgenommen hiervon sind die Vorschriften über die Schilder (vgl. §§ 2, 3, 5), die immer erfüllt sein müssen.

Die Angaben beziehen sich stets auf die dem normalen Betriebe entsprechende Temperatur. Für Spannungsmeßtransformatoren gelten nur die Bestimmungen über Temperaturzunahme und Isolation.

Angaben auf den Schildern.

§ 2.

Auf den Schildern ist anzugeben:
Benutzungsart („Generator", „Motor", usw.),
Nummer,
Belastbarkeit,
Normale Spannung (V) und Schaltart, bei

Maschinen unter Benutzung der Zeichen:

人 △ Γ T (Stern, Dreieck, zweiphasig, einphasig mit Hilfsphase).

Normaler Strom (A),
Leistungsfaktor,
Zulässige Betriebszeit (vgl. §§ 4—7),
Drehzahl bei Vollast,
Frequenz,
Anlaßspannung und Schaltart (Bezeichnung wie oben) des
    Sekundärankers bei Asynchronmotoren,
Erregerspannung bei fremderregten Maschinen.

Ferner bei Transformatoren:
Übersetzung,
Kurzschlußspannung,
Schaltart (bei Drehstrom), angegeben durch einen Buchstaben der nachstehenden Schaltungsgruppen a oder b oder c oder durch Schaltbild. (Transformatoren der Gruppen a bzw. b, bzw. c können durch Verbindung gleichnamiger Klemmen parallel geschaltet werden[1]).)

Bei Motoren unter 0,2 kW braucht nur angegeben zu werden: Nummer, Spannung, Strom, Frequenz, Drehzahl.

---

[1] Über weitere Abarten der Gruppe c, die sich nicht durch Verbindung gleichnamiger Klemmen mit den hier angeführten Schaltungsarten der Gruppe c parallel schalten lassen, siehe Erläuterungen.

Gruppe a.

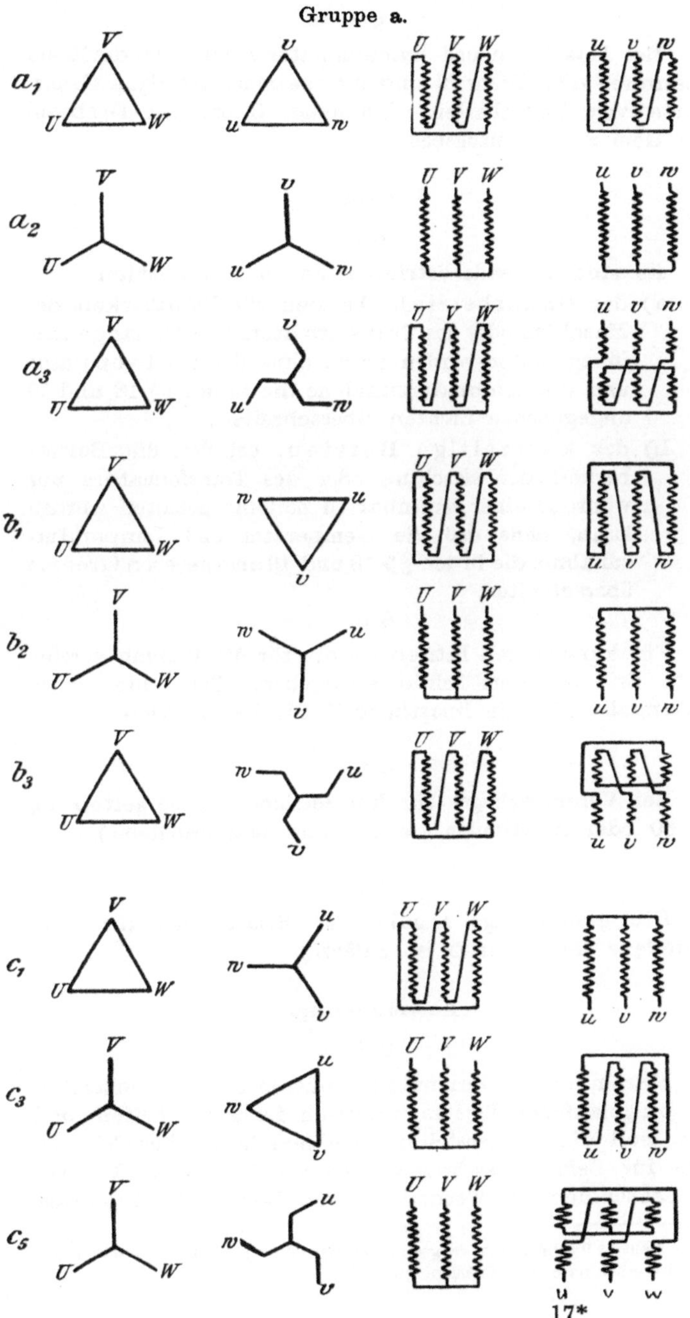

§ 3.

Bei Maschinen und Transformatoren mit veränderlicher Spannung oder Drehzahl sind die zusammengehörigen Grenzwerte von Belastbarkeit, Spannung, Strom und Drehzahl auf dem Schild anzugeben.

Betriebsart.

§ 4.

Es sind folgende Betriebsarten zu unterscheiden:

a) der Dauerbetrieb, bei dem die Belastbarkeit der Maschine oder des Transformators beliebig lange Zeit innegehalten werden kann, ohne daß die Temperatur und die Temperaturzunahme die in den §§ 18 und 19 angegebenen Grenzen überschreiten;

b) der kurzzeitige Betrieb, bei dem die Belastbarkeit der Maschine oder des Transformators nur während einer vereinbarten Zeit innegehalten werden kann, ohne daß die Temperatur und Temperaturzunahme die in den §§ 18 und 19 angegebenen Grenzen überschreiten.

§ 5.

Für kurzzeitigen Betrieb ist die für die Prüfung vereinbarte Zeit auf dem Schild anzugeben. Bei Fehlen einer Zeitangabe gilt die Belastbarkeit für Dauerbetrieb.

§ 6.

Bei Vereinbarungen für kurzzeitigen Betrieb gelten 10, 30, 60 oder 90 Minuten als normale Betriebszeiten[1]).

§ 7.

Die gleichzeitige Angabe der Belastbarkeit für verschiedene Betriebsarten ist zulässig.

Kommutierung.

§ 8.

Maschinen mit Kommutator müssen bei jeder Belastung bei eingelaufenen Bürsten praktisch funkenfrei laufen, und zwar soll die Bürstenstellung bei Maschinen ohne Wendepole für Belastungsschwankungen von $1/4$-Last bis Vollast, bei Maschinen mit Wendepolen von Leerlauf bis $1\,1/4$ - Last

---

[1]) Näheres über die Wahl der geeigneten Maschinentypen für die verschiedenen Betriebsverhältnisse siehe Erläuterungen.

unverändert bleiben. Maschinen mit betriebsmäßiger Bürstenverstellung sind von dieser letzten Bestimmung ausgenommen.

Temperaturzunahme.

§ 9.

Die Temperaturzunahme von Maschinen und Transformatoren ist bei normaler Belastung zu messen:

1. Bei Dauerbetrieb nach Eintreten einer annähernd gleichbleibenden Übertemperatur, jedoch bei Maschinen spätestens nach 10 Stunden.

2. Bei kurzzeitigem Betrieb vom kalten Zustand (Temperatur der Umgebung) ausgehend nach Ablauf der auf dem Schild angegebenen Betriebszeit.

§ 10.

Bei der Prüfung auf Temperatur und Temperaturzunahme dürfen die betriebsmäßig vorgesehenen Umhüllungen, Abdeckungen, Ummantelungen usw. nicht entfernt, geöffnet oder erheblich geändert werden.

§ 11.

Eine etwa durch den praktischen Betrieb hervorgerufene und bei der Konstruktion in Rechnung gezogene Kühlung darf bei der Prüfung nachgeahmt werden, jedoch ist es nicht zulässig, bei Straßenbahnmotoren den durch die Fahrt erzeugten Luftzug bei der Prüfung künstlich herzustellen.

§ 12.

Als „Temperatur der Umgebung" gilt der Mittelwert der während des letzten Viertels der Versuchszeit in regelmäßigen Zeitabschnitten zu messenden Temperatur der umgebenden Luft in Höhe der Maschinenmitte und in etwa 1 m Entfernung von der Maschine.

§ 13.

Bei Maschinen und Transformatoren mit künstlicher Luftkühlung gilt als „Temperatur der Umgebung" die Temperatur der zuströmenden Luft, gemessen beim Eintritt in die Maschine oder den Transformator.

Bei Maschinen und Transformatoren mit Kühlung durch Flüssigkeiten gilt als „Temperatur der Umgebung" die Temperatur des zuströmenden Kühlmittels.

Findet außer der Wasserkühlung noch eine nennenswerte Kühlung durch Luft statt (z. B. bei Wellblechkasten), so gilt als „Temperatur der Umgebung" die Endtemperatur, auf welche sich die Maschine oder der Transformator u n e r r e g t unter der Einwirkung des Kühlmittels einstellt.

§ 14.

Wird ein Thermometer zum Messen der Temperatur verwendet, so muß für eine möglichst gute Wärmeleitung zwischen diesem und dem zu messenden Maschinenteil gesorgt werden, z. B. durch Stanniolumhüllung. Zum Vermeiden von Wärmeverlusten wird außerdem die Kugel des Thermometers und die Meßstelle gemeinsam mit einem schlechten Wärmeleiter (trockener Putzwolle und dergl.) überdeckt. Bei der Konstruktion der Maschine ist soweit wie möglich darauf Rücksicht zu nehmen, daß ein Thermometer leicht an die Stellen zu bringen ist, deren Temperatur gemäß § 15 zu messen ist.

§ 15.

Alle Teile von Maschinen werden mittels Thermometer auf ihre Temperatur und Temperaturzunahme untersucht, mit Ausnahme der mit Gleichstrom erregten Feldspulen und aller ruhenden Wicklungen.

Bei thermometrischen Messungen sind, soweit wie möglich, jeweilig die zugänglichen Punkte höchster Temperatur zu ermitteln, und die dort gemessenen Temperaturen sind maßgebend.

§ 16.

Die Temperatur der mit Gleichstrom erregten Feldspulen und aller ruhenden Wicklungen bei Generatoren und Motoren ist aus der Widerstandszunahme zu bestimmen. Für den Temperaturkoeffizienten gilt folgende Tabelle:

Anfangstemperatur, bei der der (kalte) Widerstand gemessen wurde	Temperaturkoeffizient	Angenäherter reziproker Wert
0° C	0,00 427	235 + 0
5° „	0,00 418	235 + 5
10° „	0,00 409	235 + 10
15° „	0,00 401	235 + 15
20° „	0,00 393	235 + 20
25° „	0,00 385	235 + 25
30° „	0,00 378	235 + 30
35° „	0,00 371	235 + 35
40° „	0,00 364	235 + 40

Neben der Temperaturmessung durch Widerstandszunahme kann zur Ermittelung örtlicher Erwärmung Thermometermessung angewendet werden.

Sind an verschiedenen Teilen einer Wicklung (z. B. Nut und Wickelkopf) verschiedene Isoliermaterialien verwendet, so gilt bei der Thermometermessung für jeden Teil die seinem Isoliermaterial nach § 18 zugeordnete Temperaturgrenze und Temperaturzunahme als zulässig.

§ 17.

Die Temperatur der Wicklungen von Transformatoren ist aus der Widerstandszunahme zu bestimmen. (Temperaturkoeffizient siehe § 16.) Neben der Temperaturmessung durch Widerstandszunahme kann zur Ermittelung örtlicher Erwärmung Thermometermessung angewendet werden.

§ 18.

Die höchsten zulässigen Temperaturen sind in Spalte 2 angeführt.

Es wird angenommen, daß die Temperatur der Umgebung 35° C nicht überschreitet.

Dementsprechend dürfen die Temperaturzunahmen die in Spalte 1 aufgeführten Werte nicht überschreiten.

	1 Höchste zulässige Temperaturzunahme	2 Höchste zulässige Temperatur
a) an Wicklungen, u. zw.:		
an ruhenden Gleichstrom-Magnetwicklungen bei Isolierung durch		
unimprägn. Baumwolle	50°	85°
imprägn. Baumwolle, Papier	60°	95°
Emaille, Asbest, Glimmer und deren Präparate	80°	115°
an Transformatoren bei Isolierung durch		
unimprägn. Baumwolle in Luft	50°	85°
imprägn. Baumwolle, Papier in Luft	60°	95°
Baumwolle, Papier in Öl	70°	105°
Emaille, Asbest, Glimmer und deren Präparate	80°	115°
Öl an der Oberfläche	60°	95°
an umlaufenden Wickelungen oder in Nuten eingebetteten Wechselstromwickelungen bei Isolierung durch		
unimprägn. Baumwolle	40°	75°
imprägn. Baumwolle	50°	85°
Baumwolle mit Füllmasse innerhalb der Nuten sowie Papier	60°	95°
Emaille, Asbest, Glimmer und deren Präparate	80°	115°

	1 Höchste zulässige Temperatur- zunahme	2 Höchste zulässige Temperatur
b) an Kommutatoren von Maschinen über 10 V	55°	90°
c) an Kommutatoren von Maschinen bis einschl. 10 V	60°	95°
d) an Eisen von Generatoren und Motoren, in das Wicklungen eingebettet sind und an Schleifringen je nach Isolierung der Wicklungen bezw. der Schleifringe die Werte unter a);		
e) an Lagern	45°	80°

§ 19.

Bei Maschinen und Transformatoren für Bahn- und Kraftfahrzeuge dürfen die nach einstündigem ununterbrochenen Betriebe mit normaler Belastung im Versuchsraum ermittelten Temperaturen und Temperaturzunahmen die in § 18 angegebenen Werte um 20^0 C überschreiten. Ausgenommen hiervon sind die Lager.

§ 20.

Bei Isolierungen, die aus verschiedenen Materialien geschichtet sind, gilt die untere Grenze.

§ 21.

Bei dauernd kurzgeschlossenen isolierten Wicklungen dürfen die in § 18 angegebenen Werte um 10^0 C überschritten werden.

Überlastung.

§ 22.

Mit der Einschränkung, daß Überlastungen nur so kurze Zeit dauern oder nur bei solchem Temperaturzustand der Maschinen und Transformatoren vorgenommen werden dürfen, daß die höchsten zulässigen Temperaturen dadurch nicht überschritten werden, müssen Maschinen und Transformatoren in den folgenden Grenzen überlastbar sein:

Generatoren
Motoren
Umformer
Transformatoren } 25% während ¹/₂ Stunde, wobei bei Synchronmaschinen der Leistungsfaktor nicht unter dem auf dem Schilde verzeichneten Werte anzunehmen ist.

Motoren
Umformer
Transformatoren } 40% während 3 Minuten, wobei für Motoren die normale Klemmenspannung einzuhalten ist.

§ 23.

In bezug auf mechanische Festigkeit müssen Maschinen, die betriebsmäßig mit annähernd gleichbleibender Drehzahl arbeiten, leerlaufend eine um 15% erhöhte Drehzahl 5 Minuten lang aushalten.

§ 24.

Die normale Spannung von Generatoren muß bei normaler Drehzahl und im warmen Zustand der Maschine bis zu 15% Überlastung aufrecht erhalten werden können, wobei der Leistungsfaktor bei Wechselstromgeneratoren nicht unter dem auf dem Schilde verzeichneten Werte anzunehmen ist.

§ 25.

Die Prüfung soll nur die mechanische und elektrische Überlastbarkeit ohne Rücksicht auf Erwärmung feststellen und deshalb bei solcher Temperatur beginnen, daß die höchsten zulässigen Temperaturen nicht überschritten werden.

Isolation.

§ 26.

Die Messung des Isolationswiderstandes wird nicht vorgeschrieben, wohl aber eine Prüfung auf Isolierfestigkeit (Durchschlagsprobe). Maschinen und Transformatoren müssen imstande sein, eine solche Probe mit der in folgendem festgesetzten Spannung auszuhalten. Die Dauer der Prüfung mit der vollen Prüfspannung beträgt 1 Minute.

Maschinen und Transformatoren für Spannungen von 04 bis 5000 V sollen mit dem $2\frac{1}{2}$fachen der normalen Spannung, jedoch nicht mit weniger als 1000 V geprüft werden. Maschinen und Transformatoren für Spannungen von 5000 bis 7500 V sind mit normaler Spannung $+$ 7500 V zu prüfen. Von 7500 bis 50 000 V beträgt die Prüfungsspannung das Zweifache. Für Spannungen über 50 000 V sind besondere Vereinbarungen zu treffen. Maschinen und Transformatoren für weniger als 40 V sind mit wenigstens 500 V zu prüfen. Die Prüfspannung kann entweder durch eine fremde Stromquelle oder die zu prüfende Maschine oder den zu prüfenden Transformator selbst erzeugt sein.

Die Prüfung ist möglichst bei warmem Zustand der Maschine oder des Transformators vorzunehmen.

Die Spannung ist allmählich zu steigern.

Obige Angaben über die Prüfspannung gelten unter der Annahme, daß die Prüfung mit Wechselstrom von annähernd sinusförmiger Kurve vorgenommen wird und beziehen sich auf effektive Werte.

§ 27.

Die angegebenen Prüfspannungen beziehen sich auf die Isolation der Wicklungen gegen Körper sowie die Isolation elektrisch getrennter Wicklungen gegeneinander. In letzterem Fall ist bei Wicklungen verschiedener Spannung immer die höchste sich ergebende Prüfspannung anzuwenden.

§ 28.

Zwei elektrisch verbundene Wicklungen verschiedener Spannung sind mit der höheren Prüfspannung gegen Körper zu prüfen. (Vgl. auch § 30.)

§ 29.

Sind Maschinen oder Transformatoren unter sich oder mit Widerständen hintereinander geschaltet, so sind die verbundenen Wicklungen außer nach § 28 mit einer der Spannung des ganzen Systems entsprechenden Prüfspannung gegen Erde zu prüfen.

§ 30.

Ist eine Wicklung betriebsmäßig mit dem Körper leitend verbunden, so soll die Prüfspannung möglichst durch die zu prüfende Maschine oder den zu prüfenden Transformator selbst erzeugt werden. Die Prüfung ist dann in betriebsmäßiger Schaltung vorzunehmen.

Wird die Prüfung auf Isolierfestigkeit ausnahmsweise mit fremder Stromquelle ausgeführt, so richtet sich die Prüfspannung nach der größten Spannung, die an irgendeinem Punkt der Wicklung gegen Körper im Betriebe auftreten kann. Die Verbindung der Wicklung mit dem Körper ist bei dieser Prüfung zu unterbrechen.

§ 31.

Für Magnetspulen mit Fremderregung beträgt die Prüfspannung das Dreifache der Erregerspannung, jedoch mindestens 1000 V; für Sekundäranker von Asynchronmotoren die zweieinhalbfache Anlaßspannung, jedoch mindestens 500 V. Kurzschlußanker brauchen nicht geprüft zu werden.

§ 32.

Maschinen und Transformatoren sollen 5 Minuten lang eine um 30% erhöhte Betriebsspannung aushalten können. Durch diese Prüfung soll nur festgestellt werden, ob die Isolierfestigkeit der Windungen gegeneinander für die normale Betriebsspannung ausreicht, jedoch nicht, ob die Isolierung den (z. B. beim Einschalten ohne Schutzschalter auftretenden) Überspannungen standhalten kann.

Wirkungsgrad.

§ 33.

Bei Angabe des Wirkungsgrades ist die Methode zu nennen, nach welcher er bestimmt werden soll, oder bestimmt wurde, wozu ein Hinweis auf den entsprechenden Paragraphen dieser Vorschriften genügt.

Der Wirkungsgrad ist unter Berücksichtigung der Betriebsart (vgl. §§ 4 bis 7) anzugeben.

Wenn bei Wechselstrommotoren und Transformatoren nichts Besonderes vereinbart ist, so braucht der angegebene Wirkungsgrad nur beim Anschluß an eine Stromquelle mit angenäherter Sinuskurve und bei symmetrischen Mehrphasensystemen erreicht zu werden.

Der Wirkungsgrad ohne besondere Angabe der Belastung bezieht sich auf die Belastbarkeit.

Die für Felderregung nötige sowie die im Feldregler und in der Erregermaschine verlorene Leistung ist als Verlust in Rechnung zu ziehen.

Wird künstliche Kühlung verwendet, so ist bei Angabe des Wirkungsgrades zu bemerken, ob die für die Kühlung erforderliche Leistung als Verlust mit in Rechnung gezogen ist. Fehlt eine derartige Bemerkung, so versteht sich der Wirkungsgrad mit Einschluß dieser Verluste.

§ 34.

Bei Generatoren, Synchronmotoren, Umformern und Transformatoren gilt, sofern nichts anderes angegeben ist, der Wirkungsgrad für den Leistungsfaktor 1.

Bei Angabe des Wirkungsgrades für mehrere Werte des Leistungsfaktors ist auch die zu jedem Wert gehörige Leistung zu nennen.

Fehlt diese Angabe, so gilt als Vollast die Belastbarkeit bei cos. $\varphi = 1$.

§ 35.

Bei Angabe von Garantien für einen aus mehreren Gliedern bestehenden Maschinensatz ist neben der Angabe des Gesamtwirkungsgrades die Angabe für die einzelnen Teile nicht notwendig.

Methoden zur Bestimmung des Wirkungsgrades.

§ 36.

Leerlauf- und Kurzschlußmethode für Transformatoren: Bei normaler Frequenz werden die

Leerlaufverluste bei normaler EMK, und die Kurzschlußverluste bei normalem Strom gemessen. Die Summe dieser Verluste und der Abgabe ergibt die Aufnahme.

§ 37.

Die direkte elektrische Methode. Diese Methode kann angewendet werden bei Motorgeneratoren, Umformern und Drehtransformatoren, indem man die Aufnahme und die Abgabe durch elektrische Messungen ermittelt.

§ 38.

Die indirekte elektrische Methode: Sind zwei Maschinen gleicher Belastbarkeit, Type und Stromart vorhanden, so werden sie mechanisch und elektrisch derart gekuppelt, daß die eine als Generator, die andere als Motor läuft.

Die für den Betrieb erforderliche Leistung kann mechanisch oder elektrisch zugeführt werden und entspricht der Summe der in beiden Maschinen auftretenden Verluste.

Die Stromstärke beider Maschinen wird so eingestellt, daß ihr Mittelwert gleich dem Normalstrom ist.

Die einzelnen Wirkungsgrade werden berechnet, indem die zugeführten Verluste einschließlich der Erregung zu gleichen Teilen auf die beiden Maschinen verteilt werden.

Die in Hilfsapparaten und Leitungen sowie die in einer Riemenübertragung auftretenden Verluste sind zu berücksichtigen.

Die Methode kann auch für Transformatoren angewendet werden.

§ 39.

Die direkte mechanische Methode. Sie besteht in der direkten Messung der mechanischen und elektrischen Leistung und ist für Generatoren und Motoren anwendbar. Die mechanische Leistung wird durch Dynamometer oder Bremse bestimmt.

§ 40.

Die indirekte mechanische Methode. Sie besteht in der Messung der mechanischen Leistung mittels eines Generators oder Motors von entsprechender Belastbarkeit, dessen Wirkungsgrad bei den verschiedenen Belastungen bekannt ist.

Wird hierbei Riemenübertragung verwendet, so ist der dadurch entstehende Verlust zu berücksichtigen.

Methoden zur Bestimmung des Wirkungsgrades durch Verlustmessung.

Wenn die Bestimmung des Wirkungsgrades (§ 37 bis 40) nicht oder nicht mit genügender Genauigkeit möglich ist, so sind für Garantie und Messung die meßbaren Verluste zugrunde zu legen, d. h. es wird der Wirkungsgrad aus den meßbaren Verlusten bestimmt, wobei die zusätzlichen Verluste unberücksichtigt bleiben. (Näheres siehe Erläuterungen.)

§ 41.

Leerlaufsmethode: An der in eingelaufenem Zustand als Motor leerlaufenden Maschine mißt man bei normaler Spannung und Drehzahl die Verluste, die infolge von Luft-, Lager- und Bürstenreibung sowie im Eisen auftreten. Die Änderung dieser Verluste mit der Belastung wird nicht berücksichtigt. Durch elektrische Messungen und Umrechnungen wird der Verlust durch Stromwärme in Feld-, Anker-, Bürsten- und Übergangswiderstand bei entsprechender Belastung ermittelt.

Die Summe dieser Verluste wird als „meßbare Verluste" bezeichnet. Als Wirkungsgrad gilt dann das Verhältnis:

$$\frac{\text{Abgabe}}{\text{Abgabe} + \text{meßbare Verluste}}$$

oder

$$\frac{\text{Aufnahme} - \text{meßbare Verluste}}{\text{Aufnahme}}$$

Bei Bestimmung der meßbaren Verluste ist auf den warmen Zustand der Maschine, und bezüglich des Übergangswiderstandes auf die Bewegung und richtige Stromstärke Rücksicht zu nehmen. Bei Asynchronmotoren können die Verluste im Sekundäranker anstatt durch Widerstandsmessungen durch Messung der Schlüpfung bestimmt werden.

§ 42.

Hilfsmotormethode: Stellen sich der Ermittlung der Verluste nach § 41 Schwierigkeiten entgegen, so kann der Leerlaufsverlust durch einen Hilfsmotor festgestellt werden. Man mißt die Aufnahme des antreibenden Motors bei normaler Spannung und Drehzahl der zu untersuchenden Maschine und zieht davon die im Hilfsmotor sowie die in der etwa angewendeten Riemenübertragung entstehenden Verluste ab.

Die Verluste im Hilfsmotor werden nach § 41 bestimmt, und der Wirkungsgrad wird, wie dort angegeben, berechnet.

Die bei der Belastung in der zu messenden Maschine auftretenden Verluste durch Stromwärme werden wie in § 41 berücksichtigt. —

§ 43.

Wenn bei Maschinen, die mit dem Antriebsmotor direkt gekuppelt sind, eine Verlustmessung erforderlich ist, und die Methoden der §§ 41 und 42 nicht anwendbar sind, so kann bei Kolbenmaschinen die Indikatormethode, bei Dampfturbinen die Kondensatwägung angewendet werden, die jedoch beide nicht sehr genau sind. Näheres siehe Erläuterungen.

§ 44.

Trennungsmethode: Bei Maschinen, die nur unter Benutzung von fremden Lagern arbeiten können, ist der Wirkungsgrad ohne Berücksichtigung der Luft- und Lagerreibung in folgender Weise zu bestimmen: Die Eisenverluste werden elektrisch festgestellt dadurch, daß die Maschine, in ähnlicher Weise wie bei der Leerlaufsmethode als Motor laufend, untersucht wird. Um den Verlust für Luft-, Lager- und Bürstenreibung von den Eisenverlusten trennen zu können, ist in folgender Weise zu verfahren: Die Maschine muß bei mehreren verschiedenen Spannungen mit normaler Drehzahl in eingelaufenem Zustande untersucht werden. Diese Beobachtungswerte sind graphisch aufzutragen, und es ist die erhaltene Kurve so zu verlängern, daß der bei der Spannung „Null" auftretende Verlust ermittelt werden kann. Dieser Wert gibt den Reibungsverlust an und ist von dem bei normaler Spannung beobachteten Leerlaufsverlust in Abzug zu bringen. Der Rest ist als Eisenverlust anzusehen. Die Bürstenreibungsverluste sind besonders zu messen. Die Berechnung des Wirkungsgrades erfolgt dann nach § 41.

Spannungsänderung.

§ 45.

Unter Spannungsänderung eines fremd erregten Generators versteht man die Änderung der Spannung, welche eintritt, wenn man bei normaler Klemmenspannung den auf dem Schild angegebenen Ankerstrom abschaltet, ohne Drehzahl und Erregerstrom zu ändern.

Ändert sich die Drehzahl während des Versuchs, so ist dies durch Rechnung zu berücksichtigen.

§ 46.

Unter der Spannungsänderung eines selbsterregten Generators versteht man die Änderung der Spannung, die eintritt, wenn man bei normaler Klemmenspannung den auf dem Schild angegebenen Ankerstrom abschaltet, ohne Drehzahl und Stellung des Feldreglers zu ändern.

§ 47.

Unter der Spannungsänderung eines Generators mit gemischter Erregung (Compound-Maschine) versteht man die Differenz zwischen der höchsten und der niedrigsten Spannung, die ermittelt werden, wenn man den Verlauf der Spannung zwischen Vollast und Leerlauf unter sinngemäßer Berücksichtigung der §§ 45 und 46 aufnimmt.

§ 48.

Wird die Spannungsänderung von Wechselstromgeneratoren für induktive Belastung ohne Nennung des Leistungsfaktors angegeben, so bezieht sich die Angabe auf $\cos \varphi = 0{,}8$.

§ 49.

Bei Transformatoren ist sowohl der Ohmsche Spannungsverlust als auch die Kurzschlußspannung bei normaler Stromstärke anzugeben, beides auf den Sekundärkreis bezogen.

Es ist zulässig, die Kurzschlußspannung bei einer von der normalen nicht allzusehr abweichenden Stromstärke zu messen und proportional auf normale Stromstärke umzurechnen.

Anhang.

Es empfiehlt sich, bei Neuanlagen und in Preislisten die folgenden Werte für Frequenz, Drehzahl und Spannung möglichst zu berücksichtigen.

Die **Frequenz** soll 50 sein.

Die **Drehzahl** bei Maschinen soll nach folgender Tabelle abgestuft werden.

Die **Spannung** soll sein

bei Gleichstrommotoren: 110, 220, 440, 500, 750 V,

bei Wechselstrommotoren und auf der Primärseite von Transformatoren: 120, 220, 380, 500, 1000, 2000, 3000, 5000, 6000 V.

Die **Anlaßspannung bei Asynchronmotoren** soll bei Motorleistungen bis einschließlich 20 kW 250 V gegen Erde nicht überschreiten.

Polzahl bei Wechselstrom	Drehzahl des Generators, Synchronmotors, leerlaufenden Asynchron- oder Gleichstrommotors	Polzahl bei Wechselstrom	Drehzahl des Generators, Synchronmotors, leerlaufenden Asynchron- oder Gleichstrommotors
2	3000	28	214
4	1500	32	188
6	1000	36	166
8	750	40	150
10	600	48	125
12	500	56	107
16	375	64	94
20	300	72	83
24	250	80	75

32. Normen für die Bezeichnung von Klemmen bei Maschinen, Anlassern, Regulatoren und Transformatoren.[1]

Gültig ab 1. Juli 1909.[2]

A. Allgemeines.

Es wird empfohlen, auf den Maschinen, den dazu gehörigen Apparaten und Transformatoren der im allgemeinen üblichen Bauart (Gleichstrommaschinen mit Nebenschluß-, Hauptstrom- und Compoundwicklung mit oder ohne Wendepole bzw. Kompensationswicklung, Ein- und Mehrphasen-Maschinen, Umformer, Doppelgeneratoren, Transformatoren, Anlasser, Regulatoren usw.) einheitliche Bezeichnungen an den Klemmen anzubringen. Bei Spezialausführungen (z. B. Zweikollektormaschinen, Kommutatormaschinen für Wechselstrom, Spezialanlasser usw.) werden für die notwendigen Ergänzungen vorläufig keine einheitlichen Bezeichnungen festgelegt.

Die normale Klemmenbezeichnung soll das Schaltungsschema nicht ersetzen.

Eine Klemme kann bzw. muß unter Umständen mehrere Buchstaben erhalten.

B. Maschinen und dazu gehörige Apparate.

Der Drehsinn (Rechtslauf: im Uhrzeigersinn, Linkslauf: entgegen dem Uhrzeigersinn) ist bei Maschinen stets von der Riemenscheiben- bzw. Kupplungsseite aus gesehen zu verstehen.

---

[1] Die „Normen für die Bezeichnung von Klemmen bei Maschinen, Anlassern, Regulatoren und Transformatoren" sind zusammen mit den „Normen für Bewertung und Prüfung von elektrischen Maschinen und Transformatoren", den „Normalen Bedingungen für den Anschluß von Motoren an öffentliche Elektrizitätswerke" und den „Normen für die Verwendung von Elektrizität auf Schiffen" in einem Bande (Taschenformat) erschienen und können von der Verlagsbuchhandlung Julius Springer, Berlin, bezogen werden.

[2] Die erste, am 12. 6. 1908 beschlossene, ETZ 1908 S. 874 veröffentlichte Fassung, die ab 1. 7. 1908 galt, wurde am 3. 6. 1909 ergänzt. Die Ergänzungen sind abgedruckt ETZ 1909 S. 506 und gelten ab 1. 7. 1909. Erläuterungen siehe ETZ 1908 S 469 und besonderes Buch im Verlage von J. Springer, Berlin.

I. Gleichstrom.

Die einheitliche Bezeichnung der Klemmen von Gleichstrommaschinen, Anlassern und Regulatoren soll sein:

Anker . . . . mit A—B
Nebenschlußwicklung . . . . „ C—D
Hauptstromwicklung . . . . „ E—F
Wendepolwicklung bzw. Kompensationswicklung . „ G—H
Fremderregte Magnetwicklung . . . . „ J—K
Leitung, unabhängig von Polarität . . . . . . „ L
Netz, Zweileiter . . . . „ N—P
　„ Dreileiter . . . . „ N—0—P
　„ Nulleiter . . . . „ 0
Anlasser . . . . „ L, M, R,
　　　wobei

　L mit N oder P verbunden werden kann,
　M „ C „ D (ev. über einen Regulator),
　R „ A „ B, E, F, G, H je nach Schaltung.

Bei Umkehranlassern sind diejenigen Klemmen, deren Vertauschung zur Änderung des Motordrehsinnes erwünscht ist, doppelt zu bezeichnen, wobei die für einen der beiden Drehsinne gültige Gruppe in Klammern zu setzen ist, z. B. bei Stromumkehrung im Anker A (B) und B (A).

Es empfiehlt sich, nach Montage die nicht benutzten Bezeichnungen ungültig zu machen.

Bei Magnet-Regulatoren sind die Klemmen, welche mit dem Widerstand verbunden sind . . mit s—t zu bezeichnen, wobei s mit dem Schleifkontakt unmittelbar in Verbindung steht und mit

　C oder D bei Selbsterregung,
　J „ K „ Fremderregung

zu verbinden ist.

Wenn eine mit dem Ausschaltkontakt verbundene Klemme vorhanden ist, wird sie . . . mit q bezeichnet.

Wiederholen sich Bezeichnungen an der gleichen Maschine, so sind dieselben durch Indizes zu unterscheiden, z. B. bei

Doppelkommutatormaschinen mit A_1—B_1, A_2—B_2
bei Maschinen mit Wendepol- und Kompensationswicklung
　　für erstere . . . . mit G_1—H_1
　　　„ letztere . . . . „ G_2—H_2

II. Wechselstrom (ausschl. Kommutatormaschinen).
(Einphasen- und Mehrphasenstrom.)

Die einheitliche Bezeichnung von Wechselstrommaschinen, Anlassern und Regulatoren soll sein:

Anker bzw. Primäranker . . . . mit U, V, W
    bei verketteter Schaltung.
  (bei Einphasenstrom $U—V$)

Anker bzw. Primäranker . . . . „ U, V, W, X, Y, Z
    bei offener Schaltung, wobei $U—X$,
    $V—Y, W—Z$ je zu einer Phase gehören.

Bei Zweiphasenstrom ist die Bezeichnung $U—X, \; Y—V$
    (bei Verkettung erhält der Verkettungs-
    punkt die Bezeichnung $X, \; Y$.)

Bei Einphasenmotoren mit Hilfsphase wird
    die Hauptwicklung . . . . „ $U—V$
    die Hilfswicklung . . . . „ $W—Z$
bezeichnet.

Nullpunkt und bei Einphasenstrom der
    Mittelleiter . . . . „ O

Sekundäranker (dreiphasig) . . . . · . . . . „ u, v, w

Sekundäranker (zweiphasig) . . . . „ $u—x, \; y—v$

Magnetwicklung (Gleichstrom) . . . . . . „ $J—K$

Leitung, unabhängig von Polarität bzw. Phase „ L

Netz, Drehstrom mit drei Leitungen . . . „ $R, \; S, \; T$

Netz, Drehstrom mit vier Leitungen (Null-
    leitung) . . . . „ $O, \; R, \; S, \; T$

Netz, Einphasenstrom, Zweileiter . . . . . „ $R—T$

Netz, Einphasenstrom, Dreileiter . . . . . „ $R—O—T$

Netz, Zweiphasenstrom . . . . „ $Q—S, \; R—T$

Bei Regulatoren für Generatoren sind die
    Klemmen, welche mit dem Widerstand ver-
    bunden sind . . . . mit $s—t$
    zu bezeichnen, wobei s mit dem Schleif-
    kontakt in unmittelbarer Verbindung
    steht und mit J oder K zu verbinden
    ist. Wenn eine mit dem Ausschalt-
    kontakt verbundene Klemme vorhanden
    ist, wird sie . . . . „ q
bezeichnet.

Bei Anlassern werden die Klemmen
bezeichnet:
am Sekundäranlasser
bei dreiphasiger Ausführung . . . . „ u, v, w
 „ zweiphasiger   „   . . . . „ $u—x, \; y—v$
an Primäranlassern für Drehstrom . . . . „ $X, \; Y, \; Z,$

wenn sie im Nullpunkt angeschlossen
werden.

an Primäranlassern . . . . „ $U_1{-}U_2,\; V_1{-}V_2$
$W_1{-}W_2,$

wenn sie zwischen Netz und Motor
angeschlossen werden.

Bei Umkehranlassern werden die Netzanschlüsse mit
R, S, T, die Anschlüsse an den Primärankern mit U (W),
V, W (U) bezeichnet.

Es empfiehlt sich, nach Montage die nicht benutzten
Bezeichnungen ungültig zu machen.

Es wird empfohlen, daß bei Drehstromgeneratoren die
Reihenfolge der Buchstaben U, V, W bei Rechtslauf und
beim Netz die Buchstaben R, S, T die zeitliche Reihenfolge der Phasen angibt.

C. Transformatoren.

Die einheitliche Bezeichnung der Klemmen von Transformatoren soll sein:

Drehstromwicklung höherer Spannung (Oberspannungswicklung) . . . . mit $U,\; V,\; W$
bei verketteter Schaltung.

Drehstromwicklung niederer Spannung
(Unterspannungswicklung) . . . . „ $u,\; v,\; w$
bei verketteter Schaltung.

Drehstromwicklung höherer Spannung (Oberspannungswicklung) . . . . „ U, V, W, X, Y, Z
bei offener Schaltung.

Drehstromwicklung niederer Spannung
(Unterspannungswicklung) . . . . mit u, v, w, x, y, z
bei offener Schaltung.

Einphasenstrom, Wicklung höherer Spannung
(Oberspannungswicklung) . . . . „ $U{-}V$

Einphasenstrom, Wicklung niederer Spannung
(Unterspannungswicklung) . . . . „ $u{-}v$

Nullpunkt und bei Einphasenstrom, Mittelleiter

    für Oberspannung . . . . „ O

    für Unterspannung . . . . „ o

Stromtransformator,

    Netzseite . . . . „ $L_1{-}L_2$

    Apparatseite . . . . „ $l_1{-}l_2$

Die alphabetische Reihenfolge der Buchstaben, die an
den Klemmen der Primär- und Sekundärwicklung angebracht
sind, muß den gleichen Drehsinn ergeben.

Beispiele für die Bezeichnung der Klemmen nach vorstehenden Normen:

Gleichstrom-Generatoren und -Motoren.

MitNebenschluß-
Wicklung
Abb. 1.

Mit Hauptstrom-
Wicklung
Abb. 2.

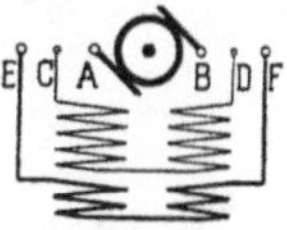

Mit Compound-
Wicklung
Abb. 3.

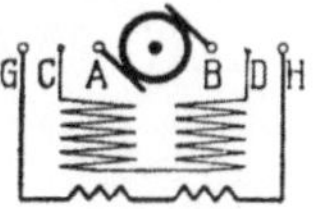

Mit Nebenschluß-
und Wendepol-
Wicklung
Abb. 4.

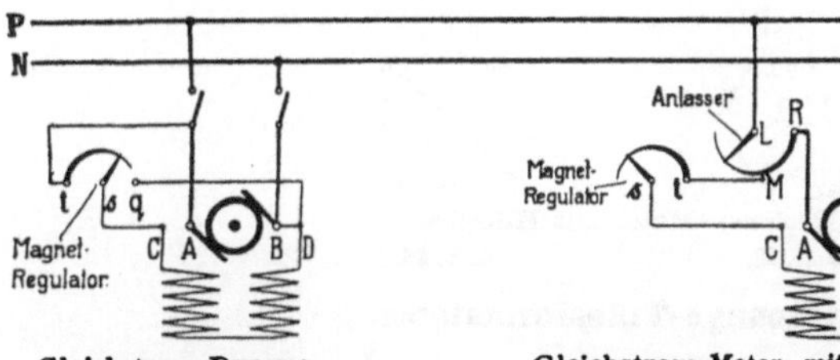

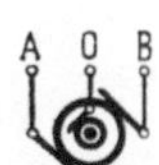

Gleichstrom-Dynamo
mit Magnetregulator
Abb. 5.

Gleichstrom-Motor mit An-
lasser und Magnetregulator
Abb. 6.

Dreileiter-
Gleichstrom-
Dynamo
Abb. 7.

Wechselstrom-Generatoren und Synchron-Motoren.

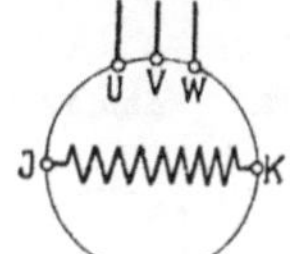

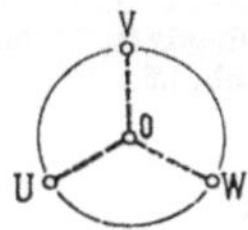

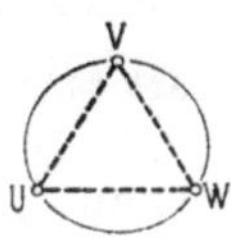

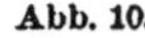

Drehstrom-Generator und Synchron-Motor.

Abb. 8.   Abb. 9.   Abb. 10.

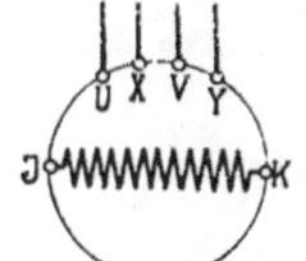

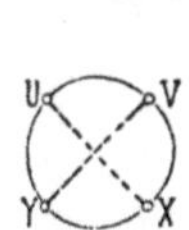

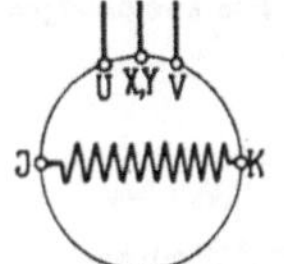

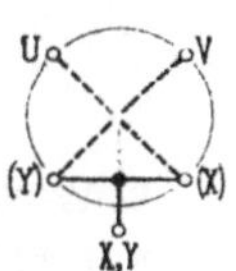

unverkettet   verkettet
Zweiphasen-Wechselstrom-Generator und Synchron-Motor.
Abb. 11.   Abb. 12.   Abb. 13.   Abb. 14.

Asynchrone Wechselstrom-Motoren.

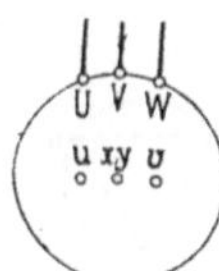

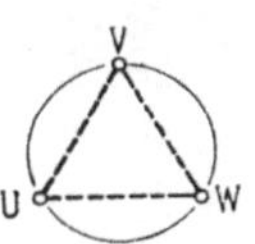

zweiphasigem   mit   dreiphasigem   Stern-   Dreieck-
                Anker   Schaltung   Schaltung
            Drehstrom-Motor, Stator verkettet.
zweiphasigem   dreiphasigem   Stern-   Dreieck-
Abb. 15.   Abb. 16.   Abb. 17.   Abb. 18.

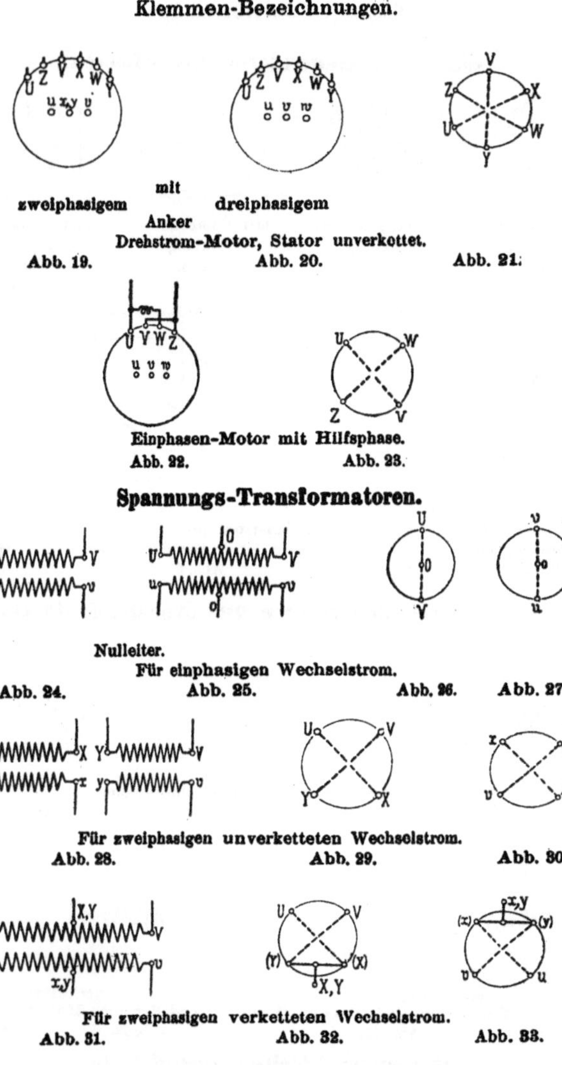

mit
zweiphasigem   dreiphasigem
Anker
Drehstrom-Motor, Stator unverkettet.
Abb. 19.   Abb. 20.   Abb. 21.

Einphasen-Motor mit Hilfsphase.
Abb. 22.   Abb. 23.

Spannungs-Transformatoren.

Nulleiter.
Für einphasigen Wechselstrom.
Abb. 24.   Abb. 25.   Abb. 26.   Abb. 27.

Für zweiphasigen unverketteten Wechselstrom.
Abb. 28.   Abb. 29.   Abb. 30.

Für zweiphasigen verketteten Wechselstrom.
Abb. 31.   Abb. 32.   Abb. 33.

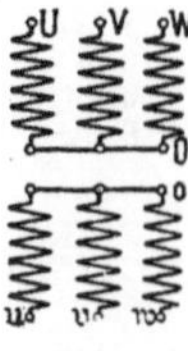

Stern-   Stern-Schaltung.   Dreieck-Schaltung.
Schaltung.
Für Drehstrom, Transformator in verketteter Schaltung.
Abb. 34.   Abb. 35.   Abb. 36.   Abb. 37.   Abb. 38.

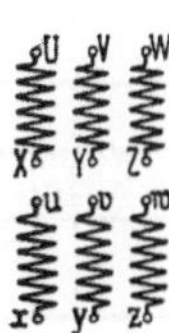 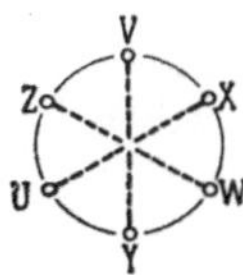 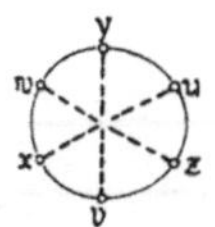

Für Drehstrom, Transformator in offener Schaltung.

Abb. 39.　　　　Abb. 40.　　　　Abb. 41.

Netz-Bezeichnungen.

Gleichstrom.

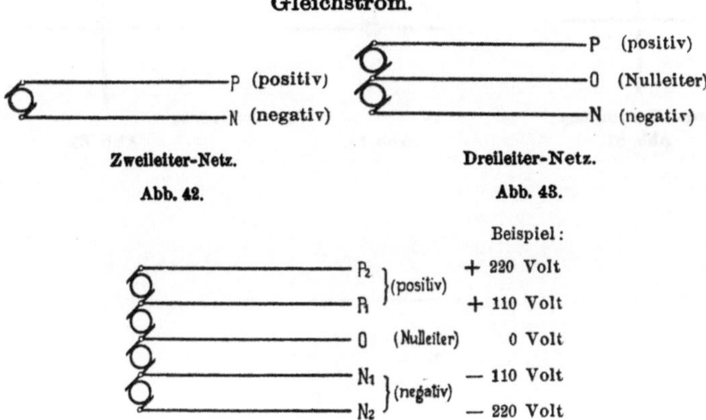

Zweileiter-Netz.

Abb. 42.

Dreileiter-Netz.

Abb. 43.

Fünfleiter-Netz.

Abb. 44.

Wechselstrom.

 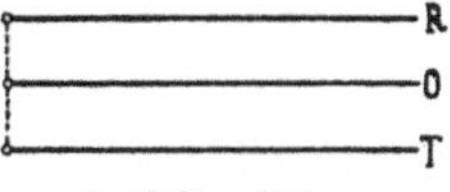

Zweileiter-Netz.　　　　Dreileiter-Netz.

Abb. 45.　　Einphasig.　　Abb. 46.

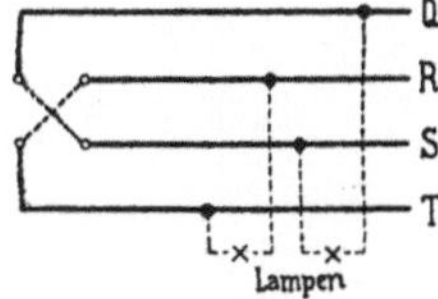 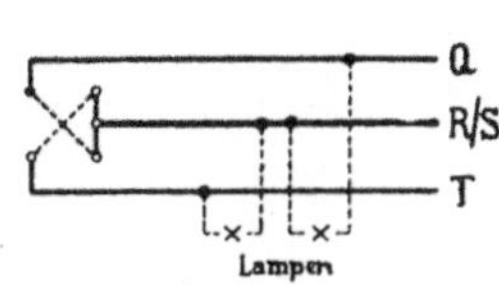

Unverkettet.　　　　Verkettet.

Abb. 47.　　Zweiphasig.　　Abb. 48.

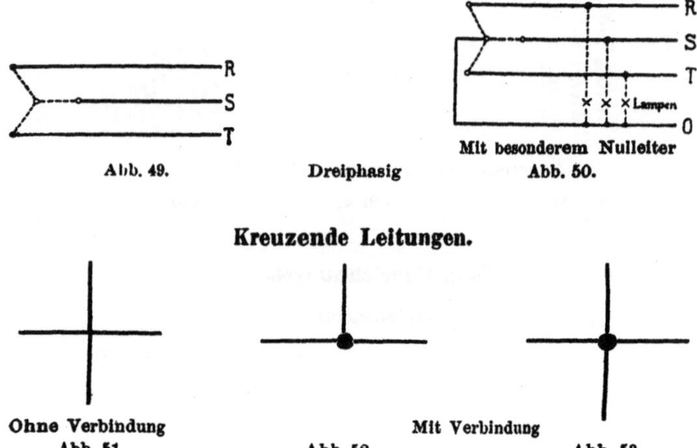

Abb. 49.   Dreiphasig   Mit besonderem Nulleiter
Abb. 50.

Kreuzende Leitungen.

Ohne Verbindung   Mit Verbindung
Abb. 51.   Abb. 52.   Abb. 53.

33. Normen für Einheitstransformatoren mit Kupferwicklung 1920.

(Drehstrom, von der Frequenz 50, Ölkühlung.)

Gültig ab 1. Oktober 1920.[1]

§ 1.

Als Einheitstransformatoren werden lagermäßig herge-
stellte Transformatoren bezeichnet, von denen zwei Reihen
unterschieden werden:

a) Hauptreihe,
b) Sonderreihe.

§ 2.

Die Nennleistungen der Einheitstransformatoren sind
folgende:

a) für die Hauptreihe:
 5, 10, 20, 30, 50, 75, 100 kVA,

b) für die Sonderreihe:
 5, 10, 15, 25, 37,5, 50 kVA.

§ 3.

Die Oberspannungen der Einheitstransformatoren sind:
 5000, 6000, 10000, 15000 V,

die Leerlaufunterspannungen:
 231 und 400 V.

§ 4.

Es werden die Schaltgruppen Stern-Stern, und zwar
A_2 (in Ausnahmefällen B_2) bei 231 V Unterspannung und
Stern-Zickzack, und zwar C_3 (in Ausnahmefällen D_3) bei
400 V Unterspannung verwendet.[2]

---

[1] Angenommen auf der Jahresversammlung 1920. Veröffentlicht: ETZ 1920
S. 576. Erläuterungen: ETZ 1920 S. 576.

[2] Die Bezeichnungsweise der Schaltgruppen entspricht schon dem in nächster
Zeit erscheinenden neueren Entwurfe der Vorschriften für Maschinen und Transformatoren. Bei der jetzt noch gültigen Bezeichnungsweise muß gesetzt werden
statt A_2 — a_2, statt B_2 — b_2 und statt C_3 — c_5. Für D_3 besteht zurzeit nichts
Entsprechendes.

§ 5.

Auf der Oberspannungsseite werden 2 Anzapfungen für
$+ 4\%$ und -4% der Spannung so angeordnet, daß sie ohne
Abheben des ganzen Deckels benutzbar sind. Auf der Unterspannungsseite werden keine Anzapfungen angebracht.

§ 6.

Die prozentualen Kurzschlußspannungen dürfen um nicht
mehr als $+ 10\%$ oder $- 20\%$ von den folgenden Werten
abweichen:

a) für die Hauptreihe:

Schaltgruppe	V	5	10	20	30	50	75	100 kVA
A_2 (B_2)	5000, 6000, 10 000	4,2	4,0	3,9	3,8	3,6	3,5	3,5 %
A_2 (B_2)	15 000	4,6	4,5	4,4	4,3	4,1	3,9	3,8 %
C_3 (D_3)	5000, 6000, 10 000	4,5	4,3	4,1	4,0	3,8	3,7	3,7 %
C_3 (D_3)	15 000	4,9	4,7	4,6	4,5	4,3	4,1	4,0 %

b) für die Sonderreihe:

Schaltgruppe	V	5	10	15	25	37,5	50 kVA
A_2 (B_2)	5000, 6000, 10 000	3,5	3,4	3,3	3,2	3,0	2,9 %
A_2 (B_2)	15 000	3,7	3,6	3,5	3,4	3,2	3,1 %
C_3 (D_3)	5000, 6000, 10 000	3,7	3,6	3,5	3,4	3,2	3,0 %
C_3 (D_3)	15 000	3,9	3,8	3,7	3,6	3,4	3,2 %

§ 7.

Die prozentualen Wicklungsverluste dürfen um nicht
mehr als 10 % die folgenden Werte überschreiten:

a) für die Hauptreihe:

Schaltgruppe	5	10	20	30	50	75	100 kVA
A_2 (B_2)	3,2	2,9	2,7	2,5	2,4	2,2	2 %
C_3 (D_3)	3,5	3,2	3,0	2,8	2,6	2,4	2,2 %

b) für die Sonderreihe:

Schaltgruppe	5	10	15	25	37,5	50 kVA
A_2 (B_2)	2,5	2,3	2,1	1,9	1,8	1,7 %
C_3 (D_3)	2,8	2,5	2,3	2,1	2,0	1,9 %

§ 8.

Die Eisenverluste in W dürfen um nicht mehr als 10 %
die folgenden Werte überschreiten:

a) für die Hauptreihe:

V	5	10	20	30	50	75	100 kVA
5000, 6000	60	100	175	240	350	475	600
10 000	70	115	190	260	375	510	630
15 000	85	130	210	280	400	540	660

b) für die Sonderreihe:

V	5	10	15	25	37,5	50 kVA
5000, 6000	60	100	140	210	295	370
10000	70	110	155	225	315	390
15000	85	120	165	235	335	410

§ 9.

Die Angaben über Wicklungsverluste und Kurzschlußspannungen werden auf die im § 3 angegebenen Spannungen bezogen und gelten bei Benutzung der der höchsten Oberspannung entsprechenden Klemmen für den betriebswarmen Transformator, bezogen auf 20^0 Raumtemperatur. Maßgebend für die Eisenverluste ist die Leerlaufunterspannung, für die Wicklungsverluste die auf dem Schild (§ 10) vermerkte Stromstärke.

§ 10.

Das Leistungsschild ist auf der Niedervoltseite so anzubringen, daß es während des Betriebes ablesbar ist. Die Spannungs- und Stromangaben auf dem Schild beziehen sich auf Leerlauf und die aus der höchsten Leerlaufspannung und Leistung errechnete Stromstärke.

Für die Angaben auf dem Schild gelten im allgemeinen die Bestimmungen der Verbandsnormen. Ferner soll es die Bezeichnung ET mit der Jahreszahl der Normen für Einheitstransformatoren und dem Zusatzbuchstaben H für die Hauptreihe (HET) oder S für die Sonderreihe (SET) enthalten.

§ 11.

a) Die Erwärmung der Transformatoren der Reihe HET und SET entspricht den Verbandsnormen.

b) Bei der Sonderreihe SET darf nach vorausgegangener Dauerlast bei der Nennleistung und 9- bis 12-stündiger Last mit der doppelten Nennleistung die Erwärmung die unter a) festgesetzten Temperaturen um nicht mehr als 10^0 überschreiten. Diese Transformatoren dürfen mit der doppelten Nennleistung nur einige Wochen im Jahr beansprucht werden.

§ 12.

Ohne Überschreitung der im § 11a genannten Grenzen sind folgende Überlastungen zulässig:

a) für die Hauptreihe:

$30^0/_0$ für 1 Stunde ⎫ im Anschluß an einen 10-stündigen
oder $10^0/_0$ für 3 Stunden ⎰ Betrieb mit der halben Nennleistung

b) für die Sonderreihe:

$$\left.\begin{array}{l} 110\,^0/_0 \text{ für 1 Stunde} \\ \text{oder } 75\,^0/_0 \text{ für 3 Stunden} \\ \text{oder } 60\,^0/_0 \text{ dauernd} \end{array}\right\} \text{ im Anschluß an einen 10-stündigen Betrieb mit der Nennleistung}$$

§ 13.

Die Serie der Oberspannungsdurchführungen wird nach dem Kurzschlußstrom des Transformators bestimmt (siehe § 4 der Richtlinien für Hochspannungsapparate).

§ 14.

Bei den Unterspannungsdurchführungen muß der Kriechweg über Deckel mindestens 40 mm betragen.

§ 15.

Der Nullpunkt der Unterspannungsseite wird stets herausgeführt.

§ 16.

Für die Anschlußklemmen gelten folgende Bestimmungen:

A	Material	Durchmesser d. Bolzens	Material der Muttern
bis 50	Eisen oder Kupfer	$^1/_2''$	Messing oder Kupfer
über 50 bis 200	Kupfer	$^1/_2''$	do.
über 200 bis 350	Kupfer	$^5/_8''$	do.
über 350 bis 600	Kupfer	$^3/_4''$	do.

Gewinde Whitworth, SI-Gewinde zugelassen.

Die freie Bolzenlänge darf den dreifachen Betrag des Bolzendurchmessers nicht unterschreiten.

§ 17.

Von der Oberspannungsseite des Transformators gesehen, muß die Reihenfolge der Oberspannungsklemmen von links nach rechts *UVW*, die der Unterspannungsklemmen *o u v w* sein. Es liegen somit ober- und unterspannungsseitig gleichnamige Klemmen einander gegenüber.

§ 18.

Wird ein Ausdehnungsgefäß mitgeliefert, so muß es am Transformator fest angebaut sein.

§ 19.

Ölstandsgläser werden nicht verwendet. Zur Feststellung des Ölstandes dienen Überlaufschrauben, Hähne oder Meßstäbe.

§ 20.

Eine Ölablaßvorrichtung muß vorhanden sein.

§ 21.

Eine Einrichtung muß vorhanden sein, die ein Thermometer anzubringen gestattet zur Ablesung der Öltemperatur während des Betriebes. Der Durchmesser der Einführungsöffnung muß mindestens 12 mm betragen.

§ 22.

Der Transformator muß stets mit Öl gefüllt geliefert werden.

34. Normale Bedingungen für den Anschluß von Motoren an öffentliche Elektrizitätswerke.[1][2]

Gültig ab 1. Juli 1912.[3]

§ 1.

Allgemeines.

a) Die Motoren müssen den „Normen für Bewertung und Prüfung von elektrischen Maschinen und Transformatoren" des Verbandes Deutscher Elektrotechniker (e. V.) entsprechen.

b) Außer den Angaben des § 2 der „Normen usw." ist bei Ein- und Mehrphasenmotoren auf dem Leistungsschild der $\cos \varphi$ für Vollast anzugeben.

c) Bei Motoren, die im Betriebszustande nicht anlaufen können, sind Einrichtungen vorzusehen, welche die Motoren bei Ausbleiben der Spannung selbsttätig entweder vom Netz abtrennen oder den Anlaufzustand wieder herstellen.

§ 2.

Anmeldung.

a) Der Motor muß dem Elektrizitätswerk für eine bestimmte Leistung und Betriebsart (siehe § 7 der Maschinen-

---

[1] Mit der neuen Fassung der Maschinennormen tritt der Beschluß in Kraft, die Leistung von Motoren nur noch in kW anzugeben. (Vergl S. 257.) Hierdurch ist eine Revision der Anschlußbedingungen nötig geworden. Dieselbe ist bereits in Angriff genommen.

[2] Die „Normalen Bedingungen für den Anschluß von Motoren an öffentliche Elektrizitätswerke" sind zusammen mit den „Normen für Bewertung und Prüfung von elektrischen Maschinen und Transformatoren", den „Normen für die Bezeichnung von Klemmen bei Maschinen, Anlassern, Regulatoren und Transformatoren" und den „Normen für die Verwendung von Elektrizität auf Schiffen" in einem Bande (Taschenformat) erschienen und können von der Verlagsbuchhandlung Julius Springer, Berlin, bezogen werden.

[3] Angenommen auf den Jahresversammlungen 1906 und 1909. Veröffentlicht: ETZ 1906 S. 663 und 1909 S. 506. Die erste, am 25. 5. 1906 beschlossene, ETZ 1906 S. 663 veröffentlichte Fassung, die ab 1. 7. 1906 galt, wurde am 3. 6 1909 geändert. Die Änderungen sind abgedruckt ETZ 1909 S. 506 und gelten ab 1. 7. 1909. Erläuterungen siehe ETZ 1906 S. 357 und besonderes Buch im Verlage von J. Springer, Berlin.

Weitere Änderungen wurden beschlossen am 6. 6. 1912. Diese Änderungen sind abgedruckt in der ETZ 1912 S. 94 und gelten ab 1. 7. 1912.

Normen) gemeldet werden, die mit den betreffenden Angaben des Leistungsschildes übereinstimmen.

b) Bei jeder Anmeldung von Motoren ist der Verwendungszweck anzugeben, insbesondere, ob der Motor „geringe" oder „hohe" Anzugskraft entwickeln muß; ferner bei Gleichstrommotoren über 1 PS und bei Ein- und Mehrphasenmotoren über 2 PS, ob der Motor für „geringen" oder „hohen" Anlaufstrom bestimmt ist.

§ 3.

Anlaufstrom von Gleichstrommotoren.

Beim betriebsmäßigen Anlauf des Motors sollen dem Netz nicht mehr W entnommen werden als:

W pro PS	bei Motoren		
3500	von 0,5 bis 1 PS		
1500	über 1 „ 2 „	}	für geringe
1250	„ 2 „ 15 „	}	Anzugskraft.
1000	„ 15 PS „		
2500	„ 1 „ 15 „	}	für hohe
2200	„ 15 PS „	}	Anzugskraft.

Anmerkung: Mit dem für „geringe Anzugskraft" zulässigen Anlaufstrom läßt sich in der Regel bei Motoren von 1 bis 15 PS ein normales Drehmoment und bei Motoren über 15 PS $^3/_4$ des normalen Drehmomentes erreichen. Mit dem für „hohe Anzugskraft" zulässigen Anlaufstrom läßt sich in der Regel das Zweifache des normalen Drehmomentes erreichen.

§ 4.

Anlaufstrom von Mehrphasenmotoren.

a) Beim betriebsmäßigen Anlauf des Motors sollen dem Netz nicht mehr VA entnommen werden als:

VA pro PS	bei Motoren		
3500	von 0,5 bis 1 PS		
3000	über 1 „ 1,5 „		
2500	„ 1,5 „ 2 „		
1600	„ 2 „ 5 „	}	für geringe
1400	„ 5 „ 15 „	}	Anzugskraft.
1000	„ 15 PS „		
3200	„ 2 „ 5 „	}	
2900	„ 5 „ 15 „	}	für hohe
2500	„ 15 PS „	}	Anzugskraft.

b) Unter der Zahl der VA ist das Produkt aus Stromstärke, Betriebsspannung und dem der Stromart entsprechenden Zahlenfaktor zu verstehen.

Anmerkung: Mit dem für „geringe Anzugskraft" zulässigen Anlaufstrom läßt sich in der Regel bei Motoren von 2 bis 15 PS ein normales Drehmoment und bei Motoren über 15 PS $^3/_4$ des normalen Drehmomentes erreichen. Mit dem für „hohe Anzugskraft"' zulässigen Anlaufstrom läßt sich in der Regel das Zweifache des normalen Drehmomentes erreichen.

§ 5.

Anlaufstrom von Einphasenmotoren.

a) Beim betriebsmäßigen Anlauf des Motors sollen dem Netz nicht mehr VA entnommen werden als:

VA pro PS	bei Motoren				
3500	von	0,5	bis	1	PS
3250	über	1	„	1,5	„
3000	„	1,5	„	2	„
2000	„	2	„	5	„
1500	„	5	„	15	„
1250	„	15 PS			

für geringe Anzugskraft.

3500	„	2	„	5	„
3000	„	5	„	15	„
2500	„	15 PS			

für hohe Anzugskraft.

b) Unter der Zahl der VA ist das Produkt aus Stromstärke und Betriebsspannung zu verstehen.

Anmerkung: Mit dem für „geringe Anzugskraft" zulässigen Anlaufstrom läßt sich in der Regel bei gewöhnlichen Induktionsmotoren $^1/_4$ des normalen Drehmomentes, bei Kommutatormotoren das normale Drehmoment erreichen. Mit dem für „hohe Anzugskraft" zulässigen Anlaufstrom läßt sich in der Regel bei gewöhnlichen Induktionsmotoren $^2/_3$ des normalen Drehmomentes, bei Kommutatormotoren das Zweifache des normalen Drehmomentes erreichen.

§ 6.

Leistungsfaktor von Mehrphasenmotoren.

Der Leistungsfaktor (cos φ) beim Betrieb mit Vollast soll betragen:

Nicht weniger als:

0,60	bei Motoren	bis	einschließlich	0,5	PS
0,65	„	„	„	1	„
0,70	„	„	„	1,5	„
0,75	„	„	,	5	„
0,77	„	„	„	10	„
0,80	„	„	„	15	„
0,82	„	„	„	20	„
0,85	„	„		über 20	„

§ 7.
Leistungsfaktor von Einphasenmotoren.

Der Leistungsfaktor (cos φ) beim Betrieb mit Vollast soll betragen:

Nicht weniger als:

	bei Vollast	bei ½ Vollast
Bei Motoren bis einschl. 0,5 PS	0,60	—
über 0,5 bis 1 „	0,65	—
„ 1 „ 1,5 „	0,70	—
„ 1,5 „ 5 „	0,73	0,60
„ 5 „ 10 „	0,75	0,65
„ 10 „ 15 „	0,77	0,67
„ 15 „ 20 „	0,80	0,70
„ „ 20 „	0,82	0,72

§ 8.
Ausführung der Messungen.

a) Zur Messung des Anlaufstromes werden besondere Strommesser mit verschiebbarem Zeiger empfohlen. Der Zeiger ist auf einen Wert, der etwa 5% unter der zu messenden Stromstärke liegt, vorzuschieben. Hitzdrahtinstrumente sind von der Verwendung ausgeschlossen.

b) Die Bestimmung des Leistungsfaktors geschieht durch gleichzeitige V-, A- und W-Messung bei Betrieb mit der auf dem Leistungsschild angegebenen normalen Stromstärke.

c) Die Messungen sind bei normaler Spannung durchzuführen, doch ist dabei eine Spannungsunterschreitung bis zu 5% zulässig.

§ 9.
Spezialmotoren.

Der Anschluß von Motoren, bei welchen technische Gründe der Einhaltung obiger Bestimmungen entgegenstehen, z. B. niedrige Tourenzahl der Einhaltung des Leistungsfaktors, außergewöhnlich hohe Anzugskraft der Einhaltung des Anlaufstromes, Verwendung von Kurzschlußmotoren größerer Leistung (§ 4), ist besonderer Vereinbarung unterworfen.

———

35. Photometrische Einheiten.[1])

Gültig ab 1. Juli 1910.[2])

1. Die Einheit der Lichtstärke ist die Kerze; sie wird durch die horizontale Lichtstärke der Hefnerlampe dargestellt.

2. Für die photometrischen Größen und Einheiten gibt die nachstehende Tabelle Namen und Zeichen.

Größe		Einheit	
Name	Zeichen	Name	Zeichen
Lichtstärke	J	Kerze (Hefnerkerze)	HK
Lichtstrom	$\Phi = J\omega = \dfrac{J}{r^2} S$	Lumen	Lm
Beleuchtung	$E = \dfrac{\Phi}{S} = \dfrac{J}{r^2}$	Lux (Hefnerlux)	Lx
Flächenhelle	$e = \dfrac{J}{s}$	Kerzen auf 1 qcm	—
Lichtabgabe	$Q = \Phi T$	Lumenstunde	—

Dabei bedeuten:

ω einen räumlichen Winkel.

S eine Fläche in qm; s eine Fläche in qcm, beide senkrecht zur Strahlenrichtung.

r eine Entfernung in m.

T eine Zeit in Stunden.

---

[1]) Sonderabdrücke können von der Verlagsbuchhandlung J. Springer, Berlin, bezogen werden.

[2]) Angenommen auf den Jahresversammlungen 1898 und 1910. Veröffentlicht: ETZ 1897 S. 478 und ETZ 1910 S. 302. Früher waren die „Photometrischen Einheiten" ein Teil der „Vorschriften für die Lichtmessung an Glühlampen nebst photometrischen Einheiten". Dieser erste Wortlaut ist veröffentlicht ETZ 1897 S. 473.

36. Vorschriften für die Messung der mittleren horizontalen Lichtstärke von Glühlampen.

Gültig ab 1. Juli 1911.[1])

Unter Lichtstärke einer Glühlampe versteht man, wenn nichts anderes bemerkt ist[2]), die mittlere Lichtstärke in einer zur Lampenachse senkrechten, durch die Mitte des Leuchtkörpers gelegten Ebene. Diese Lichtstärke wird als mittlere horizontale Lichtstärke bezeichnet, da die Lampenachse bei der Messung meistens eine vertikale Lage hat.

Die mittlere horizontale Lichtstärke wird nach der Methode der rotierenden Lampe bestimmt. Hierzu wird die zu messende Lampe in vertikaler Lage mittels einer Rotationsvorrichtung um ihre Achse gedreht. Die Umdrehungsgeschwindigkeit ist so zu bemessen, daß kein störendes Flimmern im Photometerkopf und keine schädliche Verbiegung der Glühfäden auftritt. Ist letzteres nicht zu vermeiden, so ist eine andere Methode mit nicht rotierender Lampe zu wählen, z. B. die Brodhunsche Methode der rotierenden Spiegel (Liebenthal, „Praktische Photometrie", S. 331), oder die Methode der Photometrierung in einer größeren Anzahl von Ausstrahlungsrichtungen.

Als Normallampen dienen von der Reichsanstalt geprüfte Glühlampen. Die Richtung, in der die Lichtstärke bestimmt worden ist, muß auf den Lampen bezeichnet sein und bei der Messung mit der optischen Achse der Photometerbank zusammenfallen. An Stelle der Normallampen können auch, zumal bei länger dauernden Messungen, andere

---

[1]) Angenommen auf den Jahresversammlungen 1910 und 1911. Veröffentlicht: ETZ 1910 S. 302 und 1911 S. 402. Vor Inkrafttreten der „Vorschriften für die Messung der mittleren horizontalen Lichtstärke von Glühlampen" galten die „Vorschriften für die Lichtmessung an Glühlampen nebst photometrischen Einheiten", veröffentlicht ETZ 1897 S. 473. Der erste Wortlaut der jetzigen Fassung wurde beschlossen 1910 und war veröffentlicht ETZ 1910 S. 302. Eine Änderung wurde auf der Jahresversammlung 1911 vorgenommen. Der geänderte Wortlaut war ETZ 1911 S. 402 abgedruckt.

[2]) Ist die Kenntnis der mittleren sphärischen Lichtstärke erwünscht, so wird empfohlen, diese mittels der Ulbrichtschen Kugel zu bestimmen.

fehlerfreie Glühlampen benutzt werden. Ihre Lichtstärke muß durch unmittelbaren Vergleich mit einer Normallampe festgestellt werden. Sie sollten vorher mindestens 50 Stunden gebrannt haben und in ihrer Lichtfarbe mit derjenigen der zu messenden Lampe möglichst übereinstimmen. Das letztere gilt auch von den Zwischenlichtquellen (B in Abb. 2).

Die Beleuchtungsstärke auf dem Photometerschirm soll 30 Lux nicht wesentlich übersteigen. Dementsprechend ist die Länge der Photometerbank zu wählen. Für Lichtstärken bis zu etwa 100 HK genügt eine Banklänge von 2,5 m und eine Lichtstärke der Normallampe von 10 bis 25 HK. Die Bank kann metrisch und nach Kerzen geteilt sein.

Mit Hilfe von schwarzen Schirmen, am besten Samtschirmen, ist zu verhüten, daß fremdes Licht auf den Photometerschirm gelangt; es darf jedoch kein Teil der Lampe selbst abgeblendet werden.

Die Spannungsmessung muß stets an den Klemmen der Glühlampe erfolgen.

Die Messung geschieht nach einer der folgenden Methoden:

I. Methode.

Die in eine Rotationsvorrichtung gesetzte zu messende Lampe x und die Normallampe n bleiben in konstanter Ent-

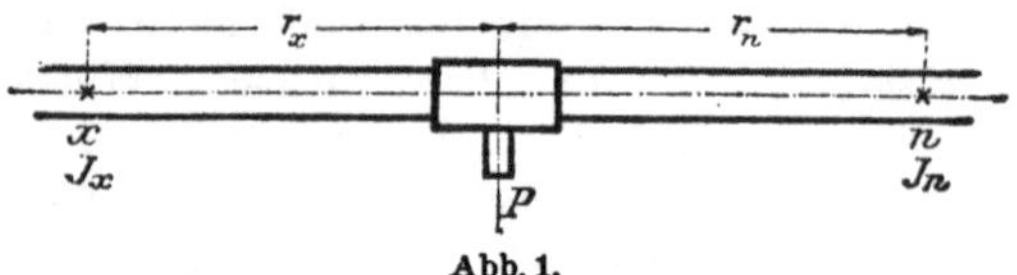

Abb. 1.

fernung voneinander. Die photometrische Einstellung erfolgt durch Verschieben des Photometerkopfes P (Abb. 1).

Bedeuten J_x die Lichtstärke der zu messenden Lampe x, J_n die Lichtstärke der Lampe n in Richtung der optischen Achse der Photometerbank, r_x und r_n die sich bei der Einstellung ergebenden Abstände des Photometerschirmes von den Lampen x und n, so ist:

$$J_x = \frac{r_x^2}{r_n^2} \cdot J_n.$$

Die Gleichseitigkeit des Photometerkopfes ist hierbei vorausgesetzt.

Es empfiehlt sich im allgemeinen, die Lampen x und n an den Enden der Photometerbank aufzustellen und eine nach dem Entfernungsgesetz berechnete Kerzenteilung zu benutzen, deren Teilstrich 1 in der Mitte zwischen x und n liegt. Die Lichtstärke der zu messenden Lampe ist dann gleich der Lichtstärke der Normallampe n multipliziert mit der an der Kerzenteilung abgelesenen Zahl.

II. Methode.

Der Photometerkopf A (Abb. 2) wird mit einer Zwischenlichtquelle B fest verbunden und mit dieser zugleich verschoben. In C befindet sich die in eine Rotationsvorrichtung gesetzte zu messende Lampe beziehungsweise die Normallampe. Der Abstand zwischen A und B muß verstellbar sein. Die Photometerbank trägt eine nach dem Entfernungsgesetz berechnete Kerzenteilung, deren Nullpunkt in der Achse der Lampe bei C liegt und deren Teilstrich 1 um 1 m von dem Nullpunkt entfernt ist.

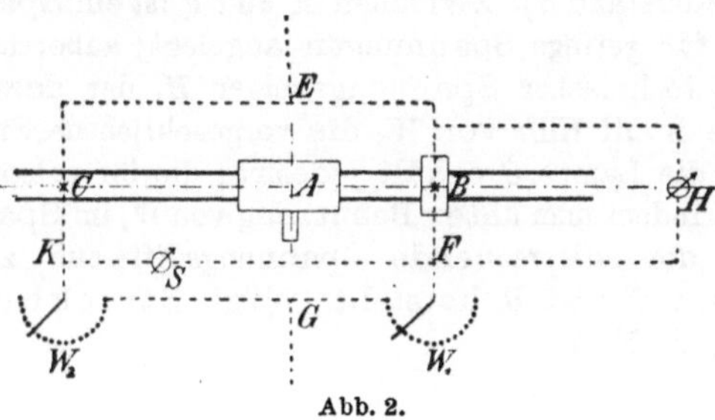

Abb. 2.

Die Lichtmessung geschieht, indem nacheinander die beiden folgenden Einstellungen (a und b) ausgeführt werden.

Einstellung a.

Zunächst erhält die Zwischenlichtquelle B die richtige Spannung. Hierauf wird bei C die nicht rotierende Normallampe aufgesetzt und einreguliert; sodann wird der Photometerkopf A auf den Teilstrich 1 der Kerzenteilung eingestellt und durch Änderung der Entfernung AB eine photometrische Einstellung ausgeführt. Danach werden A und B fest miteinander verbunden.

Einstellung b.

Bei C wird an die Stelle der Normallampe die zu messende Lampe gesetzt und einreguliert. Dann wird eine photometrische Messung durch Verschieben des mit B fest verbundenen Photometerkopfes A ausgeführt. Die gesuchte Lichtstärke ist dann gleich der Lichtstärke der bei der Einstellung a benutzten Normallampe, multipliziert mit der an der Kerzenteilung abgelesenen Zahl.

Schaltungen.

Bei beiden Methoden I und II können folgende Schaltungen angewendet werden:

Steht konstante Spannung zur Verfügung, so kann die direkte Schaltung angewendet werden. Jede Lampe hat einen gesonderten Stromkreis, in dem sich ein Regulierwiderstand und ein Strommesser befindet. An den Klemmen jeder Lampe liegt ein Spannungsmesser.

Bei schwankender Spannung wird zweckmäßig die in Abb. 1 angegebene Differenzschaltung angewendet. Die Spannungen der zu vergleichenden Lampen dürfen hierbei nicht zu weit auseinander liegen. In den parallelen Zweigen EFG und EKG liegen einerseits die Lampe B und der Regulierwiderstand W_1, anderseits die Lampe C und der Regulierwiderstand W_2. Zwischen K und F ist ein Spannungsmesser S für geringe Spannungen angelegt; außerdem liegt an B ein technischer Spannungszeiger H, der dazu dient, der Lampe B mit Hilfe von W_1 die vorgeschriebene Spannung zu geben; die Lampe C erhält jedesmal die ihr zukommende Spannung, indem man unter Benutzung von W_2 im Spannungsmesser S die entsprechende Spannungsdifferenz zwischen den Lampen C und B herstellt. (Vgl. Strecker, Hilfsbuch 1907, S. 285.)

37. Normen für Bogenlampen.

Gültig ab 1. Juli 1908.[1])

Die Leistung einer Bogenlampe wird praktisch bewertet nach ihrem wichtigsten Anwendungsgebiet, nämlich der direkten Beleuchtung des Raumes unterhalb einer durch die Lichtquelle gelegten Horizontalebene. Als ihr praktisches Maß gilt daher die mittlere untere hemisphärische Lichtstärke ($J\sigma$, spr. kurz J hemisphärisch) gemessen in HK, wobei dieses Zeichen mit dem Index σ zu versehen, also zu schreiben ist: HK_σ (spr. Hefnerkerzen hemisphärisch). Dahinter ist in Klammer derjenige Faktor anzufügen, mit welchem man die mittlere untere hemisphärische Lichtstärke multiplizieren muß, um die mittlere sphärische Lichtstärke zu erhalten in der Form ($k_0 = \ldots$).

Diese Angaben beziehen sich auf den betriebsmäßigen Zustand der Bogenlampe, jedoch ohne Außenreflektor und nach Ersatz der sonst im Betriebe benutzten Glocken (— bei Dauerbrandlampen nach Ersatz der Innen- und Außenglocken) durch möglichst schlierenfreie Klarglasglocken von gleicher Abmessung.

Angaben über den Einfluß zerstreuender Glocken, von Außenreflektoren u. dgl., sind auf die in Abs. 1 und 2 definierte Lichtstärke der Bogenlampe zu beziehen.

Als praktischer Effektverbrauch einer Bogenlampe gilt der Gesamtverbrauch eines Bogenlampenstromkreises, gemessen an der Abzweigstelle vom Netz, dividiert durch die Anzahl der Lampen. Bei Angabe dieses Effektverbrauches ist die Netzspannung mit anzugeben.

---

[1]) Angenommen auf den Jahresversammlungen 1907 und 1908. Veröffentlicht: ETZ 1907 S. 304 und 1908 S. 440. Die erste, am 7. 6. 1907 beschlossene, ETZ 1907 S. 304 veröffentlichte Fassung, die ab 1. 7. 1907 galt, wurde am 12. 6. 1908 abgeändert. Die Änderungen sind abgedruckt ETZ 1908 S. 440. Die geänderte Fassung gilt ab 1. 7. 1908.

Als praktischer spezifischer Effektverbrauch einer Bogenlampe gilt der so gekennzeichnete Effektverbrauch dividiert durch die Lichtstärke $J_\circ$. Zur Bezeichnung dieser Größe dient der Ausdruck „W/HK$_\circ$ bei n Volt Netzspannung" (spr. Watt pro Heſnerkerze hemisphärisch usw.).

Angaben für Wechselstromlampen sind, wenn nichts anderes bemerkt ist, für sinusförmige Kurve der Betriebsspannung und eine Frequenz von 50 Perioden zu verstehen. In jedem Falle ist anzugeben, in welcher Schaltung die Lampe photometriert, und ob induktionsfreier oder induktiver Vorschaltwiderstand angenommen worden ist.

Der Wert „HK$_\circ$/W. bei n V Netzspannung" wird als praktische Lichtausbeute bezeichnet.

38. Vorschriften für die Photometrierung von Bogenlampen.

Gültig ab 1. Juli 1911.[1]

Vor der photometrischen Messung sind die Bogenlampen mit Kohlen von vorgeschriebenen Durchmessern und Marken von einer Länge, welche etwa der halben Brenndauer der Lampe entspricht, zu versehen und eine Stunde lang in normalen Betrieb zu nehmen. Hieran schließt sich unmittelbar die Photometrierung, ohne daß der erreichte Beharrungszustand durch Abnehmen der Glocke oder sonstwie gestört werden darf.

Die Bogenlampen sollen beim Messen so einreguliert sein, daß ihre mittlere Stromstärke mit der für sie angegebenen übereinstimmt. Für Wechselstromlampen ist die Schaltung bei der Photometrierung möglichst den praktischen Verhältnissen anzupassen.

Die Bestimmung von J_o erfolgt entweder mit Hilfe eines Integrators (Ulbrichtsche Kugel) oder durch Auswertung der mittleren Polarkurve.

Bei Benutzung eines Integrators sind genügend viele Messungen in möglichst gleichen Zeitabständen zu machen, um den wirklichen Mittelwert der Lichtstärke zu erhalten.

Die für J_o maßgebende mittlere Polarkurve wird in der Weise erhalten, daß man, auf zwei gegenüberliegenden Seiten der Lampe gleichzeitig in möglichst gleichen Zeitabständen messend, punktweise den ganzen photometrischen Körper der Lichtausstrahlung in die untere Hemisphäre aufnimmt, dabei sowohl in vertikaler als in horizontaler Richtung

---

[1] Angenommen auf den Jahresversammlungen 1907, 1908, 1910 und 1911. Veröffentlicht: ETZ 1907 S. 304, 1908 S. 440, 1910 S. 302 und 1911 S. 403. Die erste, am 7. 6. 1907 beschlossene, ETZ 1907 S. 304 veröffentlichte Fassung, die ab 1. 7. 1907 galt, wurde am 12. 6. 1908 abgeändert. Die Änderungen sind abgedruckt ETZ 1908 S. 440 und galten ab 1. 7. 1908. Auf der Jahresversammlung 1910 wurde beschlossen im dritten Absatz einen neuen Satz einzufügen. Näheres hierüber siehe ETZ 1910 S. 302. Auf der Jahresversammlung 1911 wurde eine Änderung beschlossen. Der geänderte Wortlaut war ETZ 1911, S. 403 abgedruckt. Die hierbei festgelegte Fassung gilt seit 1. Juli 1911.

höchstens um Winkel von 10 zu 10° fortschreitend. Zur punktweisen Bestimmung von $J_\cup$ ist also insgesamt die Aufnahme von mindestens $9 \times 36 + 1$ Punkten des Lichtausstrahlungskörpers erforderlich.

Die Messung geschieht am besten in der Weise, daß unter jedem festgesetzten Vertikalwinkel der Lichtausstrahlung die Lampe mittels einer geeigneten Einrichtung gedreht wird und mindestens 36 Punkte ringsum aufgenommen werden. Die Vertikalwinkel sind von der nach unten gerichteten Vertikalen aus zu zählen.

Bei der Messung in der Ulbrichtschen Kugel ist die die untere hemisphärische Lichtstärke begrenzende Horizontalebene durch den Lichtschwerpunkt[1]) der Bogenlampe zu legen. Die Ulbrichtsche Kugel muß einen Durchmesser von mindestens 1,5 m haben.

---

[1]) Siehe „ETZ" 1907, Heft 28, S. 777.

39. Vorschriften für Messung der Lichtstärke von röhrenförmig ausgebildeten Lichtquellen.

Gültig ab 1. Juli 1913.[1]

Als praktisches Maß der Lichtstärke röhrenförmiger Lichtquellen von mehr als 0,5 m Länge gilt die Lichtstärke senkrecht zur Achse des Rohres für einen Zentimeter Rohrlänge. Dahinter ist in Klammer derjenige Faktor anzufügen, mit dem man die genannte Lichtstärke multiplizieren muß, um die mittlere sphärische Lichtstärke zu erhalten in der Form $k_0 = \ldots\ldots$ Zur Messung wird das Rohr so abgeblendet, daß ein Zylinder von höchstens 3 cm Länge freibleibt.

---

[1] Angenommen auf der Jahresversammlung 1913. Veröffentlicht: ETZ 1913 S. 396.

40. Normen für die Beurteilung der Beleuchtung.[1]

Beleuchtung.[1]

Gültig ab 1. Juli 1911.[2]

Als praktisches Maß für die Beleuchtung im Freien (von Straßen, Plätzen usw.) oder in Innenräumen gilt die mittlere Horizontalbeleuchtung in 1 m Höhe über der Bodenfläche. Außerdem ist jeweils die maximale und die minimale Horizontalbeleuchtung der ganzen zu beleuchtenden Fläche anzugeben.

Die Ungleichmäßigkeit der Beleuchtung wird durch das Verhältnis der maximalen zur minimalen Horizontalbeleuchtung gekennzeichnet.

Als spezifischer Verbrauch einer Beleuchtung gilt der Verbrauch (bei elektrischer Beleuchtung in Watt) für 1 Lux mittlere Horizontalbeleuchtung und 1 qm Bodenfläche.

---

[1] Erläuterungen siehe ETZ 1910 S. 382.

[2] Angenommen auf den Jahresversammlungen 1910 und 1911. Veröffentlicht: ETZ 1910 S. 303. Die Normalien wurden auf der Jahresversammlung 1910 nur vorläufig für ein Jahr angenommen. Da sie sich bewährt haben, wurde von der Jahresversammlung 1911 die endgültige Annahme ausgesprochen und zwar ohne Änderung des Wortlautes.

41. Einheitliche Bezeichnung von Bogenlampen.[1])

Gültig ab 1. Juli 1909.[2])

Offene / Geschlossene } Bogenlampe mit { über- / neben- } einander stehenden { Rein- / Effekt- } Kohlen für { Gleichstrom / Wechselstrom.

---

[1]) Erläuterungen siehe ETZ 1909 S. 458.

[2]) Angenommen auf der Jahresversammlung 1909. Veröffentlicht: ETZ 1909 S. 458.

42. Leitsätze für die Errichtung elektrischer Fernmeldeanlagen (Schwachstromanlagen).

Aufgestellt vom ·V. D. E. in Gemeinschaft mit dem Verband der elektrotechnischen Installationsfirmen in Deutschland.

Gültig ab 1. Juli 1914.[1]

A[*]

A. Geltungsbereich.

§ 1.

Die nachfolgenden Bestimmungen gelten für Telegraphen-, Telephon-, Signal-, Fernschaltungs- und ähnliche Anlagen mit Ausnahme der öffentlichen Verkehrsanlagen der Eisenbahn- und Telegraphenverwaltungen.

Fernmeldeanlagen oder Teile von solchen, welche mit Licht- oder Kraftanlagen durch Leitung verbunden sind, unterliegen den Vorschriften für die Errichtung elektrischer Starkstromanlagen.

Bemerkungen zu § 1[2]):

Der Ausdruck „Schwachstrom" gestattet keine klare Abgrenzung gegenüber dem Begriff „Starkstrom", da eine Grenze zwischen den beiden Begriffen auf Grund von Spannungs- oder Stromangaben festzustellen unmöglich ist. Es ist daher beschlossen worden, den Begriff „Schwachstromanlagen" durch das Wort „Fernmeldeanlagen" auszudrücken, da durch dieses Wort eine nicht auf Spannungs- oder Stromangaben beruhende Begriffserklärung möglich ist. „Fernmeldeanlagen" sind in allen Fällen solche Anlagen, bei welchen es sich um die elektrische Fernmeldung (Übertragung) von Vorgängen, Wahrnehmungen, Willens- oder Gedankenäußerungen handelt. Das Wort „Fern" drückt hierbei nicht ein bestimmtes Maß aus, da die elektrische Fernmeldung auch auf ganz geringe Entfernung stattfinden kann.

---

[1]) Angenommen auf den Jahresversammlungen 1913 und 1914. Veröffentlicht ETZ 1913 S. 1069 und 1914 S. 540. Die Leitsätze wurden am 19. 6. 1913 beschlossen mit Gültigkeit ab 1. 7. 1913. Am 26. 5. 1914 wurde nach Festlegung der „Normen für isolierte Leitungen in Fernmeldeanlagen" die Änderung des § 8 der Leitsätze beschlossen. Die geänderte Fassung hat Gültigkeit ab 1. 7. 1914.

[2]) Es ist beabsichtigt, später für diese Bestimmungen ausführliche Erläuterungen herauszugeben. Einige wesentliche Hinweise, die zur näheren Begründung dienen, sind bereits hier in den „Bemerkungen" gegeben.

[*]) Siehe Vorwort.

B. Erklärungen.

§ 2.

Feuchtigkeitssichere Isolierstoffe. Feuchtigkeitssicher ist ein Material, das im praktischen Gebrauch durch Wasseraufnahme nicht derartig verändert wird, daß es für die Benutzung ungeeignet wird.

C. Allgemeines über Apparate.

§ 3.

a) Alle diejenigen Teile der Apparate, welche der Berührung zugängig sind, sollen, sofern sie nicht für Erdung eingerichtet sind, tunlichst nicht stromführend sein. Apparate in Fernmeldeanlagen, die dem Einfluß von Hochspannungsanlagen ausgesetzt sind, müssen so eingerichtet und angeordnet sein, daß eine Gefahr für den Benutzer vermieden wird.

b) Die einzelnen Apparateteile sind leicht zugängig und möglichst übersichtlich anzuordnen.

1. An abgedeckten Schaltapparaten soll die Schaltstellung von außen erkennbar sein.
2. Drahtspulen sollen deutlich lesbare Angaben über Widerstand und Windungszahl aufweisen.

c) Bei allen Apparaten mit mehr als zwei Anschlußklemmen müssen letztere mit gut lesbaren Bezeichnungen versehen sein, falls nicht den Apparaten ein geeignetes Anschlußbild beigegeben wird. Bei polarisierten Apparaten für Gleichstrom muß mindestens die eine Anschlußklemme bezeichnet werden.

Bei mehradrigen Anschlußschnüren müssen die einzelnen Adern oder deren Enden gekennzeichnet sein.

d) Drahtverbindungen sind durch Lötung, Verschraubung oder durch andere gleichwertige Mittel zu bewerkstelligen.

1. In der Regel sollen Schrauben, welche einen Kontakt vermitteln, ihr Muttergewinde in Metall haben.

e) Steckvorrichtungen müssen so gebaut sein, daß die Stecker nicht ohne weiteres in die normalen Dosen der Starkstromleitungen gesteckt werden können. (Siehe S. 176.)

f) Alle Kontaktvorrichtungen müssen an den Berührungsstellen mit einem nicht oxydierbaren, schwer schmelzbaren Material versehen sein, soweit nicht eine dauernd zuverlässige Kontaktgebung durch andere geeignete Mittel (z. B. Reibung, große Berührungsfläche usw.) sichergestellt ist.

g) Die für die Einführung der Leitungen in die Apparate bestimmten Öffnungen und Kanäle müssen solche Abmessungen erhalten, daß eine Verletzung der die Drähte umhüllenden Isolation ausgeschlossen ist.

Bemerkungen zu § 3:

Der Schutz gegen Berührung ist bei Fernmeldeanlagen im allgemeinen nicht von der Bedeutung wie bei Starkstromanlagen, so daß die Frage, wann und wo gegen Berührung zu schützen ist, dem vernünftigen Ermessen überlassen werden muß. Im allgemeinen müssen Schutzmaßregeln dann getroffen werden, wenn die Stromkreise mit solcher Spannung und Induktivität belastet sind, daß die Berührung stromführender Teile unangenehm empfunden wird oder gesundheitsschädlich werden kann. Als solche stromführende Teile gelten: Blanke Leitungen, Schaltergriffe, Anschlußklemmen, Apparatgehäuse, Mikrophon- und Telephondosen, Hakenumschalter usw.

D. Besondere Bestimmungen über Apparate für feuchte Räume und das Freie.

§ 4.

a) Für die Apparatgehäuse muß feuchtigkeitssicheres Material verwendet werden. Metallteile sind durch Verzinnung oder andere zweckentsprechende Mittel gegen Oxydation zu schützen.

b) Stromführende Apparatteile, wie z. B. Anschlußklemmen, müssen im Gehäuse derartig angeordnet werden, daß die Wirkungsweise der Apparate durch angesammeltes Kondenswasser nicht beeinträchtigt werden kann.

c) Die Leitungseinführungen in das Innere der Apparate müssen gegen direkte Benetzung durch Regen oder Tropfwasser geschützt sein.

d) Apparat- und Leitungsschnüre müssen feuchtigkeitssicher isoliert sein.

E. Besondere Bestimmungen über Apparate für nasse und gaserfüllte Räume.

§ 5.

a) Bei diesen Apparaten müssen alle stromführenden Teile so abgeschlossen sein, daß weder Wasser eintreten, noch durch entstehende Funkenbildung Explosionsgefahr auftreten kann.

b) Für die Apparatgehäuse muß wasserdichtes Material verwendet werden. Falls isolierte Drähte innerhalb der Apparate für die Verbindung der einzelnen Teile verwendet werden, müssen sie mit wasserdichter Isolierhülle versehen sein.

F. Stromquellen.

§ 6.

Elemente und Akkumulatoren.

a) Elemente und Kleinakkumulatoren sind möglichst geschützt in solchen Räumen aufzustellen, welche trockenen und geringen Temperaturschwankungen unterworfen sind.

b) Batterieschränke oder Batteriegerüste für nasse Elemente und Kleinakkumulatoren müssen durch Imprägnieren oder andere zweckentsprechende Mittel vor Oxydation bzw. Fäulnis geschützt und so angeordnet werden, daß sich der Zustand jedes einzelnen Elementes leicht prüfen läßt. Für die Aufstellung größerer Akkumulatorenbatterien gelten die Bestimmungen des § 8 der Errichtungsvorschriften für Starkstromanlagen.

Bemerkung zu § 6:

Größere Stromlieferungsanlagen der Fernmeldenetze, soweit diese nicht aus Primärelementen bestehen, fallen unter die Errichtungsvorschriften für Starkstromanlagen. Da es z. Zt. nicht möglich ist, hierfür eine Grenze zu bestimmen, so entscheidet jeweils das vernünftige Ermessen, wann die Stromlieferungsanlage als Starkstromanlage zu betrachten ist.

§ 7.

Maschinen, Umformer, Transformatoren.

a) Elektrodynamische Stromquellen müssen, soweit sie nicht als Spezialmaschinen nur für die Zwecke der Fernmeldeanlagen dienen, wie z. B. Rufinduktoren, Umformer und Polwechsler usw., den Errichtungsvorschriften für Starkstromanlagen und den Maschinennormalien des Verbandes Deutscher Elektrotechniker entsprechen.

b) Außer den in § 3 vorgeschriebenen Wicklungsangaben und Klemmenbezeichnungen muß auch die Klemmenspannung und Umdrehungszahl vermerkt sein. Bei Stahlmagneten muß die Polarität gekennzeichnet sein.

c) Bei Stromentnahme aus Niederspannungs-Starkstromnetzen für Zwecke der Fernmeldeanlagen sind die „Vorschriften für den Anschluß von Fernmeldeanlagen an Niederspannungs-Starkstromnetze durch Transformatoren" zu befolgen (siehe S. 308).

G. Leitungen.

§ 8.

Beschaffenheit isolierter Leitungen.   **A**[*]⁾

a) Soweit Leitungen mit einer Isolierhülle verwendet werden, muß deren Haltbarkeit und Isolierfähigkeit den vorliegenden Betriebsverhältnissen entsprechen.

---

*) Siehe Vorwort.

1. Isolierte Leitungen sollen den „Normen für isolierte Leitungen in Fernmeldeanlagen (Schwachstromleitungen)"[1] entsprechen. Man unterscheidet folgende Arten:

1. Asphaltdraht, zur festen Verlegung in dauernd trockenen Räumen über Putz.
2. Draht mit Papierisolierung, zur festen Verlegung in dauernd trockenen Räumen über Putz.
3. Draht mit Lack-(Emaille) und Faserstoffisolierung, zur festen Verlegung in trockenen Räumen über Putz oder in Rohr unter Putz.
4. Gummiaderdraht, zur festen Verlegung über Putz oder in Rohr unter Putz.
5. Kabel ohne Bleimantel, für die gleichen Zwecke wie die Einzeldrähte, aus denen das Kabel zusammengesetzt ist.
6. Kabel mit Bleimantel.
7. Schnüre, zum Anschließen beweglicher Kontakte.

Bemerkungen zu § 8:

Drähte für Apparate, soweit sie zur Verbindung der einzelnen Apparatteile dienen, unterliegen nicht den Bestimmungen des § 8, da die Bedingungen, unter denen sie in den Apparaten verwendet werden, zu verschiedenartig sind.

<h2 align="center">§ 9.</h2>

<h3 align="center">Allgemeines über Leitungsverlegung.</h3>

a) Ungeerdete blanke Leitungen dürfen nur auf Isolierkörpern verlegt werden. Sie müssen voneinander, sowie von Gebäudeteilen, Eisenkonstruktionen und dergl. in einem der Spannweite, Drahtstärke und Spannung angemessenen Abstand entfernt sein.

b) Hartgezogene Kupfer- oder Bronzedrähte dürfen nur an solchen Stellen durch Lötung verbunden werden, die von Zug entlastet sind. Verbindungen solcher Drähte, die auf Zug beansprucht werden sollen, müssen mit Hilfe von Verbindungsröhren oder ähnlichen Vorrichtungen hergestellt werden. Bloßes Zusammendrehen zu einer Würgverbindungsstelle ist nicht zulässig.

c) Für Kreuzungs- und Näherungsstellen mit Starkstromleitungen gelten die allgemeinen Vorschriften des V. D. E. (siehe S. 123).

d) An Freileitungen angeschlossene Innenleitungen sind an der Einführungsstelle durch Blitzableiter und Schmelzsicherungen vor atmosphärischen Entladungen und Starkstrom zu schützen, falls nicht die örtlichen Verhältnisse einen genügenden Schutz bieten. Bei der Ausführung der Erdung sind die vom Verbande Deutscher Elektrotechniker herausgegebenen Erdungsleitsätze sowie die Leitsätze über den Schutz der Gebäude gegen den Blitz nebst Erläuterungen

---

[1] Siehe Seite 150.

und Ausführungsvorschlägen und Anhängen zu berücksichtigen (siehe S. 56 u. 346).

e) Bei Verlegung von isolierten ungeerdeten Leitungen direkt auf dem Mauerwerk muß die Befestigung der Leitung derart ausgeführt sein, daß die Isolierhülle durch das Befestigungsmittel nicht beschädigt wird.

f) Leitungen in Rohren oder Kanälen sollen so verlegt werden, daß sie ausgewechselt werden können. Die Verbindung von Leitungen untereinander, sowie die Abzweigung von Leitungen darf nur mittels Lötung, Verschraubung oder gleichwertiger Verbindung innerhalb besonderer Dosen oder dergl. hergestellt werden.

g) Soweit Leitungen der Gefahr von mechanischen Einwirkungen ausgesetzt sind, müssen sie gegen Beschädigungen geschützt sein.

h) Kabeladern mit nicht feuchtigkeitssicherer Isolierung müssen, soweit sie aus der feuchtigkeitssicheren oder wasserdichten Schutzhülle des Kabels herausragen, gegen das Eindringen von Feuchtigkeit geschützt werden.

i) Die Einführung der Kabelenden in wasserdichte Apparate und Verteilungskästen muß so erfolgen, daß keine Feuchtigkeit in das Gehäuseinnere eindringen kann.

k) In Räumen, welche dauernden Temperaturen von über 50° C ausgesetzt sind, dürfen mit Gummi oder Guttapercha isolierte Leitungen nicht verwendet werden.

l) Zur Verlegung in Erde sind bewehrte Kabel zu verwenden, blanke Bleikabel nur dann, wenn sie in geeigneter Weise gegen mechanische und chemische Einflüsse geschützt sind.

Bemerkungen zu § 9:

Für die Leitungsverlegung sollen nicht nur die in § 9 zusammengestellten Grundsätze maßgebend sein. Auch die übrigen Paragraphen müssen hier eine eingehende Beachtung finden. Insbesondere ist für die Auswahl der Leitungen für jeden vorliegenden Fall wie bei den Apparaten zu beachten, wie die Räumlichkeiten, in welchen installiert werden soll, beschaffen sind. So wird man z. B. in nassen Räumen vorzugsweise Bleikabel verwenden. Bei Installationen in solchen Räumen, in welchen ätzende Gase und Dämpfe vorhanden sind, müssen die Leitungen, wie ev. auch die Rohre, gegen chemische Einflüsse besonders geschützt werden.

Wenn die Leitungen unter Putz gegen Beschädigung mechanisch geschützt werden sollen, wird man gepanzerte Rohre anwenden. Rohrleitungen wird man so verlegen müssen, daß eine Kondensation oder mindestens die Ansammlung von Kondenswasser in den Rohren vermieden wird.

Wo die Gefahr einer Beschädigung der Leitungen vorliegt, kann nicht allgemein angegeben werden, es richtet sich dies nach der Beschaffenheit und Benutzungsart der Örtlichkeit.

————

20*

43. Vorschriften für den Anschluß von Fernmelde-anlagen an Niederspannungs-Starkstromnetze durch Transformatoren (mit Ausschluß der öffentlichen Telegraphen- und Fernsprechanlagen).[1]

Gültig ab 1. Januar 1921[2].)

1. Zwischen den Starkstrom- und den Fernmeldeanlagen darf eine leitende Verbindung nicht bestehen.

2. An allen Geräten und Einrichtungen, die den Anschluß von Fernmeldeanlagen an Niederspannungs-Starkstromnetze vermitteln, müssen die Anschlüsse für die Starkstrom- wie für die Schwachstromseite elektrisch und räumlich zuverlässig voneinander getrennt und leicht zu unterscheiden sein.

3. Die Starkstromklemmen müssen der Berührung entzogen und plombierbar sein.

4. Die Bestimmungen des § 10 der „Errichtungsvorschriften" des Verbandes Deutscher Elektrotechniker finden Anwendung.

5. Die Starkstrom- und die Fernmeldeleitungen müssen in der ganzen Anlage elektrisch und räumlich zuverlässig voneinander getrennt und leicht zu unterscheiden sein.

6. Kleintransformatoren, die zum Betrieb von Fernmeldeanlagen dienen, müssen als solche gekennzeichnet werden und entweder derart gebaut oder mit solchen Schutzvorrichtungen versehen sein, daß bei dauerndem Kurzschluß der Sekundärklemmen und bei Nenn-Primärspannung die Übertemperatur der Wicklungen folgende Werte nicht überschreitet:

Draht mit Isolierung durch Emaillelack . . . . 120° C
Draht mit Isolierung durch Seide . . . . 100° C
Draht mit Isolierung durch imprägnierte Baumwolle 90° C

---

[1] „Leitsätze für den Anschluß von Geräten und Einrichtungen, welche eine leitende Verbindung zwischen Niederspannungs-Starkstrom- und Fernmelde-anlagen erfordern" befinden sich in Vorbereitung.

[2] Angenommen auf der Jahresversammlung 1920; veröffentlicht ETZ 1920 S. 737. Die erste Fassung wurde auf der Jahresversammlung 1912 angenommen. Sie war veröffentlicht ETZ 1912 S. 94 und 697.

Die Übertemperatur ist nach den „Normen für die Bewertung und Prüfung von elektrischen Maschinen und Transformatoren" aus der Widerstandszunahme zu ermitteln.

7. Die Primär- und Sekundärwicklungen müssen auf getrennten Spulenkörpern befestigt sein.

Beide Wicklungen sind durch isolierende Zwischenlagen oder ähnliche Mittel so voneinander zu trennen, daß auch bei Drahtbruch eine elektrische Verbindung nicht entstehen kann.

8. Die Spannung an der offenen Sekundärwicklung darf das Doppelte der Nennspannung nicht überschreiten und höchstens 40 V betragen.

9. Die Isolierfestigkeit ist nach den „Normen für die Bewertung und Prüfung von elektrischen Maschinen und Transformatoren" zu prüfen; Prüfspannung 1000 V.

10. Auf den Kleintransformatoren müssen Primärspannung, Frequenz, Sekundärstromstärke, Sekundärspannungen und Leerlaufsverbrauch in W bezogen auf die Primärspannung verzeichnet sein.

Die angegebene Stromstärke muß der höchsten angegebenen Sekundärspannung entsprechen.

44. Normen für Flach- und Lötklemmen.*)

Gültig ab 1. November 1919.[1]

Flachklemmen

mit e i n e m Loch für die Befestigung.

<table>
<tr><td>A Flachklemme
mit Gewindeloch für die Befestigung
und mit kurzen Schrauben</td><td>B. Flachklemme
mit Gewindeloch für die Befestigung
und mit langen Schrauben</td></tr>
</table>

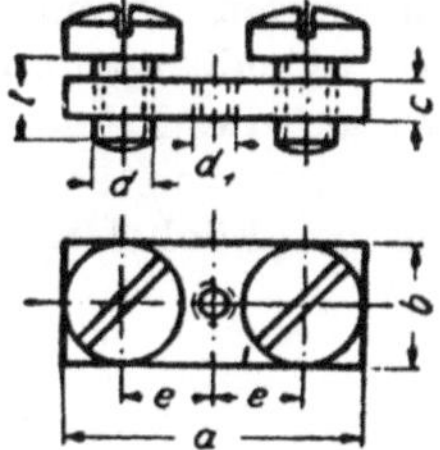
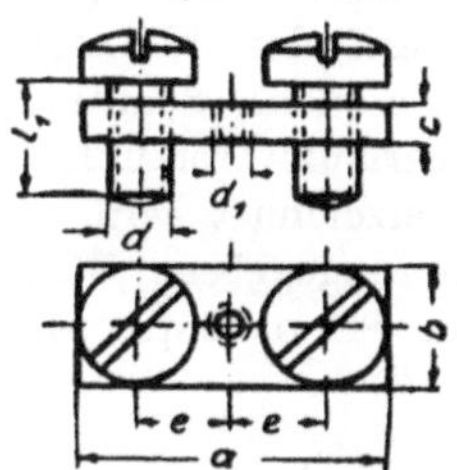

Beispiel für die Bezeichnung einer **Flachklemme**, Ausführung B mit 4 mm Gewindeloch und langen Schrauben: Flachklemme B 4 DIN 31.

Maße in mm

Schraube			Klemme					Gewichte in kg für 100 Stück		
Durchm. d	l	l_1	a	b	c	d_1	e	Klemmen ohne Schrauben	Kurze Schrauben	Lange Schrauben
2	3	5	12	4	2	2	4	0,066	0,030	0,035
2,6	4	6	15	5,5	2,5	2,6	4,7	0,136	0,065	0,075
3	4	6	17	6	2,5	3	5,5	0,170	0,095	0,110
3,5	5	8	19	7	3	3	6	0,270	0,150	0,170
4	5	8	21	8	3	3	6,5	0,345	0,215	0,250
5	6	10	25	10	3,5	3	7,5	0,600	0,390	0,450
6	8	12	30	12	4	3,5	9	0,990	0,590	0,680

Metrisches Gewinde nach DIN 13, Schrauben nach DIN 85, Holzschrauben nach DIN 95.

Werkstoff: Messing, Gewicht angenommen zu 8,6 kg dm³.

---

*) Nur für Spannungen unter 100 V.

[1] Angenommen auf der Jahresversammlung 1919. Veröffentlicht: ETZ 1919 S. 444.

C. Flachklemme mit Durchgangsloch
für die Befestigung
und mit kurzen Schrauben

D. Flachklemme mit Durchgangsloch
für die Befestigung
und mit langen Schrauben

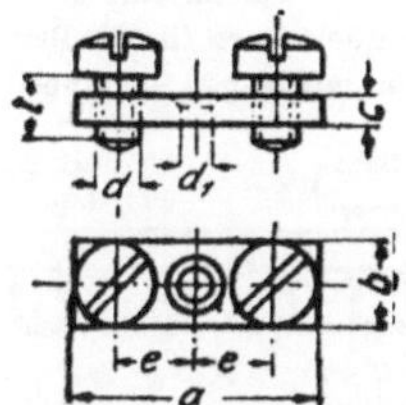
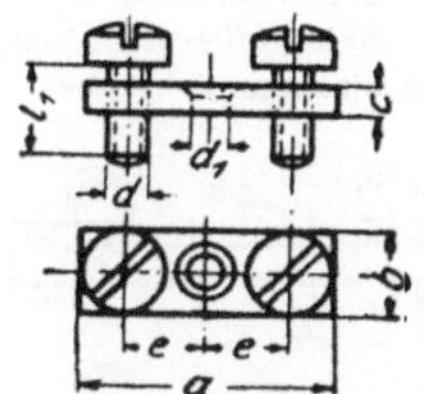

Beispiel für die Bezeichnung einer Flachklemme, Ausführung *C* mit 3 mm Durchgangsloch und kurzen Schrauben:
Flachklemme *C* 3 DIN 31.

Maße in mm

Schraube			Klemme					Holz-schrauben-Durch-messer	Gewichte in kg für 100 Stück		
Durch-messer d	l	l_1	a	b	c	d_1	e		Klemmen ohne Schrauben	Kurze Schrauben	Lange Schrauben
2	3	5	14	4	2	2	5	1,8	0,076	0,080	0,035
2,6	4	6	16	5,5	2,5	2,3	5,3	2,1	0,150	0,065	0,075
3	4	6	18	6	2,5	2,6	6	2,4	0,185	0,095	0,110
3,5	5	8	21	7	3	3	7	2,7	0,300	0,150	0,170
4	5	8	24	8	3	3,3	8	3	0,400	0,215	0,250

Metrisches Gewinde nach DIN 13, Schrauben nach DIN 85, Holzschrauben nach DIN 95.

Werkstoff: Messing, Gewicht angenommen zu 8,6 kg dm³.

Flachklemmen

mit zwei Löchern für die Befestigung.

<table>
<tr><td align="center">A. Flachklemme
mit Gewindelöchern für die Befestigung
und mit kurzen Schrauben</td><td align="center">B. Flachklemme
mit Gewindelöchern für die Befestigung
und mit langen Schrauben</td></tr>
<tr><td>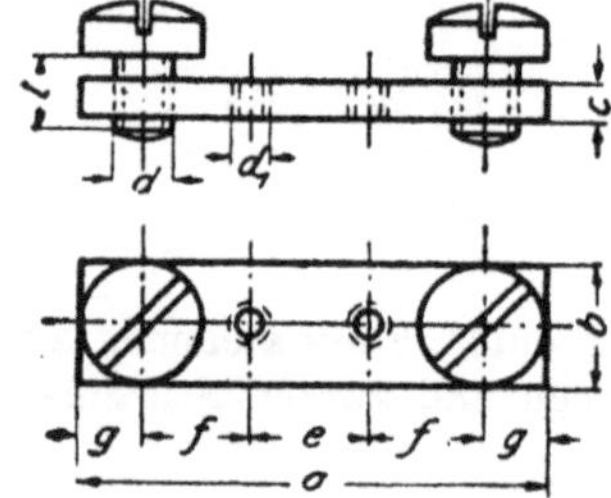</td><td>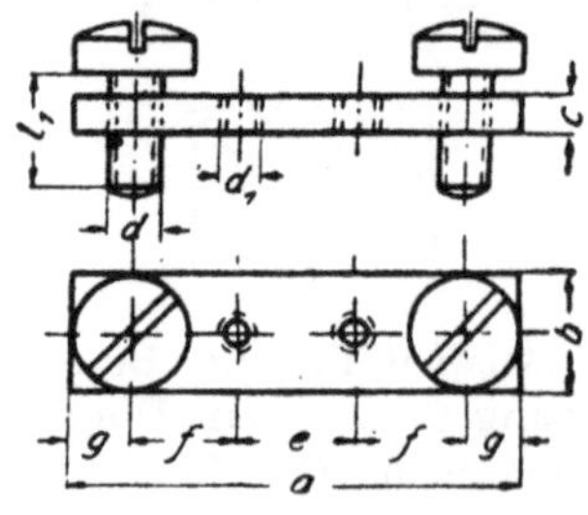</td></tr>
</table>

Beispiel für die Bezeichnung einer Flachklemme, Ausführung *B* mit 4 mm Gewindelöchern und langen Schrauben:
Flachklemme *B* 4 DIN 32.

Maße in mm

Schraube			Klemme							Gewichte in kg für 100 Stück		
Durch-messer d	l	l_1	a	b	c	d_1	e	f	g	Klemmen ohne Schrauben	Kurze Schrauben	Lange Schrauben
4	5	8	31	8	3	3	8	7,5	4	0,525	0,215	0,250
5	6	10	39	10	3,5	3	10	9,5	5	0,985	0,390	0,450
6	8	12	46	12	4	3,5	12	11	6	1,590	0,590	0,530

Metrisches Gewinde nach DIN 13, Schrauben nach DIN 85, Holzschrauben nach DIN 95.

Werkstoff: Messing, Gewicht angenommen zu 8,6 kg dm³.

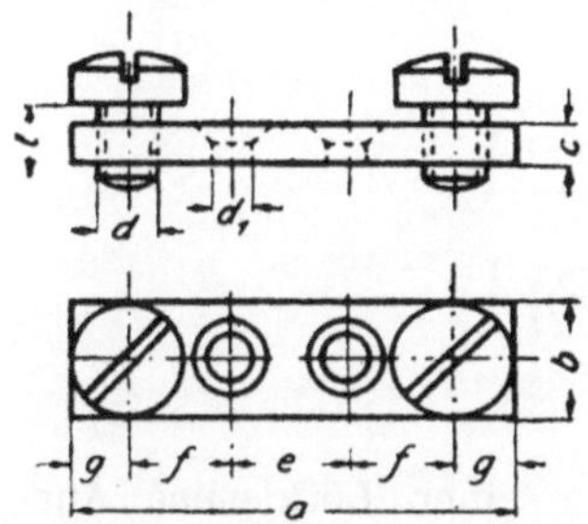

C. Flachklemme mit Durchgangslöchern für die Befestigung und mit kurzen Schrauben

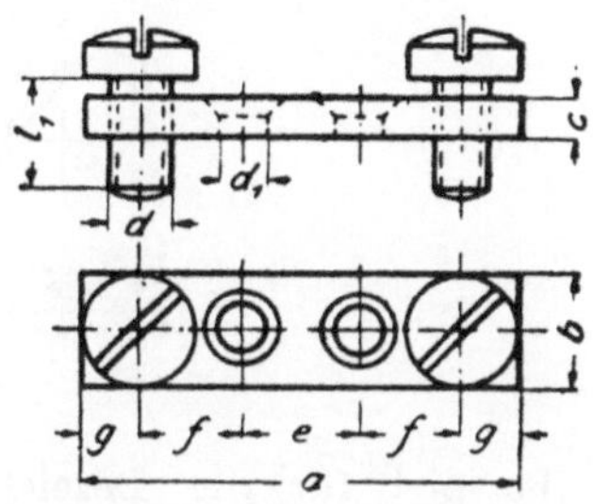

D. Flachklemme mit Durchgangslöchern für die Befestigung und mit langen Schrauben

Beispiel für die Bezeichnung einer Flachklemme, Ausführung D mit 5 mm Durchgangslöchern und langen Schrauben: Flachklemme D 5 DIN 32.

Maße in mm

Schraube			Klemme							Holzschrauben-Durchmesser	Gewichte in kg für 100 Stück		
Durchmesser d	l	l_1	a	b	c	d_1	e	f	g		Klemmen ohne Schrauben	Kurze Schrauben	Lange Schrauben
3	4	7	24	6	2,5	2,6	6	5,7	3	2,4	0,244	0,095	0,110
3,5	5	8	27	7	3	3	7	6,5	3,5	2,7	0,390	0,150	0,170
4	5	8	31	8	3	3,3	8	7,5	4	3	0,520	0,215	0,250
5	6	10	39	10	3,5	4	10	9,5	5	3,5	0,950	0,390	0,450
6	8	12	46	12	4	4,7	12	11	6	4	1,540	0,590	0,680

Metrisches Gewinde nach DIN 13, Schrauben nach DIN 85, Holzschrauben nach DIN 95.

Werkstoff: Messing, Gewicht angenommen zu 8,6 kg dm^3.

Lötklemmen

A. Lötklemme mit Gewindeloch für die Befestigung

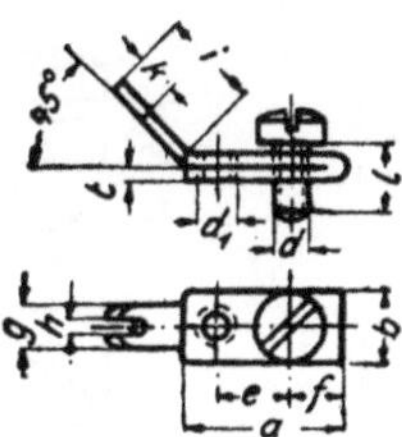

Beispiel für die Bezeichnung einer Lötklemme Ausführung *A* mit 2,6 mm Gewindeloch: Lötklemme *A* 2,6 DIN 33.

Maße in mm

Schraube	Klemme											Gewichte in kg für 100 Stück	
Durch-messer d	l	a	b	c	d₁	e	f	g	h	i	k	Klemmen ohne Schrauben	Schrauben
2	5	10	4	1	2	4,5	3,5	3	1	6	2,5	0,088	0,032
2,6	6	12	5,5	1,3	2,6	5,5	4	3	1,3	7	3	0,120	0,070
3	7	14	6	1,3	3	6,5	4,5	3,5	1,3	8,5	3,3	0,180	0,110
3,5	8	16	7	1,5	3,5	7,5	5	4	1,5	10	4	0,800	0,170

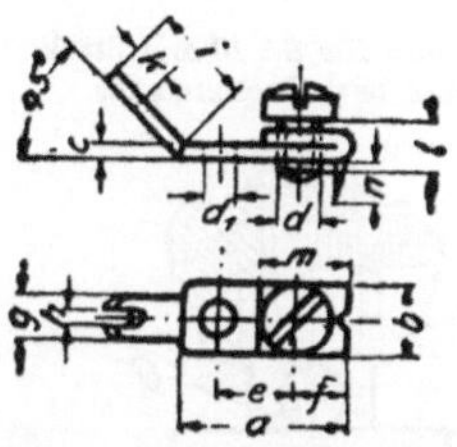

B. Lötklemme mit Durchgangsloch
für die Befestigung
und mit kurzer Schraube

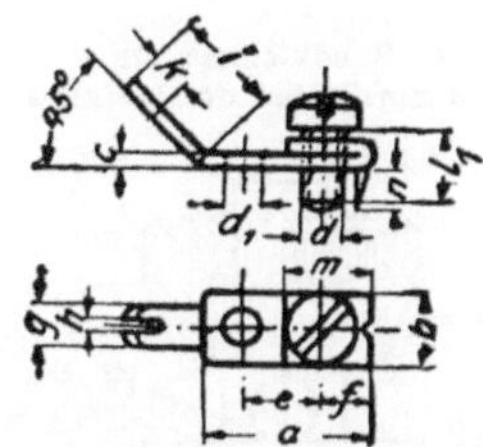

C. Lötklemme mit Durchgangsloch
für die Befestigung
und mit langer Schraube

Beispiel für die Bezeichnung einer Lötklemme Ausführung *C* mit 3 mm Durchgangsloch: Lötklemme *C* 3 DIN 33.

Maße in mm

Schraube			Klemme													Holzschrauben-Durchmesser	Gewichte in kg für 100 Stück		
Durchmesser d	l	l_1	a	b	c	d_1	e	f	g	h	i	k	m	n			Klemmen ohne Schrauben	Kurze Schrauben	Lange Schrauben
2	--	5	10	4	1	2	4,5	3.5	3	1	6	2,5	6	—	1,8	0,070	—	0,032
2,6	—	6	12	5,5	1,3	2,3	5,5	4	3	1,3	7	3	7,5	—	2,1	0,096	—	0,070
3	4	7	14	6	1,3	2,7	6,5	4,5	3,5	1,3	8,5	3,5	8	3	2,4	0,150	0,095	0,110
3,5	5	8	16	7	1,5	3	7,5	5	4	1,3	10	4	9	3	2.7	0,260	0,150	0,170

Metrisches Gewinde nach DIN 13, Schrauben nach DIN 85, Holzschrauben nach DIN 95.

Werkstoff: Messing, Gewicht angenommen zu **8,6 kg/dm³**.

45. Normen für Rundklemmen.*)

Gültig ab 1. Oktober 1920.[1]

Rundklemmen für Mutteranschluß zur Befestigung an Metall, Holz und Isolierstoff
(DIN 34).

<table>
<tr><td>A. Rundklemme für
1 : 3 mm Stärke des Metalles.</td><td>B. Rundklemme für 6÷10 mm Stärke
des Holzes bzw. Isolierstoffes.</td></tr>
</table>

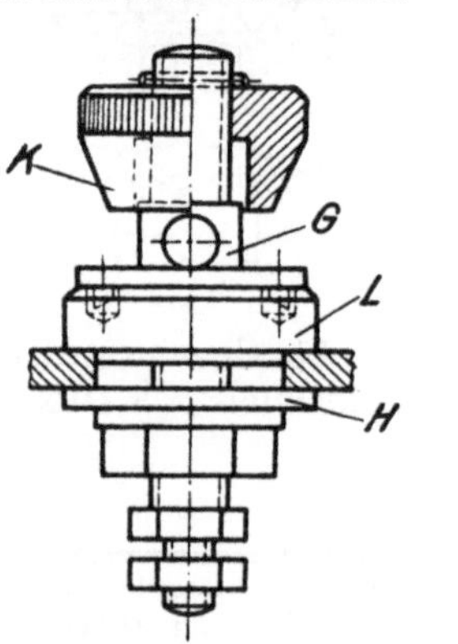

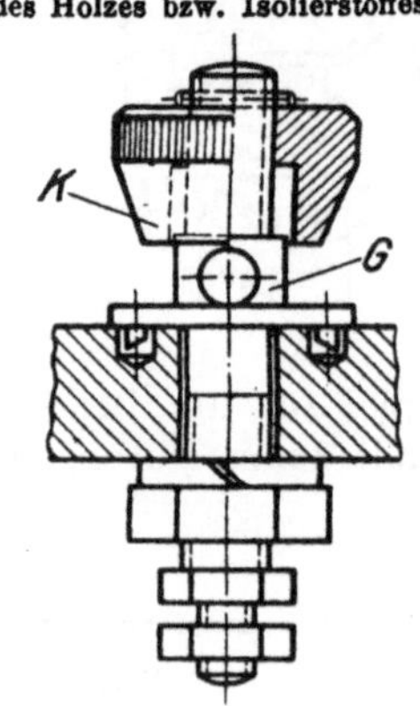

C. Rundklemme für über 11 mm Stärke des Holzes bzw. Isolierstoffes.

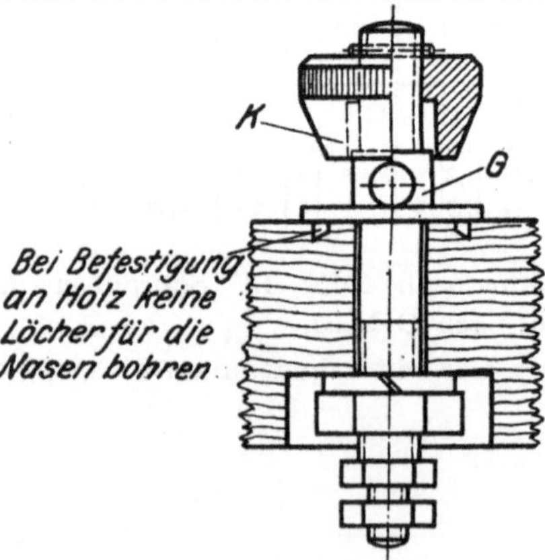

Beispiel für die Bezeichnung einer Rundklemme Form *A*
mit 6 mm Gewindedurchmesser: Rundklemme *A* 6 DIN 34.

---

*) Nur für Spannungen unter 100 V.
[1] Angenommen auf der Jahresversammlung 1920. Veröffentlicht: ETZ 1920 S.681.

Gewinde-durchmesser	Stück-zahl	Zu einer vollständigen Rundklemme gehören:		
			Bezeichnung eines Normteiles		
		Gegenstand	Form A	Form B	Form C
4	1	Bolzen	G 4×15 D I N 34	G 4×15 D I N 34	G 4×20 D I N 34
	1	Isolierscheibe	H 4 D I N 34		
	1	Kordelmutter	K 4 D I N 34	K 4 D I N 34	K 4 D I N 34
	1	Isolierbuchse	L 4 D I N 34		
	1	Federring		4,5 D I N 127	4,5 D I N 127
	1	Unterlegscheibe	4,2 D I N 126		
	1	Sechskantmutter	4 D I N 439	4 D I N 439	4 D I N 439
	2	Sechskantmuttern	2,6 D I N 439	2,6 D I N 439	2,6 D I N 439
	1	Kegelstift	0,8×6 D I N 1	0,8×6 D I N 1	0,8×6 D I N 1
6	1	Bolzen	G 6×18 D I N 34	G 6×18 D I N 34	G 6×23 D I N 34
	1	Isolierscheibe	H 6 D I N 34		
	1	Kordelmutter	K 6 D I N 34	K 6 D I N 34	K 6 D I N 34
	1	Isolierbuchse	L 6 D I N 34		
	1	Federring		7 D I N 127	7 D I N 127
	1	Unterlegscheibe	6,5 D I N 126		
	1	Sechskantmutter	6 D I N 439	6 D I N 439	6 D I N 439
	2	Sechskantmuttern	4 D I N 439	4 D I N 439	4 D I N 439
	1	Kegelstift	1×8 D I N 1	1×8 D I N 1	1×8 D I N 1

Einzelteile.

G. Bolzen (zu DIN 34).

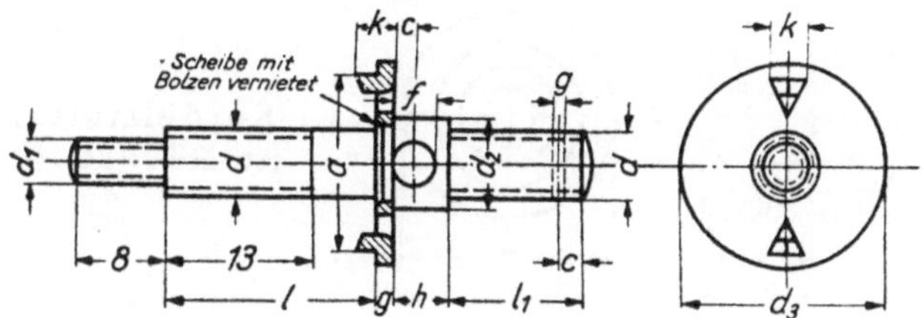

Beispiel für die Bezeichnung eines Bolzens zur Rundklemme Form *A* oder *B* mit 6 mm Gewindedurchmesser und
18 mm Länge: Bolzen *G* 6×18 DIN 34.

Maße in mm

Gewinde-durch-messer d	Rundklemme Form *A* und *B*	Rundklemme Form *C*	l_1	a	c	d_1	d_2	d_3	f	g	h	k
	1	1										
4	15	20	8	9	1,25	2,6	6	12	2,5	0,8	3,5	2
6	18	23	12	15	2	4	8	18	4	1	5	2,5

Werkstoff: Messing.

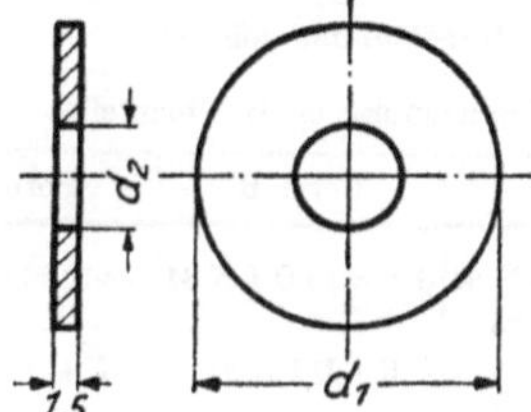

**H. Isolierscheibe
(zu DIN 34).**

Beispiel für die Bezeichnung einer Isolierscheibe zur Rundklemme mit 4 mm Gewindedurchmesser: Isolierscheibe *H* 4 DIN 34.

Maße in mm

Gewindedurchmesser d	d_1	d_2
4	14	4,5
6	20	6,5

Werkstoff: Isolierstoff.

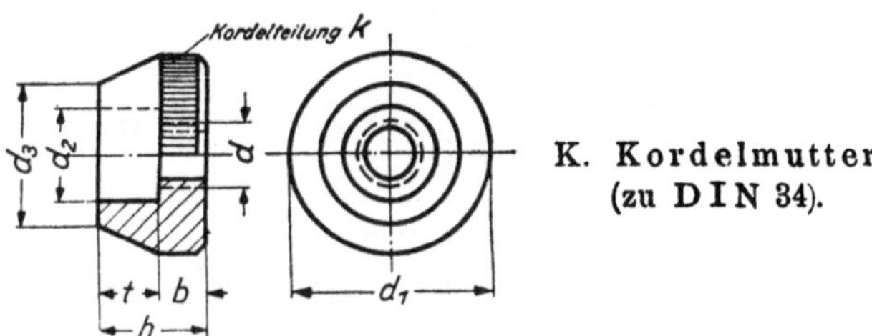

**K. Kordelmutter
(zu DIN 34).**

Beispiel für die Bezeichnung einer Kordelmutter zur Rundklemme mit 6 mm Gewindedurchmesser: Kordelmutter *K* 6 DIN 34.

Maße in mm

Gewindedurchmesser d	d_1	d_2	d_3	b	h	t	k
4	12	6,5	9	3	7	4	0,65
6	18	8,5	13	4	10	6	0,8

Werkstoff: Messing.

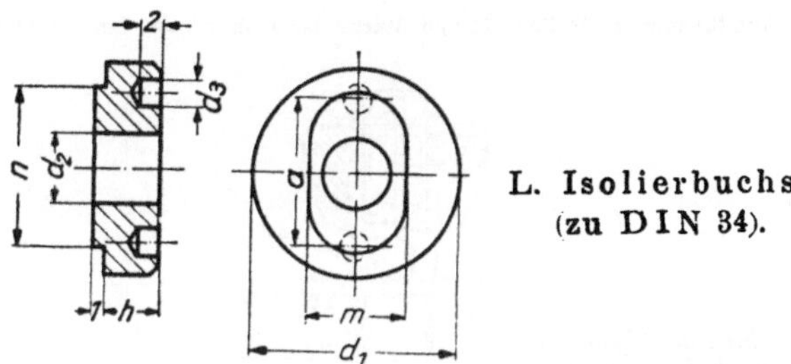

L. Isolierbuchse (zu DIN 34).

Beispiel für die Bezeichnung einer Isolierbuchse zur Rundklemme mit 4 mm Gewindedurchmesser: Isolierbuchse *L* 4 DIN 34.

Maße in mm

Gewindedurchmesser d	a	d_1	d_2	d_3	h	m	n
4	8	14	4,5	2.5	4	7	11
6	14	20	6,5	3	5	9	15

Werkstoff: Isolierstoff.

Rundklemmen für Lötanschluß zur Befestigung an Metall, Holz und Isolierstoff (DIN 35).

A. Rundklemmen für 1 : 3 mm Stärke des Metalles.

B. Rundklemmen für 6 : 10 mm Stärke des Holzes bzw. Isolierstoffes.

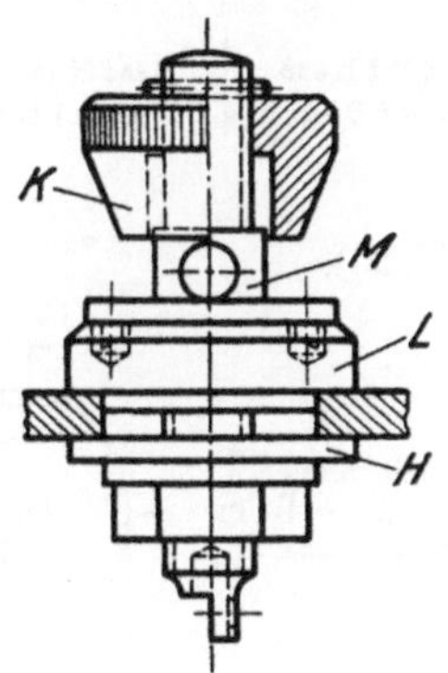

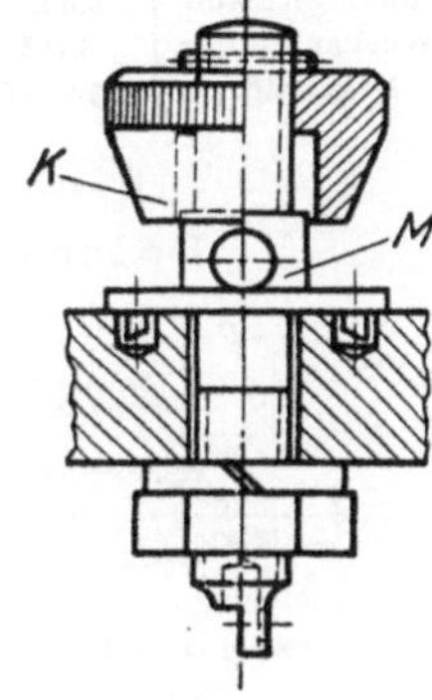

C Rundklemmen für über 11 mm Stärke des Holzes bzw. Isolierstoffes.

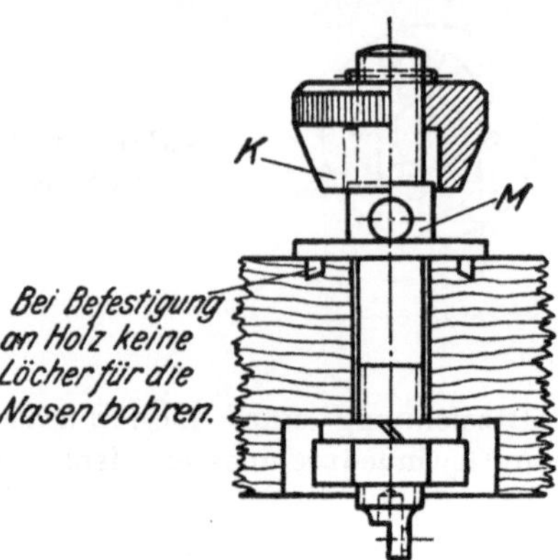

Beispiel für die Bezeichnung einer Rundklemme Form *A* mit 6 mm Gewindedurchmesser: Rundklemme *A* 6 DIN 35.

Gewinde-durchmesser	Stück-zahl	Gegenstand	Zu einer vollständigen Rundklemme gehören:		
			Bezeichnung eines Normteiles		
			Form A	Form B	Form C
4	1	Bolzen	M 4 × 15 D I N 35	M 4 × 15 D I N 35	M 4 × 15 D I N 35
	1	Isolierscheibe	H 4 D I N 34		
	1	Kordelmutter	K 4 D I N 34	K 4 D I N 34	K 4 D I N 34
	1	Isolierbuchse	L 4 D I N 34		
	1	Federring		4,5 D I N 127	4,5 D I N 127
	1	Unterlegscheibe	4,2 D I N 126		
	1	Sechskantmutter	4 D I N 439	4 D I N 439	4 D I N 439
	1	Kegelstift	0,8 × 6 D I N 1	0,8 × 6 D I N 1	0,8 × 6 D I N 1
6	1	Bolzen	M 6 × 18 D I N 35	M 6 × 18 D I N 35	M 6 × 23 D I N 35
	1	Isolierscheibe	H 6 D I N 34		
	1	Kordelmutter	K 6 D I N 34	K 6 D I N 34	K 6 D I N 34
	1	Isolierbuchse	L 6 D I N 34		
	1	Federring		7 D I N 127	7 D I N 127
	1	Unterlegscheibe	6,5 D I N 126		
	1	Sechskantmutter	6 D I N 439	6 D I N 439	6 D I N 439
	1	Kegelstift	1 × 8 D I N 1	1 × 8 D I N 1	1 × 8 D I N 1

Einzelteile.

M. Bolzen (zu DIN 35).

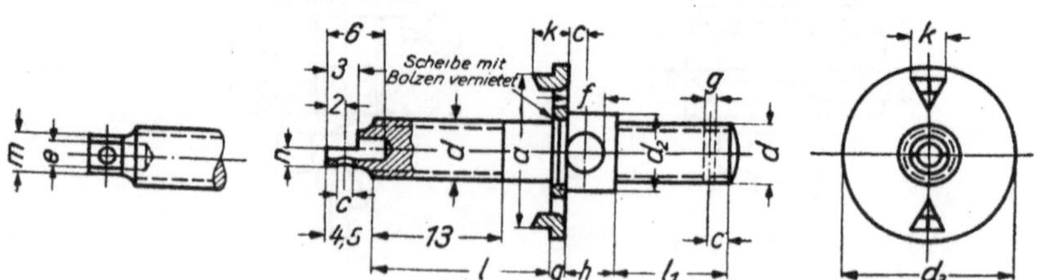

Beispiel für die Bezeichnung eines Bolzens zur Rundklemme Form *A* oder *B* mit 6 mm Gewindedurchmesser und 18 mm Länge: Bolzen $M\ 6 \times 18$ DIN 35.

Maße in mm

Gewinde-durchmesser d	Rundklemme Form *A* und *B* l	Rundklemme Form *C* l	l_1	a	c	d_2	d_3	e	f	g	h	k	m	n
4	15	20	8	9	1,25	6	12	1,6	2,5	0,8	3,5	2	2,5	1,25
6	18	23	12	15	2	8	18	2,5	4	1	5	2,5	3,5	1,75

Werkstoff: Messing.

46. Normen für Kontaktfedersätze.

Gültig ab 1. Oktober 1920.[1])

Kontaktfedersätze.

Grundmaße der Federn und Stützplatten.

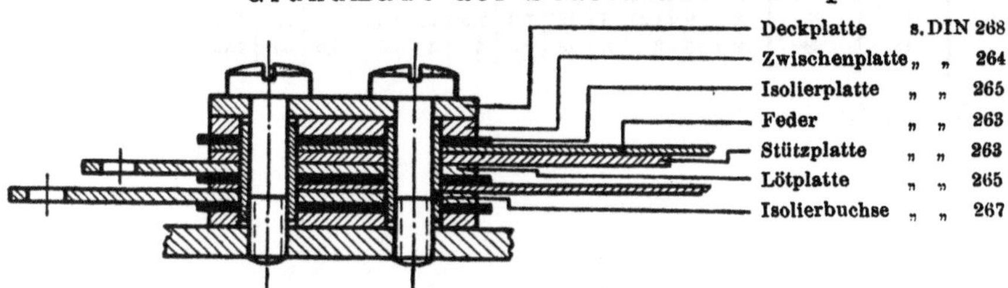

Maße in mm

Federn und Stützplatten			
Ausführung	b	a	d
mit kleinem Lochabstand	4,5	5,5	3
	5,5	7	3,6
	6,5	8,5	4
	8	10	4,5
	10	12	5
mit großem Lochabstand	4,5	8	3
	5,5	10	3,6
	6,5	12	4
	8	14	4,5
	10	16	5
mit drei Befestigungslöchern	5,5	5	3,6
	6,5	6	4
	8	7	4,5
	10	8	5

[1]) Angenommen 1920. Veröffentlicht: ETZ 1919 S. 470.

Lötzungen

Ausführung	b	c	e
mit 10 mm Lötzunge 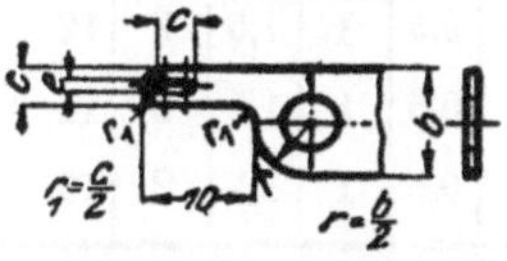	4,5	2,5	1
	5,5	3	1,5
	6,5	3	1,5
	8	3	1,5
	10	3	1,5
mit 16 mm Lötzunge 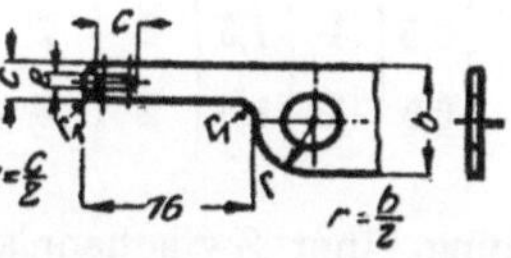	4,5	2,5	1
	5,5	3	1,5
	6,5	3	1,5
	8	3	1,5
	10	3	1,5
mit 25 mm Lötzunge 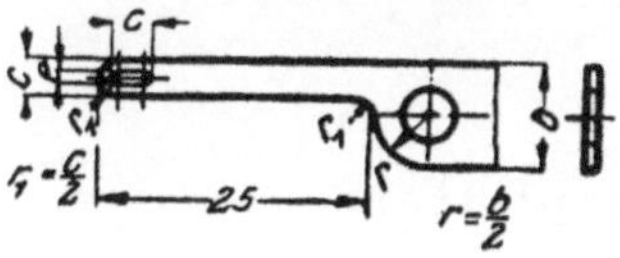	4,5	2,5	1
	5,5	3	1,5
	6,5	3	1,5
	8	3	1,5
	10	3	1,5

Längen und Stärken der Federn und Stützplatten sowie
Ausbildung des Kotaktendes der Federn je nach Bedarf.
Werkstoff: nach Angabe.

Zwischenplatten.

Maße in mm

Ausführung	b	s				a	d	l
A mit kleinem Lochabstand 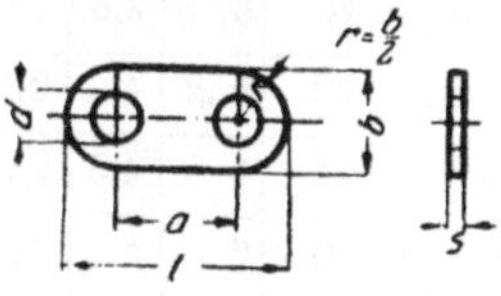	4,5	0,5	1	1,5	2	5,5	3	10
	5,5	0,5	1	1,5	2	7	3,6	12,5
	6,5	0,5	1	1,5	2	8,5	4	15
	8	0,5	1	1,5	2	10	4,5	18
	10	0,5	1	1,5	2	12	5	22

Ausführung	b	s				a	d	l
B mit großem Lochabstand 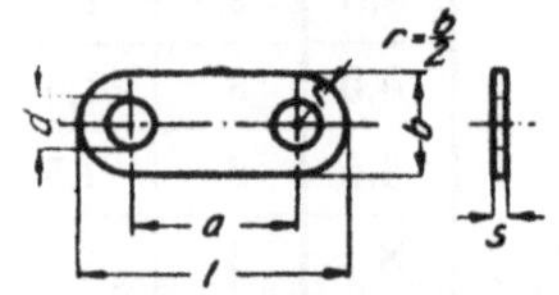	4,5	0,5	1	1,5	2	8	3	12,5
	5,5	0,5	1	1,5	2	10	3,6	15,5
	6,5	0,5	1	1,5	2	12	4	18,5
	8	0,5	1	1,5	2	14	4,5	22
	10	0,5	1	1,5	2	16	5	26
C mit drei Löchern 	5,5	0,5	1	1,5	2	5	3,6	15,5
	6,5	0,5	1	1,5	2	6	4	18,5
	8	0,5	1	1,5	2	7	4,5	22
	10	0,5	1	1,5	2	8	5	26

Beispiel für die Bezeichnung einer Zwischenplatte Ausführung *B* mit großem Lochabstand, 8 mm Breite und 1 mm Stärke: Zwischenplatte *B* 8 ✕ 1 DIN 264.

Werkstoff: Messing.

Isolierplatten.

Maße in mm

Ausführung	Feder-breite b	isolier-platten-breite b₁	s	a	c	d	l
A mit kleinem Lochabstand 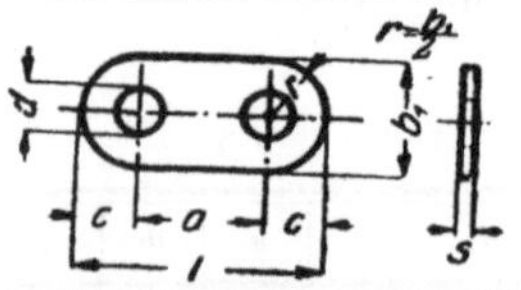	4,5	5,5	0,5	1	5,5	3,25	3	12
	5,5	6,5	0,5	1	7	3,75	3,6	14,5
	6,5	7,5	0,5	1	8,5	4,25	4	17
	8	9	0,5	1	10	5	4,5	20
	10	11	0,5	1	12	6	5	24
B mit großem Lochabstand 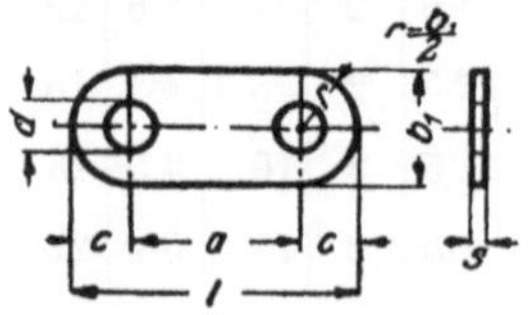	4,5	5,5	0,5	1	8	3,25	3	14,5
	5,5	6,5	0,5	1	10	3,75	3,6	17,5
	6,5	7,5	0,5	1	12	4,25	4	20,5
	8	9	0,5	1	14	5	4,5	24
	10	11	0,5	1	16	6	5	28

Ausführung	Feder-breite b	Isolier-platten-breite b_1	s	a	c	d	l
C mit drei Löchern	5,5	6,5	0,5	1	5	3,75	3,6	17,5
	6,5	7,5	0,5	1	6	4,25	4	20,5
	8	9	0,5	1	7	5	4,5	24
	10	11	0,5	1	8	6	5	28

Beispiel für die Bezeichnung einer Isolierplatte Ausführung *B* mit großem Lochabstand, 5,5 mm Breite und 0,5 mm Stärke: Isolierplatte *B* 5,5 × 0,5 DIN 265.
Werkstoff: Isolierstoff.

Lötplatten.
Maße in mm

Ausführung	b	a	c	d	e	l
A mit 10 mm Lötzunge und kleinem Lochabstand	4,5	5,5	2,5	3	1	10
	5,5	7	3	3,6	1,5	12,5
	6,5	8,5	3	4	1,5	15
	8	10	3	4,5	1,5	18
	10	12	3	5	1,5	22
B mit 10 mm Lötzunge und großem Lochabstand	4,5	8	2,5	3	1	12,5
	5,5	10	3	3,6	1,5	15,5
	6,5	12	3	4	1,5	18,5
	8	14	3	4,5	1,5	22
	10	16	3	5	1,5	26
C mit 10 mm Lötzunge und drei Löchern	5,5	5	3	3,6	1,5	15,5
	6,5	6	3	4	1,5	18,5
	8	7	3	4,5	1,5	22
	10	8	3	5	1,5	26

Ausführung	b	a	c	d	e	l
D mit 16 mm Lötzunge und kleinem Lochabstand	**4,5**	5,5	2,5	3	1	10
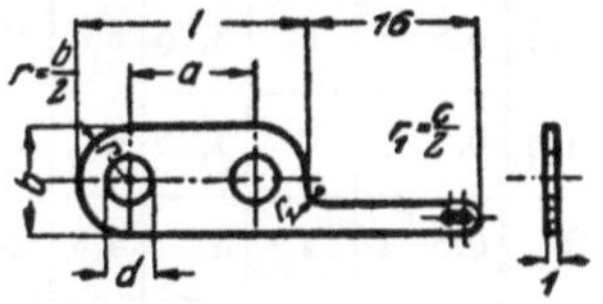	**5,5**	7	3	3,6	1,5	12,5
	6,5	8,5	3	4	1,5	15
	8	10	3	4,5	1,5	18
	10	12	3	5	1,5	22
E mit 16 mm Lötzunge und großem Lochabstand	**4,5**	8	2,5	3	1	12,5
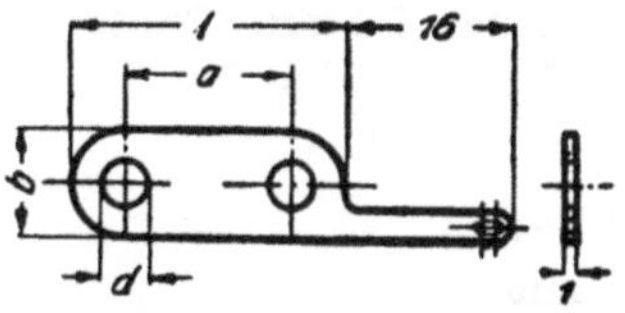	**5,5**	10	3	3,6	1,5	15,5
	6,5	12	3	4	1,5	18,5
	8	14	3	4,5	1,5	22
	10	16	3	5	1,5	26

Beispiel für die Bezeichnung einer Lötplatte Ausführung
B, mit 10 mm Lötzunge, großem Lochabstand und 8,5 mm
Breite: Lötplatte B 6,5 DIN 266.

Werkstoff: Messing.

Lötplatten.
Maße in mm

Ausführung	b	a	c	d	e	l
F mit 16 mm Lötzunge und drei Löchern	**5,5**	5	3	3,6	1,5	15,5
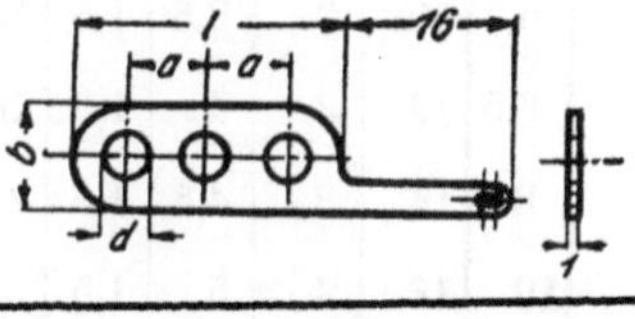	**6,5**	6	3	4	1,5	18,5
	8	7	3	4,5	1,5	22
	10	8	3	5	1,5	26
G mit 25 mm Lötzunge und kleinem Lochabstand	**4,5**	5,5	2,5	3	1	10
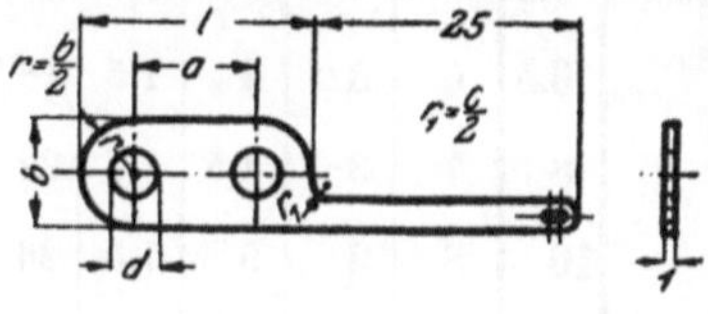	**5,5**	7	3	3,6	1,5	12,5
	6,5	8,5	3	4	1,5	15
	8	10	3	4,5	1,5	18
	10	12	3	5	1,5	22

Ausführung	b	a	c	d	e	l
H mit 25 mm Lötzunge und großem Lochabstand	4,5	8	2,5	3	1	12,5
	5,5	10	3	3,6	1,5	15,5
	6,5	12	3	4	1,5	18,5
	8	14	3	4,5	1,5	22
	10	16	3	5	1,5	26
I mit 25 mm Lötzunge und drei Löchern	5,5	5	3	3,6	1,5	15,5
	6,5	6	3	4	1,5	18,5
	8	7	3	4,5	1,5	22
	10	8	3	5	1,5	26

Beispiel für die Bezeichnung einer Lötplatte Ausführung *H*, mit 25 mm Lötzunge, großem Lochabstand und 6,5 mm Breite: Lötplatte *H* 6,5 DIN 266.

Werkstoff: Messing.

Isolierbuchsen.

Beispiel für die Bezeichnung einer Isolierbuchse mit 1,75 mm Lochdurchmesser und 30 mm Länge: Isolierbuchse 1,75 × 30 DIN 267.

Maße in mm

Federbreite	Lochdurchmesser		Außendurchmesser	
	d_1 min	d_1 max	d_2 min	d_2 max
4,5	1,75	1,85	2,8	2,9
5,5	2,35	2,45	3,4	3,5
6,5	2,65	2,75	3,8	3,9
8	3,05	3,15	4,3	4,4
10	3,55	3,65	4,8	4,9

Länge *l* der Isolierbuchsen nach Bedarf.

Werkstoff: Isolierstoff.

Deckplatten.

Maße in mm

Ausführung	b	a	d_1	d_2	l	s
A mit Durchgangslöchern und kleinem Lochabstand 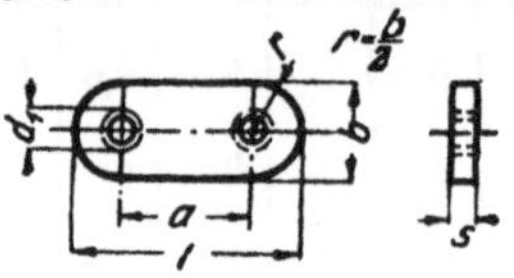	4,5	5,5	1,7	—	10,5	1,5
	5,5	7	2,5	—	13	1,5
	6,5	8,5	2,6	—	13,5	2
	8	10	3	—	18	2
	10	12	3,5	—	22	2,5
B mit Gewindelöchern und großem Lochabstand 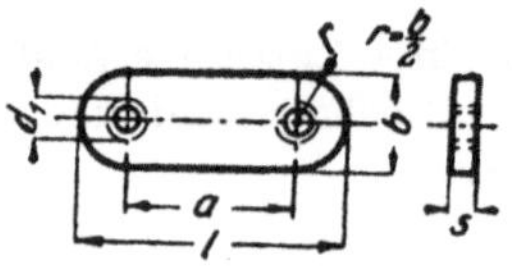	4,5	8	1,7	—	13	1,5
	5,5	10	2,3	—	16	1,5
	6,5	12	2,6	—	19	2
	8	14	3	—	22	2
	10	16	3,5	—	26	2,5
C mit Gewindelöchern und Durchgangsloch 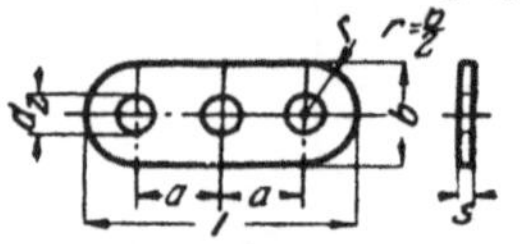	5,5	5	2,3	2,4	16	1,5
	6,5	6	2,6	2,7	19	2
	8	7	3	3,1	22	2
	10	8	3,5	3,6	26	2,5
D mit Durchgangslöchern und kleinem Lochabstand 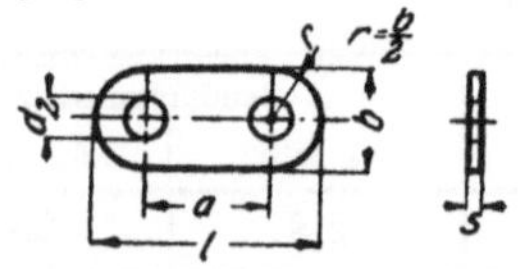	4,5	5,5	—	1,8	10,5	1
	5,5	7	—	2,4	13	1
	6,5	8,5	—	2,7	15,5	1
	8	10	—	3,1	18	1
	10	12	—	3,6	23	1,5
E mit Durchgangslöchern und großem Lochabstand 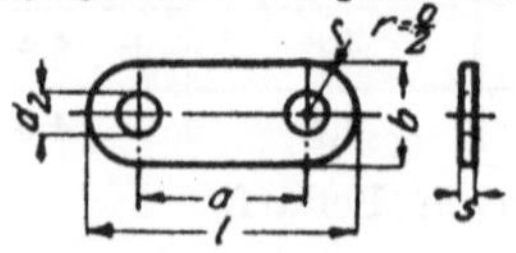	4,5	8	—	1,8	13	1
	5,5	10	—	2,4	16	1
	6,5	12	—	2,7	19	1
	8	14	—	3,1	22	1
	10	16	—	3,6	26	1,5

Ausführung	b	b	d_1	d_2	l	s
F mit drei Durchgangslöchern 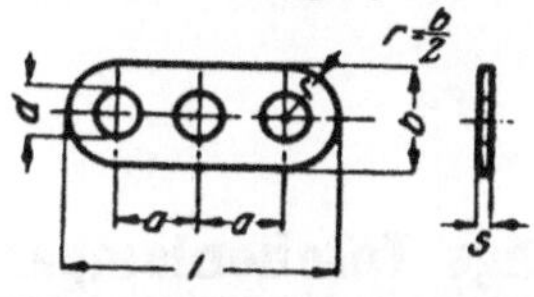	**5,5**	5	—	2,4	16	1
	6,5	6	—	2,7	19	1
	8	7	—	3,1	22	1
	10	8	—	3,6	26	1,5
G mit versenkten Durchgangslöchern und kleinem Lochabstand 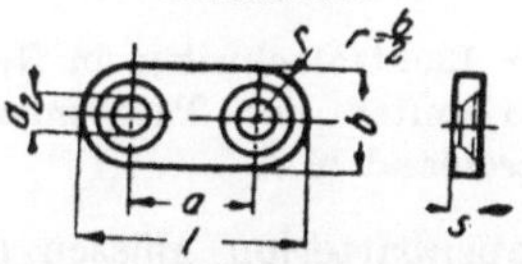	**4,5**	5,5	—	1,8	10,5	1,5
	5,5	7	—	2,4	13	1,5
	6,5	8,5	—	2,7	15,5	2
	8	10	—	3,1	18	2
	10	12	—	3,6	22	2,5
H mit versenkten Durchgangslöchern und großem Lochabstand 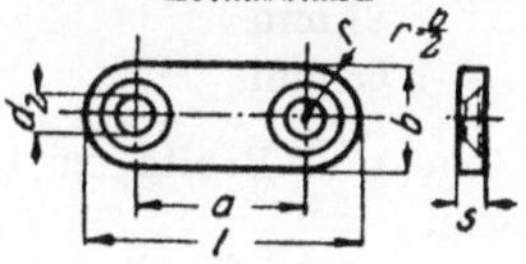	**4,5**	8	—	1,8	13	1,5
	5,5	10	—	2,4	16	1,5
	6,5	12	—	2,7	19	2
	8	14	—	3,1	22	2
	10	16	—	3,6	26	2,5
I mit drei versenkten Durchgangslöchern 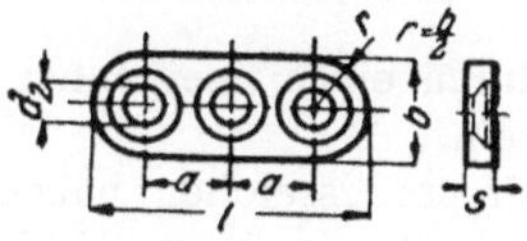	**5,5**	5	—	2,4	16	1,5
	6,5	6	—	2,7	19	2
	8	7	—	3,1	22	2
	10	8	—	3,6	26	2,5

Beispiel für die Bezeichnung einer Deckplatte Ausführung *E* mit Durchgangslöchern, großem Lochabstand und 5,5 mm Breite: Deckplatte *E* 5,5 DIN 268.

Gewinde nach DIN 13. — Werkstoff: Messing.

47. Normen für dreiteilige Taschenlampen-batterien.[1]

Gültig ab 1. Oktober 1916.[2]

Aufgestellt vom Verband Deutscher Elektrotechniker in Gemein-schaft mit dem Verband der Fabrikanten von Taschenlampen-batterien in Deutschland e. V.

1. Die normalen Taschenlampenbatterien müssen (ohne Kontaktfedern) folgende äußeren Abmessungen haben:

Länge . . . . 62 mm
Breite . . . . 21 mm
Höhe . . . . 65 mm

Abweichungen sind in der Länge und Breite um ½ mm und in der Höhe um 1 mm zulässig.

2. Die Kontaktstreifen müssen aus genügend rostsiche-rem, federndem Metall hergestellt und 7 bis 8 mm breit sein. Der kürzere Streifen soll 18 bis 20 mm, der längere 40 bis 45 mm lang sein.

3. Die Batterie muß oben durch einen geeigneten Stoff abgeschlossen oder vergossen sein.

4. Jede Batterie muß ein Ursprungszeichen haben, das den Hersteller erkennen läßt; außerdem müssen die Woche und das Jahr der Herstellung leicht und deutlich erkennbar verzeichnet sein. Die Bezeichnungen sollen so angebracht sein, daß sie nicht ohne weiteres entfernt werden können.

5. An jeder Batterie muß äußerlich erkennbar sein, ob sie schon benutzt worden ist oder nicht.

6. Die EMK der Batterie muß bei der Ablieferung aus der Fabrik mindestens 4,5 V betragen, sie soll 4,8 V mög-lichst nicht übersteigen. Innerhalb einer Frist von 14 Tagen nach Eintreffen bei dem Abnehmer, spätestens aber inner-

---

[1] Diese Normen gelten nur für die dreiteiligen Taschenlampenbatterien nor-maler Ausführung, die zurzeit die gebräuchlichsten sind. Die Herausgabe von Normen für andere Taschenlampenbatterien bleibt vorbehalten.

[2] Veröffentlicht: ETZ 1916 S. 489. Erläuterungen hierzu siehe ETZ 1916 S. 489.

halb 4 Wochen nach Auslieferung aus der Fabrik darf die EMK nicht unter 4,2 V sinken, vorausgesetzt, daß die Batterie inzwischen sachgemäß gelagert und behandelt worden ist.

Zu den Messungen ist ein Gleichstrom-Präzisions-Spannungsmesser von mindestens 100 Ω Widerstand auf 1 V des Meßbereiches zu verwenden.

7. Der innere Widerstand der frischen Batterie muß so niedrig sein, daß die Spannung bei der Schließung der Batterie durch einen Widerstand von 15 Ω höchstens 0,6 V unter die EMK von 4,5 V sinkt.

8. Auf jeder Batterie muß die Leistung in Nutzbrennstunden bei dauernder Entladung und bei Entladung mit Unterbrechungen angegeben sein. Die Angaben sollen sich auf eine Temperatur von ungefähr 20 ° C und auf den frischen Zustand der Batterie bei Ablieferung aus der Fabrik beziehen. Bei der dauernden Entladung ist die zu prüfende Batterie durch einen Widerstand von 15 Ω zu schließen. Die Entladung gilt als beendet, sobald die Klemmenspannung auf 1,8 V gesunken ist. Die Nutzbrenndauer bei Entladung mit Unterbrechungen ist in der Weise zu berechnen, daß die bei dauernder Entladung ermittelte (nicht abgerundete) Brennstundenzahl um 40 % erhöht wird. Die Angaben der Nutzbrenndauer sind in jedem Falle auf volle Viertelstunden abzurunden.

48. Prüfvorschriften für die gekürzte Untersuchung elektrischer Isolierstoffe.[1]

Gültig ab 1. Juli 1914.[2]

I. Allgemeines.

Die abgekürzte Untersuchung elektrischer Isolierstoffe beschränkt sich auf folgende Ermittlungen:

A. Mechanische und Wärmeprüfung.

1. Biegefestigkeit.
2. Schlagbiegefestigkeit.
3. Kugeldruckhärte.
4. Wärmebeständigkeit.
5. Frostbeständigkeit[3]).
6. Verhalten in der Flamme.

B. Elektrische Prüfung.

1. Oberflächenwiderstand.
2. Lichtbogensicherheit.

Probenform.

Als Normalformen für die Versuche sind Platten und Flachstäbe anzuwenden, deren Abmessungen folgende sind:

$$\text{Stäbe} \begin{cases} \text{Dicke} \dots\dots\dots\dots\dots\dots\ a = 1,0 \text{ cm} \\ \text{Breite} \dots\dots\dots\dots\dots\dots\ b = 1,5 \text{ „} \\ \text{ganze Länge} \dots\dots\dots\dots\ L = 12,0 \text{ „} \end{cases}$$

$$\text{Platten} \begin{cases} \text{Dicke} \dots\dots\dots\dots\dots\ 1,0 \text{ cm,} \\ \text{Fläche} \dots\cdot\dots\dots\dots\ 12 \times 15 \text{ cm.} \end{cases}$$

Für die Untersuchung eines Isolierstoffes sind insgesamt 40 Normalflachstäbe und 20 Platten erforderlich.

Die elektrische Prüfung kann an Material, das sich in der Plattengröße nicht herstellen läßt, auch ausgeführt werden, wenn sich auf den Stücken ebene Flächen von 10×2 cm befinden.

---

[1]) Vgl. den Aufsatz von Passavant ETZ 1912 S. 450.

[2]) Angenommen auf den Jahresversammlungen 1913 und 1914. Veröffentlicht ETZ 1913 S. 688 und 1914 S. 399

Die Vorschriften wurden am 19. 6. 1913 beschlossen mit Gültigkeit ab 1. Juli 1913. Am 26. 5. 1914 wurde eine Änderung des Absatzes B 2, (Lichtbogensicherheit) beschlossen. Die geänderte Fassung hat Gültigkeit ab 1. Juli 1914.

[3]) Kommt nur in Betracht für Materialien, die im Freien Verwendung finden.

II. Versuchsausführung.

A. Mechanische und Wärmeprüfung.

1. Biegefestigkeit

α) 3 Versuche mit dem Material im Anlieferungszustand;

β) 3 Versuche nach 30 tägiger Lagerung in Petroleum bei Zimmertemperatur.

Versuchsausführung nach Abb. 1. Die Kraft P greift in der Mitte zwischen den beiden Auflagern AA mit einer Druckfinne an, deren Schneidenwinkel 45°, deren Abrundung $r = 2,5$ mm beträgt. Die Kanten der Auflager AA sind bei ϱ nach $r = 1$ mm zu brechen. Stützweite gleich 100 mm.

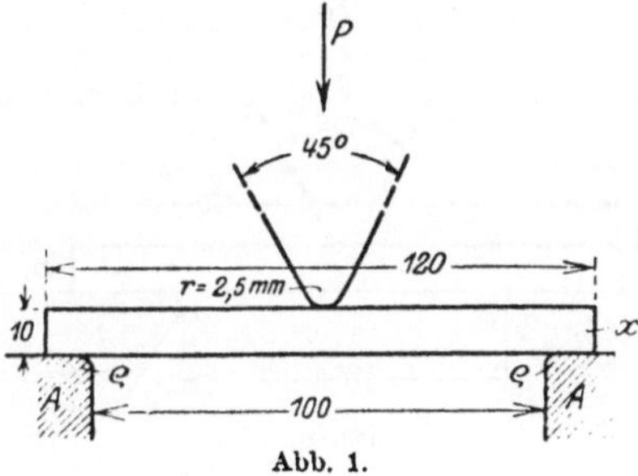

Abb. 1.

Für stoßfreie Belastung und einwandfreie Kraftmessung ist Sorge zu tragen. Ferner ist darauf zu achten, daß die Probe auf den Widerlagern AA satt aufliegt.

Die Probe ist folgenden Laststufen je 2 Minuten lang zu beanspruchen:

$$\begin{array}{llll}
P = 15,8 \text{ kg, d. s. } \varrho_B = 158 \text{ kg/qcm} & G = 1 \\
P = 31,6 \text{ „ „ „ } \varrho_B = 316 \text{ „} & G = 2 \\
P = 47,4 \text{ „ „ „ } \varrho_B = 474 \text{ „} & G = 3 \\
P = 63,2 \text{ „ „ „ } \varrho_B = 632 \text{ „} & G = 4 \\
P = 79,0 \text{ „ „ „ } \varrho_B = 790 \text{ „} & G = 5
\end{array}$$

(Vergleichszahl)

Die Vergleichszahlen G gelten als erreicht, wenn der Stab die Belastung P 2 Minuten getragen hat, ohne zu Bruch zu gehen oder wenn bei stark biegsamen Stoffen die Gesamtdurchbiegung in der Mitte kleiner als 5 mm bleibt.

Für die Feststellung der Gesamtdurchbiegung ist Ablesung am Millimetermaßstab hinreichend.

2. Schlagbiegefestigkeit.

α) 3 Versuche bei Zimmerwärme,

β) 3 Versuche in Kälte bei etwa — 23° C;

(Dieser Versuch nur bei Materialien, die im Freien verwendet werden.)

Die Schlagbiegeversuche sind mit einem Normalpendelschlagwerk für 150 cm kg auszuführen.

Die Schlagfinne soll einen Schneidenwinkel von 45° besitzen und ist nach $r = 3\,\text{mm}$ abzurunden.

Die Stützweite beträgt 70 mm.

Die Auflager AA müssen gemäß Abb. 2 nach einem Winkel von 15° hinterschnitten, die Auflagerkanten ϱ nach $r = 3\,\text{mm}$ abgerundet werden, damit die Proben unbehindert durch die Auflager gehen können.

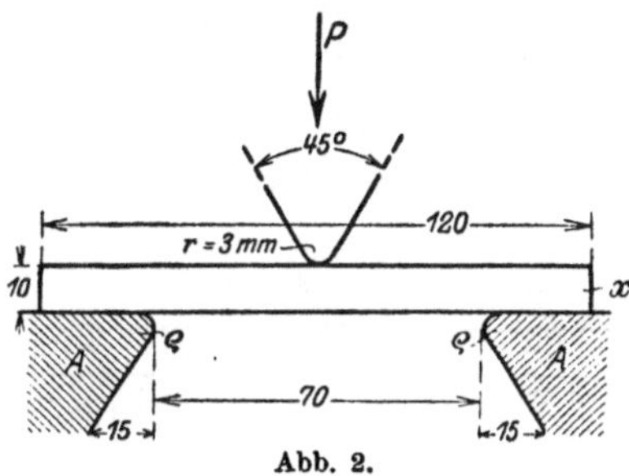

Abb. 2.

Die Schlagversuche werden ausgeführt:

α) bei Zimmerwärme,

β) an Proben, die unmittelbar vor dem Einbringen in das Schlagwerk auf etwa —23° C abgekühlt worden sind.

Vergleichszahlen werden zweckmäßigerweise später aufgestellt unter Zugrundelegung der mit dem Normalschlagwerk erhaltenen Versuchswerte.

3. Kugeldruckhärte.

3 Versuche.

Als Normalapparat ist der Martens-Heynsche Härteprüfer zu verwenden.

Angewendet wird eine Stahlkugel von 5 mm Durchmesser, die insgesamt 0,1 mm tief in die Probe eingedrückt wird. Die Belastungsgeschwindigkeit bis zur Erreichung der Eindrucktiefe von 0,1 mm hat 2,5 Minuten zu betragen. Sodann wird am Manometer die Kraft P in kg abgelesen und gilt als Härtemaß P_{01}.

Die Eindrücke sollen in der Mitte der 15 mm breiten Proben liegen.

Die Versuche sind bei 18 bis 20° C auszuführen.

Die Vergleichszahlen G bestimmen sich wie folgt:

$$P_{01} = 16,2 \text{ kg } G = 1$$
$$P_{01} = 32,4 \text{ „ } G = 2$$
$$P_{01} = 48,7 \text{ „ } G = 3$$
$$P_{01} = 65,0 \text{ „ } G = 4$$
$$P_{01} = 73,1 \text{ „ } G = 5$$

4. Wärmebeständigkeit.

3 Versuche.

Die Wärmebeständigkeit ist durch die Martensprobe mit einem Normalapparat festzustellen.

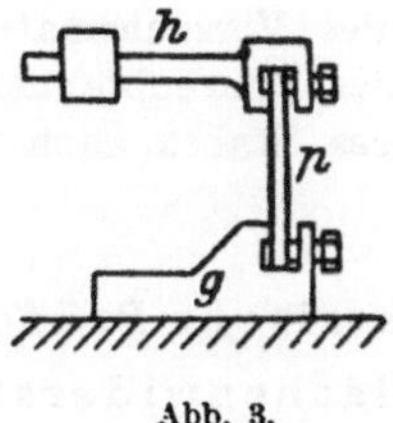

Abb. 3.

Die in senkrechter Lage von der Grundplatte g (siehe Abb. 3) festgehaltenen Proben p werden durch angehängte Gewichtshebel h mit der konstanten Biegespannung $\delta = 50$ kg pro qcm belastet und langsam erwärmt. Die Geschwindigkeit der Temperatursteigung soll 125 bis 150° C in der Stunde betragen. Die genaue Zahl wird nach Durchprüfung des Normalapparates angegeben und diesem angepaßt.

Ermittelt wird der Wärmegrad Ag, bei dem die Probe eine noch festzusetzende Durchbiegung (Absinken des Hebels) erfährt, und eventuell der Wärmegrad Ag, bei dem der Bruch der Probe eintritt.

5. Frostbeständigkeit.

(Nur bei Materialien, die im Freien Verwendung finden.)

Die Proben werden wassergetränkt nach vierwöchiger Lagerung unter Wasser abwechselnd 25 mal je etwa 20 Stunden dem Frost bei etwa — 15° C ausgesetzt, und je 4 Stunden in Wasser von Zimmerwärme wieder aufgetaut. Die äußerlichen Veränderungen der Proben nach dieser Behandlung werden festgestellt. Vergleichszahlen werden mangels zahlenmäßiger Versuchsergebnisse nicht angegeben.

6. Verhalten in der Flamme.

3 Versuche.

a) **Brandsicherheit.** Es wird ein Normalstab zwei Minuten lang an der Flamme geheizt; danach wird untersucht:

1. ob der Stab nach Entfernen der Flamme weiter brennt oder erlischt;
2. der Zustand nach dem Brande.

b) **Feuersicherheit.** Es wird untersucht:

1. die Zündungsdauer (an einer Normalplatte), wobei die Mitte der Platte durch eine Bunsenflamme von unten erhitzt wird;
2. die Eigenbrenndauer, d. h. die Zeit, während welcher ein Normalstab des Versuchsmaterials einen Beitrag zu der Flamme des Bunsenbrenners liefert;
3. der Zustand dieses Stabes nach dem Brande (Kompaktheit usw.).

B. Elektrische Prüfung.

1. Oberflächenwiderstand.

Der Oberflächenwiderstand wird gemessen auf einer Fläche von $10 \times 1\,\mathrm{cm}$ bei 1000 Volt Gleichspannung:

α) im Zustand der Einsendung, jedoch nach Abschleifen der Oberfläche;

β) nach 24 stündiger Einwirkung von Wasser;

γ) nach 3 wöchentlicher Einwirkung von 25 prozentiger Schwefelsäure;

δ) nach 3 wöchentlicher Einwirkung von Ammoniakdampf.

Zur Messung des Oberflächenwiderstandes werden zwei gerade 10 cm lange mit Gummi und Stanniol gepolsterte Elektroden einander parallel in 1 cm Abstand auf die Platte gesetzt. Siehe den Normalapparat Abb. 4. Das Schaltschema zeigt Abb. 5. Die eine Elektrode wird über einen Schutzwiderstand von 10000 Ohm mit dem negativen Pol der Gleichspannung von 1000 V verbunden, deren positiver Pol geerdet ist; die andere Elektrode wird mit einer Klemme des Galvanometernebenschlusses verbunden, die andere Klemme liegt an der Erde. Um Kriechströme von der Messung auszuschließen, ist die Zuleitung zum Nebenschluß und von da zum Galvanometer mit einer geerdeten Umhüllung zu versehen, z. B., als Panzerader auszuführen. Die Halteplatte der Elektroden ist zu erden, das Galvanometer

und sein Nebenschluß sind auf geerdete Unterlagen zu
stellen; die Empfindlichkeit des Galvanometers soll mindestens 1×10^{-9} A für 1 mm Ausschlag bei 1 m Skalen-
abstand betragen, durch den Nebenschluß ist die Emp-

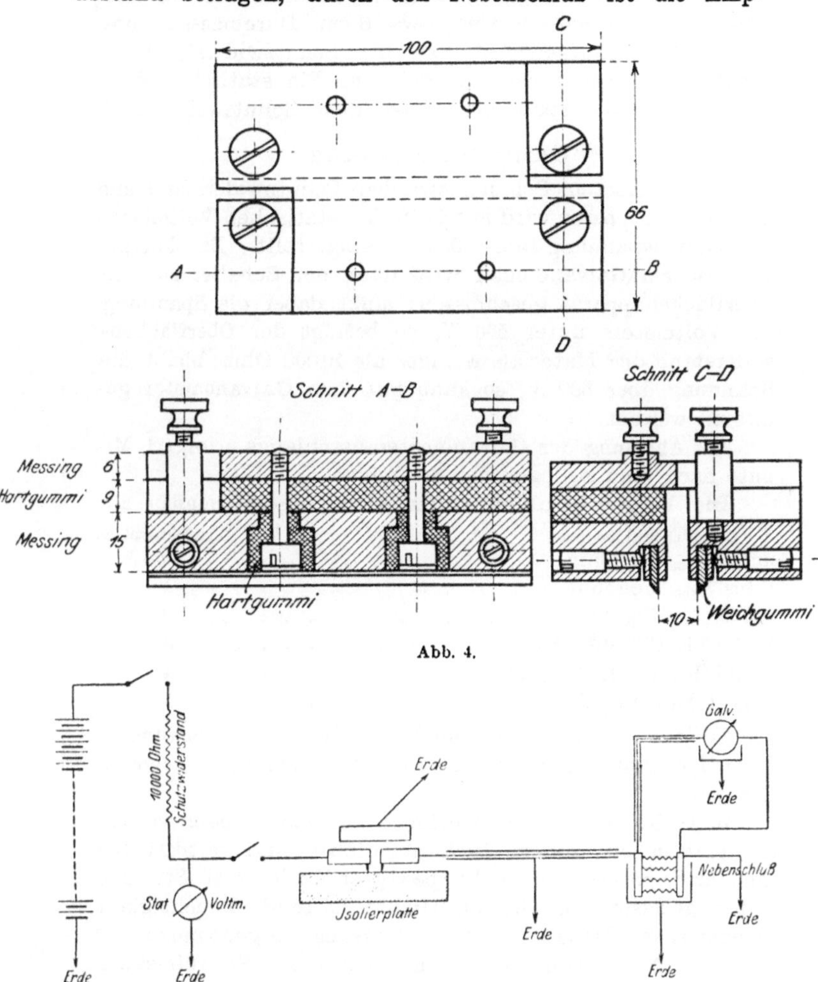

Abb. 4.

Abb. 5.

findlichkeit stufenweise auf $^1/_{10}$, $^1/_{100}$, $^1/_{1000}$, $^1/_{10\,000}$ und
$^1/_{100\,000}$ herabzusetzen. Ein Kontakt des Nebenschlusses dient
ferner zum Kurzschließen des Galvanometers; zur Eichung
des Galvanometerausschlages wird beim Nebenschluß $^1/_{10\,000}$
statt des Oberflächenapparates ein Drahtwiderstand von

1 Megohm eingeschaltet. (Dieser wird aus 0,05 mm starkem Manganindraht unifilar aufgewickelt und braucht nur auf 3% abgeglichen zu sein.) Der Schutzwiderstand besteht aus 0,1 mm starkem Manganindraht, der unifilar auf ein Porzellan- oder Glasrohr von etwa 6 cm Durchmesser und 50 cm Länge aufgewickelt ist, der Schutzwiderstand ist ebenfalls auf 3% genau abzugleichen. Ein statisches Voltmeter mißt die Spannung hinter dem Schutzwiderstand.

Gang der Messung.

Bei geöffnetem Schalter zwischen Schutzwiderstand und Oberflächenapparat wird mit Hilfe des statischen Voltmeters die Gleichspannung auf 1000 V eingestellt. Bei kurzgeschlossenem Galvanometer wird dann der Schalter zu dem Oberflächenapparat geschlossen; sinkt dabei die Spannung des Voltmeters unter 500 V, so beträgt der Oberflächenwiderstand des Materials weniger als 10000 Ohm; bleibt die Spannung über 800 V, so kann mit dem Galvanometer gemessen werden.

Die Ablesung des Galvanometerausschlages erfolgt 1 Minute nach dem Anlegen der Spannung.

Die Vergleichszahlen stufen sich folgendermaßen ab:

Oberflächenwiderstand	Vergleichszahlen
unter $^1/_{100}$ Megohm	0
1 bis $^1/_{100}$ Megohm	1
100 bis 1 Megohm	2
10000 bis 100 Megohm	3
1 Mill. bis 10 000 Megohm	4
über 1 Mill. Megohm	5

Zu jeder Versuchsreihe sind drei Platten zu verwenden, an jeder Platte sind mindestens zwei Messungen vorzunehmen.

Zu β. Nach dem Herausnehmen aus dem Wasser werden die Platten mit einem Tuch abgerieben und vertikal bei Zimmertemperatur in nicht bewegter Luft zwei Stunden stehen gelassen, um die äußerlich anhaftende Feuchtigkeit zu entfernen. Danach wird die Messung vorgenommen.

Zu γ. Nach dem Herausnehmen aus der Schwefelsäure werden die Platten etwa 1 Minute in fließendem Wasser abgespült, danach wie unter β behandelt.

Zu δ. Die Platten werden in großen Glasgefäßen aufgehängt, auf deren Boden eine gesättigte wässerige Ammoniaklösung sich befindet, die Gefäße werden mit Glasplatten abgedeckt. Von drei zu drei Tagen wird etwas Ammoniak zugefüllt, um die Verluste an Ammoniakdampf zu decken. Nach dem Herausnehmen aus den Gefäßen, werden die Platten nach Feststellung des Aussehens mit einem trockenen Tuch abgerieben und gemessen.

2. Lichtbogensicherheit.

Die Platte wird horizontal gelegt und zwei angespitzte Reinkohlen von 8 mm Durchmesser in einem Winkel von etwas mehr als einem Rechten gegeneinander auf die Platte gesetzt, etwa um 60° gegen die Horizontale geneigt. An die Kohlen wird eine Spannung von etwa 220 V gelegt unter Vorschalten eines Widerstandes von 20 Ohm. Nach Bildung des Lichtbogens zwischen den Kohlen werden diese mit einer Geschwindigkeit, die 1 mm in der Sekunde nicht überschreiten soll, auseinander gezogen. Es werden dann folgende vier Stufen der Sicherheit gegenüber dem Lichtbogen unterschieden:

a) Der Lichtbogen läßt sich nicht über seine normale Länge von etwa 20 mm ausziehen.

b) Der Lichtbogen läßt sich weiter als etwa 20 mm ausziehen, es bildet sich aber keine zusammenhängende leitende Brücke im Material.

c) Unter dem Lichtbogen bildet sich eine leitende Brücke im Material, welche aber nach dem Erkalten ihre Leitfähigkeit verliert.

d) Unter dem Lichtbogen bildet sich eine leitende Brücke im Material, welche auch nach dem Erkalten leitend bleibt.

Anhang: Auf Grund von Vereinbarungen mit dem Kgl. Materialprüfungsamt und der Physikalisch-Technischen Reichsanstalt wird die abgekürzte Prüfung von Isolierstoffen bei diesen beiden Ämtern nach den vorstehenden Vorschriften ausgeführt. Die sämtlichen notwendigen Proben sind an das Kgl. Materialprüfungsamt einzusenden, von dem aus die Verteilung des Materials vorgenommen wird.

---

49. Normen für Elektrizitätszähler.

Gültig ab 1. Oktober 1920.[1]

1. Stromstärken.

Als normale Nennstromstärken für Elektrizitätszähler gelten:

1,5, 3, 5, 10, 15, 20, 30, 50, 100, 150, 200, 300, 500, 1000, 1500, 2000, 3000, 5000, 10 0000 A.

Die Nennstromstärke kann gelegentlich um folgende Werte überschritten werden:

Alle Zähler . . . . um 50 % bis zu 2 h

„   „   . . . . um 100 % bis zu 1 min

Gleichstrom -Amperestun-
den- und Wechselstrom-
Wattstundenzähler bis ein-
schließlich 3 A . . . . . um 100 % bis zu 2 h.

2. Gewinde.

Es wird empfohlen, bis zur Festlegung eines deutschen Einheitsgewindes das metrische Gewinde (S.J.-Gewinde) zu verwenden.

3. Anschlußklemmen.

Anschlußklemmen für Elektrizitätszähler werden aus Messing hergestellt.[2] Als Normal-Anschlußklemme von 1,5 bis 30 A gilt eine Klemme, welche gerade Leitungen bis zu 25 mm² Querschnitt einzuführen gestattet. Die Bohrung bzw. Öffnung für die Einführung der Leitung beträgt 6 mm. Jede Leitung wird mittels zweier Druckschrauben mit 5 mm-Gewinde befestigt. Bei Verwendung von nur je einer Druckschraube erfolgt die Sicherung des Anschlusses in anderer Weise.

Die Spannungsklemmen erhalten Schrauben mit 3 mm-Gewinde. Für die Klemmen gelten allgemein folgende Regeln:

„Zwei nebeneinanderliegende, nicht durch einen Isolationssteg getrennte Klemmen haben die gleiche Polarität.

---

[1] Angenommen auf der Jahresversammlung 1920. Veröffentlicht: ETZ 1920 S. 537. Erläuterungen hierzu siehe ETZ 1920 S. 537.

[2] Bis auf weiteres können Ersatzstoffe hierfür verwendet werden.

Die zu diesem Pol gehörige Spannungsklemme liegt neben oder zwischen ihren Stromklemmen.

Für den Hauptstrom ist die Einführungsklemme — von vorn gesehen — stets von links die erste, die Ausführungsklemme die zweite." (Bei der Schaltung 1 b umgekehrt.)

Für größere Schaltanlagen können die Klemmen und Anschlußpunkte im Schaltbild bezeichnet werden; es sind dann die Klemmen mit arabischen Zahlen von links nach rechts, mit 1 anfangend, fortlaufend zu versehen.

Die Klemmen selbst werden nicht bezeichnet.

4. Klemmendeckel (für Stromstärken bis 30 A).

Als Klemmendeckel gelten:

a) einfacher Klemmendeckel, nur zur Abdeckung der Klemme;

b) verlängerter Klemmendeckel, welcher mit der Auflagefläche des Zählers abschließt, zur Abdeckung der Anschlußleitungen.

Die Befestigung des Klemmendeckels erfolgt durch plombierbare Schrauben oder Muttern mit 5 mm-Gewinde. Für den verlängerten Klemmendeckel wird als Abstand von der unteren Klemmenkante bis zum unteren Klemmendeckelrand das Maß 30 mm festgelegt.

5. Zählerkappe.

Die Befestigung der Zählerkappe erfolgt durch plombierbare Schrauben mit 5 mm-Gewinde.

Die Zählerkappe trägt ein Schild, welches ohne Entfernung der Plomben nicht ausgewechselt werden kann.

6. Aufschriften.

Die Grundplatte ist mit der Fabriknummer zu versehen. Das Schild auf der Zählerkappe erhält nachstehende Angaben: Ableseeinheit (Kilowattstunden), Art und Form des Zählers, Systemnummer, Betriebsspannung, Nennstromstärke, Frequenz, Fabrikationsnummer, Zahl der Ankerumdrehungen für 1 Kilowattstunde und Name sowie Wohnort des Herstellers oder ein Ursprungszeichen.

Beispiel eines Schildes:

Kilowattstunden.

Wechselstromzähler Form W 21

220 V. 3 A. 50 ∿ Nr. 123450

5000 Ankerumdr. = 1 Kilowattstunde

A.E.G.

Das Wort „Kilowattstunde" ist unverkürzt anzugeben. Das Schild auf der Zählerkappe kann außerdem einen Eigentumsvermerk, den Namen oder das Warenzeichen des Bestellers sowie die Werknummer tragen, z. B.

**Eigentum des Städt. El. Werkes
Hannover Nr. 20412.**

7. Ankerdrehrichtung.

Für Motorzähler gilt als Drehrichtung des Ankers von vorn gesehen: „Rechtslauf". Die Drehrichtung wird durch einen Pfeil angegeben.

8. Schaltungen.

Als Normalschaltungen für Elektrizitätszähler bis 30 A gelten die Schaltbilder Abb. 1a bis 1k.

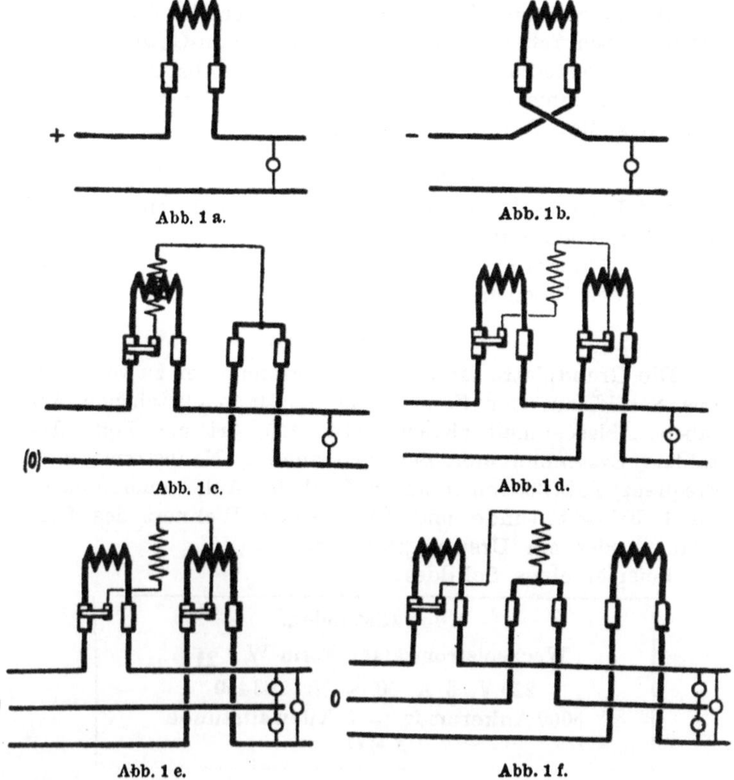

Abb. 1 a.   Abb. 1 b.

Abb. 1 c.   Abb. 1 d.

Abb. 1 e.   Abb. 1 f.

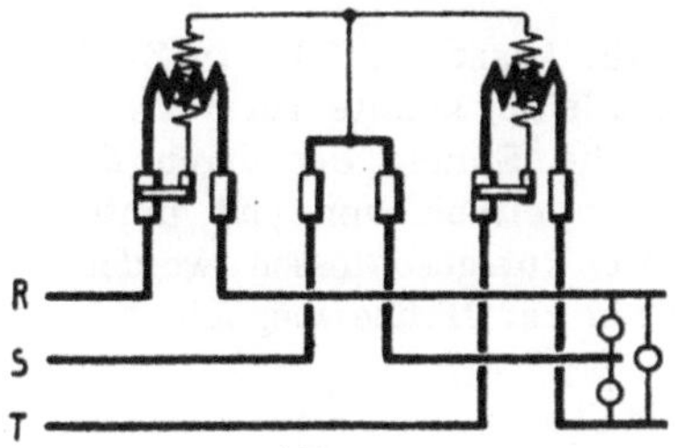

Abb. 1 g

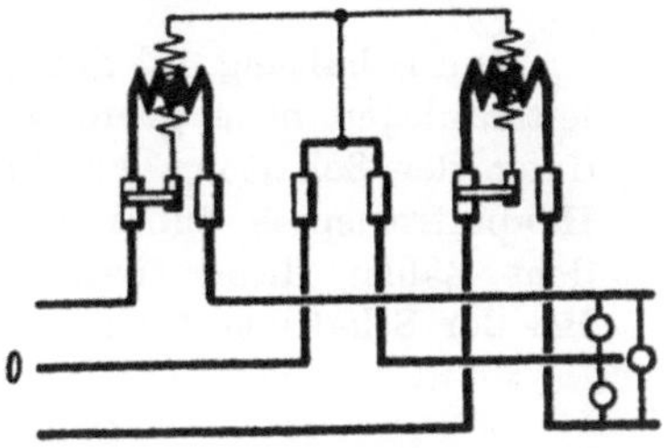

Abb. 1 h.

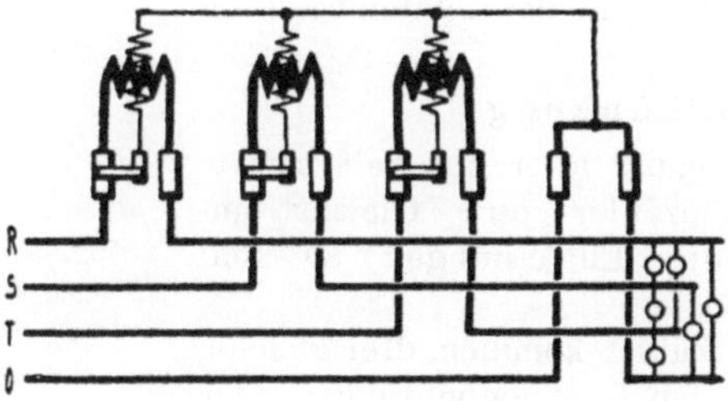

Abb. 1 i.

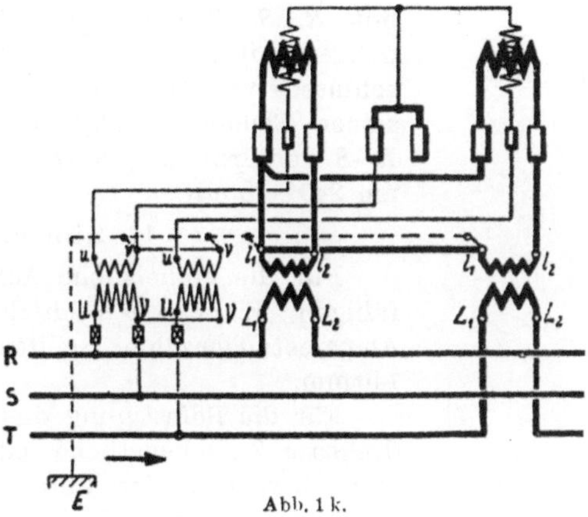

Abb. 1 k.

Es wird verwendet Schaltbild:

1 a für Gleichstrom-Amperestundenzähler im + Leiter,
1 b für Gleichstrom-Amperestundenzähler im — Leiter,
1 c für Wattstunden-Zweileiterzähler,
1 d für Wattstunden-Zweileiterzähler in Anlagen ohne geerdeten Nulleiter,
1 e für Wattstunden - Dreileiterzähler (Außenleiteranschluß),
1 f für Wattstunden-Dreileiterzähler (Nulleiteranschluß),
1 g für Drehstromzähler ohne Nulleiter,
1 h für Zweiphasenzähler mit Nulleiter,
1 i für Drehstromzähler mit Nulleiter,
1 k für Drehstrom-Hochspannungszähler.

Das numerierte Schaltbild wird im Klemmendeckel des betreffenden Zählers angeordnet. Die Schaltbilder Nr. 1 a und b werden gleichzeitig mitgegeben.

Der äußere Anschluß des Spannungskreises der Schaltungen Nr. 1 c, f, g, h, i kann anstatt durch zwei Drähte auch durch einen Draht vorgenommen werden.

Die Schaltung 1 d gilt nur für Ausnahmefälle. In Zweileiteranlagen ohne geerdeten Nulleiter könnte bei Verwendung der Schaltung 1 c durch die Erdung der durch die Hauptstromspule führenden Hauptleitung vor und hinter dem Zähler dieser betrugsweise kurzgeschlossen werden. Bei der Schaltung 1 d ist dies nur zur Hälfte möglich.

9. Drehfeld.

Die drei Hauptleitungen eines Drehstromnetzes werden mit R, S, T bezeichnet, die diesbezüglichen Hauptspannungen mit $R—S$, $S—T$ und $T—R$. Die Kontrolle des Anschlusses von Drehstromzählern in bezug auf das Drehfeld seiner Eichung erfolgt in der Weise, daß die Spannung $R—S$ der Spannung $S—T$ um 120^0 und der Spannung $T—R$ um 240^0 voreilt.

10. Zähleraufhängung.

Für die einheitliche Aufhängung aller zur Zeit marktfähigen Einphasen-Wechselstromzähler und Gleichstrom-Amperestundenzähler gelten die Entfernungen 80 und 140 mm.

Für die Befestigung dieser Zähler kommen drei gleiche, drehbare Zwischenstücke mit 5 mm Gewindebohrungen oder eine obere und eine untere Zusatzschiene zur Anwendung.

Für neue Modelle der genannten Stromarten kommen außer den Maßen 80 und 140 mm die Entfernungen 120 und 160 mm in Betracht.

50. Normen zu Lieferrollen für Feindrähte.

Gültig ab 1. Oktober 1920.[1])

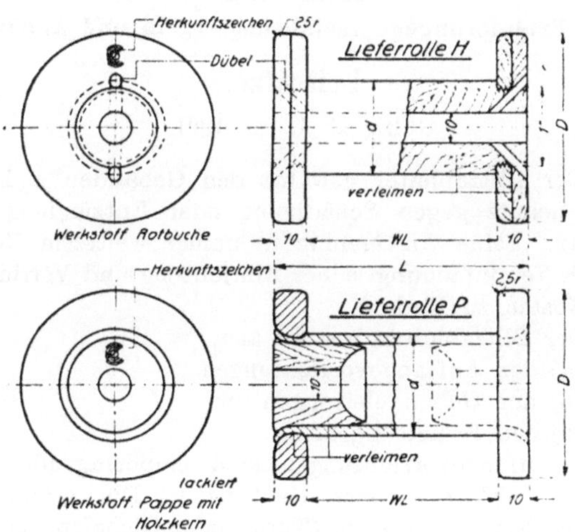

Beispiel für die Bezeichnung einer Lieferrolle (Werkstoff „Pappe mit Holzkern") für Drahtstärke 0.40 bis 0.60 mm: Lieferrolle P 3 V.D.E.... Maße in mm.

Werkstoff		Größe	Kerndurchmesser d	Scheibendurchmesser D	Ganze Länge L	Wickel länge WL	Für Drahtstärke	Gewicht G rd
Holz	Pappe							
H	P	1	30	60	80	60	0,06 bis 0,18	
H	P	2	30	80	80	60	0,19 „ 0,39	
H	P	3	40	120	80	60	0,40 „ 0,60	
H	P	4	40	120	120	100	über 0,61 Baumwolldraht	

[1]) Angenommen auf der Jahresversammlung 1920. Veröffentlicht: ETZ 1920 S. 558.

51. Leitsätze über den Schutz der Gebäude gegen den Blitz.

Nebst Erläuterungen, Ausführungsregeln und Anhängen.

Leitsätze.

Gültig ab 1. Juli 1901.[1]

1. Der Blitzableiter gewährt den Gebäuden und ihrem Inhalte Schutz gegen Schädigung oder Entzündung durch den Blitz. Seine Anwendung in immer weiterem Umfange ist durch Vereinfachung seiner Einrichtung und Verringerung seiner Kosten zu fördern.

2. Der Blitzableiter besteht aus:

    a) den Auffangevorrichtungen,

    b) den Gebäudeleitungen und

    c) den Erdleitungen.

a) Die Auffangevorrichtungen sind emporragende Metallkörper, -Flächen oder -Leitungen. Die erfahrungsgemäßen Einschlagstellen (Turm- oder Giebelspitzen, Firstkanten des Daches, hochgelegene Schornsteinköpfe und andere, besonders emporragende Gebäudeteile) werden am besten selbst als Auffangevorrichtungen ausgebildet, oder mit solchen versehen.

b) Die Gebäudeleitungen bilden eine zusammenhängende metallische Verbindung der Auffangevorrichtungen mit den Erdleitungen; sie sollen das Gebäude, namentlich das Dach, möglichst allseitig umspannen und von den Auffangevorrichtungen auf den zulässig kürzesten Wegen und unter tunlichster Vermeidung schärferer Krümmungen zur Erde führen.

---

[1] Aufgestellt vom Elektrotechnischen Verein und angenommen auf der Jahresversammlung des V. D. E. 1901. Veröffentlicht ETZ 1901, S. 390; 1920, 641.

Sonderabdrücke können von der Verlagsbuchhandlung Julius Springer, Berlin, bezogen werden. Weitere Belehrung über die Wirkung der Blitzableiter findet man in den vom Elektrotechnischen Verein herausgegebenen Schriften „Die Blitzgefahr", No. 1 und 2 (Berlin, Julius Springer). Praktische Anleitungen für die Errichtung von Gebäude-Blitzableitern, wesentlich im Sinne obiger Leitsätze, sind in dem Findeisenschen Buch: „Ratschläge über den Blitzschutz der Gebäude" (Berlin, Julius Springer) enthalten.

c) Die Erdleitungen bestehen aus metallenen Leitungen, welche sich an die unteren Enden der Gebäudeleitungen anschließen und in den Erdboden eindringen; sie sollen sich hier unter Bevorzugung feuchter Stellen möglichst weit ausbreiten.

3. Metallene Gebäudeteile und größere Metallmassen im und am Gebäude, insbesondere solche, welche mit der Erde in großflächiger Berührung stehen, wie Rohrleitungen, sind tunlichst unter sich und mit dem Blitzableiter leitend zu verbinden.[1]) Insoweit sie den in den Leitsätzen 2, 5 und 6 gestellten Forderungen entsprechen, sind besondere Auffangevorrichtungen, Gebäude- und Erdleitungen entbehrlich. Sowohl zur Vervollkommnung des Blitzableiters als auch zur Verminderung seiner Kosten ist es von größtem Wert, daß schon beim Entwurf und bei der Ausführung neuer Gebäude auf möglichste Ausnutzung der metallenen Bauteile, Rohrleitungen und dergl. für die Zwecke des Blitzschutzes Rücksicht genommen wird.

4. Der Schutz, den ein Blitzableiter gewährt, ist um so sicherer, je vollkommener alle dem Einschlag ausgesetzten Stellen des Gebäudes durch Auffangevorrichtungen geschützt, je größer die Zahl der Gebäudeleitungen und je reichlicher bemessen und besser ausgebreitet die Erdleitungen sind. Es tragen aber auch schon metallene Gebäudeteile von größerer Ausdehnung, insbesondere solche, welche von den höchsten Stellen der Gebäude zur Erde führen, selbst wenn sie ohne Rücksicht auf den Blitzschutz ausgeführt sind, in der Regel zur Verminderung des Blitzschadens bei. Eine Vergrößerung der Blitzgefahr durch Unvollkommenheiten des Blitzableiters ist im allgemeinen nicht zu befürchten.

5. Verzweigte Leitungen aus Eisen oder Kupfer sollen nicht unter 25 mm^2, unverzweigte nicht unter 50 mm^2 stark sein. Zink ist mindestens vom dreifachen, Blei vom sechsfachen Querschnitt des Eisens zu wählen. Der Leiter soll nach Form und Befestigung sturmsicher sein. Eisenseile aus Drähten von weniger als 3,3 mm Durchmesser sind unzulässig.

6. Leitungsverbindungen und Anschlüsse sind dauerhaft, fest, dicht und möglichst großflächig herzustellen. Nicht

---

[1]) Blitzableitungen die nicht mit den Metallmassen, Rohrleitungen usw. leitend verbunden sind, sind stets unvollkommen, da ein Überspringen des Blitzes auf die letzteren häufig eintritt. Das Wort „tunlichst“ bezieht sich auf die Fälle, in denen der Anschluß durch anderweitige Vorschriften nicht gestattet oder erschwert wird.

geschweißte oder gelötete Verbindungsstellen sollen metallische Berührungsflächen von nicht unter 10 cm² erhalten.

7. Um den Blitzableiter dauernd in gutem Zustande zu erhalten, sind wiederholte sachverständige Untersuchungen erforderlich, wobei auch zu beachten ist, ob inzwischen Änderungen an dem Gebäude vorgekommen sind, welche entsprechende Änderungen oder Ergänzungen des Blitzableiters bedingen.

Erläuterungen und Ausführungsvorschläge.[1])

Gültig ab 1. Juli 1913.

A. Allgemeines über Blitzgefahr und Blitzschutz.
B. Ausführungsvorschläge.
C. Die Prüfung.

A. Allgemeines über Blitzgefahr und Blitzschutz.

Die Statistik zeigt, daß durch Blitzschlag alljährlich bedeutende volkswirtschaftliche Werte vernichtet werden, und zwar auf dem Lande in weit höherem Maße, als in der Stadt.

Um diesen Schaden und die Gefahr für Personen und Haustiere zu vermindern, sollten Gebäudeblitzableiter in weit größerem Umfange wie bisher, besonders auf dem Lande, eingeführt werden. Mindestens sollten Blitzableiter erhalten:

a) Gebäude, in denen größere Menschenansammlungen stattfinden, wie Kirchen, Kasernen, Unterrichtsanstalten, Versorgungs- und Krankenhäuser, Gefängnisse, Theater und Gebäude, in denen Schaustellungen stattfinden, Versammlungslokale, Gasthöfe, Fabriken, größere Geschäftshäuser;

b) Gebäude, welche zur Herstellung, Verarbeitung und Lagerung großer Mengen leicht entzündlicher und schwer zu löschender bzw. explosiver Gegenstände oder Materialien bestimmt sind, wie Feuerwerkskörper, Zündhölzer, Dynamit, Pulver, Petroleum, Spiritus, Benzin;

c) Gebäude, durch deren Zerstörung ein größerer Teil der Bevölkerung in Mitleidenschaft gezogen wird, z. B. Elektrizitätswerke, Gaswerke, Wasserwerke;

d) Gebäude, deren Inhalt einen hohen wissenschaftlichen, geschichtlichen oder künstlerischen Wert aufweisen, der im Falle der Zerstörung sehr schwer oder gar nicht ersetzbar ist, z. B. Museen, Bibliotheken, Gerichtsgebäude;

e) Gebäude, welche wegen ihrer Höhe, vereinzelten Lage oder ihres Standortes dem Blitzschlag besonders ausgesetzt

---

[1]) Aufgestellt vom Elektrotechnischen Verein und angenommen auf der Jahresversammlung des V. D. E. 1913. Veröffentlicht: ETZ, 1913. S. 588.

sind, wie Türme, einzelstehende Schornsteine, Windmühlen, Feldscheunen, einzeln stehende Häuser auf Höhen;

f) Weichgedeckte Gebäude, insbesondere solche, deren Bedachung nicht durch Imprägnierung wirksam gegen Entflammung geschützt ist;

g) Gebäude, die bereits vom Blitz getroffen wurden, oder in deren Nähe der Blitz schon öfter eingeschlagen hat.

Der Blitzgefahr begegnet man nach der grundlegenden Idee Franklins — im allgemeinen vollständig — durch Herstellung einer von den höchsten Teilen des Gebäudes bis zu den großen Leitermassen des Erdreichs führenden, zusammenhängenden metallischen Leitung. Spätere Erkenntnisse über die Natur des Blitzes und über die elektrischen Vorgänge in Leitern, sowie die ausgedehnte Statistik über Blitzschläge haben den Grundgedanken des Franklinschen Blitzleiters in keiner Weise erschüttert, vielmehr seine Richtigkeit fortgesetzt erhärtet. Sie haben nur gelehrt, die Ursachen für vereinzelt vorkommende, unvollkommene Wirkungen der Blitzableiter aufzudecken, den dahin gehörigen auf Seitenentladung, Induktion und elektrischen Schwingungen beruhenden unbequemen Nebenerscheinungen entweder durch zweckmäßigen Anschluß an benachbarte Metalle oder nach dem Vorgange von Faraday und Melsens durch Vermehrung der Auffangvorrichtungen, Leitungen und Erdanschlüsse vorzubeugen und die genauere Bewertung der Materialien und Konstruktionsteile der Blitzableiter aufzustellen. Neuere, insbesondere von Findeisen getragene Bestrebungen haben versucht, eine Verbilligung und dadurch gesteigerte Verbreitung der Blitzableiter zu erzielen durch tunlichste Verminderung hoher kostspieliger Auffangstangen, durch Mitbenutzung metallischer Gebäudeteile und durch angemessenen Ersatz der oft schwierig auszuführenden Grundwasseranschlüsse durch Heranziehung der oberen Schichten des Erdreichs. Diese höchst beachtenswerten und vielfach erprobten Versuche stehen nicht im Gegensatz zu der altbewährten auf den Schultern von Franklin ruhenden Grundlage des Blitzableiterbaues.

Die Herstellung einer Blitzableiteranlage soll stets auf Grund einer Zeichnung erfolgen, die nach Fertigstellung der Ausführung entsprechend richtigzustellen ist. Die Zeichnung ist sorgfältig aufzubewahren und bei baulichen Veränderungen und Reparaturen stets zu ergänzen. Die Zeichnung muß einen Vermerk tragen, aus dem hervorgeht, welche Materialien verwendet wurden, und welche Besonderheiten bei der Verlegung eingetreten sind.

Es lassen sich wirksame Blitzableiter vielfach leichter und billiger herstellen, wenn der Architekt gleich beim Entwurf und Bau des Hauses auf den Blitzschutz Rücksicht nimmt. An allen Gebäuden mit Dachrinnen und Regenabfallröhren können durch Ausnutzung dieser Teile schon wesentlich Vereinfachungen und Verbilligungen der Blitzableiteranlage erzielt werden. Sind noch weitere Metallteile am Gebäude vorhanden, wie Firstbleche, Gratzinke, Ortgangbleche, so kann schon durch zuverlässige Verbindung dieser Metallteile und kleine Ergänzungen oftmals eine ausreichende Blitzschutzanlage erreicht werden.

Man kann nicht damit rechnen, daß eine Blitzableitung durch ihre Spitzen die Entstehung von Blitzen verhütet. Der Blitzableiter soll vielmehr die ohnehin über dem Gebäude niedergehenden Blitzschläge aufnehmen und gefahrlos zur Erde ableiten. Um diese Absicht zu erreichen, ist es notwendig, bei dem Entwurf der Blitzableiteranlage jeweils Rücksicht zu nehmen auf die Art des zu schützenden Gebäudes, auf seine Lage, seine Form und Dimensionen, seinen Inhalt an gefährdeten Gegenständen, wie an metallischen Körpern, auf die Untergrundverhältnisse und die Umgebung. Es läßt sich aus diesem Grunde auch kein Blitzableiterschema angeben, das in allen Fällen zweckmäßig wäre, vielmehr ist es Sache des erfahrenen Blitzableitertechnikers, die Blitzableiteranlage den besonderen Verhältnissen jedes Falles so anzupassen, daß bei ausreichender Dauerhaftigkeit und genügendem Schutz möglichst einfache Hilfsmittel angewandt werden und entsprechend geringe Kosten entstehen.

Die Vollkommenheit des Blitzschutzes und der damit in Zusammenhang stehende Kostenaufwand sollte dem Umfang des durch Blitzschlag zu befürchtenden Schadens angepaßt werden, z. B. durch Wahl entsprechender Anzahl von Ableitungen und Erdleitungen. Für ländliche Anlagen und einfache städtische Gebäude ist verzinktes Eisen, das den Vorteil einer großen mechanischen Festigkeit besitzt, durch eine große Oberfläche als Ableiter sehr gut geeignet und außerdem dem Diebstahl nicht ausgesetzt ist, zu empfehlen. Es kann in der Form von Draht, Bandeisen oder Drahtseil Verwendung finden.

Spielen die Mehrkosten keine Rolle, so kann Kupfer als Draht, Band oder Seil verwendet werden, da es den Witterungseinflüssen länger widersteht.

Bei der Anbringung der Leitungen ist Wert darauf zu legen, daß das Aussehen des Gebäudes durch die Leitungen und Auffangvorrichtungen nicht ungünstig beeinflußt wird. Die Anlage läßt sich leicht so gestalten, daß sich die Auffangvorrichtungen und Leitungen den Linien des Gebäudes gut anschmiegen.

Für die Herstellung der Blitzableiteranlagen geben die Leitsätze des Elektrotechnischen Vereins die allgemeinen Richtlinien.

Die folgenden Ausführungsvorschläge sollen daher teils als Erläuterungen zum Verständnis der Leitsätze, teils als Vorschläge für mit den Leitsätzen in Einklang stehende Ausführungen angesehen werden.

B. Ausführungsvorschläge.

1. Auffangvorrichtungen:

Über die Auffangvorrichtungen sagen die Leitsätze:

„Die Auffangvorrichtungen sind emporragende Metallkörper, Flächen oder Leitungen. Die erfahrungsgemäßen Einschlagstellen (Turm- oder Giebelspitzen, Firstkanten des Daches, hochgelegene Schornsteinköpfe und andere besonders emporragende Gebäudeteile) werden am besten selbst als Auffangvorrichtungen ausgebildet oder mit solchen versehen.“

Bestehen solche Bauteile aus Metall, so ist es nur erforderlich, sie mit ihren unteren Enden an die Blitzableitung anzuschließen. Ist der Querschnitt des Metallkörpers nicht ausreichend, oder bestehen die emporragenden Gebäudeteile aus nicht leitendem Stoff, so wird ein Leitungsabzweig an ihnen bis über ihre Oberkante hinweg emporgeführt. So sind z. B. Windfahnen, Zierknaufe, Firmenschilder u. dgl., deren Querschnitt den Leitsätzen genügt, ohne weiteres als Auffangvorrichtung zu benutzen. Hierbei ist das unter Absatz 3 über Verbindungen Gesagte zu berücksichtigen.

Von den am Gebäude vorhandenen Schornsteinen sollen wenigstens die bis zur Höhe des Firstes reichenden oder etwa 1 m aus der Dachfläche hervorragenden mit Auffangvorrichtungen versehen werden. Diese können bestehen entweder aus den erwähnten einfachen Leitungen, die an ihnen hochgeführt sind und den Kamin ein Stück überragen, oder aus den am Kamin sowieso vorhandenen Metallteilen, die mit der Leitung verbunden werden. Ferner lassen sich Metallabdeckplatten, Einfassungen aus Metall oder am Kamin angebrachte kurze Stangen als Auffangvorrichtungen verwenden. Ähnlich wie mit den Schornsteinen ist mit etwa vorhandenen Dunstrohren und Abluftkästen zu verfahren.

Die Zahl der Auffangvorrichtungen ist so zu bemessen, daß der Abstand zwischen ihnen nicht größer als 15 bis 20 m wird.

Ragen keine oder nur wenige Teile aus dem Dach empor, so kommen als erfahrungsgemäße Einschlagsstellen der Reihenfolge nach in Betracht:

1. Die Endpunkte des Firstes (die Giebelspitzen).
2. Der First selbst.
3. Die Giebelkanten vom First zur Traufe.
4. Die Traufkanten selbst, namentlich bei freistehenden Gebäuden mit flachen Dächern.

Der Schutz dieser Kanten und Ecken geschieht meist am vorteilhaftesten durch gleichlaufend mit ihnen verlegte **Fangleitungen.**

Die Giebelspitzen und der First müssen immer geschützt werden. Von einem besonderen Schutz der Giebel und der Traufkanten kann bei steilen Dächern meist abgesehen werden; hat aber ein Dach eine Neigung von nur 25° oder weniger, so ist zu erwägen, ob für Giebel und Traufkanten besondere Fangleitungen zu legen sind.

Wenn besondere Gründe vorliegen, die Einschlagstellen des Blitzes möglichst weit von der Dachfläche fernzuhalten, z. B. bei Strohdächern und Gebäuden mit gefährlichem Inhalt, so kann man Stangen von größerer Länge als Auffangvorrichtung verwenden. Will man Stangen benutzen, so ist eine Mehrzahl von niedrigen Stangen einer einzigen oder wenigen hohen vorzuziehen. Die Stangen können aus verzinktem Rund- oder Vierkanteisen bestehen oder aus galvanisiertem Rohr, das oben metallisch abzuschließen ist. Der Form der Endigung wird kein besonderer Wert beigelegt. Edelmetallspitzen sind keinesfalls erforderlich. Der Anschluß der Gebäudeleitungen an die Stange erfolgt am einfachsten durch eine Schelle am Fuß der Stange, oder durch besondere mit dem Fuß der Stange von vornherein verschweißte Ansatzmuffen. Emporführung der Leitung im Innern der Stange ist zu verwerfen.

2. Gebäudeleitungen.

Dieselben stellen die Verbindung zwischen den Auffangvorrichtungen und den Leitermassen des Erdreichs her. Als Material für die Gebäudeleitungen soll im allgemeinen Kupfer, Eisen oder Zink verwendet werden. Andere Metalle sollten nur für Nebenleitungen in Betracht kommen, wenn schon Hauptleitungen aus den vorgenannten Metallen vorhanden sind. Wenn möglich, empfiehlt es sich, den Leitungsmaterialien große Oberfläche zu geben.

Die Leitungen gelten als unverzweigt, wenn sie den gesamten Blitzstrahl führen müssen.

Leitungen sind verzweigt, wenn sie nur einen Teil des Blitzes zu führen haben, d. h. wenn von den Auffangvorrichtungen aus mehrere Leitungen zur Erde führen; das ist der normale Fall bei Gebäudeleitungen.

Es ergeben sich dann nach den Leitsätzen die folgenden Minimalquerschnitte:

	Kupfer	Eisen	Zink	Blei
verzweigt	25	50	75	150
unverzweigt	50	100	150	300

Für die verschiedenen hauptsächlich in Betracht kommenden Materialien sind etwa die folgenden Abmessungen zu empfehlen:

Kupfer:

	unverzweigt Durchmesser mm	verzweigt Durchmesser mm
Draht	8	7 [1])
Band	2 × 25	2 × 15
Seil	7 Drähte von 3.4	7 Drähte von 2,3

Eisen:

Draht	11	8
Band	3 × 30	2 × 25
oder	3 × 35	2,5 × 20
Seil	12 Drähte von 3.3	7 Drähte von 3,3

Zink

kommt im allgemeinen nicht als besonders verlegte Leitung in Betracht, sondern meist als Konstruktionsmaterial bei Gebäuden. Es ist jeweils der Querschnitt zu berechnen und zu kontrollieren.

Dasselbe gilt für Blei.

Eisenleitungen sollten nur gut verzinkt verwendet werden. Außerdem empfiehlt es sich, nach der Verlegung einen rostschützenden Anstrich zu geben und zu unterhalten.

Die Gebäudeleitungen zerfallen ihrer Lage nach in Dachleitungen und Ableitungen. Alle Leitungen sind in großen Längen zu verwenden und Verbindungen möglichst zu vermeiden.

---

[1]) Aus Festigkeitsrücksichten sollte Draht von 6 mm Durchmesser entsprechend dem zulässigen Querschnitt von 26 mm² nicht verwendet werden.

a) Dachleitungen: Die Dachleitungen sollen über die Stellen geführt sein, welche dem Einschlagen des Blitzes am meisten ausgesetzt sind. Sie sollen auf den First, auf Graten und Kanten, Giebeln, und zwar besonders dort liegen, wo diese Teile sich auf der Wetterseite befinden. Die Dachleitungen dienen dann als Fangleitungen.

Ist ein First länger als 20 m, so sollen die von der Firstleitung zu den Ableitungen führenden Dachleitungen nirgends weiter als 15 bis 20 m entfernt sein. Bei geringerer Dachneigung als etwa 35⁰ wächst die Gefahr eines Einschlages in die Dachfläche. Derselben begegnet man durch Herabsetzung des Abstandes der Dachleitungen, durch Anbringung von horizontalen, parallel zum First laufenden Leitungen, insbesondere einer solchen längs der Traufkante, oder durch Anbringung besonderer, die Dachfläche schützender Auffangvorrichtungen.

Die Befestigung der Leitungen kann auf verschiedene Weise erfolgen, jedenfalls sind alle sogenannten Isolierungen durch Porzellan, Glas u. dgl. zu vermeiden.

Bei weichgedeckten Gebäuden (Stroh-, Rohr-, Schilf- oder Schindeldächern) ist die Leitung mittels Holzstützen mindestens 40 cm über dem First und im Abstand von mindestens 20 cm von den Dachflächen zu verlegen.

Bei hartgedeckten Dächern kann man die Leitungen entweder mit Haltern so befestigen, daß sie direkt auf der Dachfläche aufliegen oder sich in einem Abstand von 3 bis 5 cm vom Dache befinden. Hierbei können die Leitungen entweder über dem First liegen oder seitlich davon.

Die abwärts führenden Dachleitungen kann man statt auf den Dachflächen auf den Windbrettern der Giebelseiten verlegen; diese Verlegung kann auch anliegend erfolgen.

Die Halter sind in Abständen von 1 bis 2 m anzubringen. Als Material für die Halter ist gutes, zähes, verzinktes Eisen oder auch Kupfer zu verwenden.

Sind die Firste, Grate, Kehlen, Windbretter oder dgl. mit Metall verkleidet, so sind diese Metallteile unter sich und mit den Auffangvorrichtungen zu verbinden. Es sind keine besonderen Dachleitungen mehr erforderlich, wenn diese Metallteile den durch die Leitsätze geforderten Querschnitt haben, und ihre Stoßstellen den in den Leitsätzen aufgestellten Bedingungen für die Verbindungen in den Leitungen entsprechen. Sind die Metallteile schwächer, so können sie entweder als Zweigleitungen eingeschaltet oder durch beigelegte Leitungen verstärkt und als einzige Leitung verwendet werden.

Bei Dächern, die ganz oder auf großen Strecken mit Metall gedeckt sind, können besondere Leitungen fortfallen, wenn die Metallstücke mit den Auffangvorrichtungen und unter sich verbunden sind. Dasselbe gilt für Gebäude mit zusammenhängenden eisernen Dachstühlen bei Verwendung geeigneter Auffangvorrichtungen. Jedenfalls müssen alle größeren auf dem Dache oder in dessen Höhe vorhandenen Metallstücke, wenn sie auch nicht als Leitungen benutzt werden, wenigstens unten verbunden werden.

Zu diesen Metallteilen gehören: Kaminaufsätze, Windfahnen, Zierknaufe, Firstzinke, Gratzinke, Kehlbleche und andere Blechverwahrungen, Dachrinnen, Kiesleisten, Schneefanggitter, große eiserne Dachfenster, eiserne Gestänge für elektrische Leitungen, Glockenstühle, Uhrtransmissionen, Wasserreservoire, eiserne Treppengeländer, eiserne Leitern, Reklameschilder u. dgl. Die das Dach durchdringenden Metallkörper, wie Auffangstangen, Fahnenstangen usw., sind mit ihrem unteren Ende anzuschließen, wenn sie in den Dachraum hineinragen und wenn andere Metallteile ihrem unteren Ende nahekommen, oder geerdete Leiter leicht erreichbar sind. Je schlechter der Erdschluß der ganzen Blitzableitung ist, um so notwendiger ist die Erdung solcher in das Gebäude eindringenden Metallteile.

Die Verbindungen der Metallteile untereinander und mit den Abieitungen sollen möglichst entsprechend dem Absatz 4 durchgeführt werden; dienen die Metallteile als einzige Leitungen, so müssen diese Bedingungen eingehalten werden.

b) Ableitungen: Hierunter sollen die Ableitungen verstanden werden, die vom Dache zu den Erdleitungen führen.

Im allgemeinen sollen an jedem Gebäude mindestens zwei Ableitungen vorhanden sein. Im übrigen wird ihre Zahl dadurch bestimmt, daß jede quer zum First gelegene Dachleitung einer in derselben Linie verlaufenden Ableitung entspricht. Wenn jedoch Metalldächer als Dachleitung dienen, oder wenn die Dachleitungen an eine längs der Traufkante vorhandene zusammenhängende Leitung angeschlossen sind, kann die Anzahl der Ableitungen dadurch bemessen werden, daß der Abstand der Ableitungen voneinander nicht größer als 20 m sein soll.

Bei höheren Türmen und Schornsteinen empfiehlt es sich, zwei Ableitungen zu verwenden, von denen eine möglichst an der Wetterseite verlegt wird.

Die Leitungen an den Wänden können auf 2 bis 5 cm

hohen Stützen verlegt oder unmittelbar aufliegend mit Haken oder entsprechenden Krampen in Abständen von etwa 1 m befestigt werden. Dann sind diese zweckmäßig mit einem Anstrich zu versehen, der sie vor einem Angreifen durch Mauersalze u. dgl. schützt.

Sind an oder im Gebäude Metallteile vorhanden, die sich vom Dache aus nach der Erde erstrecken, und die bei genügender Dauerhaftigkeit den für Gebäudeleitungen gestellten Bedingungen entsprechen, so können diese als Ableitungen benutzt werden.

Sehr günstige Ableitungen bilden wegen ihrer großen Oberfläche die Abfallrohre, wenn die einzelnen Rohrschüsse so gut ineinander passen, daß eine dauerhafte Verbindung gewährleistet ist, oder wenn sie durch aufgelötete Streifen von entsprechendem Querschnitt bzw. durch eine am Rohr angebrachte Leitung Verbindung besitzen. Sind die Kehlen, Regenrinnen und Abfallrohre von solcher Art, daß über ihren Fortbestand und gute Unterhaltung Zweifel bestehen können, so dürfen sie nicht an Stelle einer vorgeschriebenen Ableitung verwendet werden. Anzuschließen sind sie trotzdem. Ebenso können eiserne vertikale Träger als Ableitungen verwendet werden, wenn es möglich ist, sie an den äußersten Enden mit den Dachleitungen und Erdleitungen zu verbinden.

Sind die Wände eines Gebäudes ganz aus Metall, oder sind größere zusammenhängende Metallteile vorhanden, die bis zum Erdboden gehen und gute Erdleitung besitzen oder erhalten, so können besondere Ableitungen fortfallen. Größere Metallteile, auch wenn kein vollständiger metallischer Zusammenhang zwischen ihnen besteht, sind tunlichst mit der Ableitung, und zwar dann an beiden Enden, zu verbinden.

Je vereinzelter solche Metallgegenstände sind, je mehr sie im Innern des Gebäudes liegen, je besser sie gegen die Erde isoliert sind und je mehr sie in horizontaler Richtung verlaufen, desto weniger ist die Verbindung mit dem Blitzableiter notwendig. Die Blitzableitung ist dann möglichst fern von den Metallobjekten zu führen.

Die sich in den Gebäuden bis in die Nähe des Daches erstreckenden Rohre der Gas- und Wasserleitung und der Zentralheizung sind mit den Dachleitungen zu verbinden; die Zentralheizung ist auch unten an die Erdleitung anzuschließen. Ebenso sollen eiserne Treppen und sonstige, besonders aber die sich in größerer Länge senkrecht erstreckenden Metallteile oben und unten angeschlossen werden. Der untere Anschluß ist entbehrlich, wenn die Metallteile an sich gut geerdet sind. Je näher sie einer Ableitung liegen, um so wichtiger ist ihr Anschluß.

In ihrem unteren Teil, vor dem Eintritt in den Boden, sind die Ableitungen durch übergelegte ca. 2 bis 2,5 m lange Winkeleisen, U-Eisen, Holzleisten oder dgl. gegen Beschädigungen zu schützen. Bei Verwendung von Eisenrohren empfiehlt es sich, sie am oberen Ende mit der Leitung zu verbinden. Alle Schutzverkleidungen sind ungefähr 20 bis 30 cm tief in die Erde mit einzuführen. Bei Eisenleitungen kann auch der Schutz in der Weise durchgeführt werden, daß die Leitung auf der bedrohten Strecke so stark bemessen wird, daß sie selber den zu befürchtenden Angriffen standzuhalten vermag.

Bei den als Ableitungen benutzten Abfallrohren legt man den Anschluß an die Erdleitung zweckmäßig hinter das Rohr und schafft hierdurch einen Schutz. Der Eintritt in die Erde kann noch besonders geschützt werden.

Den Anschluß der Erdleitung an das Abfallrohr stellt man durch eine Schelle von verzinktem Eisen, Zink oder Kupfer (je nach Rohrmaterial) her, die an das Rohr mittels Schraubung festgeklemmt wird. Die Rohrschelle k a n n d e r - a r t i g e i n g e r i c h t e t s e i n , d a ß s i e g l e i c h z e i t i g e i n e Trennstelle e r g i b t.

Die Trennstellen, die im allgemeinen über der Schutzverkleidung in den Ableitungen sitzen sollen, sind überall dort erforderlich, wo die Widerstandsmessung einer unzugänglichen Verbindung ermöglicht werden soll und zu diesem Zweck Verzweigungen des Stromweges ausgeschaltet werden müssen, vor allem bei den Haupterdleitungen. Die Trennstellen sollen leicht lösbar sein, sich aber nicht von selbst lösen können, große Berührungsflächen besitzen und nicht leicht oxydieren.

Bei bandförmigen Leitern genügt z. B. das Übereinandergreifen zweier Bänder auf einer Länge von 10 bis 15 cm, und die Aufeinanderpressung durch drei großköpfige Mutterschrauben unter Zwischenlage von Weichmetall. Ein am oberen Ende angebrachtes Tropfblech schützt vor Eindringen von Feuchtigkeit. Bei Draht- oder Seilleitungen sind die üblichen Schraubverbindungen einfacher Konstruktion zu verwenden.

3. Erdleitungen.

Auf die Herstellung guter Erdleitungen ist der allergrößte Wert zu legen. Für die Leitungen in der Erde können die gleichen Materialien wie für die Gebäudeleitungen (vgl. 2.), mindestens mit dem dort angegebenen Querschnitt, verwendet werden. Mit Rücksicht auf die Haltbarkeit empfiehlt es sich, hierbei die Materialien nicht unter 2 mm, bei Kupfer nicht unter 1,5 mm Dicke zu wählen.

Befinden sich im Gebäude oder in einer Entfernung von weniger als 10 m Gas- oder Wasserleitungsrohre, so sind diese unbedingt in erster Linie als Erdleitung zu benutzen. Sind beide Rohrsysteme vorhanden, so empfiehlt es sich, dieselben auch untereinander zu verbinden. Gasmesser sind durch Leitungen zu überbrücken, solange ihre Bauart an sich nicht Sicherheit gewährleistet.

Der Anschluß der Ableitungen an die Rohrleitungen kann in den Kellerräumen oder im Erdboden geschehen. Er wird zweckmäßig mit einer Schelle hergestellt. Die Anschlußschellen müssen so stark bemessen sein, daß eine kräftige Pressung zwischen dem Schellenkörper und der Rohrwandung erzeugt werden kann. Die Schelle muß mit einer Zwischenlage von Weichmetall fest auf das Rohr gepreßt werden. Man kann dann das Ganze nochmals mit Blei umgießen und stark mit Teer oder geteertem Hanf umgeben.

Bei in der Erde liegenden Anschlüssen sollte der Teeranstrich, welcher die Anschlüsse gegen Zerstören durch Bodenfeuchtigkeit schützt, keinesfalls fehlen. Er ist auch bei Verbindungen von Leitungen unter sich in der Erde zu verwenden.

Beim Anschluß einer einzelnen Ableitung an ausgedehnte Metallrohrnetze ist eine weitere Erdung für diese Ableitung überflüssig. Sind mehrere Ableitungen vorhanden, so sind, unter Berücksichtigung der unter 3 bis 6 aufgeführten Gesichtspunkte auch mehrere Erdungen vorzusehen.

Zur Erdung empfehlen sich bei hochliegendem Grundwasser größere in dasselbe versenkte flächen-, netz- oder röhrenförmige Metallkörper; die zu diesen führenden Erdleitungen sollen sich auf möglichst große Länge in den bestleitenden Erdschichten erstrecken. Bei tiefliegendem und schwer erreichbarem Grundwasser sind an Stelle jener Metallkörper möglichst lange und tunlichst verzweigte Oberflächenleitungen zu verwenden. Diese sind so tief zu verlegen, daß sie einerseits genügend gegen mechanische Beschädigungen geschützt sind, anderseits die bestleitenden Erdschichten aufsuchen. Oberflächenleitungen sind je nach den Bodenverhältnissen verschieden lang zu wählen. Bei gutem Boden (Humus oder Lehm) werden Längen von 10 bis 15 m für jede Ableitung meist ausreichen. Bei trockenem und sandigem Boden sind die Leitungen gegebenenfalls um das ganze Gebäude zu legen (Abstand ungefähr 1,5 bis 2 m), und Ausläufer, die sich auch fächerförmig verteilen können, nach feuchten Stellen zu führen. Ebenso kann die Erdung durch Verbindung der Erdleitungen untereinander verbessert werden, durch Ausläufer nach benachbarten Dungstätten, Teichen, Gräben, Brunnen, Pumpen mit eisernen Brunnenstöcken u. dgl. Wenn diese sich näher als 15 m vom Gebäude befinden, so ist mindestens ein Teil derselben anzuschließen.

Handelt es sich um Gebäude, die durch ihren Inhalt (viele Metallteile, explosive Stoffe oder dgl.) stark gefährdet sind, so ist auf die Erdleitung erhöhter Wert zu legen.

Gestatten besonders schwierige Bodenverhältnisse die Verwendung von Oberflächenleitungen oder die wünschenswerte unterirdische Verbindung der Erdleitungen nicht, so sind oberirdische, nahe der Erdoberfläche oder im Keller geführte Verbindungen der Ableitungen zulässig.

Die ins Grundwasser verlegten Metallkörper (Platten, Netze, Schienen, Rohre, Stangen usw.) sollen mindestens $\frac{1}{2}$ qm einseitige Oberfläche besitzen und unter dem tiefsten Grundwasserstand bleiben. Gelingt es nicht, das Grundwasser zu erreichen, so sollen die Platten größer genommen und in Lehmmulden (Koks greift die Metalle an) gebettet werden, oder besser durch möglichst lange Oberflächenleitungen ersetzt werden.

Die Plattendicke ist bei Kupfer (verzinnt) nicht unter 1 mm, bei Eisen (verzinkt) nicht unter 2 mm zu wählen.

Statt Platten können auch gleich große Netze aus 4 mm Drähten mit einer Maschenweite von nicht über 100 qmm verwendet werden.

Erdplatten dürfen nicht in Spiralen, sondern nur in Zylinderform gerollt werden.

Im Brunnen sollten wegen der Vergiftungsgefahr kupferne Platten nur in gut verzinntem Zustand verwendet werden.

Bei Verlegung von Platten in Brunnen und Gewässern ist zu berücksichtigen, daß reines Wasser schlecht leitet. Deshalb ist besonders bei offenen Gewässern die Verlegung von Oberflächenleitungen im feuchten Ufer den Platten im Wasser vorzuziehen. Bei der Wahl der Stelle für die Verlegung der Oberflächenleitungen sind besonders die Stellen zu berücksichtigen, die durch Abwasser dauernd feucht gehalten werden, was sich oft durch starke Vegetation zeigt.

Sind an einem Gebäude nicht alle nach dem Boden zu

verlaufenden Metallteile (wie Abfallrohre u. dgl.) an die Erdleitung angeschlossen, so kann man sie als Nebenleitungen verwenden, indem man wenigstens kurze Leitungen von 3 bis 5 m als Oberflächenleitungen in die Erde führt.

4. Verbindungen.

Bei Herstellung der Verbindungen ist größter Wert auf genügende mechanische Festigkeit und auf Schutz gegen Oxydation zu legen.

Die Verbindung der Leitungen mit den Metallteilen des Gebäudes kann bei Bandleitungen einfach durch Aufnieten oder Aufschrauben auf einer Länge von ungefähr 10 cm, tunlichst unter Zwischenlage von Weichmetall erfolgen. Bei Draht- oder Seilleitungen wird das Ende der Leitung vorher in eine Blechhülse mit flächigem Ansatzstück eingelötet, oder in ein besonderes Verbindungsstück eingeführt. Der Anschluß an Rohrleitungen u. dgl. wird mittels Rohrschellen hergestellt, die unter Zwischenlage von Weichmetall an das vorher blank gemachte Rohr gepreßt werden.

Bei Lötungen ist ohne Säure zu löten, und die Lötstelle nach Fertigstellung gut abzuwaschen.

Alle Verbindungen, besonders aber diejenigen, bei denen zwei verschiedene Metalle zusammenkommen, sind mit einem guthaftenden, wetterfesten Anstrich zu versehen, wenn sie im Freien oder in feuchten Räumen (Keller u. dgl.) liegen. Die Berührungsflächen der Metalle müssen frei von Farbe bleiben.

5. Berücksichtigung benachbarter Bäume und Metallgegenstände.

Der durch benachbarte Bäume entstehenden Gefährdung begegnet man entweder:

1. durch Wegnahme der herüberhängenden Zweige, oder
2. durch Verlegung der Gebäudeableitungen an die den Bäumen nächstgelegene Stelle der Gebäude, oder
3. durch besondere Armierung der Bäume mit Blitzableitern.

In der Nähe der Einführungsstelle elektrischer Freileitungen und an Stellen, an denen solche Leitungen dem Gebäude nahekommen, soll eine Ableitung zur Erde geführt werden.

Sind Freileitungen mit einem geerdeten Leiter an dem Gebäude befestigt, so sollen der geerdete Leiter und metallische Stützen mit dem Blitzableiter verbunden werden.

Ebenso sind unmittelbar benachbarte metallische Einzäunungen, Seiltransmissionen, Schienenstrecken usw. möglichst mit der Erdleitung des Blitzableiters zu verbinden.

6. Herstellung des Entwurfes zur Blitzableiteranlage.

Um den Ausführungsplan für eine Blitzableitung festzulegen, ist es notwendig, einen Grundriß herzustellen, aus dem hervorgeht:

1. Die Abmessungen des Bauwerks;
2. die Form des Daches (Dachaufsicht);
3. die Art der Dacheindeckung;
4. diejenigen Teile der Dacheindeckung, welche aus Metall bestehen;
5. die Regenrinnen und Abfallrohre;
6. die aus dem Dache hervorstehenden Bauteile, wobei die Herstellungsart aus Metall oder aus Nichtleitern kenntlich zu machen ist;
7. die Hauptentladungsstellen sowohl im Gebäude als auch in der nächsten Umgebung, z. B. innere Pumpen, Reservoire, die Hauptzuleitungen für Gas und Wasser (die Einführungsstellen und die obersten Ausläufer), Zentralheizungen mit metallenen Rohrleitungen (Lage des Kessels und des Ausdehnungsgefäßes), Abwasser und andere Gräben, Bäche, Teiche, Brunnen, Düngerstätten, Bodensenkungen, Eisenbahngleise, langgestreckte metallene Umzäunungen;
8. Leiter und andere für den Verlauf des Blitzes in Betracht kommende benachbarte Gegenstände, wie Baumbestände, elektrische Freileitungen u. dgl.;
9. die Nordrichtung.

Erst im Besitze einer solchen vollständigen Zusammenstellung kann die Anordnung einer Blitzableiteranlage in zweckmäßiger Weise ermittelt werden.

Unter Berücksichtigung der Hauptentladungsstellen und der bautechnischen Bedürfnisse sind zunächst diejenigen Stellen festzulegen, wo die Ableitungen zur Erde hinabgeführt werden sollen. Als solche Entladungsstellen kommen in Betracht:

Gas- und Wasserleitungsrohrnetze;

größere stehende und fließende Gewässer (Seen, Teiche, Flüsse, Kanäle, Gräben, die mit größeren Gewässern in Verbindung stehen);

hochstehendes Grundwasser;

nicht ausgemauerte Jauche- und Sickergruben;

sumpfige Stellen und Teile der Erdoberfläche, die von Jauche, Küchenabflüssen und anderem unreinen Wasser durchtränkt sind;

Schienengleise;

metallene Röhrenbrunnen, welche mit dem Grundwasser dauernd in gutleitender Verbindung stehen;

die verunreinigten und Humusschichten der Erdoberfläche;

Abflußstellen von Dachrinnen (Abfallrohren) und sonst von Regenwasser vorzugsweise getränkte Stellen des Geländes;

Geländepunkte, welche die Erdfeuchtigkeit besser als die Umgebung halten.

In der Regel entspricht ihre Bedeutung dieser Reihenfolge, jedoch können auch die in der Reihenfolge später genannten Stellen je nach ihrer besonderen Ausdehnung und räumlichen Anordnung von größerer Bedeutung werden. Die Bestimmung dieser Hauptentladungsstellen ist der bei weitem wichtigste Teil eines Blitzableiterentwurfes.

Nach Bestimmung der Erdableitungsstellen sind die Einschlagstellen und diejenigen Hervorragungen des Daches festzustellen, welche als Fangvorrichtung benutzt werden sollen. Unter Zugrundelegung dieser durch die Örtlichkeit im voraus gegebenen Punkte sind die Dachleitungen unter Berücksichtigung der bautechnischen Bedürfnisse anzuordnen. Endlich ist zu prüfen, ob das auf diese Weise entstandene Leitersystem noch einer Vervollständigung bedarf, etwa durch Vermehrung der Dachleitungen, der absteigenden Leitungen, der Erdungen, Anschluß innerer oder äußerer Metallmassen oder durch Heranziehung entfernter Entladungsstellen, damit die Anlage im ganzen den vorstehend besprochenen Anforderungen genügt.

Die hierbei sich mit Notwendigkeit aufdrängende Frage, wie weit die einzelnen Gebäudeteile durch höher gelegene Auffangvorrichtungen, Fang- oder Dachleitungen geschützt sind, und in welcher Weise die letzteren nach Zahl und Höhe etwa zu verändern sind, um mit einfachen Mitteln möglichst vollständigen Schutz zu erreichen, kann nicht durch theoretisch fest begründete Formeln entschieden werden, ist vielmehr Sache der Übung und Erfahrung.

Zusammenfassung.

Ein ordnungsmäßiger Blitzableiter, d. h. ein solcher, welcher für gewöhnliche Gebäude in Stadt und Land die Blitzgefährdung auf ein hinreichend kleines Maß herabsetzt, muß folgenden Anforderungen entsprechen:

1. Die dem Einschlag ausgesetzten Ecken und Kanten des Gebäudes sollen entweder als Auffangvorrichtungen ausgebildet oder durch darüber hinweg geführte Leitungen geschützt, oder durch höher gelegene Blitzableiterteile genügend gedeckt werden.

2. Der Blitzableiter soll mit allen seinen Verzweigungen einen lückenlosen metallischen Weg von genügend großem Querschnitt und genügender Dauerhaftigkeit bilden, der von dem höchsten Teil des Gebäudes zu der Erde führt und hier durch genügend große Berührungsflächen in möglichst widerstandsloser Verbindung mit den großen Leitermassen des Erdreichs steht.

3. Vorhandene Gas- und Wasserleitungen sind mindestens als ein Teil der Erdleitung zu verwenden.

4. Metallgegenstände sind nach Maßgabe ihrer Größe und Lage anzuschließen.

5. Alle Verbindungen der Blitzableiterteile untereinander sollen dauerhaft ausgeführt sein.

6. Die Auslegung der im Vorstehenden gesperrt gedruckten Worte hängt von dem gewünschten Grade der Vollkommenheit des Blitzschutzes ab. Die vorstehenden Erläuterungen und die in den Leitsätzen des Elektrotechnischen Vereins niedergelegten Gesichtspunkte sollen hierbei maßgebend sein.

Blitzschutz von Gebäudekomplexen.

Aneinander stehende oder gruppenweise vereinigte Gebäude lassen sich häufig mit erheblichem Vorteil durch eine gemeinsame Blitzableiteranlage schützen. Ausführungsvorschläge hierfür bleiben vorbehalten.

C. Die Prüfungen.

Abnahmen, Untersuchungen und Messungen an Blitzableitern sollen von sachverständigen Personen mit genügender Erfahrung und entsprechender technischer Vorbildung vorgenommen werden.

Über alle an Blitzableitern vorgenommenen Untersuchungen ist Buch zu führen, und das Ergebnis dem Gebäudebesitzer mitzuteilen. Die Untersuchungen sind immer in der gleichen Weise übersichtlich aufzuzeichnen, sie werden am besten in ein Prüfungsbuch eingetragen. Ein bewährtes Muster eines solchen ist nachstehend mitgeteilt.

Untersuchungen einer Anlage sind vorzunehmen:

a) tunlichst bald nach Fertigstellung;

b) nach Vornahme von Änderungen und Reparaturen an der Blitzableiteranlage oder am Hause, wenn durch letzteres die Blitzableiteranlage in Mitleidenschaft gezogen wurde;

c) nach stattgefundenem Blitzschlag;

d) innerhalb regelmäßiger Zwischenräume, und zwar sollen die Gebäude, die unter A a, b, c, d aufgeführt sind, mindestens alle zwei Jahre untersucht werden. Bei sonstigen Gebäuden wird empfohlen, die Untersuchung mindestens alle fünf Jahre vorzunehmen. Es ist darauf hinzuwirken, daß die bei dieser Untersuchung vorgefundenen Mängel baldigst beseitigt werden.

Bei Neuanlagen sowie bei den späteren Revisionen ist es wichtig, festzustellen, ob die am Gebäude vorhandenen Metallteile in ausreichender Weise berücksichtigt und angeschlossen, ob die Verbindungen gut hergestellt, an den bekannten Einschlagstellen Auffangvorrichtungen vorgesehen sind und eine genügende Anzahl Ableitungen und Erdleitungen angebracht wurde. Es ist auch darauf zu achten, ob wegen inzwischen erfolgter Reparaturen und baulicher Veränderungen Ergänzungen nötig sind.

Hierfür sowie für die Prüfung der Dach- und Ableitungen ist eine genaue Besichtigung am besten geeignet. Widerstandsmessungen geben im allgemeinen über den Zustand der Gebäudeleitungen keinen brauchbaren Aufschluß, sie können aber gegebenenfalls bei der Untersuchung der Erdleitungen und wichtiger nicht zugänglicher Teile der Blitzableitung mit Erfolg angewendet werden. Ist Wasser- oder Gasleitung vorhanden oder in der Nähe, so ist gegen diese zu messen, andernfalls gegen Hilfserden. Der ermittelte Widerstand darf nicht wesentlich größer als 1 Ohm sein, wenn Wasser- oder Gasrohranschluß als Erdung angewandt wurde. Bei Oberflächenleitungen oder sonstigen Erdungen (Platten, Netzen, Rohren) ergeben sich je nach den Bodenverhältnissen Größe und Erdung, Grundwasserstand u. dgl. verschiedene Werte. Der Widerstand schwankt zwischen etwa 5 und 25 Ohm, aber selbst Widerstände, die noch wesentlich höher sind, können bei besonders ungünstigen Bodenverhältnissen genügen. Bei normalen Bodenverhältnissen (Humusboden, Erdleitungen von ca. 25 bis 40 m Länge oder Netze im Grundwasser) lassen sich Werte von 5 bis 15 Ohm erreichen. Es kann nicht ein bestimmter geringster Wert gefordert werden. Es muß aber verlangt werden, daß der Erdwiderstand der Blitzableiteranlage der geringste

a l l e r   i n   d e r   N ä h e   e r r e i c h b a r e n   E r d w i d e r -
s t ä n d e ist.

Bei der Beurteilung des Erdwiderstandes ist zu berücksichtigen, daß derselbe je nach der Jahreszeit und den
Witterungsverhältnissen verschieden sein kann. Ganz bedeutende Änderungen kann, speziell bei Erdplatten, die
Senkung des Grundwasserstandes hervorrufen.

Muster für ein Prüfungsbuch.

Ort . . . .
Besitzer . . . .
Bestimmung des Gebäudes . . . .
Bauart . . . .
Größere Metallteile in und an dem Gebäude . . . .
Untergrundverhältnisse . . . .
Bodenart . . . .
Wann ist die Anlage errichtet? . . . .
Blitzableiteranlage: (Lageplan mit Himmelsrichtungen, genaue
  Einzeichnung der Blitzableiterleitungen, Erdleitungen usw.;
  Umgebung, Brunnen, Bäche, Dunggruben, Bäume, ge-
  pflasterte Straßen, Wege usw.).

Prüfungen:

Datum und Tageszeit . . . .
Wetter (auch der vorhergehenden Tage) . . . .
Oberirdische Leitung: (Zustand der Dachleitungen, Ver-
  bindungsstellen usw., notwendige Anschlüsse von Metall-
  teilen usw.).
Erdleitung: Meßresultat, Beschaffenheit etwa sichtbarer Wasser-
  leitungsanschlüsse, Angaben über verwendete Hilfserden,
  Vorschläge zur Verbesserung der Erde usw.
Am Gebäude, seinen Metallteilen und seiner Umgebung sind
  Änderungen eingetreten, welche bei der Blitzableiteranlage
  folgende Veränderungen bedingen.

Datum . . . . Wetter . . . .
Oberirdische Leitung . . . .
Erdleitung . . . .

Bezeichnungsweise für Blitzableiterzeichnungen.

Blitzableitung einschließlich aller Teile   r o t.
Rohrleitungen . . . .   b l a u.
Andere Metallteile einschließlich Abfall-
  rinnen und Abfallrohre . . . . . .   g r ü n.
Sichtbare Teile . . . .   d u r c h g e z o g e n.
Verdeckte Teile . . . .   g e s t r i c h e l t.
Geplante Erweiterung bestehender An-
  lagen . . . .   p u n k t i e r t.

Auffangsstangen . . . .   r o t e r Kreis.
Fangendigung . . . .   r o t e Kreisscheibe.
Trennstellen . . . .   zwei sich berührende
               Kreisscheiben.
Anschlußstellen . . . .   ein zur Blitzableitung
               senkrechter Strich.
Abfallrohre . . . .   grüner Kreis.
Träger, vertikal . . . .   grüne Kreisscheibe.
Träger, horizontal . . . .   grün strichpunktiert.
Erdung (allgemein) . . . .   rotes Rechteck.
   Falls nähere Form der Erdung an-
      gegeben werden soll:
Platte . . . .   rotes Rechteck mit
               schraffierter Fläche.
Netz . . . .   rotes Rechteck kar-
               riert.
Rohrkörper . . . .   roter Kreis im Recht-
               eck.
Eiserne Pumpe . . . .   blauer Ring mit
               Mittelpunkt.
Brunnen, Sickergrube . . . .   blaues Quadrat.

<h2 align="center">Anhang 1 bis 3.[1]</h2>
Gültig ab 1. Juli 1914.[1]

<h1 align="center">Anhang 1.</h1>

Blitzableiter an Fabrikschornsteinen.

Fabrik- und andere große Schornsteine sind in hohem Grade Blitzschlägen ausgesetzt, durch welche Schornsteine ohne Blitzableiter vollständig zerstört werden können, sie sollen deshalb immer mit Blitzableitern versehen werden.

Für diese Blitzableiter gelten im allgemeinen die in den Ausführungsvorschlägen gemachten Einzelangaben über Herstellung, Unterhaltung und Prüfung von Blitzableitern. Im besonderen sind noch die folgenden Punkte zu berücksichtigen:

Die Auffangvorrichtungen sind so auszubilden, daß sie sehr starke Erschütterungen an allen Stellen aushalten können. Erfahrungsgemäß eignen sich hohe Auffangstangen wenig hierzu; sie werden öfter bei starken Entladungen

---

[1] Aufgestellt vom Elektrotechnischen Verein und angenommen auf der Jahresversammlung des V. D. E. 1914. Veröffentlicht: ETZ 1914 S. 519.

verbogen, herabgeschleudert oder stark gelockert. Als Auffangvorrichtungen können dienen: Seitlich am Schornsteine angebrachte Massiveisenstangen, die etwa 1 m über die Krone hinausragen und bis mindestens 2 m unterhalb derselben reichen, ferner kräftige eiserne Ringe aus starkem Band-, Winkel- oder Rundeisen, die zweckmäßig mehrere nach oben stehende Metallstücke erhalten. Die Zahl der Auffangstangen richtet sich nach dem Durchmesser des Schornsteins, und zwar sind Schornsteine von 1 m lichtem Durchmesser an mit zwei Auffangstangen zu versehen. Bei größerem Durchmesser ist etwa eine Stange mehr für jedes Meter Durchmesser zu rechnen. Die Auffangstangen sind gleichmäßig auf den Kaminumfang zu verteilen und durch eine Ringleitung unter sich zu verbinden. Sind eiserne Abdeckplatten vorhanden, welche eine sichere Befestigung der einzelnen Segmente unter sich und der nach oben stehenden Metallstücke sowie der Ableitung ermöglichen, so sind besondere Ringe nicht erforderlich. Kupfer wird durch Rauchgase leicht angegriffen, ebenso dünnes Eisen; deshalb sollen alle Teile, die sich im Bereich der Rauchgase befinden, aus Eisen von mindestens 10 mm Dicke bestehen und wenigstens 250 qmm Querschnitt besitzen. In der Regel erstreckt sich der Bereich der Rauchgase bis auf etwa 3 m unterhalb der Schornsteinoberkante. Es empfiehlt sich, die den Rauchgasen besonders ausgesetzten Metallteile mit einer schützenden Masse (Zement, Asphalt usw.) zu umgeben.

Die Ableitungen sollen, auch wenn mehrere vorhanden sind, die in den „Erläuterungen" für unverzweigte Leitungen vorgeschriebenen Querschnitte haben. Bei Schornsteinen von größerem Durchmesser oder größerer Höhe empfiehlt es sich, zwei Ableitungen zu verwenden und sie möglichst an entgegengesetzten Seiten zu verlegen. Die Ableitung soll so befestigt werden, daß sie weder vom Sturm gelockert, noch an der Anschlußstelle der Auffangvorrichtung durch ihr eigenes Gewicht abgerissen werden kann. Die Leitungen werden am besten direkt auf dem Kamin oder auf möglichst kurzen kräftigen Stützen verlegt. Der Anschluß der Ableitungen an die Auffangvorrichtungen ist besonders sorgfältig herzustellen. Bei außen angebrachten Steigeisen soll die Ableitung an diesen befestigt oder mit diesen verbunden werden. Alle übrigen etwa vorhandenen Metallteile, wie Bandagen usw., sind möglichst an die Ableitungen anzuschließen.

Besonderer Wert ist auf gute Erdung zu legen. An in der Nähe vorhandene Rohrnetze der Wasser- oder Gasleitung, Speiseleitungen für Kessel usw., selbst, wenn dieselben einen Abstand bis zu 25 m haben, sind die Erdleitungen anzuschließen. Sind keine Rohrnetze vorhanden, so ist eine der unter B. 3 näher beschriebenen Erdungen zu verlegen. Bei Anlage von Schornsteinblitzableitern sind die im Umkreis von 25 m in- und außerhalb von Gebäuden befindlichen Metallteile und Erdungen wie Rohre, Leitungen, Kessel entsprechend den Leitsätzen und Ausführungsvorschlägen zu berücksichtigen. Mit den Erdungen in der Nähe befindlicher Blitzableiteranlagen sind die Erdleitungen der Schornsteinblitzableiter möglichst zu verbinden. Die Verlegung der Erdleitungen in der Nähe unterirdischer Rauchkanäle soll möglichst vermieden werden.

Bei nicht freistehenden Schornsteinen (Ringöfen usw.) sollen die Ableitungen nicht nur durch das Gebäude hindurch, sondern auch möglichst über das Dach verlegt werden. In dem Winkel, der von Dachfläche und Kamin gebildet wird, sind die Ableitungen im Bogen von möglichst großem Radius zu verlegen. Ist es nicht möglich, eine durch das Gebäude direkt heruntergehende Ableitung zu verwenden, so sind zwei Ableitungen, möglichst in entgegengesetzter Richtung, über das Dach zu verlegen.

Bei Fabrikschornsteinen aus Eisenbeton können die Stoßverbindungen und Kreuzungsstellen des Eisengerippes so ausgebildet sein, daß das Gerippe als Ableiter benutzt werden kann. Am Kaminkopf wird ein besonders sorgfältig hergestellter kräftiger Schmiedeeisenring eingelegt, an dem einige kurze kräftige Rundeisenstäbe als Auffangvorrichtung nach oben vorstehen. Das Eisengerippe der Fundamentplatte erhält in geeigneter Weise Verbindung mit Wasser- oder Gasleitung, Speiseleitung der Kessel oder sonstigen der unter B. 3 näher beschriebenen Erdungen.

Anhang 2.

Blitzschutz von Kirchen.

Die Erfahrung lehrt, daß die Kirchen zu denjenigen Gebäuden gehören, die am häufigsten vom Blitz getroffen werden. An ihnen kann selbst ein geringer Materialschaden große Kosten verursachen, namentlich, wenn er am Turm und vor allem, wenn er in der Nähe der Spitze desselben auftritt. Besonders auch wegen der großen Menschenansammlung sollte jede Kirche gegen Blitzschlag gesichert sein.

I. Allgemeine Gesichtspunkte.

Auf die Kirchen finden die zu den Leitsätzen gemachten Ausführungsvorschläge Anwendung. Einer besonderen Erörterung bedürfen die Kirchen namentlich wegen des Umstandes, daß ein Gebäudeteil, der Turm, den anderen, das Schiff, weit überragt. Die naheliegende Annahme, daß durch eine auf den Turm beschränkte Blitzableitung die ganze Kirche in ausreichendem Maße geschützt ,werden könne, bestätigt sich nicht. Es ist als Regel festzuhalten, daß auch das Schiff eine vollständige mit einer eigenen Ableitung zur Erde versehene Blitzableitung erhalten muß, die auf dem kürzesten Wege, am besten über den First des Schiffes hinweg, mit der ebenfalls vollständigen Blitzableitung des Turmes zu verbinden ist.

II. Die Ableitung des Turmes.

Die Blitzableitungen auf Kirchen sind für eine lange Dauer bestimmt. Namentlich am Turm sind Schäden nicht leicht zu entdecken und gewöhnlich nur mit großen Kosten zu beseitigen. Daher ist es bei der Bestimmung der Abmessungen für das Material gerechtfertigt, wenn über die in den Ausführungsvorschlägen angegebenen Maße hinausgegangen wird. Neben Verwendung guten Materials ist auf einwandfreie Verlegung besonderer Wert zu legen.

Ist der Turm mit kupfernen Aufsätzen, Bedachungen oder Bekleidungen versehen, so ist für die Blitzableitung unbedingt Kupfer zu wählen. Eisen wird durch das vom Kupfer herabrinnende Wasser in kürzester Frist zerstört. Bei Zinkabdeckungen sind verzinkte eiserne Leitungen zu verwenden.

Bei höheren Türmen empfiehlt sich die Verlegung von zwei Ableitungen. Von diesen kann eine im Innern des Turmes herabgeführt werden, um innere Metallmassen des Turmes in kontrollierbarer Weise mit der Blitzableitung in Verbindung zu bringen. Hängen im Turm die Uhrgewichte an metallenen Seilen tief herab, oder befinden sich ähnliche langgestreckte Leitungen, die nicht gut angeschlossen werden können, im Turm, so ist die innere Blitzleitung bis unter den tiefsten Punkt dieser Leiter im Turm hinabzuführen und dann erst wieder mit der äußeren Leitung zu verbinden.

Eine Ableitung legt man vorteilhaft an die Wetterseite, wenn nicht besondere Umstände dagegen sprechen.

III. Die Ableitung des Schiffes.

Das Kirchenschiff, für sich allein betrachtet, unterscheidet sich kaum von anderen Gebäuden gleicher Abmessungen und ist wie diese zu behandeln.

Beim Kreuzschiff sollte die Leitung auf dem Querfirst stets an jedem Ende durch eine absteigende Leitung an Erde gelegt werden, nicht nur durch die Verbindung mit der Hauptfirstleitung.

Der Anschluß der Heizungsanlagen in den Kirchen, die gewöhnlich eine große horizontale Ausdehnung haben, erfolgt zweckmäßig an den beiden äußersten Enden.

Besonderer Wert ist auf gute Erdung zu legen, da Kirchen wegen ihrer Höhe, ähnlich wie Fabrikschornsteine, von besonders heftigen Blitzschlägen getroffen werden, denen Gelegenheit gegeben werden muß, sich möglichst gut zu verteilen.

Bei vielen Kirchen, speziell auf dem Lande, sind gute Erdungen in nächster Umgebung der Kirche nicht vorhanden. Es ist deshalb in vielen Fällen zweckmäßig, die Ableitungen durch eine gemeinsame Oberflächenringleitung zusammenzufassen und Anschlußleitungen auch nach entfernter liegenden bevorzugten Entladestellen und Erdungen, wie Grundwasser, Brunnen, Pumpen, Erdungen benachbarter Blitzableiter usw. zu legen.

Wenn Wasser- oder Gasleitungen, selbst in größerer Entfernung vorhanden sind, müssen die Erdleitungen daran angeschlossen werden.

Anhang 3.
Blitzschutz von Windmühlen.

Nächst Kirchtürmen und Fabrikschornsteinen sind Windmühlen und Windmotore wegen ihrer Höhe und ihres durchweg freien und erhöhten Standortes dem Blitzschlag in bedeutend stärkerem Maße ausgesetzt, als gewöhnliche Gebäude. Außerdem wird bei Mühlen die Gefahr eines zündenden und mit größerem Schaden verbundenen Blitzes durch den in der Mühle vorhandenen und schon durch geringe Funkenbildung entzündbaren Mehlstaub sowie durch die reichlich vorhandenen trockenen Holzmassen beträchtlich vermehrt.

Ein möglichst vollständiger Blitzschutz der Mühlen ist unerläßlich. Seine fast allgemeine Durchführung in den letzten Dezennien hat daher auch die früher vorhandenen bedeutenden Blitzschäden auf ein Minimum herabgesetzt.

Für die Blitzableitung der Mühlen kommen folgende besondere Gesichtspunkte in Betracht:

I. Auffangvorrichtungen.

Gefährdete Einschlagstellen sind in erster Linie die Rutenenden, in zweiter Linie die Kappe und die Windrose.

Längs der Ruten sind daher Leitungen zu verlegen, welche den Rutenbalken um etwa 10 cm überragen und mit der eisernen Welle und den Hebehaltern der Lukenstellvorrichtung verbunden werden.

Sofern bei alten Mühlen aus besonderen Gründen auf Schutz der Ruten verzichtet werden muß, so soll die auf der Kappe unter allen Umständen vorhandene Auffangstange die höchste von den Ruten erreichte Stelle um etwa 2 m überragen.

Zur Deckung der Mühlenkappe genügt, falls die Ruten mit Leitung versehen sind, eine Auffangstange von solcher Länge, daß sie nötigenfalls auch die Windrose mit deckt. Wenn dies nicht der Fall ist, und die Windrose nicht aus Eisen besteht, so müssen die Ruten der Windrose durch metallische Leitungen geschützt werden.

Material und Stärke der Auffangvorrichtungen sind nach den Vorschriften für unverzweigte Gebäudeleitungen zu bemessen.

II. Die Verbindung der Auffangvorrichtungen mit den Ableitungen.

Allgemein besteht bei den Mühlen die Schwierigkeit, die Auffangvorrichtungen und Metallteile der sich drehenden Kappe bei jeder Stellung derselben in sichere Verbindung mit den Leiterteilen des unteren feststehenden Gebäudes zu bringen. Gleitkontakte sind unvermeidlich. Sie können verschiedene Formen haben, müssen aber möglichst große Gleitflächen besitzen. Als eine bewährte Form mag hier nur die Anwendung von zwei flachen, horizontalen, konzentrisch um die Vertikalachse der Mühle gelegten Ringen genannt sein, die mit der ganzen Ringfläche aufeinander liegen und durch das Gewicht des oberen mit der Kappe sich drehenden gleitend aufeinander gedrückt werden. Der obere Schleifring wird durch eine an der Kappe befestigte und mit der Gleitfläche metallisch verbundene eiserne Führungsstange herumbewegt. Die letztere ist mit der Auffangstange sowie durch Vermittlung der eisernen Welle und deren Lagerstücke mit den von den Ruten und der Windrose kommenden Leitungen zu verbinden.

Da bei heftigen Windstößen bisweilen ein kurzes Abheben der Kappe von dem Kroiring eintreten kann, müssen die Schleifringe durch Stellschrauben oder übergreifende Winkel nicht bloß gegen seitliche Verschiebung, sondern auch gegen Abheben gesichert sein. Eine Drahtseilverbindung zwischen oberem Schleifring und Kappe ist daher vorzusehen. Von dem unteren Schleifring werden eine bis zwei zur Erde führende Ableitungen auf kürzestem Wege an der Außenwand verlegt. In der Regel soll eine der Ableitungen an der Wetterseite liegen.

Die Strebseile der Auffangstangen und möglichst alle inneren Metallkonstruktionen der Mühle sind mit ihren höchsten und tiefsten Stellen in metallisch zusammenhängendem Verlaufe mit den Ableitungen zu verbinden. In jedem Falle ist der Kroiring mit der Ableitung zu verbinden.

Die von der Kappe frei herabhängenden eisernen Stellketten geben die Möglichkeit einer Seitenentladung aus ihrem untersten Ende. Ist ein Zwickstell vorhanden, so kann eine solche Seitenentladung auf innere benachbarte Metallteile überschlagen. Dieser Gefahr begegnet man dadurch, daß man auf den Fußbodenbrettern des Zwickstelles ringsherum, und zwar senkrecht unter dem Kettenende, eine Leitung verlegt, die mit den beiden Ableitungen verbunden wird. Bei Metalleindeckung des Mühlenrumpfes kann dies unterbleiben.

III. Die Erdleitung.

Hier gelten im allgemeinen die gleichen Grundsätze wie für andere Gebäudearten. Erdplatten sollten mindestens 1 qm einseitige Oberfläche besitzen, falls nicht außerdem eine Ringleitung gelegt wird. Wird aus örtlichen Gründen von der Verlegung einer Erdplatte abgesehen, so ist die Ringleitung durch Ausläufer nach günstigen Erdungsstellen zu ergänzen.

Aber auch bei feuchtem Untergrund ist eine einzelne in das Grundwasser versenkte Erdplatte in besonderen Fällen nicht ausreichend. Diese treten ein, wenn um das untere Stockwerk der Mühle an Stelle des Zwickstelles ein hart an die Grundmauern sich anlehnender Erdwall geschüttet ist, und wenn gleichzeitig längere Eisenstangen und Triebwerke aus den oberen Stockwerken nach unten führen. Alsdann ist die Verlegung einer Ringleitung erforderlich, die mit den Ableitungen und den tief herabgeführten Eisenteilen verbunden wird.

Bei Windmotoren ist die Gefahr des Materialschadens

wegen der allgemein angewandten durchgängigen Eisenkon-
struktion aller Teile zwar eine wesentlich geringere. Es
besteht jedoch die Gefahr, daß bei fehlender Erdleitung
die am unteren Ende oder an der Transmissionswelle beschäftigten Personen durch den Blitz getroffen werden
können.

Dieser Gefahr wird durch Herstellung einer Erdleitung
begegnet. Letztere schließt sich an das untere Führungs-
lager der vertikalen Hauptachse bzw. an das Lager der
Transmissionswelle an. Stehen die vier Ständer auf Mauerwerk, so ist wenigstens einer derselben mit seinem unteren
Ende an die Erdleitung anzuschließen.

52. Leitsätze für die Herstellung und Einrichtung von Gebäuden bezüglich Versorgung mit Elektrizität.[1])

Gültig ab 1. Juli 1910.[2])

Allgemeines.

1. **Die Elektrizität kann in Geschäfts- und Wohnhäusern nicht unberücksichtigt bleiben.**

Der Umfang der in Deutschland aus öffentlichen Elektrizitätswerken versorgten Beleuchtungsanlagen hat sich in der Zeit von 1895 bis 1909 auf das 25 fache gesteigert. Im gleichen Zeitraum stieg die Leistung der aus den gleichen Werken gespeisten Elekromotoren auf das 160 fache. Die in den letzten Jahren erreichten Verbesserungen der Lampen (Metallfadenlampen) haben die Kosten des elektrischen Lichtes auf weniger als die Hälfte herabgesetzt. Der Elektromotor findet immer weiteren Eingang in Gewerbe und Haus. Die Elektrizität bedarf sonach bereits bei dem Bau der Häuser der gleichen Berücksichtigung wie die Anlagen für Gas, Wasser und Heizung.

2. **Der Elektrizitätsbedarf vieler Hausbewohner kann mangels Leitungen nicht befriedigt werden.**

Ein Mieter entschließt sich selten, Leitungen legen zu lassen, weil ihm für diese nach Ablauf des Mietsverhältnisses eine Vergütung meistens nicht gewährt wird.

3. **Nachträgliches Verlegen von Leitungen insbesondere für einzelne Benutzer verursacht unverhältnismäßig hohe Kosten.**

Die nachträgliche Herstellung von elektrischen Einrichtungen in bereits benutzten Gebäuden wird wegen der Rücksicht auf die Ausstattung und durch Behinderung der Montage

---

[1]) Sonderabdrücke können von der Verlagsbuchhandlung von Julius Springer, Berlin, bezogen werden.

[2]) Angenommen auf der Jahresversammlung 1910. Veröffentlicht: ETZ 1910 S. 825.

teurer. Häufig sind nacheinander mehrere Mieter gezwungen, sich besondere Leitungen legen zu lassen; die Kosten einer gemeinsamen Leitung sind in der Regel nur wenig höher als diejenigen der Leitung für einen einzigen Mieter.

4. **Bei jedem Rohbau und Umbau sollte darauf Rücksicht genommen werden, daß elektrische Leitungen sofort oder später leicht verlegt werden können.**

Aus den unter 1 bis 3 angeführten Gründen ergibt sich folgerichtig, daß für die Zukunft die Möglichkeit gegeben werden muß, jederzeit Elektrizität zu beschaffen. Wenn der Besitzer des Gebäudes zunächst die Kosten für die Verlegung der elektrischen Leitungen scheut, so soll wenigstens die Möglichkeit gegeben sein, die Leitungen später einziehen zu können. Der große Vorzug der Elektrizität gegenüber Gas, Wasser usw. liegt gerade darin, daß die Leitungen jederzeit an hierfür vorgesehener Stelle nachgelegt werden können.

5. **Es empfiehlt sich, in jedem Haus wenigstens Hausanschluß und die Hauptleitungen herstellen zu lassen.**

Die Legung gemeinsamer Hauptleitungen wird am billigsten, wenn sie von vornherein vorgenommen wird. Durch diese Erleichterung der elektrischen Installation wird der Wert der Mietsräume und bei Geschäftsräumen die Vielseitigkeit ihrer Verwendung gesteigert.

6. **Es empfiehlt sich, schon beim Entwurf des Baues einen elektrotechnischen Fachmann zuzuziehen.**

Die rechtzeitige Mitwirkung eines Fachmannes oder des zuständigen Elektrizitätswerkes kann ohne Erhöhung der Baukosten eine Verbilligung der elektrischen Anlage dadurch bewirken, daß die günstigsten Verteilungspunkte, billigsten Verlegungsarten und kürzesten Leitungswege gewählt werden. Auch ist dies für die rechtzeitige Fertigstellung der Anlagen von Wert.

Besonderes.

1. **Für die Unterbringung des Hausanschlusses und der Hauptverteilungsstelle sind geeignete Plätze vorzusehen.**

Der Hausanschluß, gebildet durch die von der Straße eingeführten Leitungen (Kabel oder Freileitungen) und die daran angeschlossene Hauptsicherung (Hausanschlußkasten), muß dem Elektrizitätswerk zugänglich sein. Für unterirdische Leitungsnetze empfiehlt es sich daher, einen besonderen an der Straßenfront gelegenen Kellerraum zu wählen, welcher unter Umständen auch andere Anschlüsse aufnehmen kann. Der zweckmäßigste Ort für die Hauptverteilungsstelle ergibt sich aus der Größe und Lage der Stromverbrauchsstellen und sollte in diesem Sinne bereits beim Bau des Hauses vorgesehen werden.

2. **Hauptleitungen sollen möglichst in allgemein zugänglichen Räumen verlegt werden.**

Ebenso wie der Hausanschluß sollen auch die Hauptleitungen, welche mehreren Hausbewohnern gleichzeitig dienen, zugänglich erhalten werden. Man soll daher möglichst Korridore, Treppenhäuser und dergleichen wählen. Nur dann können Änderungen und Erneuerungen ohne Störungen des einzelnen jederzeit ausgeführt werden.

3. **Für die Führung der Hauptleitungen sind geeignete Aussparungen oder Rohre vorzusehen.**

Bei Errichtung eines Baues können leicht Durchführungsöffnungen in den Wänden (Rohre), insbesondere in denjenigen des Kellers angeordnet werden, welche die nachträglichen Stemmarbeiten und damit die Gesamtkosten der Installation verringern. Ferner empfiehlt es sich, für die senkrechten, durch die Stockwerke führenden Hauptleitungen (Steigleitungen) Kanäle auszusparen oder Rohre vorzusehen. Diese Leitungen können dann leicht, unauffällig und jederzeit kontrollierbar angeordnet werden, wobei gleichzeitig ohne Mehrkosten die Möglichkeit späterer Erweiterung geschaffen werden kann.

4. **Für Verteilungstafeln und Zähler sind geeignete Plätze (Nischen) vorzusehen.**

Die Hauptleitungen führen in jedem Stockwerk zu Verteilungstafeln (Sicherungen und Ausschalter für die Verteilungsstromkreise), von welchen Verteilungsleitungen zu den Stromverbrauchsapparaten ausgehen. Die Verteilungstafeln, welche meist mit den Zählern für die einzelnen Konsumenten räumlich vereinigt sind, finden zweckmäßig in Nischen Platz. Diese bieten Schutz gegen mechanische Beschädigung, verhindern, durch eine Tür verschlossen, die Berührung durch Unbefugte und vermeiden störendes Vorspringen in den nutzbaren Raum. Die Unterbringung erfolgt zweckmäßig auf Treppenabsätzen, Korridoren und dergleichen. Auf jeden Fall muß dafür gesorgt werden, daß die Zugänglichkeit der Verteilungstafeln und Zähler nicht durch die Inneneinrichtung beeinträchtigt wird.

5. **Bei Eisenbeton und ähnlichen Bauausführungen empfiehlt es sich, möglichst frühzeitig die Führung der Verteilungsleitungen zu bestimmen.**

Derartige Bauausführungen erschweren das nachträgliche Anbringen von Befestigungen in hohem Maße. Auch verdeckte Leitungsverlegung kann hierbei unmöglich werden. Dagegen lassen sich bei der Herstellung von Decken und Wänden aus Beton durch Einlegen geeigneter Körper leicht und billig Aussparungen und Befestigungsstellen schaffen.

6. **Durch zu frühzeitiges Einlegen von Drähten werden diese ungünstigen Einflüssen ausgesetzt.**

Das Einziehen der Drähte in Rohre soll erst erfolgen, wenn das Austrocknen des Baues fortgeschritten ist. Unter der Baufeuchtigkeit kann die Isolierung der Leitungen leiden. Offen auf Porzellankörper verlegte Drähte sollen mit Rücksicht auf mechanische Beschädigung ebenfalls erst angebracht werden, wenn große Bauarbeiten nicht mehr auszuführen sind.

7. **Die Vorzüge der verschiedenen Lampenarten können am besten ausgenutzt werden, wenn über Lichtbedarf und Lampenverteilung rechtzeitig Bestimmung getroffen wird.**

Die elektrische Beleuchtung bietet eine große Auswahl von Lampenarten in zahlreichen Lichtstärken. Die jeweils erforderliche Lichtstärke kann nach bestehenden Erfahrungswerten abgeschätzt werden. Indessen sind hierbei Höhe, Einteilung, Zweck und besonders die Ausstattung des Raumes zu berücksichtigen.

53. Normen für die Verwendung von Elektrizität auf Schiffen.[1]

Gültig ab 1. Juli 1904.[2]

Als normale Stromart an Bord von Schiffen gilt Gleichstrom, als normale Spannung 110 V an den Verbrauchsstellen unter Verwendung des Zweileitersystems.

I. Begründung für die Empfehlung des Gleichstromes.

1. Die Gleichstrommotoren sind nach dem heutigen Stande der Elektrotechnik infolge ihrer besseren Regulierfähigkeit gerade für die Kraftanlagen an Bord von Schiffen geeigneter.

2. In Bezug auf Lebensgefahr ist der Gleichstrom weniger gefährlich als Wechselstrom von gleicher effektiver Spannung.

3. Die Kriegsmarine ist schon wegen ihrer Scheinwerfer auf Gleichstrom angewiesen. Eine einheitliche Stromart für Kriegs- und Handelsmarine liegt nicht nur im Interesse der Schiffahrt, sondern auch im Interesse der elektrotechnischen Industrie und erfordert daher eine Berücksichtigung dieses Umstandes, der für die Handelsschiffe vielleicht nicht so ins Gewicht fällt.

4. Das Kabelnetz wird bei dem für Kraftanlagen augenblicklich nur in Frage kommenden Drehstrom unübersichtlicher. Da die drei Leitungen wegen ihrer Induktionswirkungen in einem Kabel verlegt werden müssen, ist dieses, namentlich für größere Motoren, seines Querschnittes wegen sehr schwer zu verlegen. Auch sind Abzweigungen schwierig auszuführen.

---

[1] Die „Normen für die Verwendung von Elektrizität auf Schiffen" sind zusammen mit den „Normen für Bewertung und Prüfung von elektrischen Maschinen und Transformatoren", den „Normen für die Bezeichnung von Klemmen bei Maschinen, Anlassern, Regulatoren und Transformatoren" und den „Normalen Bedingungen für den Anschluß von Motoren an öffentliche Elektrizitätswerke" in einem Bande (Taschenformat) erschienen und können von der Verlagsbuchhandlung Julius Springer, Berlin, bezogen werden.

[2] Angenommen auf der Jahresversammlung 1904. Veröffentlicht: ETZ 1904 S. 686.

5. Bei den Handelsschiffen überwiegt im allgemeinen der Strombedarf für Beleuchtung.

6. Der bisher meistens für Wechselstrom angeführte Vorteil der Nichtbeeinflussung der Kompasse fällt weniger ins Gewicht, da sich diese Beeinflussung auch bei Gleichstrom durch richtige Verlegung der Kabel, sowie Bau und Aufstellung der Motoren vermeiden läßt.

II. Begründung für die Empfehlung der Spannung von 110 V.

1. Die Spannung ist eine auch in Landanlagen gebräuchliche; Lampen, Motoren und Apparate für diese Spannung sind daher vorrätig.

2. Die Spannung stellt einen Wert dar, bis zu welchem man nach den bisherigen Erfahrungen im Interesse der an Bord sehr schwierigen Isolation unbedenklich gehen kann. Als Mindestgrenze gewährleistet sie eine hinreichende Verminderung des Leitungsquerschnitts.

54. Leitsätze, betreffend die einheitliche Errichtung von Fortbildungskursen für Starkstrommonteure und Wärter elektrischer Anlagen.[1]

Gültig ab 1. Juli 1910.[2]

Leitsatz 1.

Ziel der Fortbildungskurse ist es, den mit der Einrichtung und Wartung elektrischer Starkstromanlagen betrauten Monteuren, Maschinisten und Wärtern ein besseres Verständnis für diejenigen Maßnahmen zu geben, welche zur Sicherheit der mit genannten Anlagen in Berührung kommenden Personen und für eine ordnungsmäßige Betriebsführung erforderlich sind.

Leitsatz 2.

Weiterhin ist anzustreben, dem natürlichen Interesse für die in Betracht kommenden Vorgänge durch Aufklärung darüber Rechnung zu tragen und hierdurch die Berufsfreudigkeit zu erhöhen.

Leitsatz 8.

Zur Teilnahme an den Fortbildungskursen sollen nur Monteure und Wärter zugelassen werden, welche bereits praktisch in dieser Eigenschaft längere Zeit hindurch tätig waren.

Leitsatz 4.

Es sollen nur solche Gegenstände in den Kursen behandelt werden, welche die Ausführung der praktischen Arbeiten fördern. Theoretische Auseinandersetzungen sind grundsätzlich zu beschränken.

Leitsatz 5.

Das Programm der Kurse soll vor allen Dingen auf den Stoff der Errichtungs- und Betriebsvorschriften sowie der

---

[1]) Erläuterungen siehe ETZ 1910 S. 490.

[2]) Angenommen auf der Jahresversammlung 1910. Veröffentlicht: ETZ 1910 S. 492.

Anleitung zur ersten Hilfeleistung bei Unfällen im elektrischen Betriebe und der empfehlenswerten Maßnahmen bei Bränden Rücksicht nehmen. Weiteres richtet sich nach lokalen Verhältnissen.

Leitsatz 6.

Es ist anzustreben, daß als Vortragende Herren gewählt werden, die in der Praxis stehen oder in enger Berührung mit derselben sind.

Leitsatz 7.

Bei allen Kursen sollten möglichst akademische Vorträge vermieden werden. Der Stoff sollte vielmehr in Besprechungen, Vorführungen und Übungen (gegebenenfalls Exkursionen) behandelt werden.

Leitsatz 8.

Es empfiehlt sich, den Einfluß der Vorträge dadurch nachhaltiger zu gestalten, daß man den Hörern kurze Auszüge aus denselben gibt. Außerdem hat es sich als vorteilhaft herausgestellt, den Hörern geeignete Bücher nachzuweisen, wenn möglich, zu ermäßigten Preisen beziehungsweise kostenlos zur Verfügung zu stellen.

Leitsatz 9.

Es sollen grundsätzlich keine Zeugnisse, sondern lediglich Teilnahmebescheinigungen ausgestellt werden, aus denen hervorgeht, welche Gebiete in dem Kursus behandelt worden sind.

Leitsatz 10.

Die Fortbildungskurse müssen so eingeteilt werden, daß eine Unterbrechung des Erwerbes seitens der Hörer nicht notwendig ist.

Leitsatz 11.

Seitens der Arbeitgeber ist eine Förderung der Kurse erwünscht.

Leitsatz 12.

Die zum Verbande gehörigen elektrotechnischen Vereine sollen dafür besorgt sein, daß in ihrem Bezirke Kurse abgehalten werden, welche den vom Verband Deutscher Elektrotechniker aufgestellten Leitsätzen entsprechen.

Leitsatz 13.

Die Kurse sollen möglichst als ständige Einrichtungen ausgebildet werden.

Schlußbemerkung.

Es wird davon Abstand genommen, einen Einheitsplan für die Kurse vorzuschreiben, einesteils weil die Frage des Stoffes noch zu sehr im Flusse ist, anderseits weil Auswahl und Behandlung nach lokalen Verhältnissen verschieden sein müssen. Um jedoch Vereinen, welche solche Kurse erstmalig einzurichten beabsichtigen, einen Anhalt zu geben, wird auf den Aufsatz von Dettmar: ETZ 1909, S. 678 verwiesen, welcher eine Zusammenstellung der Programme bestehender Kurse enthält. Ferner wird im folgenden auf Grund bereits gesammelter Erfahrungen eine Übersicht des in Betracht kommenden Stoffes gegeben.

I. **Das Wesen des Magnetismus und der Elektrizität.**
1. **Magnetismus.**
2. **Elektrizität.**
3. **Wechselwirkung zwischen Magnetismus und Elektrizität.**

II. **Wichtigste Stromerzeuger der Starkstromtechnik.**
1. Gleichstrommaschinen.
2. Wechselstrommaschinen.
3. Transformatoren, Umformer.
4. Batterien.

III. **Verwendung des elektrischen Stromes.**
1. Beleuchtung:
    a) Glühlicht.
    b) Bogenlicht.
    c) Sonstige Lampen.
2. Kraft:
    a) Gleichstrom.
    b) Wechselstrom.
    c) Drehstrom.
3. Heizung und sonstige Zwecke (Galvanoplastik).

IV. **Verteilung der elektrischen Energie.**
1. Verschiedene Leitungssysteme für Gleich- und Wechselstrom.
2. Verschiedene Leitungssysteme für Mehrphasenstrom.

3. Berechnung einfachster Leitungsanlagen (Stromdichte und Spannungsabfall).

4. Hochspannungs-Übertragungsanlagen.

V. Meßkunde.

1. Hauptsächliche Meß- und Prüfapparate (Volt-,
Ampere- und Wattmeter, Elektrizitätszähler und
Isolationsmesser).

2. Wichtige Meßarbeiten des Monteurs. (Isolations-
messungen nach den Errichtungsvorschriften des
Verbandes Deutscher Elektrotechniker und sonstige
Messungen.)

VI. Spezielle Installationslehre, unter beson-
derer Berücksichtigung der Errichtungsvorschriften für
elektrische Starkstromanlagen des Verbandes Deutscher
Elektrotechniker.

1. Aufstellung von Generatoren, Motoren, Transformatoren und Batterien.

2. Materialien- und Apparatenkunde.

3. Aufstellung von Schalttafeln und Apparaten.

4. Herstellung unterirdischer Leitungsanlagen.

5. Herstellung oberirdischer Freileitungsanlagen.

6. Herstellung oberirdischer Innenleitungsanlagen.

7. Anbringung von Lampen und sonstigen Stromverbrauchern.

8. Leitungspläne und Materialabrechnung.

VII. Spezielle Betriebslehre, unter besonderer Be-
rücksichtigung der Betriebsvorschriften für elektrische
Starkstromanlagen des Verbandes Deutscher Elektrotechniker.

1. Inbetriebsetzung und Wartung elektrischer Maschinen und Transformatoren.

2. Schaltungsarbeiten an elektrischen Maschinen und
Transformatoren.

3. Behandlung der Akkumulatorenbatterien im Betriebe.

4. Allgemeiner Betriebsdienst bei Starkstromanlagen.

VIII. Allgemeine Sicherheitsmaßnahmen.

1. Maßnahmen bei Bränden.

2. Wiederbelebungsversuche.

3. Besprechung von Unfällen.

55. Anhang.

A. Leitsätze für die Bedingungen, denen Elektrizitätszähler und Meßwandler bei der Beglaubigung genügen müssen.[1])[2])

§ 1.
Beglaubigungsfehlergrenzen für Gleichstromzähler.

Ein Zähler wird beglaubigt, wenn sein System von der Reichsanstalt zur Beglaubigung zugelassen worden ist, und wenn er bei einer Raumtemperatur von 15 bis 20° den folgenden Bedingungen genügt:

a) Die Abweichung der Verbrauchsanzeige von dem wirklichen Verbrauche darf bei Belastungen zwischen dem Nennverbrauch und dem 20. Teil desselben nirgends mehr betragen als

$$\pm F = 3 + 0{,}3 \frac{P_N}{P} \text{ Prozent}$$

des jeweiligen wirklichen Verbrauches.

Hierin ist

P_N der Nennverbrauch des Zählers,

P der jeweilige Verbrauch.

Diese Bestimmung wird nur soweit angewandt, als die anzuzeigende Leistung nicht unter 15 W sinkt.

b) Wird die Nennstromstärke um x Prozent überschritten, so darf die Abweichung von dem wirklichen Verbrauch höchstens $\frac{x}{10}$ Prozent mehr betragen, als nach a) für denjenigen Verbrauch (P) zulässig ist, der sich ergibt, wenn man unter sonst ungeänderten Verhältnissen die wirkliche Stromstärke durch die Nennstromstärke ersetzt.

c) Die kleinste Belastung, bei welcher der Zähler anlaufen muß, darf 1 % seines Nennverbrauches nicht überschreiten.

---

[1]) Über die Entstehung und Bedeutung dieser Leitsätze siehe ETZ 1914 S. 601. Erläuterungen hierzu siehe ETZ 1920 S. 638.

[2]) Die Leitsätze werden von der Physikalisch-Technischen Reichsanstalt mit Gültigkeit vom 1. Oktober 1921 als Vorschriften erlassen.

d) Während einer Zeit, in welcher kein Verbrauch stattfindet, darf der Vorlauf oder Rücklauf eines Zählers nicht mehr betragen als $^1/_{500}$ seines Nennverbrauches entspricht. Diese Bestimmung ist gültig bis zu Spannungen, welche die Nennspannung um $^1/_{10}$ ihres Wertes übersteigen.

§ 2.

Beglaubigungsfehlergrenzen für Wechselstromzähler.

Ein Zähler wird beglaubigt, wenn sein System von der Reichsanstalt zur Beglaubigung zugelassen worden ist, und wenn er bei einer Raumtemperatur von 15 bis 20° den folgenden Bedingungen genügt:

a) Die Abweichung der Verbrauchsanzeige von dem wirklichen Verbrauch darf bei Belastungen zwischen dem Nennverbrauch und dem 20. Teil desselben nirgends mehr betragen als

$$\pm F = 3 + 0{,}2 \frac{P_N}{P} + \left(1 + 0{,}2 \frac{J_N}{J}\right) \cdot \operatorname{tg} \varphi$$

Prozente des jeweiligen wirklichen Verbrauches.

Hierin ist

P_N der Nennverbrauch des Zählers,

P der jeweilige Verbrauch,

J_N die Nennstromstärke des Zählers,

J die jeweilige Stromstärke,

tg φ die trigonometrische Tangente desjenigen Winkels, dessen Kosinus gleich dem Leistungsfaktor ist; tg φ ist unabhängig vom Sinne der Phasenverschiebung stets positiv einzusetzen.

Bei Mehrphasen- und Mehrleiterzählern ist als jeweilige Stromstärke der arithmetische Mittelwert der in den einzelnen Leitern mit Ausnahme des Nulleiters fließenden Stromstärken einzusetzen.

Als Leistungsfaktor gilt das Verhältnis der wirklichen zur scheinbaren Leistung; bei Mehrphasen- und Mehrleiterzählern wird ein „mittlerer" Leistungsfaktor gleich dem Verhältnis der gesamten wirklichen Leistung zu der arithmetischen Summe der scheinbaren Leistungen in den einzelnen Phasen oder Leitern zugrunde gelegt.

Für Belastungen mit einem kleineren Leistungsfaktor als 0,2 gelten diese Bestimmungen nicht.

b) c), d) Für die zulässigen Fehler bei Überschreiten der Nennstromstärke, für den Anlauf, Vorlauf und Rücklauf des Zählers gelten die gleichen Bedingungen wie unter § 1 b, c, d. Die Bedingungen für den Anlauf gelten für induktionsfreie Last.

§ 3.

Bestimmungen über die Beglaubigung von Zählern in Verbindung mit Meßwandlern.

I. Ein Aggregat aus Zählern und Meßwandlern als ganzes gilt für beglaubigt, wenn die Meßwandler für sich beglaubigt (s. § 5), und die Zähler als Meßwandlerzähler (s. § 4) beglaubigt sind, und bei dem Anschluß der Apparate folgende Bedingungen erfüllt werden:

a) Es dürfen keinerlei Apparate außer Zählern angeschlossen werden.

b) An einem Stromwandler darf für je 7,5 VA Belastbarkeit ein Zähler angeschlossen werden. Der Gesamtwiderstand der sekundären Verbindungsleitungen darf nicht mehr als 0,15 Ohm betragen.

c) An jede Phase eines Spannungswandlers darf für je 10 VA Belastbarkeit ein Zähler angeschlossen werden; der Widerstand der Zuleitung von einer Klemme des Spannungswandlers bis zum Zähler darf nicht mehr als 0,3 Ohm betragen.

II. Für Zähler, die mit den dazu gehörigen Meßwandlern zusammen geprüft werden, gelten dieselben Bestimmungen wie unter § 2; die Beglaubigung hat wiederum zur Voraussetzung, daß das System der Meßwandler und der Zähler oder die Vereinigung beider von der Reichsanstalt zur Beglaubigung zugelassen ist.

§ 4.

Beglaubigungsfehlergrenzen für Meßwandlerzähler.

Zähler, die für sich geprüft, in Verbindung mit beglaubigten Meßwandlern ein beglaubigtes Meßaggregat darstellen sollen (s. § 3, I), werden beglaubigt, wenn ihr System von der Reichsanstalt zur Beglaubigung zugelassen worden ist und wenn ihre Angaben bei einer Raumtemperatur von 15 bis 20° innerhalb folgender verengerter Fehlergrenzen liegen:

die Abweichung der Verbrauchsanzeige von dem wirklichen Verbrauch darf bei Belastungen zwischen dem Nennverbrauch und dem 20. Teil desselben nirgends mehr betragen als

$$+\, \mathfrak{f}\, _{MZ} = 2 + 0{,}2\,\frac{P_N}{P} + \frac{1}{2}\left(1 + 0{,}2\,\frac{J_N}{J}\right)\cdot \operatorname{tg}\varphi$$

Prozente des jeweiligen wirklichen Verbrauchs.

Im übrigen gelten dieselben Bestimmungen wie unter § 2.

§ 5.
Bestimmungen für die Beglaubigung von Meßwandlern.

Ein Meßwandler wird beglaubigt, wenn sein System von der Reichsanstalt zur Beglaubigung zugelassen ist und wenn er den folgenden Bedingungen genügt. Die Fehlergrenzen müssen bei einer Raumtemperatur von 15 bis 20° innegehalten werden.

A. Allgemeines.

Der Meßwandler muß auf einem von außen nicht abnehmbaren Schilde folgende Angaben enthalten:

a) Firma oder Fabrikzeichen, Fabrikationsnummer, Formbezeichnung und das Systemzeichen A [1]), in welches die Nummer eingeschrieben ist, unter der das Wandlersystem als beglaubigungsfähig erklärt ist.

b) Den primären und sekundären Nennwert der in dem Apparat umzuwandelnden Stromstärke oder Spannung.

c) Die Frequenz oder der Frequenzbereich, für die der Apparat als beglaubigungsfähig erklärt ist.

d) Die Belastbarkeit des Sekundärkreises, für die der Wandler beglaubigungsfähig ist, bezogen auf die niedrigste zulässige Frequenz und den sekundären Nennwert der Stromstärke oder Spannung.

Die Klemmen der Primär- und der Sekundärseite müssen mit einander entsprechenden Bezeichnungen versehen sein.

Die Meßwandler müssen mit Einrichtungen zur Anbringung des Amtssiegels an solchen Stellen versehen sein, daß ohne Zerstörung des Siegels Änderungen an den wesentlichen Teilen der Wandler nicht möglich sind.

Zum Zeichen der Beglaubigung wird der Meßwandler mit einem Metallschild versehen, auf dem das Zeichen P.T.R., ein Reichsadler sowie die Beglaubigungsnummer und Jahreszahl angebracht sind.

B. Besondere Bestimmungen.
I. Stromwandler.

1. Außer den unter A. genannten Angaben muß bei Stromwandlern auf einem nicht abnehmbaren Schild die

---

[1]) Hierfür wird von der Reichsanstalt eine besondere Form angegeben werden.

Betriebsspannung, bis zu der der Wandler verwandt werden soll, oder eine die Prüfspannung nach den für Hochspannungsapparate geltenden Richtlinien des Verbandes Deutscher Elektrotechniker festlegende Bezeichnung angegeben sein.

2. Die Belastbarkeit des Sekundärkreises eines Stromwandlers darf nicht unter 15 VA betragen.

3. a) Für Stromstärken vom Nennstrom bis zum fünften Teil desselben darf das Übersetzungsverhältnis um nicht mehr als $\pm 0.5\%$ von seinem Sollwert abweichen; die Phasenverschiebung zwischen primärem und sekundärem Strom muß weniger als ± 40 Minuten betragen.

b) Für Stromstärken von $^1/_5$ bis $^1/_{10}$ des Nennstromes darf das Übersetzungsverhältnis um nicht mehr als $\pm 1\%$ von seinem Sollwert abweichen, die Phasenverschiebung zwischen primärem und sekundärem Strom muß weniger als ± 60 Minuten betragen.

Die unter a) und b) angegebenen Fehlergrenzen gelten für den durch A. c) festgelegten Frequenzbereich und für alle sekundären Belastungen mit Leistungsfaktoren zwischen 0,5 und 1 bis zu der durch A. d) festgesetzten Belastbarkeit, bezogen auf die Nennstromstärke. Sie müssen unabhängig von der Lage der Anschlußleitungen und von der Einschaltdauer eingehalten werden. Das Eisen darf keinen nennenswerten remanenten Magnetismus besitzen.

4. Die Isolierung zwischen primärer und sekundärer Wicklung muß eine Spannungsprüfung von einer Minute Dauer aushalten. Ist nur die Betriebsspannung angegeben, so beträgt die Prüfspannung das 2½fache der gemäß 1. auf dem Wandler vermerkten Betriebsspannung, wenn diese kleiner als 5000 V ist. Für Betriebsspannungen von 5000 bis 7500 V wird mit einer Überspannung von 7500 V geprüft, für Spannungen über 7500 V mit der doppelten Spannung. Ist die Serienbezeichnung für Hochspannungsapparate auf dem Wandler vermerkt, so ergibt sich die Prüfspannung aus den Richtlinien des Verbandes Deutscher Elektrotechniker für Hochspannungsapparate.

II. Einphasige Spannungswandler.

1. Die Belastbarkeit des Sekundärkreises eines Spannungswandlers darf nicht weniger als 30 VA betragen.

2. Für Spannungen von 0,8 bis 1,2 der Nennspannung darf das Übersetzungsverhältnis um nicht mehr als $\pm 0.5\%$

vom Sollwert abweichen, die Phasenverschiebung zwischen primärer und sekundärer Spannung muß weniger als ± 20 Minuten betragen.

Diese Fehlergrenzen gelten für den durch A. c) festgelegten Frequenzbereich und für alle sekundären Belastungen mit Leistungsfaktoren von 0,5 bis 1 bis zu der durch A. d) festgesetzten Belastbarkeit, bezogen auf die Nennspannung. Sie müssen unabhängig von der Einschaltdauer innegehalten werden.

3. Die Isolierung zwischen primärer und sekundärer Wicklung muß eine Spannungsprobe von 1 Minute Dauer aushalten. Die Prüfspannung beträgt das $2\frac{1}{2}$fache der nach A. b) auf dem Wandler vermerkten primären Nennspannung, wenn letztere kleiner als 5000 V ist. Für Nennspannungen von 5000 bis 7500 V wird mit einer Überspannung von 7500 V geprüft, für Nennspannungen von mehr als 7500 V mit der doppelten Spannung.

III. Mehrphasige Spannungswandler.

1. Ist bei dreiphasigen Spannungswandlern der Sternpunkt auf der Sekundärseite herausgeführt, so muß er auch auf der Primärseite an einer Klemme herausgeführt sein, die für die volle primäre Sternspannung gegen das Gehäuse isoliert ist.

2. Die Belastbarkeit der Sekundärkreise darf nicht weniger als 30 VA für jede Phase betragen.

3. Bei gleichzeitiger Erregung aller Phasen auf der Primärseite müssen die unter II 2 aufgeführten Bedingungen für jede Phase erfüllt sein. Bei dreiphasigen Wandlern mit herausgeführten Sternpunkten müssen die Bedingungen sowohl für die verketteten Spannungen wie für die Sternspannungen erfüllt sein.

4. Die Isolierung muß die unter II 3. vorgeschriebene Spannungsprobe aushalten.

B. Beschlüsse des Ausschusses für Einheiten und Formelgrößen (AEF).

Nachstehend sind die unter Mitwirkung von Vertretern

der Deutschen Bunsen-Gesellschaft,
der Deutschen Physikalischen Gesellschaft,
des Elektrotechnischen Vereins Berlin,
des Elektrotechnischen Vereins Wien,
des Österreichischen Ingenieur- und Architekten-Vereins in Wien,
des Verbandes Deutscher Architekten- und Ingenieur-Vereine,
des Verbandes Deutscher Zentralheizungs-Industrieller,
des Verbandes Deutscher Elektrotechniker,
des Vereins Deutscher Ingenieure,
des Vereins Deutscher Maschinen-Ingenieure,
des Schweizerischen Elektrotechniker-Vereins in Zürich,
des Deutschen Vereins von Gas- und Wasserfachmänner e. V. Berlin,
der Berliner Mathematischen Gesellschaft,
der Deutschen Beleuchtungstechnischen Gesellschaft,
der Deutschen Chemischen Gesellschaft

bisher gefaßten Beschlüsse des Ausschusses für Einheiten und Formelgrößen (AEF) wiedergegeben.

Satz I. Der Wert des mechanischen Wärmeäquivalents.[1]

1. Der Arbeitswert der 15^0-Grammkalorie ist $4,189 \cdot 10^7$ Erg.

2. Der Arbeitswert der mittleren (0^0 bis 100^0)-Kalorie ist dem Arbeitswert der 15^0-Kalorie als gleich zu erachten.

3. Der Zahlenwert der Gaskonstante ist:
$R = 8,316 \cdot 10^7$, wenn als Einheit der Arbeit das Erg gewählt wird; $R = 1,985$, wenn als Einheit der Arbeit die Grammkalorie gewählt wird.

4. Das Wärmeäquivalent des internationalen Joule ist $0,23865$ 15^0-Grammkalorie.

5. Der Arbeitswert der 15^0-Grammkalorie ist $0,4272$ mkg, wenn die Schwerkraft bei 45^0 Breite und an der Meeresoberfläche zugrunde gelegt wird.

---

[1] Erläuterungen hierzu siehe ETZ 1908 S. 746 und 1910 S. 598.

Satz II. Leitfähigkeit und Leitwert. [1]

Das Reziproke des Widerstandes heißt Leitwert, seine Einheit im praktischen elektromagnetischen Maßsystem Siemens; das Zeichen für diese Einheit ist S.

Das Reziproke des spezifischen Widerstandes heißt Leitfähigkeit oder spezifischer Leitwert.

Satz III. Temperaturbezeichnungen.

1. Wo immer angängig, namentlich in Formeln, soll die absolute Temperatur, die mit T zu bezeichnen ist, benutzt werden.

2. Für alle praktischen und viele wissenschaftlichen Zwecke, bei denen an der gewöhnlichen Celsiusskala festgehalten wird, soll empfohlen werden, lateinisch t zu verwenden, sofern eine Verwechslung mit dem Zeitzeichen t ausgeschlossen ist.

Wenn gleichzeitig Celsiustemperaturen und Zeiten vorkommen, so soll für das Temperaturzeichen das griechische ϑ verwendet werden.

Beispiel.

So soll man bei der Verwendung des Carnot-Clausiusschen Prinzips statt $Q\,\dfrac{dt}{t+273}\ldots Q\,\dfrac{dT}{T}$ schreiben, anderseits soll die Längenänderung eines Stabes ausgedrückt werden durch die Formel:

$$l = l_0\,(1 + \alpha t + \beta t^2)$$

Satz IV. Einheit der Leistung.

Die technische Einheit der Leistung heißt Kilowatt. Sie ist praktisch gleich 102 Kilogrammeter in der Sekunde und entspricht der absoluten Leistung 10^{10} Erg in der Sekunde. Einheitsbezeichnung kW.

Formelzeichen des AEF.

Größe	Zeichen
Länge	l
Masse	m
Zeit	t
Halbmesser	r
Durchmesser	d
Wellenlänge	λ
Körperinhalt, Volumen	V
Winkel, Bogen	$\alpha, \beta \ldots$
Voreilwinkel, Phasenverschiebung	φ
Geschwindigkeit	v
Fallbeschleunigung	g

[1] Vgl. die Anm. auf der vorigen Seite.

Größe	Zeichen
Winkelgeschwindigkeit	ω
Umlaufzahl, Drehzahl (Zahl der Umdrehungen in der Zeiteinheit)	n
Wirkungsgrad	η
Druck (Druckkraft durch Fläche)	p
Elastizitätsmodul	E
Temperatur, absolute	T
Temperatur, vom Eispunkt aus	t
Wärmemenge	Q
Spezifische Wärme	c
Spezifische Wärme bei konstantem Druck	c_p
Spezifische Wärme bei konstantem Volumen	c_v
Wärmeausdehnungskoeffizient	a
Magnetisierungsstärke	$\mathfrak{J}$
Stärke des magnetischen Feldes	$\mathfrak{H}$
Magnetische Dichte (Induktion)	$\mathfrak{B}$
Magnetische Durchlässigkeit (Permeabilität)	μ
Magnetische Aufnahmefähigkeit (Suszeptibilität)	$\varkappa$
Elektromotorische Kraft	E
Elektrizitätsmenge	Q
Induktivität (Selbstinduktionskoeffizient)	L
Elektrische Kapazität	C
Fläche	F
Kraft	P
Moment einer Kraft	M
Arbeit	A
Leistung	N
Normalspannung	σ
Spezifische Dehnung	ε
Schubspannung	τ
Schiebung (Gleitung)	γ
Schubmodul	G
Spezifische Querzusammenziehung $\nu = l/m$ (m Poissonsche Zahl)	ν
Trägheitsmoment	J
Zentrifugalmoment	C
Reibungszahl	μ
Widerstandszahl für Flüssigkeitsströmung	ζ
Schwingungszahl in der Zeiteinheit	n
Mechanisches Wärmeäquivalent	J
Entropie	S
Verdampfungswärme	r
Heizwert	H
Brechungsquotient	n
Hauptbrennweite	f
Lichtstärke	J
Widerstand, elektrischer	R
Stromstärke, elektrische	I

Zeichen des AEF für Maßeinheiten.

Meter	m		Kilogramm	kg
Kilometer	km		Dezigramm	dg
Dezimeter	dm		Zentigramm	cg
Zentimeter	cm		Milligramm	my
Millimeter	mm		Stunde	h
Mikron	μ		Minute	m
			Minute alleinstehend	min
Ar	a		Sekunde	s
Hektar	ha		Urzeit: Zeichen erhöht.	
Quadratmeter	m^2			
Quadratkilometer	km^2		Ampere	A
Quadratdezimeter	dm^2		Volt	V
Quadratzentimeter	cm^2		Ohm	Ω
Quadratmillimeter	mm^2			
			Siemens	S
Liter	l		Coulomb	C
Hektoliter	hl		Joule	J
Deziliter	dl		Watt	W
Zentiliter	cl		Farad	F
Milliliter	ml		Henry	H
Kubikmeter	m^3			
Kubikdezimeter	dm^3		Amperestunde	Ah
Kubikzentimeter	cm^3		Milliampere	mA
Kubikmillimeter	mm^3		Kilowatt	kW
			Megawatt	MW
Celsiusgrad	^{0}			
Kalorie	cal		Mikrofarad	μF
Kilokalorie	$kcal$		Megohm	$M\Omega$
Tonne	t		Kilovoltampere	kVA
Gramm	g		Kilowattstunde	kWh

Zeilenguß-Maschinensatz und Druck von Oscar Brandstetter, Leipzig.